工业和信息产业科技与教育专著出版资金资助出版

大学计算机

姜可扉　杨俊生　谭志芳　编著

電子工業出版社
Publishing House of Electronics Industry
北京 • BEIJING

内容简介

本书是以培养计算思维为导向的大学计算机课程改革项目的规划教材，由多年从事一线计算机基础课程教学的教师编写。本书分为 9 章，主要内容包括：计算机基础知识、计算机中数据的表示、微机操作系统和 Windows 使用基础、Office 2010 办公软件、计算机网络基础及 Internet 应用、网页制作基础、多媒体应用基础、数据库应用基础和程序设计基础。

本书内容全面，由浅入深，循序渐进，注重理论与实践的结合，旨在培养学生了解计算机与信息技术，熟练使用计算机的能力。本书免费提供电子课件，可登录华信教育资源网（www.hxedu.com.cn）注册后免费下载。

本书适合作为高等学校计算机公共课程的教学用书，也可作为专科及成人教育的培训教材和教学参考书。

图书在版编目（CIP）数据

大学计算机 / 姜可扉，杨俊生，谭志芳编著. —北京：电子工业出版社，2014.8
ISBN 978-7-121-23567-2

Ⅰ. ①大… Ⅱ. ①姜… ②杨…③谭… Ⅲ. ①电子计算机—高等学校—教材 Ⅳ. ①TP3

中国版本图书馆 CIP 数据核字（2014）第 132207 号

责任编辑：冉　哲
印　　刷：北京京师印务有限公司
装　　订：北京京师印务有限公司
出版发行：电子工业出版社
　　　　　北京市海淀区万寿路 173 信箱　邮编　100036
开　　本：787×1092　1/16　印张：21　字数：578 千字
版　　次：2014 年 8 月第 1 版
印　　次：2021 年 8 月第 8 次印刷
定　　价：42.00 元

凡所购买电子工业出版社图书有缺损问题，请向购买书店调换。若书店售缺，请与本社发行部联系，联系及邮购电话：（010）88254888，88258888。

质量投诉请发邮件至 zlts@phei.com.cn，盗版侵权举报请发邮件至 dbqq@phei.com.cn。

本书咨询联系方式：ran@phei.com.cn。

前　言

本书是工业和信息产业科技与教育专著出版资金项目的规划教材。

以培养计算思维为导向的大学计算机课程的教学改革对当前高等院校计算机基础课程面临的困窘和危机是一个极好的解决途径。在项目建设过程中，重新梳理了课程的内容和基本要求，研究和设计基于内容的教学方法、课程资源建设和实验环节，力求让学生在进入大学的第一门计算机课程中能学到比中学更高层次的“计算机”课。重点是培养学生理解和掌握计算科学的基础知识和基本方法，掌握基本的信息技术应用能力，进而逐步养成“像计算机科学家一样思维”。

计算机基础教学的目标是为非计算机专业学生提供计算机知识、能力与素质方面的教育，旨在使学生掌握计算机、网络及其他相关信息技术的基本知识，培养学生掌握一定的计算机基础知识、技术、方法，以及利用计算机解决本专业领域中问题的意识与能力。

本书是在《大学计算机应用基础》的基础上修订而成的，增加了“计算机中的数据表示”和“程序设计基础”两章内容，目的是加强计算机基础理论和基础知识的学习，培养问题求解的能力。本书主要内容包括：计算机基础知识、计算机中数据的表示、微机操作系统和 Windows 使用基础、Office 2010 办公软件、计算机网络基础及 Internet 应用、网页制作基础、多媒体应用基础、数据库应用基础和程序设计基础。通过系统地学习本书，学生可以掌握计算机科学与技术学科的基本理论与基本概念以及相关的计算机文化内涵，重点掌握计算机硬件结构、操作系统、多媒体、网络的基础知识与基本应用技能，了解数据库和多媒体等基本原理，了解计算机主要应用领域，理解计算机应用人员的社会责任与职业道德，熟悉重要领域的典型案例和典型应用，进而理解信息系统开发涉及的技术、概念，为后续课程提供基础。

本书的主要特色：① 按照教育部高等学校计算机基础课程教学指导委员会 2009 年出版的《高等学校计算机基础教学发展战略研究报告暨计算机基础课程教学基本要求》的精神，并力求体现计算思维的精髓，精心组织教材内容，在基础理论部分较为详细地讲解了各类数据在计算机中的表示、计算机组成和基本工作原理、操作系统、数据库、多媒体、网络的基本理论和概念。② 多方位介绍计算机相关应用技术，体现计算机应用的广泛和普及。③ 配有电子课件，登录华信教育资源网（www.hxedu.com.cn）注册后免费下载。

本书内容全面，由浅入深，循序渐进，注重理论与实践的结合，旨在培养学生了解计算机与信息技术，熟练使用计算机的能力。本书适合作为高等学校计算机公共课程的教学用书，也可作为专科及成人教育的培训教材和教学参考书。

本书由姜可扉、杨俊生和谭志芳编写。第 1、2、7、8 章由姜可扉编写，第 3、4、9 章由杨俊生编写，第 5、6 章由谭志芳编写。

由于编者水平有限，书中难免有不妥之处，敬请读者批评指正。

目　　录

第 1 章　计算机基础知识

学习要点：

- 掌握计算机发展史及应用领域；
- 掌握计算机的特点和分类；
- 掌握计算机的硬件系统和软件系统组成；
- 掌握计算机的工作原理和主要性能指标；
- 了解计算机新技术的发展。

建议学时：上课 4 学时，上机 2 学时。

1.1　计算机概述

电子计算机（Electronic Computer）诞生于 20 世纪 40 年代，被公认为人类历史上伟大的发明之一。它的出现彻底改变了人们的工作与生活习惯，并使整个社会走进了信息时代。

1.1.1　计算机的发展简史

世界上第一台电子数字计算机于 1946 年 2 月在美国宾夕法尼亚大学正式投入运行，名称是“电子数值积分计算机（Electronic Numerical Integrator And Calculator，ENIAC）”，如图 1.1.1 所示。这台计算机重 30 吨，使用了 18800 多只电子管，1500 多个继电器，占地 170m^2，功率 150kW，运算速度为每秒执行 5000 次加法或移位运算，内存容量约为 2KB。ENIAC 的成功，为现代计算机的发展奠定了基础，标志着人类进入了电子计算机时代。

图 1.1.1　世界上第一台电子计算机 ENIAC

从第一台电子计算机诞生至今，计算机的更新换代与半导体技术的发展是密不可分的。从 20 世纪 40 年代电子管的出现，到 1948 年半导体晶体管的制成，再到 1958 年集成电路的制成，组成电子计算机的主要电子元器件也从电子管到晶体管、集成电路、大规模和超大规模集成电路。依据计算机发展过程中所采用的基本电子元件和软件情况，大体可将计算机的发展过程划分为 4 个阶段，见表 1.1.1。

表 1.1.1 计算机的发展过程

时　代	年　份	主要电子元器件	特　点
第一代	1946—1957 年	电子管	磁鼓和磁带，使用机器语言和汇编语言
第二代	1958—1964 年	晶体管	磁芯和磁盘，使用高级语言
第三代	1965—1970 年	集成电路	半导体存储器，操作系统、编译系统
第四代	1971 年至今	大规模和超大规模集成电路	个人计算机和图形用户界面，面向对象的程序设计语言（OOP）

1．第一代（1946—1957 年）

第一代计算机是电子管时代，主要电子元器件采用电子管。这代计算机因为采用电子管而体积大、耗电多、存储容量小（内存仅有几 KB）、运算速度慢（每秒可执行几千次到几万次运算）、可靠性差且价格昂贵。使用机器语言编制程序，主要用于科学计算和军事应用方面。虽然第一代计算机与现代计算机相比有许多不足，但是它奠定了计算机发展的基础，对计算机的发展起到了非凡的重要作用。

2．第二代（1958—1964 年）

第二代计算机是晶体管时代。这代计算机的主要电子元器件采用晶体管，内存储器普遍使用磁芯存储器，外存储器采用磁盘和磁带。由于晶体管有诸多优点：体积小、发热少、耗电少、寿命长、价格低，特别是工作速度比电子管快，所以计算机性能比第一代提高了数十倍，运算速度可达每秒几十万次，可靠性有了显著提高，使计算机具有了实用性。在软件方面提出了操作系统的概念，开始使用一些高级程序设计语言，如 ALGOL、COBOL、FORTRAN 等。在应用方面除科学计算与军事应用外，开始了数据处理、工程设计、过程控制等方面的应用。

3．第三代（1965—1970 年）

第三代是集成电路时代。这代计算机的主要电子元器件采用集成电路。集成电路是在一块几平方毫米的芯片上集成很多个电子元件，使计算机的体积和耗电量有了显著减小，运算速度达到每秒百万次。内存储器用半导体存储器代替了磁芯存储器。同时，计算机的软件技术也有了较大的发展，操作系统功能更加完善，出现了更多的高级程序设计语言，开始使用结构化和模块化的程序设计方法。系统结构方面有了很大改进，机种多样化、系列化，并和通信技术结合起来，使计算机应用到更多的领域。

4．第四代（1971 年至今）

第四代是大规模、超大规模集成电路时代。这代计算机的主要电子元器件采用大规模和超大规模集成电路，内存储器普遍使用半导体存储器，运算速度达每秒几百万次至数百亿次。在这个时期，计算机体系结构有了较大发展，并行处理、多机系统、计算机网络等都已进入实用阶段。软件方面更加丰富，出现了网络操作系统和分布式操作系统以及各种实用软件，其应用范围也更加广泛，几乎渗透了人类社会的各个领域。

从 20 世纪 80 年代开始，人们开始了新一代计算机的研制。未来的新型计算机将有可能在下列几个方面取得革命性的突破。

（1）光子计算机。光子计算机是一种由光信号进行数字运算、逻辑操作、信息存储和处理的新型计算机。光子计算机的基本组成部件是集成光路，它由激光器、光学反射镜、透镜和滤波器等光学元件和设备构成。针对目前电子计算机的物理极限，光子计算机利用光子取代电子进行数据运算、传输和存储，其具有超高速的运算速度、强大的并行处理能力、大存储量、强抗干扰能力、超强容错性等特性。

（2）生物计算机。20 世纪 80 年代以来，生物工程学家对人脑、神经元和感受器的研究倾注了很大精力，希望研制出可以模拟人脑思维、低耗、高效的第六代计算机——生物计算机。用蛋白质制造的计算机芯片，存储量可以达到普通计算机的10亿倍。生物计算机元件的密度比大脑神经元的密度高100万倍，传递信息的速度也比人脑思维的速度快100万倍。

（3）量子计算机。量子计算机是利用原子所具有的量子特性进行信息处理的一种全新概念的计算机，具有解题速度快、存储量大、搜索能力强和安全性高的优点。

（4）神经计算机。神经计算机能模仿人类大脑的判断能力和适应能力，是具有可并行处理多种数据功能的神经网络计算机。神经计算机具有能理解自然语言、声音、文字和图像的能力，并且具有说话的能力，使人机能够用自然语言直接对话，它可以利用已有的和不断学习到的知识，进行思维、联想、推理，并得出结论，能解决复杂问题，具有汇集、记忆、检索有关知识的能力。

1.1.2 计算机的特点

计算机具有以下特点。

1．运算速度快

当今计算机系统的运算速度已达到每秒万亿次，微机系统的运算速度也可达每秒亿次以上，使大量复杂的科学计算问题得以解决。例如，卫星轨道的计算、大型水坝的计算、24 小时天气预报的计算等，过去人工计算需要几年、几十年，而现在用计算机只需几天甚至几分钟就可完成。

2．计算精度高

科学技术的发展特别是尖端科学技术的发展，需要高度精确的计算。计算机控制的导弹之所以能准确地击中预定的目标，是与计算机的精确计算分不开的。一般计算机可以有十几位甚至几十位（二进制）有效数字，计算精度可由千分之几到百万分之几，是以前的任何计算工具所望尘莫及的。

3．存储容量大

计算机不仅能进行计算，而且能把参加运算的数据、程序以及中间结果和最后结果保存在存储器中，以供用户随时调用。计算机存储器可以存储大量数据，目前计算机的存储器容量越来越大，一台普通微机主存储器容量可达几GB。

4．具有逻辑判断功能

计算机的运算器除了完成基本的算术运算外，还具有进行逻辑运算的功能，甚至可以进行推理和证明。

5．自动运行

计算机内部操作是根据人们事先编好的程序自动控制进行的。用户根据解题需要，事先设计好运行步骤与程序，计算机十分严格地按程序规定的步骤操作，整个过程不需人工干预。

6．具有友好的人机交互界面

友好的人机交互界面方便人们使用计算机。计算机系统配有各种输入/输出设备和相应的驱动程序，可支持用户方便地进行人机交互。

1.1.3 计算机的分类

计算机的种类很多，这里介绍几种主要分类方法。

根据计算机的工作原理、计算机中数据的表示形式和处理方式的不同，计算机可分为数字式电子计算机和模拟式电子计算机。

数字式电子计算机通过由数字逻辑电路组成的算术逻辑运算部件对数字量进行算术逻辑运

算。模拟式电子计算机通过由运算放大器构成的微分器、积分器，以及函数运算部件对模拟量进行运算处理。

1．计算机按照其用途可分为通用型计算机和专用型计算机

通用型机是为了能解决多种类型问题、具有较强的通用性而设计的计算机。它具有一定的运算速度和一定的存储容量，且带有通用的外围设备，配备各种系统软件、应用软件，功能齐全，通用性强。一般的数字式电子计算机多属此类。

专用型机是为了解决某一个特定问题而设计的计算机。它的硬件和软件的配置依据解决特定问题需要而定，并不求全。专用机功能单一，配有解决问题的固定程序，能高速、可靠地解决特定的问题。

2．根据计算机的总体规模，按照计算机的字长、运算速度、存储容量等性能指标分类

按计算机的规模分类可分为巨型机、大型机、中型机、小型机、微型机等几类。这里所指的规模并不是单纯的体积，而是计算机的运算速度、字长、存储容量、指令系统操作类型、输入/输出能力、软件配置等各方面性能指标的综合。一般来说，大型计算机的结构复杂，运算速度快，字长宽，存储容量大，指令丰富，输入/输出处理方式多样，信息吞吐量大，外围设备配备齐全，软件配置丰富，价格较高。

值得注意的是，随着计算机科学技术的发展，这种划分的标准不是固定不变的，而是不断提高升级。现在的高档微型机，其性能指标已超过早期的大型机。

1.1.4　计算机的主要应用

人类发明计算机的最初目的是为了解决复杂的科学计算问题。但计算机发展到现在，其应用已远远超过了科学计算的范围，它已渗透到社会的每个领域，推动着国民经济的发展。概括起来，主要有如下几个方面。

1．科学计算

科学计算是指利用计算机来完成科学研究和工程技术中提出的数学问题的计算。在现代科学技术工作中，科学计算问题是大量的和复杂的。利用计算机的高速计算、大存储容量和连续运算的能力，可以实现人工无法解决的各种科学计算问题。目前科学计算在计算机应用中所占的比重虽然不断下降，但是在天文、地质、生物、数学、军事等基础科学研究以及空间技术、新材料研制、原子能研究等高新技术领域中，仍占有重要的地位。

2．数据处理（或信息处理）

数据处理是计算机应用中最广泛的领域。数据处理是指用计算机对大量信息进行收集、存储、分类、统计等。与科学计算相比较，数据处理的特点是数据输入/输出量大，而计算相对简单得多。

数据处理是一切信息管理、辅助决策系统的基础，各类管理信息系统（MIS）、决策支持系统（DSS）、专家系统（ES）以及办公自动化系统（OA）都需要数据处理支持。例如，企业经营中的计划编制、报表统计、成本核算、销售分析、市场预测、利润估计、采购订货、库存管理、财务会计、工资发放等，又如人们日益熟悉的银行信用卡自动存、取款系统等，无一不与计算机的数据处理应用有关。

3．过程控制（或实时控制）

过程控制是指利用计算机及时采集检测数据，按最优值迅速地对控制对象进行自动调节或自动控制。采用计算机进行过程控制，不仅可以大大提高控制的自动化水平，而且可以提高控制的及时性和准确性，从而改善劳动条件、提高产品质量及合格率。因此，计算机过程控制已

在机械、冶金、石油、化工、纺织、水电、航天等部门得到广泛的应用。

例如，在汽车工业方面，利用计算机控制机床、控制整个装配流水线，不仅可以实现精度要求高、形状复杂的零件加工自动化，而且可以使整个车间或工厂实现自动化。

4. 计算机辅助技术

（1）计算机辅助设计（Computer Aided Design，CAD）

计算机辅助设计是利用计算机系统辅助设计人员进行工程或产品设计，以实现最佳设计效果的一种技术。它已广泛地应用于飞机、汽车、机械、电子、建筑和轻工等领域。例如，在电子计算机的设计过程中，利用CAD技术进行体系结构模拟、逻辑模拟、自动布线等，从而大大提高设计工作的自动化程度。又如，在建筑设计过程中，可以利用CAD技术进行力学计算、结构计算、绘制建筑图纸等，这样不但提高了设计速度，而且可以大大提高设计质量。

（2）计算机辅助制造（Computer Aided Manufacturing，CAM）

计算机辅助制造是指利用计算机系统进行生产设备的管理、控制和操作。例如，在产品的制造过程中，用计算机控制机器的运行，处理生产过程中所需的数据，控制和处理材料的流动以及对产品进行检测等。使用CAM技术可以提高产品质量，降低成本，缩短生产周期，提高生产率和改善劳动条件。

将CAD和CAM技术集成，实现设计生产自动化，这种技术被称为计算机集成制造系统（CIMS)，它的实现将真正做到无人化工厂（或车间）。

（3）计算机辅助教育（Computer Aided Education，CAE）

计算机辅助教育包括计算机辅助教学（CAI）、计算机辅助测试（CAT）和计算机管理教学（CMI）等。CAI用计算机帮助或代替教师执行部分教学任务，向学生传授知识和提供技能训练，直接为学生服务。CAT系统可快速自动完成对被测设备各种参数的测试和报告测试结果，其另一应用领域是各种计算机考试系统。

5. 人工智能

人工智能（Artificial Intelligence，AI）有时也称为智能模拟，用计算机来模拟人的智能，它是研究解释和模拟人类智能、智能行为及其规律的学科。其研究的主要内容有专家系统、机器人、模式识别和智能检索等。除此之外，人工智能的应用领域还涉及自然语言的识别、机器翻译、定理的自动证明等方面。

例如，能模拟高水平医学专家进行疾病诊疗的专家系统，具有一定思维能力的智能机器人等。

6. 网络应用

将分布在各地的计算机通过网络连接起来，可以有效地实现资源共享和信息传送，因此发展网络技术是计算机应用的又一个必然的趋势。例如，以网络应用为基础的电子商务、电子政务的出现，现代远程教育技术的普及都是这方面应用的例子。

1.1.5 计算机的发展趋势

从第一台计算机的诞生到今天，计算机的体积不断变小，但性能、速度却在不断提高。然而人类的追求是无止境的，科学家们一刻也没停止研究更好、更快、功能更强的计算机。从目前的研究方向看，计算机技术当前的发展趋势可以归纳为如下几个方面。

1. 巨型化

发展高速度、大容量、功能强大的超级计算机，用于处理庞大而复杂的问题。例如，宇航工程、空间技术、石油勘探、人类遗传基因等现代科学技术和国防尖端技术都需要利用具有很高速度和很大容量的巨型计算机进行处理。巨型计算机一般又分为超级计算机和超级服务器两类。研制巨型机的技术水平体现了一个国家的综合国力，因此，高性能巨型计算机的研制是各国在高技术领域竞争的热点。

2．微型化

发展体积小、重量轻、功能强、价格低、可靠性高、适用范围广的计算机系统。其特点是将 CPU（中央处理器）集成在一块芯片上。目前，笔记本型、掌上型等微型计算机都是向这一方向发展的产品。

3．网络化

计算机网络是利用通信技术将地理位置分散的多台计算机互连起来，组成能相互交流信息的计算机系统，是计算机技术与通信技术相结合的产物，是计算机应用发展的必然结果。由于网络技术的发展，使得不同地区、不同国家之间的信息共享、数据共享以及资源共享成为可能。

4．智能化

研制“智能”计算机是计算机技术发展的一个重要方向。让计算机能够模拟人类的智能活动，包括感知、判断、理解、学习、问题求解等内容。智能计算机的研究，将促使传统程序设计方法发生质的飞跃，使计算机突破“计算”这一含义，从本质上扩充计算机的能力。1982 年，日本新一代计算机技术研究所把它所研制的第五代计算机称为知识信息处理系统（KIPS），它能根据用户所提出的问题自动选择内置在知识库机中的规则，通过推理来解答问题。随后，许多国家也先后展开了对未来计算机的研究，如神经计算机、生物计算机等。

5．多媒体化

媒体也称媒质或媒介，是传播和表示信息的载体。多媒体系统是结合文字、图形、影像、声音、动画等各种媒体的一种应用。多媒体技术的产生是计算机技术发展历史中的又一次革命，它把图、文、声、像融为一体，统一由计算机来处理，是微型计算机发展的一个新阶段。目前，多媒体已成为一般微型机具有的基本功能。多媒体与网络技术相结合，可以实现计算机、电话、电视的“三网合一”，使计算机系统更加完善。

1.2 计算机组成及工作原理

计算机系统由硬件系统和软件系统两部分组成。计算机硬件是指计算机系统中由电子线路和各种机电设备组成的实体，也就是看得见摸得着的部件，如主机、各种输入和输出设备等。计算机软件是指为运行、维护、管理和应用计算机所编制的所有程序以及相关说明文档的总和。

1.2.1 计算机硬件系统

计算机由运算器、控制器、存储器、输入设备、输出设备五大部分组成，它的基本结构如图 1.2.1 所示。

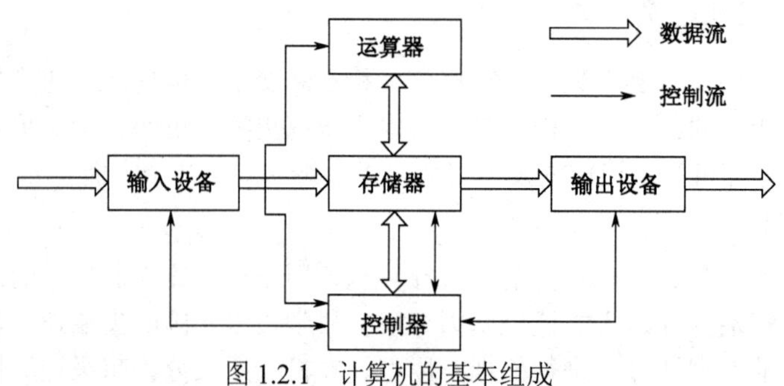

图 1.2.1　计算机的基本组成

1. 运算器

运算器也称算术逻辑部件（Arithmetic Logical Unit，ALU），它的功能是执行加、减、乘、除等算术运算，还可以进行与、或、非、移位等逻辑运算。计算机中的数据处理都是在运算器中进行的。

2. 控制器

控制器由指令寄存器、指令译码器、程序计数器和操作控制器组成。控制器是计算机的控制中心，它的基本功能是按程序计数器所指定的指令地址从内存中取出一条指令，对指令进行译码，向相关部件发出控制命令，协调各部件执行指令。计算机按照事先存储在计算机中的指令序列完成各项操作。

3. 存储器

存储器是存放程序和数据的部件，是计算机的记忆装置。存储器由存储单元组成，每个存储单元可以存放 8 位二进制位（bit），以字节（Byte，B）表示，存储器的容量以字节为基本单位。为了存取存储单元的内容，用存储单元地址来标识存储单元，CPU 根据地址来存取存储器中的数据。

存储器的容量指存储器所包含的字节总数，通常用 KB、MB、GB 来表示。其中，1KB=1024B，1MB=1024KB，1GB=1024MB。

计算机的存储结构简易地分为三级，从内至外依次为高速缓冲存储器、内存储器（也称主存储器）和外存储器。高速缓冲存储器简称 Cache，存储容量较小，但读/写速度比内存快。当 CPU 向内存读/写数据时，这个数据也被存进 Cache 中。当 CPU 再次需要这些数据时，就从 Cache 中读取数据，而不是访问较慢的内存，如果 Cache 中没有需要的数据，CPU 再去读取内存中的数据。内存储器容量和速度介于高速缓冲存储器和外存储器之间，可以为 CPU 提供数据和指令。外存储器容量最大，但速度较慢。外存储器可以长期存放程序和数据，断电后数据不会消失。例如，硬盘、光盘、移动存储器等都属于外存储器，通过各种接口连接到主机板。外存储器不能被 CPU 直接访问，须将程序和数据装入内存后才能被 CPU 调用。

4. 输入设备

输入设备用来接收用户输入的程序、数据，然后将它们转换为数字形式传送到计算机的存储器中。常见的输入设备有键盘、鼠标、扫描仪、触摸屏等。

5. 输出设备

输出设备用于输出程序的运行结果或将计算机存储器中的信息传送到计算机的外部，提供给用户。常见的输出设备有显示器、打印机、绘图仪、音频输出设备等。

计算机硬件系统的 5 个基本组成部分之间是通过总线（Bus）相连接的，总线是计算机内部传输各种信息的公共通道，总线中传输的信息有地址信息、数据信息和控制信息，依据传递内容的不同，总线分为数据总线、地址总线和控制总线。

1.2.2 计算机软件系统

我们将计算机中使用的各种程序称为软件，所有程序、数据和相关文档的集合称为计算机的软件系统。通常将计算机软件分为系统软件和应用软件。

1. 系统软件

系统软件通常用来管理、维护和控制计算机各种软硬件资源，并为用户提供友好的操作界面。系统软件主要包括操作系统、程序设计语言、数据库管理系统和系统实用程序等。

2. 应用软件

应用软件是指为解决某一领域的具体问题而开发的产品。随着计算机应用的普及，应用软件越来越丰富，作用也越来越大。

微软的Office系列是目前应用广泛的办公软件，包括字处理软件Word、表格处理软件Excel、演示文稿制作软件PowerPoint以及数据库管理软件Access等。

Adobe公司的Photoshop 已成为图像处理的代名词，是广为人知的平面设计的标准软件。

1.2.3 计算机基本工作原理

现代计算机的基本工作原理仍然遵循的是“存储程序”原理，它是由美籍匈牙利数学家冯·诺依曼（1903—1957年，美籍匈牙利数学家）在1946年提出的。冯·诺依曼设计思想主要包括以下三点。

1. 采用二进制数的形式表示数据和指令

指令是人对计算机发出的用来完成一个最基本操作的命令，是由计算机硬件来执行的。指令和数据在代码的外形上并无区别，都是由0和1组成的代码序列，只是各自约定的含义不同。采用二进制数容易实现信息数字化，并可以用二值逻辑元件进行表示和处理。

2. 采用存储程序和程序控制方式工作

程序是人们为解决某一具体问题而编写的有序的一条条指令的集合。计算机利用存储器存放所要执行的程序，中央处理器依次从存储器中取出程序中的每条指令，并加以分析和执行，直至完成全部的指令，这就是计算机的“存储程序和程序控制”原理。

3. 计算机由运算器、存储器、控制器、输入设备、输出设备5大部件组成

根据冯·诺依曼设计思想，计算机能自动执行程序，而执行程序又归结为逐条执行指令。其基本的工作流程如下。

程序存储：事先编写好程序，通过输入设备将程序和相关数据输入存储器中。

取指令：从存储器的某个地址中取出要执行的指令，并送到指令寄存器中。

分析指令：将指令寄存器中的指令送到指令译码器中译码。

执行指令：根据指令译码，向各个部件发出相应的控制信号，协调各部件执行规定的操作。

为执行下一条指令做好准备：程序计数器自动加1，指向下一条指令地址，然后重复取指令、分析指令和执行指令，直到程序结束。

1.2.4 计算机的主要性能指标

评价计算机性能主要有以下性能指标。

1. 字长

字长是指CPU能够同时处理的二进制数据的位数。它直接关系到计算机的运算速度、精度和功能，有8位、16位、32位和64位之分。AMD公司和Intel公司于2004年先后推出了64位的CPU。

2. 主频

主频是计算机的主要性能指标之一，它决定了计算机的运算速度。通常以MHz（兆赫）为单位。例如，Pentium 4 E 3.0G是指其主频为3.0GHz（1GHz=1000MHz，1MHz=1000kHz）。主频越高，计算机的运算速度越快。

3．内存容量

内存容量反映内存存储数据的能力，一般用字节（Byte）数来度量。微机的内存容量由早期的 Intel 8086/8088 配置的 1MB 发展到 Intel Pentium 4 配置的 512MB，目前微机的内存已达 4GB。内存容量越大，其运算速度越快，一些操作系统和大型应用软件对内存容量有相应的要求。

4．运算速度

运算速度一般是指每秒能执行多少条指令。目前世界上超级计算机的运算速度可达每秒亿亿次。2014 年 6 月，由国防科技大学研制的天河二号超级计算机系统，以峰值计算速度每秒 5.49 亿亿次、持续计算速度每秒 3.39 亿亿次双精度浮点运算的优异性能，再次成为全球最快的超级计算机。

1.3 微型计算机系统

微型计算机是应用最广泛的一类计算机，它以体积小、使用方便、价格低和功能全而备受大众青睐。随着计算机技术、多媒体技术和网络技术的发展，微型计算机不仅用来处理文字、数据和图形，也能用来处理声音、图像、视频和动画等。常用微型计算机有台式机和笔记本电脑。

1.3.1 微型计算机系统的组成

1．微型计算机系统结构

微型计算机也是由运算器、控制器、存储器、输入设备和输出设备五大部件组成的，其中运算器和控制器被集成在一片集成电路芯片上，这个集成电路芯片就称为微处理器。微型计算机采用总线结构将 CPU、存储器、输入/输出接口电路连接起来，其基本结构如图 1.3.1 所示。

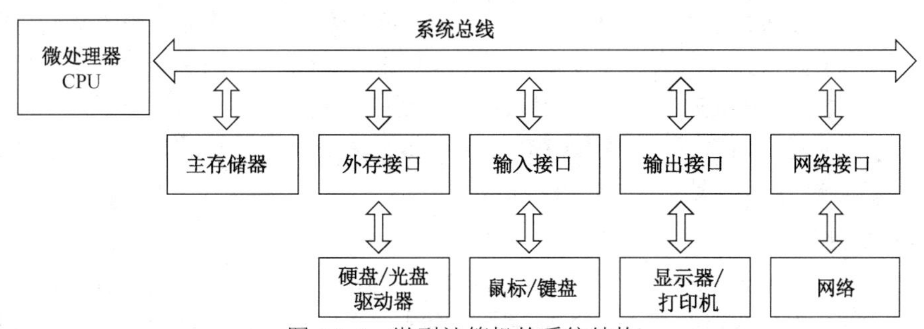

图 1.3.1 微型计算机的系统结构

2．微型计算机系统的组成

微型计算机系统由硬件系统和软件系统组成，如图 1.3.2 所示。其中硬件系统包括主机、外部设备和显示器。软件系统包括系统软件和应用软件。

1.3.2 微型计算机的硬件系统

微型计算机的硬件系统由微处理器、存储器和输入/输出三个子系统构成，连接这三个子系统的是总线。一台微型计算机的基本配置包括主机、键盘、鼠标、显示器等。主机箱内安放主板、微处理器、存储器、硬盘驱动器、光盘驱动器和电源等。

1．总线

在微型计算机系统中，连接各功能部件的一组公共信号线就是总线。这些信号线构成了微型计算机内部各部件之间以及与外设接口之间交换信息的公共通道。

在微型计算机中，总线一般又分为内部总线、系统总线和外部总线。内部总线是指芯片内部连接各个元件的总线；系统总线是指连接 CPU、存储器与输入/输出接口等主要部件的总线；外部总线是指微型计算机和外部设备之间互连的总线。

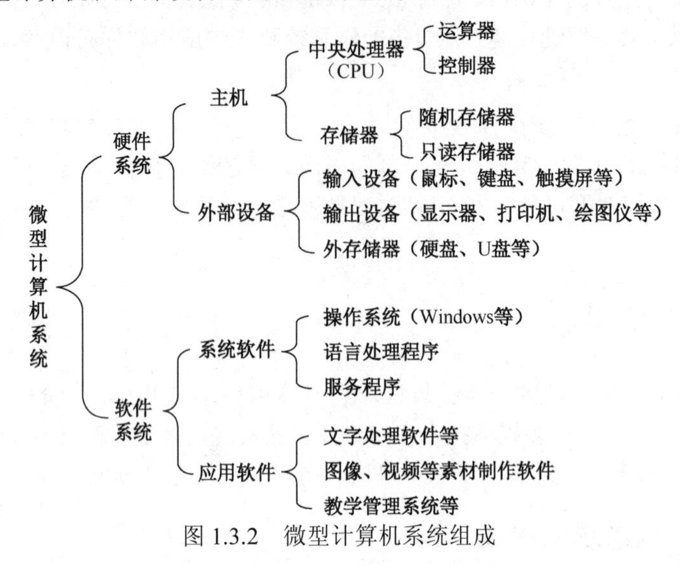

图 1.3.2　微型计算机系统组成

系统总线根据传送内容不同分为数据总线、地址总线和控制总线。

① 数据总线（Data Bus，DB）。数据总线用于 CPU 与主存储器、CPU 与 I/O 接口之间传送信息。数据总线的宽度决定了每次能同时传送信息的二进制数的位数。计算机总线的宽度等于计算机的字长。目前，微机采用的数据总线有 32 位和 64 位。

② 地址总线（Address Bus，AB）。用于给出存储单元的地址。地址总线的宽度决定了 CPU 的寻址能力。如果微型计算机采用 n 位地址总线，则该计算机可寻址的内存空间为 2^n。

③ 控制总线（Control Bus，CB）。用来传送控制信号和时序信号。

常见的微型计算机的总线主要有 PC/XT 总线、ISA 总线、EISA 总线、PCI 总线、AGP 总线、PCI-Express 总线和 QPI 总线。

2. 中央处理器

中央处理器（Central Processing Unit，CPU），在微型计算机中也称为微处理器，是微机的核心部件。它主要由运算器、控制器和寄存器等组成，采用超大规模集成电路制成芯片。微型计算机中常用的 CPU 主要有 Intel 公司的 Pentium（奔腾）系列、Core 2 Duo（酷睿 2）、Core i3 系列（双核）、Core i5 系列（双核或四核）、Core i7 系列（四核）等，还有 AMD 公司的系列微处理器产品。

Intel 公司的酷睿 i3 处理器与之前的处理器有很大区别，因为这一系列处理器不再由一个 CPU 核心封装而成，而是由一个 CPU 与一个 GPU（Graphic Processing Unit，图形处理单元）封装而成。英特尔将 CPU 与 GPU 无缝融合在一起，这样做的好处是可以直接使用共享的三级高速缓存，能与各个核直接在高速缓存中交换数据而不仅限于之前的系统内存。

3. 内存储器

微型计算机内部能直接与 CPU 交换信息的存储器称为主存储器或内存储器。其主要功能是存放计算机运行时所需要的程序和数据。

微型计算机的内存储器分为随机存储器（RAM）、只读存储器（ROM）和高速缓冲存储器（Cache）。

随机存储器（RAM）中的内容可以随时读和写，但断电后其中的信息将会消失。RAM 用于存放当前运行的程序和数据。根据组成原理不同，RAM 可分成静态随机存储器（SRAM）和动态随机存储器（DRAM）。DRAM 较 SRAM 电路简单，集成度高，但速度较慢。微机中的内存一般采用 DRAM，如 DDR2 和 DDR3 内存，常用的容量为 1GB～8GB。

只读存储器（ROM）中的内容只可以读出，不能随意修改，断电后信息不会丢失。ROM 主要用于存放固定的信息。在微型计算机中主要用于存放系统的引导程序、开机自检和系统参数等。常用的只读存储器还有可擦除和可编程的 ROM（EPROM）及电可擦除的 ROM（EEPROM）等。

高速缓冲存储器（Cache）是一种在 RAM 和 CPU 之间起缓冲作用的存储器。由于 CPU 的工作速度和主存储器的存取速度之间存在较大的差异，这直接影响计算机的性能。为了解决主存和 CPU 之间速度不匹配的问题，在 CPU 和主存之间增加一级在速度上与 CPU 相近、在功能上与 RAM 相同的高速缓冲存储器，它的作用是在两个不同工作速度的部件之间交换信息时起缓冲作用。Cache 由静态存储器构成，其中存放常用的数据和指令。

4．主机板

主机板又称为主板，用于连接计算机的多个部件，它安装在主机箱内，是微型计算机最重要的部分。主板主要包括 CPU 插槽、内存插槽、显卡插槽、总线扩展槽、各种接口、BIOS 芯片、CMOS 芯片和电源等，主板上还集成了显卡、声卡、网卡等接口。其结构图如图 1.3.3 所示。

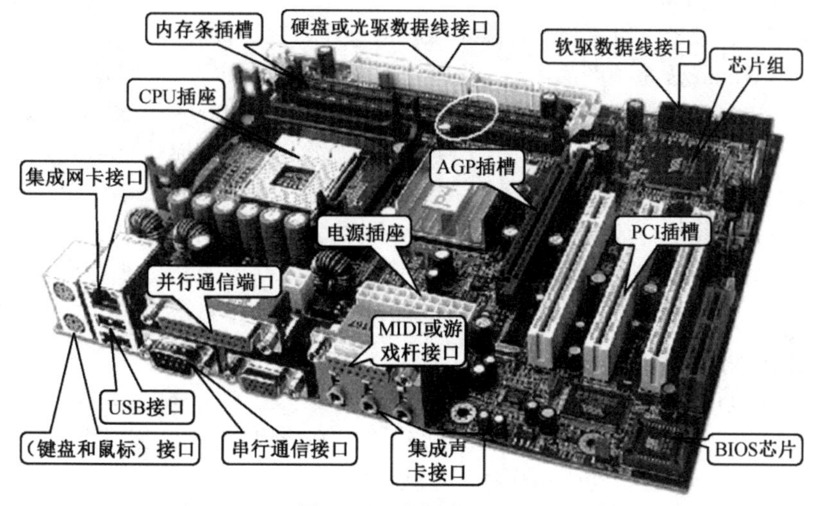

图 1.3.3　主板的结构

5．外存储器

外存储器又称为辅助存储器，用来长期保存程序和数据。主要包括硬盘存储器、光盘存储器和移动存储器。

硬盘存储器是微机中最主要的外部存储设备。它的特点是速度高、容量大。硬盘的容量和转速是硬盘的两个主要技术指标。

光盘是普遍使用的存储媒体之一，一张 CD-ROM 光盘的容量大约为 650MB，一张 DVD-ROM 光盘的容量为 4.7～17GB，一张蓝光光盘（Blu-ray Disc，BD）的容量为 25～400GB。光盘不仅容量大，而且携带方便、使用寿命长。

移动存储设备包括闪存、U 盘和移动硬盘等。

6．输入设备

输入设备是向计算机中输入信息和数据的设备，包括键盘、鼠标、扫描仪和数码相机等。

7．输出设备

输出设备将计算机中的数据或信息以数字、图像、声音、视频等形式表示出来。常见的输出设备有显示器和打印机等。

8．其他输入/输出设备

对微型计算机而言，除了主板上的部件外，其余外接的设备都可视为外部设备。

另一种常见的输入/输出设备是触摸屏，屏幕是输出设备，在屏幕表面安装了一种能感应手指或其他物体触摸的透明膜，将感应信息作为输入信息传送到计算机中。感应膜分为电阻式、电容式和红外线式等。

但是这些已经存在的触控屏幕都是单点触控，也可以说是电阻式触控。其主要缺点是只能识别和支持每次一个手指的触控、点击。iPhone 和 iPad 这么热销，关键就是其多点触控屏技术。多点触控的出现是鼠标出现后用户控制界面的又一次全新升级，这种全新的用户界面通过创新的软件支持和超大的多点触控屏幕，能够通过手指轻松控制一切。

1.3.3 微型计算机的软件系统

微型计算机常用软件可分为两大类：系统软件和应用软件。

1．微机常用的系统软件

（1）操作系统。微机常用系统软件就是微机的操作系统。目前，在微机中广泛使用的操作系统还是微软的 Windows 系列产品，从 1981 年 IBM 公司推出 PC 机，同时推出其 DOS 操作系统 PC-DOS 1.0，1995 年微软推出图形用户界面的 Windows 95，2009 年 10 月正式发布 Windows 7（详见第 3 章），直到 2012 年 10 月正式推出具有全新开始界面和触控式交互系统的 Windows 8。

（2）微机常用的语言及语言处理程序。微机常用的程序设计语言有 C 语言等（详见第 9 章）。

（3）数据库管理系统。数据库是按一定结构组织起来的记录或文件的数据集合。数据库管理系统是组织、管理和处理数据库中数据的计算机软件系统。常用的小型数据库管理软件有 Microsoft Access、FoxPro 等，详见第 8 章。

2．微机常用的应用软件

（1）Microsoft Office 办公系列软件

Microsoft Office 办公系列软件包括 Word、Excel、PowerPoint 等，详见后面章节。

（2）音频、图形、图像、动画和视频制作软件

Adobe 公司的系列软件 Adobe Audition、Adobe Illustrator、Adobe Photoshop、Adobe Flash、Adobe Premiere 等是目前应用广泛的多媒体数据处理软件。

（3）常用工具软件

微机中常用的工具软件主要有压缩/解压缩软件（Winzip、WinRAR）、防病毒软件（瑞星等）、翻译软件（金山词霸等）、多媒体播放软件等。

1.4 计算机系统安全基础知识

1.4.1 计算机安全的基本概念

1．计算机安全

什么是计算机安全?国际标准化委员会建议定义计算机安全为“为数据处理系统建立和采取的技术的和管理的安全保护，保护计算机硬件、软件、数据不因偶然的或恶意的原因而遭到破坏、更改、显露。”；中国公安部计算机管理监察司对于计算机安全的定义是“计算机安全是指

计算机资产安全，即计算机信息系统资源和信息资源不受自然和人为有害因素的威胁和危害”。

计算机系统的安全需求就是要保证在一定的外部环境下，系统能够正常、安全地工作。也就是说，它是为了保证系统资源的安全性、完整性、可靠性、保密性、有效性和合法性以及服务可用性，为了维护正常的信息交流，而建立和采取的组织技术措施和方法的总合。

计算机安全技术大体包括以下方面：实体硬件安全技术、软件技术安全技术、数据信息安全技术、网络站点安全技术、运行服务安全技术、病毒防治技术、防火墙技术和计算机应用系统安全评价。其核心技术是数据加密技术、病毒防治技术以及计算机应用系统安全评估。

2. 计算机网络安全

互联网是对全世界都开放的网络，任何单位或个人都可以在网上方便地传输和获取各种信息，互联网这种具有开放性、共享性、国际性的特点就对计算机网络安全提出了挑战。网络这个开放的平台，给我们带来了方便的同时，也带来一些不安全的因素。

计算机网络安全是指利用网络管理控制和技术措施，在一个网络环境里，保证数据的保密性、完整性及可使用性受到保护。计算机网络安全包括两个方面，即物理安全和逻辑安全。物理安全指系统设备及相关设施受到物理保护，免于破坏、丢失等。逻辑安全包括信息的完整性、保密性和可用性。网络安全的主要目标是保护网络上的计算机资源免受毁坏、替换、盗窃和丢失。其中计算机的资源包括计算机设备、存储介质、软件和数据信息等。

从狭义的保护角度来理解，计算机网络安全是指计算机及其网络系统资源和信息资源不受自然和人为有害因素的威胁和危害，即是指计算机、网络系统的硬件、软件及系统中的数据受到保护，不因偶然的或者恶意的原因而遭到破坏、更改、泄露，确保系统能连续可靠正常地运行，从而使网络服务不中断。

从广义的保护角度来理解，凡是涉及计算机网络信息的保密性、完整性、可用性、真实性、可控性的相关技术和理论都是计算机网络安全的研究领域。广义上的计算机网络安全不仅仅包括信息安全，还包括信息设备的物理安全，例如地理环境、防火措施、电源保护、静电防护、计算机病毒、计算机辐射等多方面。

影响网络安全的因素很多，有硬件系统的因素、软件系统的因素、外部的威胁和入侵、工作操作失误、环境因素等。

1.4.2 计算机病毒

1. 计算机病毒的概述

自从1946计算机诞生以来，计算机应用已经深入到社会的各个领域。然而，1988年发生在美国的“蠕虫病毒”事件，给计算机技术的发展罩上了一层阴影。蠕虫病毒是由美国Cornell大学研究生莫里斯编写的。虽然并无恶意，但在当时，“蠕虫”在Internet上大肆传染，使得数千台连网的计算机停止运行，并造成巨额损失，成为一时的舆论焦点。在国内，最初引起人们注意的病毒是20世纪80年代末出现的“黑色星期五”、“米氏病毒”和“小球病毒”等。因为当时软件种类不多，用户之间的软件交流较为频繁且反病毒软件并不普及，造成病毒的广泛流行。后来出现的Word宏病毒及Windows 95下的CIH病毒，使人们对病毒的认识更加深了一步。最初对病毒理论的构思可追溯到科幻小说。在20世纪70年代美国作家雷恩出版的《P1的青春》一书中构思了一种能够自我复制，利用通信进行传播的计算机程序，并称之为计算机病毒。

1994年2月18日，我国正式颁布实施了《中华人民共和国计算机信息系统安全保护条例》，在《条例》第二十八条中明确指出：“计算机病毒，是指编制或者在计算机程序中插入的破坏计算机功能或者毁坏数据，影响计算机使用，并能自我复制的一组计算机指令或者程序代码。”此定义具有法律性、权威性。

2．计算机病毒的特征

① 非授权可执行性：用户调用执行一个程序时，把系统控制交给这个程序，并分配给它相应的系统资源，如内存，从而使之能够运行并完成用户的要求。因此程序执行的过程对用户是透明的。而计算机病毒是非法程序，正常用户不会明知是病毒程序，而故意调用执行它。但由于计算机病毒具有正常程序的一切特性：可存储性、可执行性。它隐藏在合法的程序或数据中，当用户运行正常程序时，病毒伺机窃取到系统的控制权，得以抢先运行，然而此时用户还认为在执行正常程序。

② 隐蔽性：计算机病毒是一种具有很高编程技巧、短小精悍的可执行程序。它通常附在正常程序之中或磁盘引导扇区中，或者磁盘中标为坏簇的扇区中，以及一些空闲概率较大的扇区中，这是它的非法可存储性。病毒想方设法隐藏自身，就是为了防止用户察觉。

③ 传染性：传染性是计算机病毒最重要的特征，是判断一段程序代码是否为计算机病毒的依据。病毒程序一旦侵入计算机系统就开始搜索可以传染的程序或者磁介质，然后通过自我复制迅速传播。由于目前计算机网络日益发达，计算机病毒可以在极短的时间内，通过像 Internet 这样的网络传遍世界。

④ 潜伏性：计算机病毒具有依附于其他媒体而寄生的能力，这种媒体称之为计算机病毒的宿主。依靠病毒的寄生能力，病毒传染合法的程序和系统后，不会立即发作，而是悄悄隐藏起来，然后在用户没有察觉的情况下进行传染。这样，病毒的潜伏性越好，它在系统中存在的时间也就越长，病毒传染的范围也越广，其危害性也越大。

⑤ 表现性或破坏性：无论何种病毒程序，一旦侵入系统都会对操作系统的运行造成不同程度的影响。即使不直接产生破坏作用的病毒程序，也会占用系统资源（如占用内存空间、磁盘存储空间以及系统运行时间等）。而绝大多数病毒程序要显示一些文字或图像，影响系统的正常运行，还有一些病毒程序删除文件，加密磁盘中的数据，甚至摧毁整个系统和数据，使之无法恢复，造成无可挽回的损失。因此，病毒程序的副作用轻则降低系统工作效率，重则导致系统崩溃、数据丢失。病毒程序的表现性或破坏性体现了病毒设计者的真正意图。

⑥ 可触发性：计算机病毒一般都有一个或者几个触发条件。满足其触发条件或者激活病毒的传染机制，使之进行传染；或者激活病毒的表现部分或破坏部分。触发的实质是一种条件的控制，病毒程序可以依据设计者的要求，在一定条件下实施攻击。这个条件可以是敲入特定字符，使用特定文件，某个特定日期或特定时刻，或者是病毒内置的计数器达到一定次数等。

3．计算机病毒的分类

（1）按寄生方式分为引导型病毒、文件型病毒和复合型病毒

引导型病毒是指寄生在磁盘引导区或主引导区的计算机病毒。此种病毒利用系统引导时，不对主引导区的内容正确与否进行判别的缺点，在引导型系统的过程中入侵系统，驻留内存，监视系统运行，伺机传染和破坏。

文件型病毒是指能够寄生在文件中的计算机病毒。这类病毒程序感染可执行文件或数据文件，如 1575/1591 病毒、848 病毒感染.com 和.exe 等可执行文件，而 Macro/Concept、Macro/Atoms 等宏病毒感染.doc 文件。

复合型病毒是指具有引导型病毒和文件型病毒寄生方式的计算机病毒。这种病毒扩大了病毒程序的传染途径，它既感染磁盘的引导记录，又感染可执行文件。当染有这种病毒的磁盘用于引导系统或调用执行染毒文件时，病毒都会被激活。因此在检测、清除复合型病毒时，必须全面彻底地根治。这种病毒有 Flip 病毒、新世纪病毒、One-half 病毒等。

（2）按破坏性分为良性病毒和恶性病毒

良性病毒是指那些只是为了表现自身，并不彻底破坏系统和数据，但会大量占用 CPU 时间，

增加系统开销，降低系统工作效率的一类计算机病毒。这种病毒多数是恶作剧者的产物，其目的不是为了破坏系统和数据，而是为了让使用染有病毒的计算机用户通过显示器或扬声器看到或听到病毒设计者的编程技术。这类病毒有小球病毒、1575/1591 病毒、救护车病毒、扬基病毒、Dabi 病毒等。还有一些人利用病毒的这些特点宣传自己的政治观点和主张。

恶性病毒是指那些一旦发作后，就会破坏系统或数据，造成计算机系统瘫痪的一类计算机病毒。这类病毒有黑色星期五病毒、火炬病毒、米开朗基罗病毒等。这种病毒危害性极大，有些病毒发作后可以给用户造成不可挽回的损失。

4．网络病毒

网络的迅速发展，扩大了人类的信息交流，也为计算机病毒的传播打开了方便之门。它不仅加速了各种病毒的传播，同时也孕育了一种新型的病毒——网络病毒，这种病毒可以感染与其所感染的主机有网络链接的其他主机，病毒的传播方式是自动查找可传播机器的位置，同时自身复制传播，使得病毒在传播的初期就有可能出现爆发的情况。而且，病毒在感染过程中，不需要人类的介入，使得很多主机在使用者丝毫不知的情况下遭到了感染。因此了解网络病毒的特点和传播方式，进而制定网络病毒的防治方案就显得尤为重要。

“计算机病毒”目前已经有一个明确的概念，但对于“计算机网络病毒”目前还没有统一的、法律性的定义，归纳起来主要有两种观点。狭义的观点认为网络病毒应该严格地局限在网络范围之内，即网络病毒应该是充分利用网络的协议及体系结构作为其传播的途径和机制，同时网络病毒的破坏对象也是针对网络的。这种观点将所有单机病毒排斥在网络病毒的讨论范围之外。广义的观点认为，只要能在网络上传播并能对网络产生破坏的病毒，无论破坏的是网络还是网络计算机，都称为网络病毒。

网络病毒具有感染速度快、扩散面广、针对性强、难以控制和彻底清除、破坏性大、可激发性、潜在性、具有蠕虫和黑客程序的功能等特性。

下面介绍几种常见的网络病毒。

（1）木马病毒

相信读者或许听说过 QQ 木马、网游木马、网银木马等名词。

木马（Trojan）这个名字来源于古希腊传说（荷马史诗中的故事，Trojan 一词的本意是特洛伊，这里指特洛伊木马）。木马程序是目前比较流行的病毒文件，与一般的病毒不同，它不会自我繁殖，也并不“刻意”地去感染其他文件。它通过将自身伪装吸引用户下载执行，向施种木马者打开被种者计算机的门户，使施种者可以任意毁坏、窃取被种者计算机中的文件，甚至远程操控被种者计算机。

木马与计算机网络中常常要用到的远程控制软件有些相似，但由于远程控制软件是“善意”的控制，因此通常不具有隐蔽性；木马则完全相反，木马要达到的是“偷窃”性的远程控制，如果没有很强的隐蔽性的话，那就是“毫无价值”的。可以使用木马查杀和防火墙技术来防御木马入侵。

（2）蠕虫病毒

蠕虫病毒是一种常见的计算机病毒。它利用网络进行复制和传播，传染途径是通过网络和电子邮件。

蠕虫病毒是自包含的程序（或是一套程序），它能传播它自身功能的副本或它的某些部分到其他的计算机系统中（通常是经过网络连接）。请注意，与一般病毒不同，蠕虫不需要将其自身附着到宿主程序上。有两种类型的蠕虫：主机蠕虫与网络蠕虫。主机蠕虫完全包含在其运行的计算机中，并且通过网络的连接将其副本复制到其他计算机中，之后，主机蠕虫自身会终止。蠕虫病毒一般通过 1434 端口漏洞传播。

例如，前几年危害很大的“尼姆亚”病毒就是蠕虫病毒的一种，2006 年发现的“熊猫烧香”病毒及其变种也是蠕虫病毒。“熊猫烧香”病毒除了通过网站带毒感染用户之外，还会在局域网中传播，在极短时间之内就可以感染几千台计算机，严重时可能导致网络瘫痪。中毒计算机上会出现“熊猫烧香”图案，然后出现蓝屏、频繁重启机器以及系统硬盘中数据文件被破坏等现象。

蠕虫病毒利用的是微软 Windows 操作系统的漏洞，计算机感染这一病毒后，会不断自动拨号上网，并利用文件中的地址信息或者网络共享进行传播，最终破坏用户的大部分重要数据。蠕虫病毒的一般防治方法是：使用具有实时监控功能的杀毒软件，并且注意不要轻易打开不熟悉的邮件附件。

5．计算机病毒的检测与清除

常用的检查方法有外观检查法和软件检查方法。

病毒侵入计算机系统后，会使计算机系统的某些部分发生变化，引起一些异常现象，如屏幕显示的异常、系统运行速度的异常、打印机并行端口的异常、通信串行口的异常等。可以根据这些异常现象来判断病毒的存在，尽早地发现病毒，并进行适当处理。外观检测法是最常用的病毒检测方法，它要求用户对计算机有相当的了解并有一定的经验，才可以较准确地发现病毒。

软件检查方法是最直观、最常用的检查方法。如果通过外观简单方法不能判断是否有病毒的存在，则可以使用杀毒软件对计算机系统进行病毒扫描，当然扫描病毒之前保证杀毒软件是最新升级的病毒库。

当用户发现异常现象时，就要对计算机系统做进一步的检测，最佳方法是安全扫描。一旦发现隐患，可以尽早排除。计算机病毒的清除通常利用杀毒软件，它可以对计算机病毒进行自动预防、检测和清除，是一种快速、高效、准确的方法，适合于一般用户采用。不管用哪一种杀毒软件，一定要经常升级病毒库，以查出并杀灭各种新产生或流行的病毒。还有计算机专业人员可通过解剖软件，在注册表里删除随系统启动的非法程序等方法予以清除病毒。

6．计算机病毒的预防

计算机病毒是可以防范的。防范计算机病毒的最好办法就是切断计算机病毒的感染源之间的联系，预防计算机病毒可采取以下措施。（1）首先要安装正版的查杀病毒软件（如：瑞星，金山毒霸等）。其次要重视病毒库的升级更新，病毒常有新的变种和代码程序，应及时下载防毒补丁，更新病毒信息。（2）加强防病毒意识，关注传播途径，不非法复制软件，应重视 U 盘、光盘、移动硬盘等存储介质使用前的查毒工作，杜绝病毒的交叉感染。（3）加强硬盘管理，对硬盘中的重要数据，软件、系统信息要经常备份。（4）对于 Internet 用户，要有在线（实时监测）的病毒防护系统，选择合适的防病毒软件建立可靠的“屏障”，隔离过滤 Internet 上的不健康、不安全站点。（5）提高网络系统的安全性能，堵住病毒可能利用的安全漏洞。（6）加强法制观念，发现新的病毒及时向计算机安全检察部门报告。

在计算机普遍使用的今天，计算机病毒也广泛存在。由于计算机病毒的种类繁多且新的计算机病毒不断出现，计算机病毒的防治技术也会不断提高。计算机病毒在给人们使用计算机带来危险的同时，也将从其反面推动计算机技术的发展。计算机病毒与反计算机病毒是一个永不休止，不断循环的往复的斗争过程，人们应在同计算机病毒的斗争中不断提高，不断进步，逐步建成一个更为安全的计算机系统。

1.4.3 计算机安全防御手段

计算机病毒、网络病毒、黑客技术等给计算机的信息带来不安全的因素，为了保护计算机网络系统的安全，必须了解一些安全技术。

1. 备份和镜像技术

备份是容灾的基础，是指为防止系统出现操作失误或系统故障导致数据丢失，而将全部或部分数据集合从应用主机的硬盘或阵列复制到其他存储介质中的过程。传统的数据备份主要采用内置或外置的磁带机进行冷备份。但是这种方式只能防止操作失误等人为故障，而且其恢复时间也很长。随着技术的不断发展，数据的海量增加，不少企业开始采用网络备份。网络备份一般通过专业的数据存储管理软件结合相应的硬件和存储设备来实现。

镜像技术是集群技术的一种，是将建立在同一个局域网之中的两台服务器通过软件或其他特殊的网络设备，将两台服务器的硬盘做镜像。其中，一台服务器被指定为主服务器，另一台为从服务器。客户只能对主服务器中镜像的卷进行读/写，即只有主服务器通过网络向用户提供服务，从服务器中相应的卷被锁定以防止对数据的存取。主/从服务器分别通过心跳监测线路互相监测对方的运行状态，当主服务器因故障停机时，从服务器将在很短的时间内接管主服务器的应用。

2. 安装防病毒软件

防病毒软件也称杀毒软件或反病毒软件，是用于消除计算机病毒、特洛伊木马和恶意软件的一类软件。目前国内杀毒软件有：360 杀毒、金山毒霸、瑞星杀毒软件等。

杀毒软件通常集成监控识别、病毒扫描和清除及自动升级等功能，有的杀毒软件还带有数据恢复等功能，是计算机防御系统的重要组成部分。计算机在上网过程中，被恶意程序将系统文件篡改，导致计算机系统无法正常运行，然后要用一些杀毒的程序，来杀掉病毒，这种杀毒程序称为杀毒软件。反病毒则包括查杀病毒和防御病毒入侵两种功能。国内的杀毒软件随着技术的提高，与世界反病毒业接轨，统称为“反病毒软件”或“安全防护软件”。大部分杀毒软件是滞后于计算机病毒的，所以要及时更新升级软件版本和定期进行安全扫描。

3. 数据加密

数据加密又称密码学，指通过加密算法和加密密钥将明文转变为密文，而解密则是通过解密算法和解密密钥将密文恢复为明文。数据加密目前仍是计算机系统对信息进行保护的一种最可靠的办法。它利用密码技术对信息进行加密，实现信息隐蔽，从而起到保护信息安全的作用。

加密的技术种类包括对称加密技术和非对称加密技术。

对称加密采用对称密码编码技术，它的特点是文件加密和解密使用相同的密钥，即加密密钥也可以用作解密密钥，这种方法在密码学中叫作对称加密算法，对称加密算法使用起来简单快捷，密钥较短，且破译困难。除了数据加密标准（DES）外，另一种对称密钥加密系统是国际数据加密算法（IDEA），它比 DES 的加密性好，而且对计算机功能要求也没有那么高。IDEA 加密标准由 PGP（Pretty Good Privacy）系统使用。数据加密算法（Data Encryption Algorithm，DEA）是一种对称加密算法。

非对称加密技术，是 1976 年美国学者 Dime 和 Henman 为解决信息公开传送和密钥管理问题，提出一种新的密钥交换协议，允许在不安全的媒体上的通信双方交换信息，安全地达成一致的密钥，这就是“公开密钥系统”。与对称加密算法不同，非对称加密算法需要两个密钥：公开密钥（Public Key）和私有密钥（Private Key）。公开密钥与私有密钥是一对，如果用公开密钥对数据进行加密，那么只有用对应的私有密钥才能解密；如果用私有密钥对数据进行加密，那么只有用对应的公开密钥才能解密。因为加密和解密使用的是两个不同的密钥，所以这种算法叫作非对称加密算法。

本章小结

本章主要介绍计算机的基础知识，包括计算机的发展和应用、计算机系统的组成和基本工作原理等。通过对计算机的发展历程、计算机的应用领域、计算机的特点和分类、计算机系统的组成和基本工作原理、微型计算机系统的组成、计算机安全等内容的学习，相信大家对计算机，特别是微型计算机有了一个较为完整的认识。计算机同人一样，也是由硬件和软件组成的，硬件是物质基础，软件是灵魂，二者相辅相成，完成特定的工作任务。

需要强调的是，目前 IT 技术日新月异，请大家在今后的学习、生活中多关注这方面的发展资讯，以丰富、延伸学习内容，与时俱进。

在此基础上，大家一定想深入了解和使用计算机，解决学习、生活中的一些问题吧？接下来要介绍计算机中的数据表示，可以让我们对计算机中如何表示数字、文字、图形、图像、声音等有更多的了解。

第 2 章　计算机中的数据表示

学习要点：

- 理解 0 和 1 在计算机数据表示中的重要性；
- 了解二进制数的表示；
- 掌握计算机中常用的计数制及其相互间的转换；
- 掌握二进制数算术运算和逻辑运算；
- 了解计算机中的原码、反码及补码的表示；
- 掌握计算机中的字符编码；
- 了解多媒体数据的表示方法；
- 了解基于计算机的数据处理的一般过程。

建议学时：上课 2 学时，上机 2 学时。

当我们要使用计算机处理现实问题时，首先要面对的就是如何用计算机中的数据表示相关的信息。在当今的计算机中可以存储、处理和传输的内容是多种多样的，包括文本、数字、音乐、图像、语音和视频等，这些都可以称为计算机中的数据表示。

数据是指表示人、事物和概念的一组符号，是计算机处理的对象。数据可以分为数值型和非数值型。数值型的数据可以是科学计算的数据，可以是商场中商品的数量和价格，还可以是日期和时间等；非数值型的数据可以是字符、街道的门牌号、音乐、图像、视频等。

通过本章学习，能够了解计算机中二进制数的表示，计算机中常用数制及其相互间的转换，计算机中原码、补码和反码的表示，字符和汉字编码，以及多媒体数据的表示方法。

2.1　计算机中的数制

数字是计算机最早的处理对象。数字不仅有大小之分，还有不同的进位准则。虽然在计算机中数据都用二进制数表示，但人们最熟悉的还是十进制数，因此绝大多数计算机的终端都能够接收和输出十进制数，此外，为理解和书写方便，还常常使用八进制数和十六进制数，但它们最终都要转化为二进制数后才能在计算机内部存储和处理。所以掌握计算机中的数制和数制间的转换是十分重要的。

2.1.1　位、字节和字长

1．位

在计算机的内部和数字设备中，所有的数据都是以二进制数表示的，即 0 和 1 的序列。“位”（bit）就是由二进制数字（binary digit）得来的，常以 b 表示。

每个二进制位只能表示两种状态：0 和 1。但是如果有 2 位二进制数，则可以表示 4 种状态：00、01、10 和 11。随着二进制位数的增加，可表示的状态组合也以 2 的倍数增加，例如，如果有 8 位二进制位数，则可以表示的状态组合就是 $2^8=256$。

位是计算机中最小的数据单位，一般用逻辑器件的一种状态来表示，例如，“断开”或“闭合”。在半导体存储器中，0 和 1 可以用晶体管的“截止”和“导通”两种状态来表示。

2．字节

字节（Byte）是计算机数据处理的基本单位。1个字节由8个二进制位组成，常用B表示。

在计算机和其他的数字设备中，一般用字节作为存储容量的基本单位。例如，计算机的内存容量、硬盘的存储容量、数码相机的存储介质大小等都以字节为单位表示。

表示存储容量大小除了B（字节）外，还有KB（千字节）、MB（兆字节）、GB（吉字节）、TB（太字节）等。它们之间的换算关系如下：

$1KB=2^{10}B=1024B$

$1MB=2^{20}B=1024KB$

$1GB=2^{30}B=1024MB$

$1TB=2^{40}B=1024GB$

3．字长

计算机处理数据时，一次能够并行处理的二进制位数就是该计算机的字长。通常计算机的字长是字节的倍数，如8位、16位、32位和64位等。

计算机按照字长进行分类，可以分为8位机、16位机、32位机和64位机等。字长越长，计算机所表示数的范围就越大，处理能力也越强，运算精度也越高。在不同字长的计算机中，字的长度也不相同。例如，在16位机中，一个字含有16个二进制位，而在64位机中，一个字则含有64个二进制位。

2.1.2 计算机中的常用数制

1．进位计数制

数制也称计数制，是指用一组固定的符号和统一的规则来表示数值的方法。按进位的原则进行计数的方法，称为进位计数制。例如，在十进位计数制中，是按照“逢十进一”的原则进行计数的。

常用进位计数制：十进制（Decimal notation）、二进制（Binary notation）、八进制（Octal notation）和十六进制（Hexadecimal notation）。

2．进位计数制的基数与位权

计数制由基本符号（通常称为基符）、基数和位权3个要素组成。一个数的基符就是组成该数的所有数字和字母，所有的数字符号的个数称为数制的基数。基数的i次方称为位权，i代表基符在数中的“位”，位从小数点起向两侧计位，整数部分从0开始，小数部分从−1开始。

（1）基数：所谓基数，就是进位计数制的每位上可能有的数码的个数。例如，十进制数每位上的数码，有0, 1, 2, 3, …, 9共10个数码，所以基数为10。

（2）位权：所谓位权，是指一个数值的每位上数码的权值的大小。例如，十进制数1357从低位到高位的位权分别为10^0、10^1、10^2、10^3。因为：

$$1357=1\times10^3+3\times10^2+5\times10^1+7\times10^0$$

（3）数的位权表示：任何一种数制的数都可以表示成按位权展开的多项式之和。例如，十进制数的1234.56可表示为：

$$1234.56=1\times10^3+2\times10^2+3\times10^1+4\times10^0+5\times10^{-1}+6\times10^{-2}$$

3．二进制数（Binary）

二进制数的只有两个数码0和1，采用“逢二进一，借一当二”的运算规则，基数为2，位权是以2为底的幂。例如，二进制数110101可以表示为$1\times2^5+1\times2^4+0\times2^3+1\times2^2+0\times2^1+1\times2^0$。

4．八进制数（Octal）

八进制数有 8 个数码：0, 1, 2, …, 7，采用“逢八进一，借一当八”的运算规则。基数为 8。

5．十六进制数（Hexadecimal）

十六进制数有 10 个数码 0, 1, 2, …, 9 和 6 个字母 A、B、C、D、E、F（分别对应十进制数 10、11、12、13、14、15），采用“逢十六进一，借一当十六”的运算规则，基数为 16。例如：$(1FD)_{16}=1\times16^2+15\times16^1+13\times16^0$。

几种数制的表示方法见表 2.1.1。

表 2.1.1　几种数制的表示方法

数制	进位规则	基数	基符	位权	数制标识
二进制	逢二进一	2	0, 1	2^i	B
八进制	逢八进一	8	0～7	8^i	O
十进制	逢十进一	10	0～9	10^i	D
十六进制	逢十六进一	16	0～9，A～F	16^i	H

几种数制的对应关系见表 2.1.2。

表 2.1.2　几种数制的对应关系

十进制数	二进制数	八进制数	十六进制数
0	0	0	0
1	1	1	1
2	10	2	2
3	11	3	3
4	100	4	4
5	101	5	5
6	110	6	6
7	111	7	7
8	1000	10	8
9	1001	11	9
10	1010	12	A
11	1011	13	B
12	1100	14	C
13	1101	15	D
14	1110	16	E
15	1111	17	F

6．计算机中为什么要用二进制数

在日常生活中，人们并不经常使用二进制数，因为它不符合人们的固有习惯。但计算机内部的数是用二进制数来表示的，主要原因如下。

（1）易于用电子线路表示

计算机是由逻辑电路组成的，逻辑电路通常只有两个状态，例如，开关的接通与断开，晶体管的饱和与截止，电压的高与低等。这两种状态正好用来表示二进制数的两个数码 0 和 1。若采用十进制数，则需要有 10 种状态来表示 10 个数码，实现起来比较困难。

（2）可靠性高

两种状态表示两个数码，数码在传输和处理中不容易出错，因而电路更加可靠。

（3）运算简单

二进制数的运算规则简单，无论是算术运算还是逻辑运算都容易进行。十进制数的运算规则相对烦琐。已经证明，R 进制数的算术求和、求积规则各有 $R(R+1)/2$ 种。如果采用二进制数，则求和与求积运算法各有 3 个，因而简化了运算器等物理器件的设计。

（4）逻辑性强

计算机不仅能进行数值运算而且能进行逻辑运算。逻辑运算的基础是逻辑代数，而逻辑代数是二值逻辑。二进制的两个数码 1 和 0，恰好代表逻辑代数中的“真”（True）和“假”（False）。

2.1.3　二进制数的基本运算

1．二进制数的算术运算

二进制数的加法规则：0+0=0，0+1=1，1+0=1，1+1=0（向高位进 1）

二进制数的减法规则：0−0=0，1−1=0，1−0=1，0−1=1（向高位借 1）

二进制数的乘法规则：0×0=0，1×0=0，0×1=0，1×1=1

2．二进制数的逻辑运算

（1）逻辑值及其表示

逻辑值只有两个值："真"与"假"，在计算机内部表示为 1 和 0。不同的软件或程序设计语言中采用不同的符号代表逻辑"真"值（如 True、T、1 等）和"假"值（如 False、F、0 等）。对逻辑变量施行的运算称为逻辑运算，基本运算有"与"、"或"、"非"三种。

（2）基本的逻辑运算

① 逻辑"与"（AND）运算：逻辑"与"运算产生两个逻辑变量的逻辑积。仅当两个逻辑变量都为 1 时，它们的逻辑"与"结果才为 1，否则为 0。运算符号常用"∧"、"×"、"AND"来表示。"与"运算真值表见表 2.1.3。

表 2.1.3　"与"运算真值表

A	B	$F=A\wedge B$
0	0	0
0	1	0
1	0	0
1	1	1

【例 2-1】　设 X=10110011，Y=11010101，求 $X\wedge Y$。

解：

$$\begin{array}{r} 10110011 \\ \times\ \ 11010101 \\ \hline 10010001 \end{array}$$

即：$X\wedge Y$=10010001。

② 逻辑"或"（OR）运算：逻辑"或"运算产生两个逻辑变量的逻辑和。仅当两个逻辑变量都为 0 时，它们的逻辑"或"结果才为 0，否则为 1。运算符号常用"∨"、"+"和"OR"来表示。"或"运算真值表见表 2.1.4。

表 2.1.4　"或"运算真值表

A	B	$F=A\vee B$
0	0	0
0	1	1
1	0	1
1	1	1

【例 2-2】　设 X=10110011，Y=11010101，求 $X\vee Y$。

解：

$$\begin{array}{r} 10110011 \\ +\ \ 11010101 \\ \hline 11110111 \end{array}$$

即：$X\vee Y$=11110111。

③ 逻辑"非"（NOT）运算：逻辑"非"运算是对单一逻辑变量进行求反运算。当逻辑变量为 1 时，"非"运算的结果为 0，反之亦然。运算符号常用"¯"或"NOT"来表示。"非"运

算真值表见表 2.1.5。

表 2.1.5　"非"运算真值表

A	$F=\overline{A}$
1	0
0	1

【例 2-3】　设 X=10111011，求 $\overline{X}$。

解：$\overline{X}$=01000100。

3．二进制小数

在二进制数中带有小数点的数称为二进制小数，即用小数点左边的数字表示数值的整数部分，小数点右边的数字表示数值的小数部分。它们可以用按权展开的方式表示，具体地说，小数点右边第一位位权为 2^{-1}，第二位位权为 2^{-2}，第三位位权为 2^{-3}，其余类推。例如，二进制数 0.1101 可以表示为 $1\times2^{-1}+1\times2^{-2}+0\times2^{-3}+1\times2^{-4}$。

对于带小数的二进制数的加法，即两个带小数点的二进制数相加，只要将小数点对齐，按加法规则运算即可。

【例 2-4】　求 1101.11+10101.101=?

解：

$$\begin{array}{r} 1101.11 \\ +10101.101 \\ \hline 100011.011 \end{array}$$

结果：1101.11+ 10101.101= 100011.011。

在这里特别要说明的是，在计算机中并不是所有的十进制小数都可以用有限的二进制小数表示。例如，$(0.1)_{10}=(0.0\dot{0}\dot{0}\dot{1}\dot{1})_2$，上方带点的 4 位二进制数表示循环。在实际应用中，可以根据精度的要求，选择保留合适的小数位数或有效数字。

2.1.4　不同计数制之间的转换

1．R 进制数转换成十进制数

任意进制的数转换为十进制数的方法是：各位数码乘以位权，乘积相加。

【例 2-5】　将二进制数 $(1010110.01)_2$ 转换为十进制数。

$$(1010110.01)_2=1\times2^6+0\times2^5+1\times2^4+0\times2^3+1\times2^2+1\times2^1+0\times2^0+0\times2^{-1}+1\times2^{-2}=(86.25)_{10}$$

【例 2-6】　将八进制数 $(371.24)_8$ 转换为十进制数。

$$(371.24)_8=3\times8^2+7\times8^1+1\times8^0+2\times8^{-1}+4\times8^{-2}=(249.3125)_{10}$$

2．十进制数转换成 R 进制数

十进制数转换成 R 进制数的规则如下。

整数部分：除数取余，直至商为零，逆排。

小数部分：乘积取整，直至满足精度为止，顺排。

【例 2-7】　将十进制数 $(27)_{10}$ 转换成二进制数。

根据整数部分的运算规则，运算过程如下：

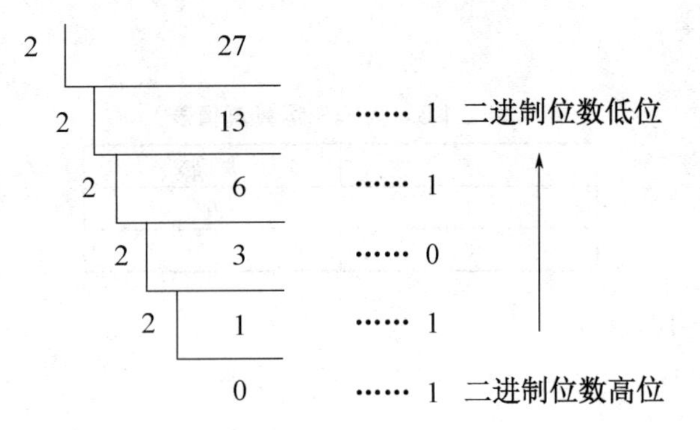

所以，$(27)_{10}=(11011)_2$

【例 2－】8　将十进制数$(75.3125)_{10}$转换成八进制数。

整数部分的运算过程如下：

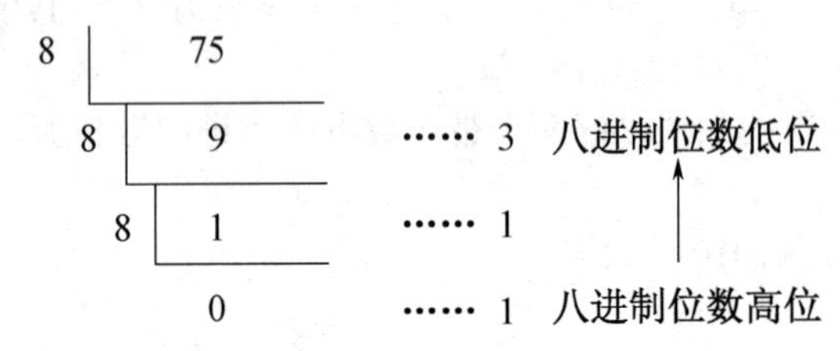

小数部分采用“乘八取整”的方法，运算过程如下：

$$\begin{array}{r} 0.3125 \\ \times \quad\quad 8 \\ \hline 0.5000 \\ \times \quad\quad 8 \\ \hline 0.0000 \end{array}\quad \begin{array}{l} \\ \text{取整} \\ \cdots\cdots 2 \\ \\ \cdots\cdots 4 \end{array}$$

所以，$(75.3125)_{10}=(113.24)_8$。

3．二进制数和八进制数之间的相互转换

（1）二进制数转换为八进制数：从小数点开始，向左、右两侧每 3 位分成 1 节，最高或最低 1 节不足 3 位时，补 0，再将每 3 位转换为对应的八进制数。

【例 2－】9　将二进制数$(11101110.0101)_2$转换成八进制数。

每 3 位二进制数分为 1 节：011　101　110 . 010　100

↓　↓　↓　↓　↓

八进制数：3　5　6 . 2　4

所以，$(11101110.0101)_2=(356.24)_8$。

（2）八进制数转换为二进制数：1 位八进制数对应 3 位二进制数，去掉整数部分最高位和小数部分最低位的 0。

【例 2－】0 将八进制数$(257.41)_8$转换成二进制数。

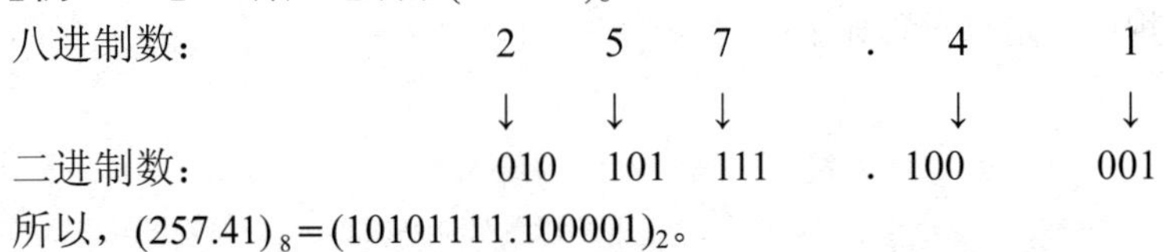

所以，$(257.41)_8=(10101111.100001)_2$。

4．二进制数和十六进制数之间的相互转换

（1）二进制数转换为十六进制数：从小数点开始，向左、右两侧每 4 位分成 1 节，最高或最低 1 节不足 4 位时，补 0，再将每 4 位转换为对应的十六进制数。

【例 2-11】 将二进制数$(11010110.00111)_2$转换成十六进制数。

二进制数分节：1101　0110　.　0011　1000

↓　↓　↓　↓

十六进制数：D　6　.　3　8

所以，$(11010110.00111)_2=(D6.38)_{16}$。

（2）十六进制数转换为二进制数：用 4 位二进制数取代 1 位十六进制数，去掉整数部分最高位和小数部分最低位的 0。

【例 2-12】 将十六进制数$(F5.7B)_{16}$转换成二进制数。

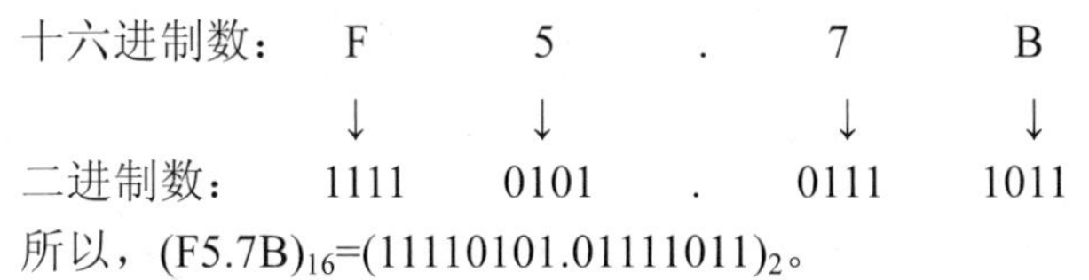

所以，$(F5.7B)_{16}=(11110101.01111011)_2$。

2.2 计算机中的数值表示

用于表示数值大小的数据称为数值数据。计算机能够处理的数值可以是整数，也可以是小数，还可以有正数和负数之分，它们在计算机中是如何表示的呢？

2.2.1 机器数和真值

计算机中存储和处理的二进制数可称为机器数。十进制数有正数和负数，同样二进制数也有正负之分。十进制数的正数和负数分别用“+”和“-”表示，计算机中的二进制数用数据的最高位来表示符号，即数据的最高位不是数据位，而是符号位。一般用“0”表示正数，“1”表示负数。以 8 位字长为例，D_7位为符号位，D_6～D_0为数据位。例如，二进制数-1101010 可以表示为 11101010，而二进制数 101101 可以表示为 00101101。机器数的表示如图 2.2.1 所示。

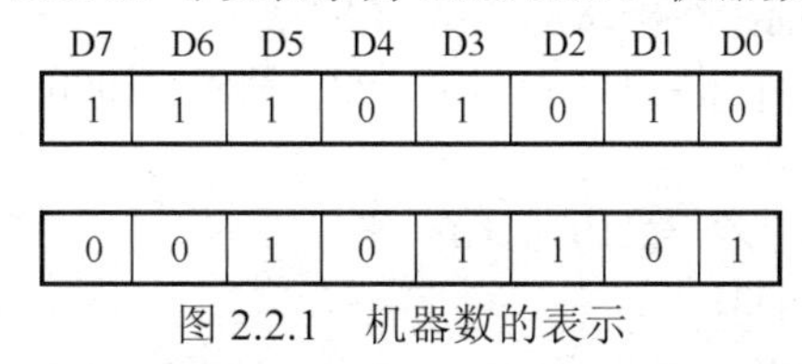

图 2.2.1 机器数的表示

我们把用“0”或“1”表示正负号的数叫作“机器数”，而它对应的实际值叫作“真值”或“尾数”。

2.2.2 原码、反码和补码

在计算机中，机器数可以用不同的码制来表示。常用的码制有原码、反码和补码 3 种表示法。其主要目的是解决减法运算。任何正数的原码、反码和补码的形式完全相同，负数则各自有不同的表示形式。

1. 原码

原码的表示方法为：如果真值是正数，则最高位为 0，其他位保持不变；如果真值是负数，则最高位为 1，其他位保持不变。原码可以表示为“符号位+真值”。

例如，$X=(+49)_{10}$，$Y=(-49)_{10}$（以下表示假设字长为 8 位），则

$[X]_{原}=(0\quad 0110001)_2$，$[Y]_{原}=(1\quad 0110001)_2$

符号位 真值　　符号位 真值

采用原码，优点是简单直观，与真值之间转换方便。但原码表示在进行加减运算时比较麻烦，符号位不能参与运算，否则会出现错误。

例如，$X=(+49)_{10}$，$Z=(-28)_{10}$，（$X+Z$）计算的结果应该为$(+21)_{10}$，但转换为原码后，$[X]_{原}+[Z]_{原}=(11001101)_2=(-77)_{10}$，显然结果是错误的，其原因就是，符号位不能作为数值参加运算。使用原码要得到正确结果，还需要附加一些必要的操作，这使得原码运算变得复杂。因此，为解决此问题及运算方便，在计算机中通常将减法运算转换为补码的加法运算，即减去一个数相当于加上这个数的补码。实际上，在计算机中，负数都是以补码的形式存储的。

另外，原码还有一个问题，就是 0 的原码有两种表示方法：+0 的原码是 00000000，−0 的原码是 10000000。

2. 反码

反码的表示方法为：如果真值是正数，则最高位为 0，其他位保持不变；如果真值是负数，则最高位为 1，其他位按位求反。

例如：$X=(+49)_{10}$，$Y=(-49)_{10}$（以下表示假设字长为 8 位）

则：　$[X]_{反}=(00110001)_2$，$[Y]_{反}=(11001110)_2$

另外，0 的反码同样也有两种表示方法：+0 的反码是 00000000，−0 的反码是 11111111。

反码通常作为求补过程的中间值，通过反码可以方便地求得补码。

3. 补码

补码的表示方法为：若真值是正数，则最高位为 0，其他位保持不变；若真值是负数，则最高位为 1，其他位按位求反后再加 1。

例如：$X=(+49)_{10}$，$Y=(-49)_{10}$（以下表示假设字长为 8 位）

则：　$[X]_{补}=(00110001)_2$，$[Y]_{补}=(11001111)_2$

通过以上内容可以得知，正数的补码和原码相同，负数的补码是其反码加 1。

让我们再来看看 $X=(+49)_{10}$，$Z=(-28)_{10}$ 时 $X+Z$ 的结果。

$[X]_{补}=(00110001)_2$，$[Z]_{补}=(11100100)_2$，$[X]_{补}+[Z]_{补}=(00010101)_2=(+21)_{10}$

又如：$X=(+49)_{10}$，$Z=(-58)_{10}$

则：　$[X]_{补}=(00110001)_2$，$[Z]_{补}=(11000110)_2$

$[X]_{补}+[Z]_{补}=(11110111)_2$

连同符号位运算后，如果符号位为 1，则和数为补码，需要将其还原为原码才能得到最终结果。对以上结果 11110111 求补的结果为 10001001（符号位不变），对应的十进制数为−9。如果计算结果的符号位为 0，则结果不需要转换。

由以上的运算可以得知，补码的符号位可以作为数值参与运算，且计算完后，不需要根据符号位进行调整。另外，0 的补码表示方法也是唯一的，即 00000000。

正数的反码和补码与原码的相同，负数的反码是对除符号位以外的各位求反，其补码为反码加 1。

4. 机器数的表示范围

通常，根据机器数所占字节数决定数值的表示范围。如果用一个字节存放的机器数，其表示范围为：1 0000000～0 1111111，即十进制数的−128～127（-2^7～2^7-1）。

这里，$(1\ 0000000)_{补}=(-128)_{10}$，$(0\ 1111111)_{补}=(127)_{10}$。

因为，在补码中用−128 代替了−0，所以补码表示范围为−128～127 共 256 个数。

如果用两个字节存放机器数，则表示范围为−32768～32767($-2^{15}\sim2^{15}-1$)。

2.2.3 定点数和浮点数

计算机在处理带有小数的数值型数据时，需要确定小数点的位置。在实际使用中，并没有像符号位一样设定独立的位来表示小数点，而是采用了两种方法表示小数点的位置：定点数和浮点数。

1. 定点数

所谓定点数，就是小数点位置固定不变的数。定点数有两种：定点小数和定点整数。定点小数将小数点固定在最高数据位的左边，因此表示的是小于 1 的纯小数。定点整数将小数点固定在最低数据位的右边，因此定点整数表示的也只是纯整数。

实际上，在计算机中定点小数和定点整数只是依照约定小数点的位置，表示形式上并没有区别。

2. 浮点数

所谓浮点数，就是小数点位置可以变化的数。在十进制数中，一个数可以表示为不同的形式，例如 12345 可以写成 1.2345×10^4、0.12345×10^5、123.45×10^2 等。一个二进制数也能写成多种形式，例如 101110.1 可以写成 0.1011101×2^6、1011.101×2^2 等。这类似于科学计数法。

一个浮点数分为阶码和尾数两部分：阶码表示小数点在该数中的位置，用二进制定点整数表示；尾数表示数的有效数字，用二进制定点小数表示。为了提高浮点数表示的精度，规定其尾数的最高位必须是非零的有效位，即小数点后第一位是 1。浮点数的表示范围取决于阶码，精度取决于尾数。

浮点数的一般表示形式为：$N=2^E\times D$，其中，D 称为尾数，E 称为阶码。浮点数的一般表示形式如图 2.2.2 所示。

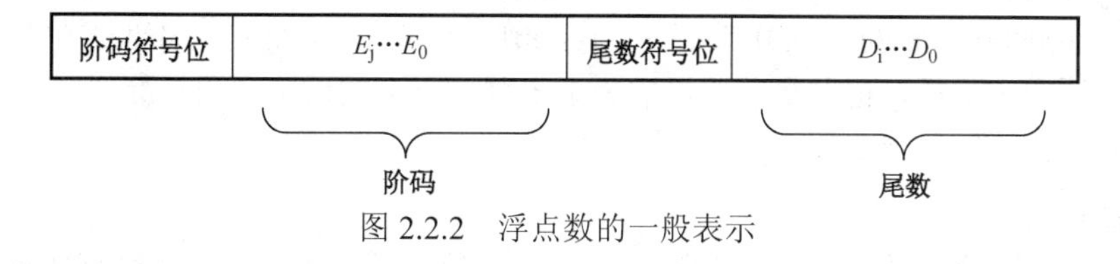

图 2.2.2　浮点数的一般表示

例如，求二进制数+1110011 的浮点表示。首先，对其进行浮点数的规格化，将其表示为 0.1110011×2^7，即阶码为 7，尾数为 0.1110011。如果用 4 个字节表示浮点数，则其中阶码部分为 8 位补码定点整数，尾数部分为 24 位补码定点小数。浮点数的表示如图 2.2.3 所示。

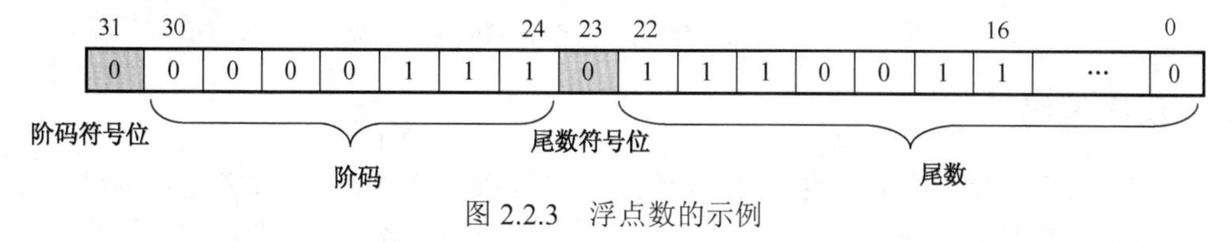

图 2.2.3　浮点数的示例

2.3 计算机中的字符编码

计算机、平板电脑和手机等数字设备中是怎样表示字母、字符和汉字的呢？字符数据包括字母、符号、汉字以及字符型的数字。字符型的数字不用进行算术运算，仅用来表示某种含义。例如，中国邮政编码就是由 6 位阿拉伯数字组成的，它是邮局的投递区域的专用代码，算术运算对于它们来说毫无意义。计算机以及其他的数字设备也使用二进制位组成的编码来表示字母、符号、数字和汉字。

图 2.3.1 说明计算机如何用二进制位 0 和 1 的序列表示文本“HI！”中的字母和符号。图 2.3.2 说明汉字“你好！”在计算机中存储的二进制编码。一个英文的字母或符号占用一个字节，而一个汉字实际占用两个字节。

图 2.3.1 计算机中的字符编码　　图 2.3.2 计算机中的汉字编码

表示字符数据的编码类型有多种，如 ASCII、BCD、Unicode 和 GB2312-80 等。

2.3.1 字符编码

1. ASCII 码

在计算机中使用的字符主要有英文字母、标点符号、运算符号等，所有这些字符也是以二进制数的形式表示的，但是和数值不一样，字符与二进制数之间没有必然的对应关系。这些字符的二进制编码只是人为编制的。

现在使用最普遍的编码是美国国家标准信息交换码，即 ASCII 码（American National Standard Code for Information Interchange）。它用 1 个字节的低 7 位（最高位为 0）表示 128 个不同的字符，这些字符包括 26 个英文字母（大小写）、0～9 的 10 个阿拉伯数字、33 个通用运算符和标点符号，以及 33 个控制码。利用 ASCII 标准，可以进行完整的英文文本表达。例如，英文字母 A 的 ASCII 编码是 1000001，a 的 ASCII 编码是 1100001，数字 1 的 ASCII 编码是 0110001。ASCII 虽然是一种美国国家标准，但是目前已经成为了一种事实上的国际通用标准。

ASCII 码具体编码见表 2.3.1。

2. BCD 码

在计算机内部，各种数据信息必须经过编码后才能进行处理。数值型数据的编码有若干种形式。一种是纯二进制数形式，如定点数、浮点数等。为了使数据操作尽可能简单，人们又提出 BCD（Binary Coded Decimal Number）编码。BCD 码能够在计算机中快速进行十进制数与二进制数的转换。BCD 码以 4 位二进制数表示 1 位十进制数，例如：

$$(123)_{10}=(0001\ 0010\ 0011)_{BCD}$$

2.3.2 汉字编码

计算机在处理汉字信息时，也要将其转化为二进制数，这就需要对汉字进行编码。由于汉字数量庞大、字形复杂，因此计算机处理汉字需要解决诸多难题。首先是汉字在计算机中的存储问题，即需要解决汉字在计算机内部的编码；其次是键盘无法直接输入汉字，需要解决汉字的输入方式问题；第三是汉字字形多且复杂，输出时需要相应的字库支持。

表 2.3.1 ASCII 码字符表

高 3 位 低 4 位	000	001	010	011	100	101	110	111
0000	NUL	DLE	SP	0	@	P	、	p
0001	SOH	DC1	!	1	A	Q	a	q
0010	STX	DC2	"	2	B	R	b	r
0011	ETX	DC3	#	3	C	S	c	s
0100	EOT	DC4	$	4	D	T	d	t
0101	ENG	NAK	%	5	E	U	e	u
0110	ACK	SYN	&	6	F	V	f	v
0111	BEL	ETB	'	7	G	W	g	w
1000	BS	CAN	（	8	H	X	h	x
1001	HT	EM	）	9	I	Y	i	y
1010	LF	SUB	*	:	J	Z	j	z
1011	VT	ESC	+	;	K	[	k	{
1100	FF	FS	,	<	L	\	l	|
1101	CR	GS	−	=	M	]	m	}
1110	SO	RS	.	>	N	^	n	～
1111	SI	US	/	?	O	_	o	DEL

由于汉字的特殊性，在汉字的输入、存储、处理、传输和输出的各个过程中所使用的编码各不相同，之间还需要相互转换，汉字信息处理的过程如图 2.3.3 所示。

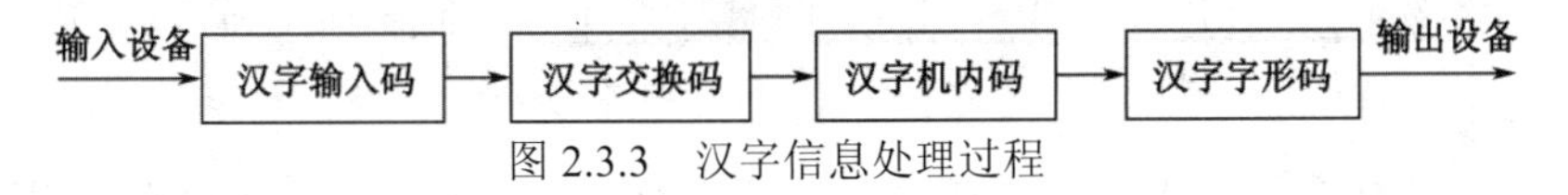

图 2.3.3 汉字信息处理过程

1. 汉字输入码

汉字输入码是指将汉字输入到计算机中所用的编码，也称机外码。用户使用西文键盘就能输入汉字。较好的汉字输入码应具有编码规则简单易学、重码率低、击键次数少等特点。事实上，重码率和易学性是相互制约的。目前国内推出的汉字输入码有数百种，但兼备重码率低和简单易学的输入码极少。例如，五笔字型的重码率低，但要熟练记忆五笔字型字根需要大量的练习。而拼音输入法，只要有一些拼音基础的人都能比较快地掌握，但由于同音字很多，所以重码率较高。

目前常用的汉字输入码主要分为以下 4 类。

① 音码类：以汉语拼音为基础的编码方案，如微软拼音输入法、搜狗拼音输入法等。

② 形码类：根据汉字的字形进行编码，如五笔字型等。

③ 数字类：按照汉字的某种排列顺序，赋予每个汉字一组唯一的数字编号，也称为顺序码或流水码，如区位码、电报码。区位码依据的 GB2312-80 字符集，用一个 4 位的十进制数表示一个唯一的汉字或符号，其最大的特点是重码率为 0。

④ 混合类：结合拼音、部首、笔画等输入特点，以减少重码率，提高汉字输入速度，如自然码等。

不论哪种汉字输入法，只是用户向计算机输入汉字的手段，在计算机的内部都是以汉字机内码存储的。用户可以根据自己的爱好和特点选择使用一种合适的汉字输入法。

2．汉字字形码

汉字字形码也称为汉字输出码，用于汉字在显示器或打印机上输出。汉字字形码通常有两种表示方式：点阵方式和矢量方式。

用点阵表示字形时，汉字字形码就是汉字字形点阵的代码。汉字是用笔画组成的方块字，将方块等分成 *n* 行 *n* 列的格子，简称为点阵，例如 16×16 点阵、24×24 点阵等。在点阵中有笔画的格子用 1 表示，没有笔画的格子用 0 表示，这样，一个汉字的字形就可以用一串二进制数表示，称为汉字点阵的数字化。如图 2.3.4 所示为汉字“阿”的点阵图及二进制代码。

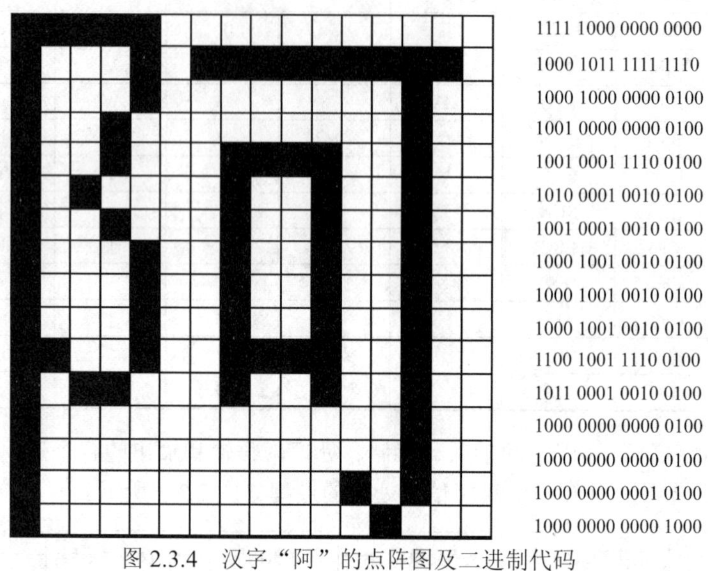

图 2.3.4　汉字“阿”的点阵图及二进制代码

根据汉字输出的要求不同，点阵的多少也不同。16×16 汉字点阵，每个汉字需要 32B 的存储空间；24×24 汉字点阵，每个汉字需要 24×24/8=72B 的存储空间；32×32 汉字点阵，每个汉字需要 32×32/8=128B 的存储空间。点阵越高，字形的质量越好，但所需存储空间也越大。用于排版的精密型汉字点阵一般在 96×96 以上，由于存储的数据量大，因此通常需要采用信息压缩技术。

汉字的点阵代码存储在“汉字库”中，只能用来输出汉字字形，而不能用于机内存储。

汉字字形码的矢量表示存储的是描述汉字字形的轮廓特征，也称为矢量字体。矢量字体中每个字形是通过数学曲线来描述的，它包含了字形边界上的关键点、连线的导数信息等。字体的渲染引擎通过读取这些数学矢量，然后进行一定的数学运算来进行渲染。矢量字体与最终文字显示的大小和分辨率无关，因此可以产生高质量的汉字输出。常用的矢量字体有 TrueType、Open Type。

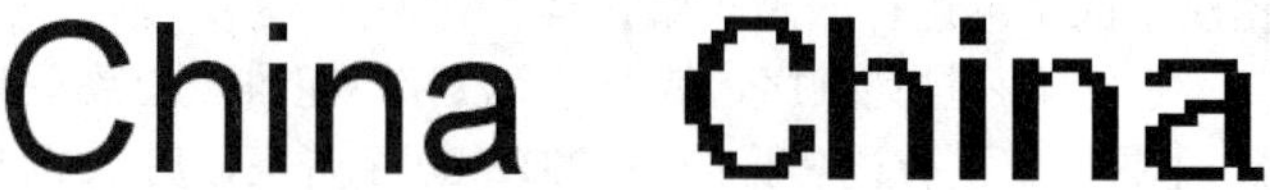

China　China

（a）矢量　　（b）点阵

图 2.3.5　汉字的点阵和矢量表示比较

3．汉字交换码

汉字交换码是指在汉字信息处理系统之间或者汉字信息系统与通信系统之间进行汉字信息交换所使用的编码。自国家标准 GB2312-80 公布以来，我国一直沿用该标准所规定的国标码作为统一的汉字信息交换码。

国标码字符集共收录6763个简体汉字、682个符号，其中一级汉字3755个，以拼音排序，二级汉字3008个，以偏旁部首排序。GB2312-80标准规定：一个汉字用两个字节表示，每个字节只用低7位，最高位为0。

1993年，国际标准化组织下属编码字符集工作组研制了新的编码字符集标准，ISO/IEC 10646。该标准第一次颁布是在1993年，当时只颁布了其第一部分，即ISO/IEC 10646.1-1993，制定这个标准的目的是对世界上的所有文字统一编码，以实现世界上所有文字在计算机中的统一处理。中国相应的国家标准是GB 13000.1-1993，该标准最重要的也经常被采用的是其双字节形式的基本多文种平面，在这65536个码位的空间中，定义了几乎所有国家的语言文字和符号。其中，在4E00H～9FA5H的连续区域中包含了20902个来自中国、日本、韩国的汉字，称为CJK（Chinese Japanese Korean）汉字。CJK是GB2312-80、BIG5等字符集的超集。

现有的汉字编码国家标准还包括1995年发布的GBK，是在GB2312-80标准基础上的内码扩展规范，使用了双字节编码方案，共有23940个码位，其中包含21003个汉字，完全兼容GB2312-80标准，支持国际标准ISO/IEC10646-1全部中、日、韩汉字，并包含BIG5编码中的所有繁体汉字。GBK编码方案于1995年10月制定，1995年12月正式发布，目前中文版的Windows 95、Windows 98、Windows NT以及Windows 2000、Windows XP、Windows 7等都支持GBK编码方案。

2000年国家发布了新的汉字编码标准GB18030-2000，即《信息交换用汉字编码字符集基本集的扩充》。目前，GB18030有两个版本：GB18030-2000和GB18030-2005。GB18030-2000是GBK的取代版本，它的主要特点是在GBK基础上增加了CJK统一汉字扩充A的汉字。GB18030-2005的主要特点是在GB18030-2000基础上增加了CJK统一汉字扩充B的汉字。

GB18030标准采用单字节、双字节和四字节三种方式对字符编码。GB18030-2000收录了27533个汉字，GB18030-2005收录了70244个汉字。随着我国汉字整理和编码研究工作的不断深入，以及国际标准ISO/IEC 10646的不断发展，GB18030所收录的字符将在新版本中增加。

目前，我国大部分计算机系统仍然采用GB2312编码。GB18030与GB2312一脉相承，较好地解决了旧系统向新系统的转换问题，并且改造成本较小。从我国信息技术和信息产业发展的角度出发，并考虑解决我国用户的需要及现有系统的兼容性和对多种操作系统的支持，采用GB18030是我国目前较好的选择，而GB13000.1更适用于未来国际间的信息交换。

4. 汉字机内码

机内码是汉字在计算机内部处理和存储时的编码。不论用何种输入码输入的汉字，在计算机内部都要转换成统一的机内码。为了不使汉字机内码与ASCII码发生混淆，将国标码每个字节的最高位设置为1，一个汉字的机内码等于其国标码加上8080H。例如，汉字“中”的国标码是5650H，则“中”的机内码为D6D0H。

2.3.3 Unicode

Unicode是国际组织制定的可以容纳世界上所有文字和符号的字符编码方案，也称为统一码。它为每种语言中的每个字符设定了统一并且唯一的二进制编码，以满足跨语言、跨平台进行文本转换、处理的要求。

Unicode的编码方式与ISO 10646的通用字符集概念相对应。目前实际应用的Unicode版本对应于UCS-2，使用16位的编码空间，也就是每个字符占用两个字节。这样理论上一共最多可以表示2^{16}（即65536）个字符，基本满足各种语言的使用。实际上，当前版本的统一码并未完全使用这16位编码，而是保留了大量空间以作为特殊用途或将来扩展。

2.4 多媒体数据的表示

除了数字和文本外，计算机和其他数字设备还要存储和处理图形、图像、音频、视频等多种数据形式，即多媒体数据。例如，数码相机输出的图像、手机录制的音频视频等。那么在计算机中怎样用二进制位（bit）表示这些多媒体数据呢？

2.4.1 图形和图像

对于用户来说，从计算机输出的图形和图像是一样的。但实际上，无论是存储的格式还是处理技术，图形和图像都是完全不同的。计算机中的图形、图像文件主要有两种表示方式：位图和矢量图。

1. 图形

图形一般指用计算机绘制的几何形状，如直线、圆、矩形、曲线和图表等。图形文件中记录的是生成图形的算法和特征值，因此也称为矢量图。任何的图形和图像都可以被分解为基本的几何形状的组合，每段都可以用指令描述，所以复杂的图形或图像就可以由一系列描述点、线、面等几何形状的大小、位置、颜色、形状等指令集合构成。如果是封闭的图形，还可以填充颜色，使之呈现较丰富的色彩效果。通过绘图程序，计算机读取这些指令并将其转换为屏幕上的形状、颜色。图形的优点在于可以分别控制处理图中的各个组成部分，并且在旋转、扭曲、放大、缩小等变换中不会失真。

图形主要适用于描述轮廓不太复杂，色彩不是很丰富的对象，如：几何图形、工程图纸、CAD、3D 造型等。

图 2.4.1 所示为矢量图，图 2.4.2 所示为着色后的矢量图。

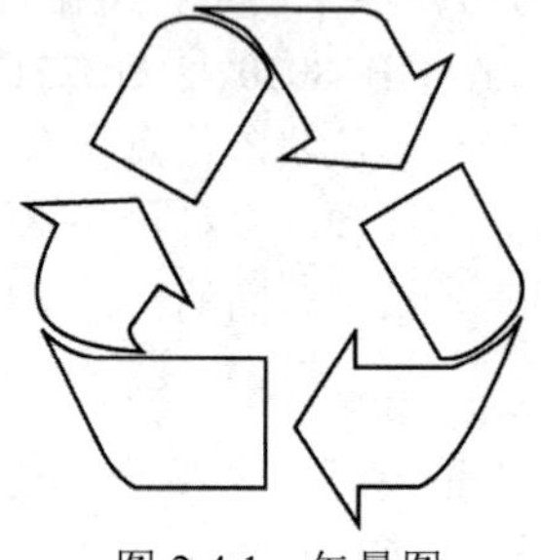

图 2.4.1 矢量图

图 2.4.2 着色后的矢量图

2. 图像

图像也称为点阵图或位图，它是指在空间和亮度上已经离散化的图像。对于一幅图像可以将其划分成一系列的点，每个点称为一个像素（Pixel），每个像素点用相应的二进制数编码来表示色彩和亮度。图像文件就表示成这些已编码像素的集合，这个集合称为位图（Bitmap）。如果一幅图像每行有 400 个像素点（列），共有 400 行，那么这副图像共有 400×400=160000 个像素点。位图格式的图像便于显示，所以许多显示设备都使用位图。

对于不同的应用，位图中像素的编码方式也有所不同。如果是黑白图像，每个像素只需要 1 位（bit）二进制数表示，假设用 0 表示黑色像素，那么白色像素就用 1 表示。如图 2.4.3 所示是将黑白图像放大后的效果。其中，每个小方格代表一个像素。大多数的传真机采用此方法。如果需要表示有层次的黑白图像，就需要一组二进制位（通常是 8 位）表示，这样就有了从黑到白的 256 级灰度等级。如图 2.4.4 所示为放大的灰度图像。如果需要高质量的灰度图像，则每个像素需要更多的二进制位来表示，医学成像如数字 X 光片每个像素需要 32 位。用于表示每个像素的灰度级别的二进制位数也称为“灰度深度”。

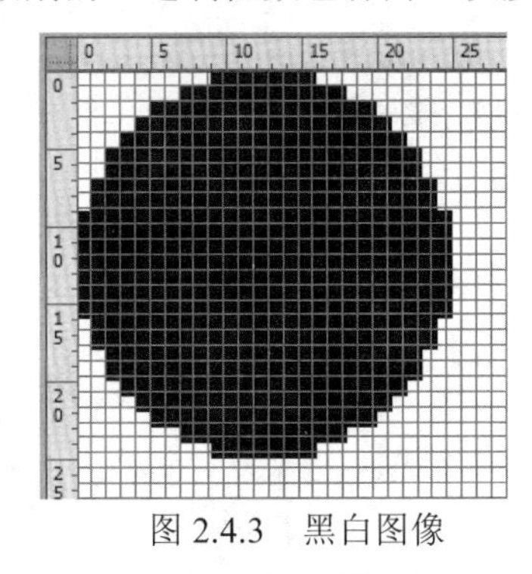

图 2.4.3　黑白图像

图 2.4.4　灰度图像

对于彩色图像，每个像素的二进制编码用来表示不同的颜色。如果用 8 位表示，则最多可以表示 256 种颜色。例如，网络中使用广泛的 GIF 文件，就是最多可支持 256 种颜色的图像。另外还有一种常见的编码方式——RGB，每个像素表示为 3 种颜色成分——红（R）、绿（G）、蓝（B），每个颜色的强度用 1 个字节表示，这样每个像素就需要 3 个字节的存储空间。

2.4.2　音频

声音是通过一定的介质（如空气等）传播的一种连续波，称为声波。声音的强弱与声波的振幅成正比，音调的高低则与声波的频率有关。

将随时间连续变化的模拟声音信号转换为数字信号的过程称为声音的数字化，它是通过对声音信号进行采样、量化和编码实现的。如图 2.4.5 至图 2.4.7 所示是声音数字化过程的示意图。

采样是指在相同的时间间隔内测量声波的振幅值，如每秒测量几千次到几十万次，这样可以获取一系列离散时间信号的采样值。采样频率越高，采集到的样本幅值就越多，这些点形成的波形就越接近原始波形。对每个采样值赋予一个相对应的数值，这个过程称为量化。量化值与量化位数密切相关，如果量化位数是 8 位（bit），则只有 256 个量化数值；如果量化位数是 16 位，则有 65536 个量化值。最后，再将采样、量化后的数字数据进行编码，即以一定的格式记录下来，保存为音频的格式文件存储在计算机中。

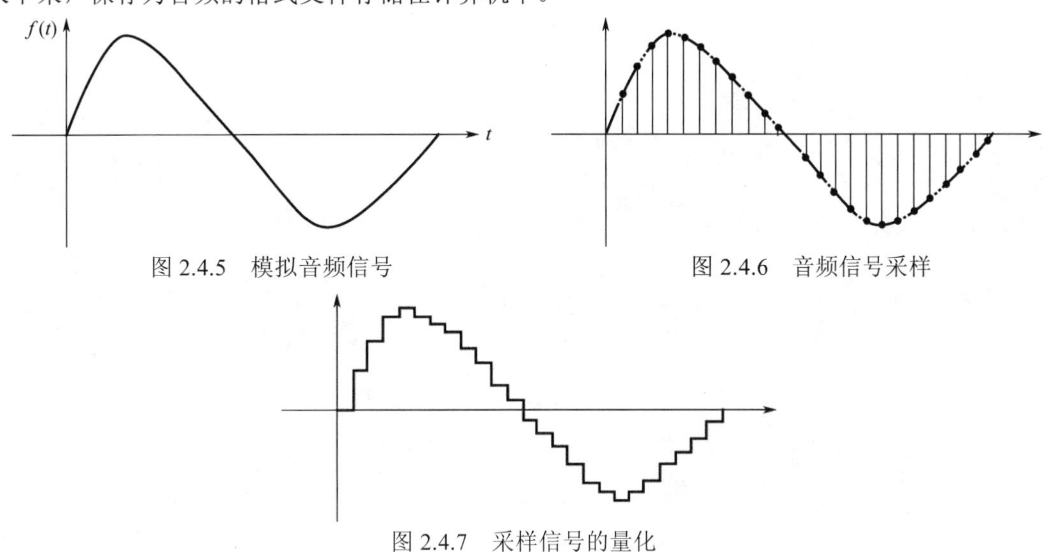

图 2.4.5　模拟音频信号

图 2.4.6　音频信号采样

图 2.4.7　采样信号的量化

如果需要输出音频信号，则要将数字音频转换为模拟信号通过扬声器播放出来。

2.4.3 视频

视频是指连续地随时间变化的一组图像，也称为活动图像或运动图像。在视频中，每幅单独的图像称为 1 帧（frame），每秒连续播放的帧数称为帧率，单位为 fps（帧/秒）。典型的帧率有 24fps、25fps 和 30fps。

普通的 PAL 或 NTSC 制式的视频信号都是模拟的，计算机在使用这类视频信号时，必须对其进行数字化处理。首先要以一定的采样速率捕获视频信号，再对每帧画面中的所有像素采样，并按颜色或灰度量化，所以，每帧画面都形成一幅数字图像，对视频按时间逐帧进行数字化得到的图像序列即为数字视频。数字视频由一系列的图像帧组成，表现为时间轴上的图像序列，如图 2.4.8 所示。

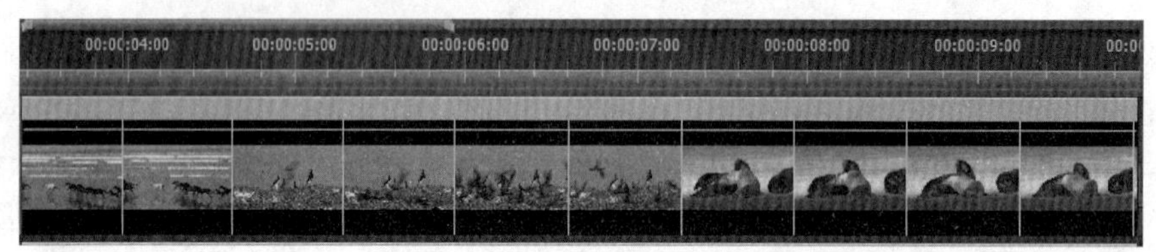

图 2.4.8 数字视频——时间线上的图像序列

本章小结

通过本章的学习，希望读者能掌握计算机中常用的数制及其不同数制之间的转换、二进制数的算术运算和逻辑运算以及常用的字符编码；对计算机中的图形、图像、音频和视频的表示有比较全面的了解，并在今后的学习中结合实际应用理解计算机中编码的概念和应用。

接下来要介绍的 Windows 7 就是我们与计算机交互的一个桥梁，跨过这个桥梁，我们就能够进一步领略计算机的风采。Let’s go!

第 3 章　微机操作系统与 Windows 使用基础

学习要点：

- 了解操作系统发展历程及常用操作系统；
- 掌握程序与进程管理的基本概念和操作；
- 掌握存储管理的基本概念和操作；
- 掌握文件管理的基本概念和操作；
- 掌握设备管理的基本概念和操作；
- 掌握用户管理与安全防护的相关内容。

建议学时：上课 4 学时，上机 4 学时。

3.1　操作系统概述

3.1.1　操作系统的定义与发展

计算机系统由硬件系统和软件系统两部分组成。计算机中的软件通常分为系统软件和应用软件两大类。系统软件是最靠近硬件的一层，是计算机必备的软件，其他软件一般都是通过系统软件与计算机打交道的。操作系统（Operating System，OS）是系统软件的核心，它是连接计算机硬件和其他软件的纽带，它是用以控制和管理计算机的所有软件和硬件资源，并方便用户使用的计算机程序的集合。

操作系统并不是与计算机硬件一起诞生的，它是在人们使用计算机的过程中，为了提高资源利用率、增强计算机系统性能，伴随着计算机技术及其应用的日益发展而形成和逐步完善起来的。

1．手工操作阶段

从 1946 年第一台计算机诞生到 20 世纪 50 年代中期，是电子管计算机时代。在这段时期，没有操作系统的概念，计算机工作采用手工操作方式：程序设计全部采用机器语言，计算机全部硬件资源都是由操作员独自使用。

2．批处理系统阶段

到了 20 世纪 50 年代中期，晶体管的发明使计算机的运行速度得到了飞跃性的提高，出现了人机矛盾：手工操作的慢速度和计算机的高速度之间形成了尖锐矛盾，手工操作方式已严重损害了系统资源的利用率。由此提出了作业转换自动化的构想，即在作业转换过程中排除人工干预，使之自动转换，这样就出现了早期的批处理系统。

在批处理系统中，每个作业由作业控制语言书写的作业说明书以及相应的程序和数据组成，由程序员提交给系统操作员。在处理过程中，操作员把若干个作业合成一批并将其输入到磁带上，由主机的监督程序把磁带上的作业依次调入主存中执行。

3．多道程序系统阶段

批处理系统在 20 世纪 60 年代应用十分广泛，它极大缓解了人机矛盾及主机与外设的矛盾。其不足之处是，每次主机内存中仅存放一个进程，每当它在运行期间发出 I/O 请求后，高速的 CPU 便处于等待低速的 I/O 完成的状态，致使 CPU 空闲。为提高 CPU 的利用率，又引入了多道程序系统。

多道程序系统允许多个进程同时存在于主存之中，它们共享系统中的各种软、硬件资源，由 CPU 以轮换方式为之工作，使得多个进程可以同时执行。当一个进程执行结束或因 I/O 请求而暂停运行时，CPU 便立即转去运行另一个进程。其工作过程如图 3.1.1 所示。

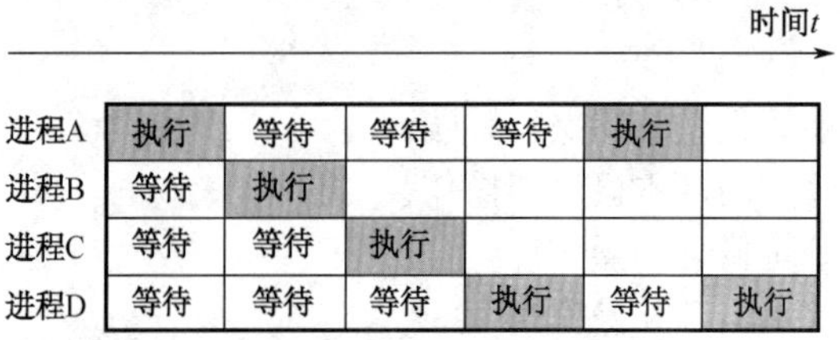

时间t →

进程A	执行	等待	等待	等待	执行	
进程B	等待	执行				
进程C	等待	等待	执行			
进程D	等待	等待	等待	执行	等待	执行

说明：时间轴上一个单元格长度表示一个时间片

图 3.1.1　多道程序系统进程工作原理示例

多道程序设计技术不仅使 CPU 得到充分利用，同时改善了 I/O 设备和内存的利用率，从而提高了整个系统的资源利用率和系统吞吐量，最终提高了整个系统的效率。

4. 操作系统的高速发展阶段

进入 20 世纪 80 年代，随着大规模集成电路的飞速发展，以及微处理机的出现和发展，掀起了计算机快速发展和普及的浪潮。一方面迎来了个人计算机的时代，同时又向计算机网络、分布式处理、巨型计算机和智能化方向发展。于是，操作系统有了进一步的发展，出现了个人计算机操作系统、网络操作系统、分布式操作系统等。

个人计算机中的操作系统最初是单用户的交互式操作系统，它重视用户使用的方便性。由于个人计算机的应用普及，因此，对于提供更方便友好的用户接口和丰富功能的操作系统的要求越来越迫切。个人计算机操作系统的发展主要经历了命令行操作系统和图形界面操作系统两个阶段。

在 20 世纪 80 年代中期，伴随着网络通信技术的发展，出现了网络操作系统和分布式操作系统。网络操作系统在原来计算机操作系统的基础上，按照网络体系结构的各个协议标准增加网络管理模块，其中包括：通信、资源共享、系统安全和各种网络应用服务。

分布式系统与计算机网络系统有很多相似的地方，例如，分布式操作系统也是通过通信网络，将地理上分散的具有自治功能的数据处理系统或计算机系统互连起来，实现信息交换和资源共享，协作完成任务。但它们有明显的区别：

- 分布式操作系统管理分布式系统中的所有资源，它负责全系统的资源分配和调度、任务划分、信息传输和控制协调工作，并为用户提供一个统一的界面；
- 通过这一界面，用户实现所需要的操作和使用系统资源，至于某个具体的操作由哪一台计算机执行，或使用哪台计算机的资源，是由操作系统完成的，用户不需要知道；
- 分布式系统更强调分布式计算和处理，因此对于多机合作和系统重构、强壮性和容错能力有更高的要求。

3.1.2　操作系统分类

操作系统的分类方式有很多种，大致情况见表 3.1.1。

表 3.1.1　操作系统分类

分 类 标 准	操 作 系 统
根据用户界面进行分类	命令行界面操作系统、图形界面操作系统
按照所支持的用户数目进行分类	单用户操作系统、多用户操作系统

续表

分类标准	操作系统
按照执行任务多少进行分类	单任务操作系统、多任务操作系统
按照计算机体系结构和数量进行分类	单机操作系统、多机操作系统、网络操作系统、分布式操作系统、嵌入式操作系统
按照系统功能进行分类	批处理操作系统、分时操作系统、实时操作系统

3.1.3 操作系统功能

从资源管理的角度来看，操作系统主要用于对计算机的软件资源、硬件资源及数据资源进行控制和管理，主要分为进程与处理器管理、存储管理、设备管理、文件管理和用户接口管理等。

1. 进程与处理器管理

处理器是整个计算机系统中的核心硬件资源。它的性能和使用情况对整个计算机系统的性能起着关键的作用。处理器的工作速度一般比其他硬件设备要快得多。因此，有效地管理处理器，充分利用处理器资源是操作系统最重要的管理任务。

为了提高处理器的利用率，操作系统采用了多道程序技术。在多道程序系统中，处理器分配的主要对象是进程（或线程），因此对处理器的管理归根结底就是对进程的管理。操作系统有关进程方面的管理任务很多，主要有进程调度、进程控制、进程同步与互斥、进程通信、死锁的检测与处理等。

2. 存储管理

存储器是一种极为重要的系统资源。一个进程要在CPU中运行，它的代码和数据就要全部或部分地调入内存。操作系统的存储管理功能主要管理内存资源，实现内存的分配与回收，存储保护以及内存扩充等功能。

3. 设备管理

计算机系统的外围设备种类繁多、控制复杂、价格昂贵，它们相对CPU来说，工作速度比较慢。如何提高CPU和设备的并行性，充分利用各种设备资源，便于用户和程序对设备的操作和控制，长期以来一直是操作系统要解决的主要任务。

设备管理的主要任务有设备的分配和回收、设备的控制、缓冲区管理和实现虚拟设备。

4. 文件管理

系统中的信息资源，如程序、数据等，是以文件的形式存放在外存储器中的，需要时再装入内存。文件管理的主要目的是将文件长期、有组织、有条理地存放在系统之中，并向用户和程序提供方便的建立、打开、关闭、撤销、检索等存取接口，便于用户共享文件。

文件管理的主要功能有文件存储空间的分配和回收、目录管理、文件的存取操作与控制、文件的安全与维护、文件系统的安装、拆除和检查等。

5. 用户接口

配置操作系统的一个重要目的就是方便用户使用计算机。用户接口分为程序接口和操作接口。

（1）程序接口

操作系统内核通过系统调用向应用程序提供了很友好的接口，方便用户程序对文件和目录的操作，申请和释放内存，对各类设备进行I/O操作，以及对进程进行控制。

（2）操作接口

操作接口是操作系统向用户提供的可以操控计算机的接口。

① 命令接口

操作系统向用户提供了很多条程序命令，用户可通过键盘直接输入这些命令，或者从其中挑选所需要的命令编辑成命令文件并执行，方便地与系统交互。

② 图形接口

目前流行的操作系统都提供了图形工作界面，可以使用户方便、直观地使用操作系统的服务。例如 Windows 7、Mac OS 等操作系统都提供了图形接口。

3.1.4 操作系统的特征

操作系统作为一种系统软件，有着与其他一些软件不同的特征，主要包括并发性、共享性、虚拟性和随机性。

1. 并发性（Concurrence）

程序并发性是指在计算机系统中同时存在有多个程序，从宏观上看，这些程序是同时向前推进的。

在单 CPU 环境下，这些并发执行的程序从微观上看是串行的，各个程序交替在 CPU 中运行。程序的并发性具体体现在如下两个方面：① 用户程序与用户程序之间并发执行；② 用户程序与操作系统程序之间并发执行。在多处理器的系统中，多个程序的并发特征更突出，不仅在宏观上是并发的，而且在微观（即在处理器一级）上也是并发的。

2. 共享性（Sharing）

所谓共享，是指系统中的资源可供内存中多个并发执行的进程共同使用。注意，这些进程不仅指用户进程，还包括操作系统自身。这种共享是在操作系统控制下实现的。由于资源的属性不同，共享方式也不相同，包括互斥共享方式和交替共享方式等。

3. 虚拟性（Virtual）

虚拟性是指通过某种技术将一个物理实体变成若干个逻辑上的对应物。物理实体是客观存在的，而逻辑对象是虚拟的，是一种感觉上的存在，是主观上的一种标识。例如，在只有一个 CPU 的计算机中，一个时刻只能执行一个程序，但是通过多道程序设计技术和分时使用，在一段时间内，宏观上该 CPU 能同时运行多个程序。这样给用户的感觉就是，每个程序都有一个 CPU 在为它服务，即把一个物理上的 CPU 虚拟为多个逻辑上的 CPU。

4. 随机性（Asynchronism）

随机性也叫异步性，是指每个程序在何时执行、程序执行的顺序以及程序执行所需要的时间都是不确定的，也是不可预知的。

随机性的存在并不是说操作系统不能很好地控制资源的使用和程序的运行，而是强调操作系统的设计与实现要充分考虑各种可能性，以便稳定、可靠、安全和高效地达到程序并发和资源共享的目的。

3.2 常用操作系统

常用的操作系统不仅包括传统计算机上的操作系统，还包括用在手机、平板电脑上的操作系统。

3.2.1 DOS 操作系统

DOS 的全称是磁盘操作系统（Disk Operating System，DOS），是一种单用户、单任务的操作系统，主要用于早期以 Intel 公司系列芯片为 CPU 的微机及其兼容机。DOS 是 20 世纪 80 年代命令行操作系统的典型代表。从 1981 年问世以来，DOS 经历了 8 次大的版本升级。

DOS 最初是为 IBM-PC 开发的操作系统，它对硬件平台的要求很低，既适合于高档微机使用，又适合于低档微机使用。常用的 DOS 有多种，如 MS-DOS、IBM-DOS 等。

3.2.2 Windows 操作系统

Windows 操作系统基于图形用户界面。因其直观的用户界面、十分简单的操作方法，使其成为目前 PC 机上使用率最高的一种操作系统。

Windows 家族产品繁多，大致可以分为 3 个系列的产品：

- 面向个人计算机，如 Windows XP/Vista/7/8 等。
- 面向服务器，如 Windows NT/Windows Server 2003/2008/2012 等。
- 面向移动设备，如 Windows CE/Windows Mobile、Windows Phone 等。

3.2.3 UNIX/Linux 操作系统

1. UNIX 操作系统

UNIX 操作系统于 1969 年诞生在美国的贝尔实验室。它是一个通用的多用户分时交互型的操作系统，它可运行在不同厂商制造的各种型号的微型机或大型机上。

UNIX 的设计目标是小而美：希望能在任何小的系统上执行，因此核心只提供必不可少的一些功能，其他的则根据需要加上去。这已经成为操作系统的一种设计哲学。现在许多公司有了自己的 UNIX 版本，但它们基本特性是一致的：开放性、多用户、多任务、功能强、高效性、网络功能丰富。

2. Linux 操作系统

Linux 操作系统是目前具有全球最大用户群的一个自由免费软件，其本身是一个功能可与 UNIX 和 Windows 相媲美的操作系统，具有完备的网络服务功能。

Linux 最初由芬兰人 Linus Torvalds 开发，其源程序在互联网上公开发布，由此，引发了全球计算机爱好者的开发热情。许多人下载该源程序并按自己的意愿完善某一方面的功能，再发回网上，Linux 也因此被雕琢成为一个全球最稳定的、最有发展前景的操作系统。Linux 操作系统具有如下特点：第一，它是一个免费软件，可以自由安装并任意修改软件的源代码；第二，Linux 操作系统与主流的 UNIX 系统兼容，这使得它一出现就有了一个很好的用户群；第三，支持几乎所有的硬件平台，包括 Intel 系列、Alpha 系列、MIPS 系列等。

目前，Linux 正在全球各地迅速普及推广，各大软件商如 Oracle、Novell、IBM 等均发布了 Linux 版的产品，许多硬件厂商也推出了预装 Linux 操作系统的服务器产品。另外，还有不少公司或组织有计划地收集并完善有关 Linux 的软件，组合成一套完整的 Linux 发行版本上市，比较著名的有 RedHat Linux、红旗 Linux 等。

3.2.4 Mac OS 操作系统

Mac OS 是一套运行在苹果公司的 Macintosh 系列计算机上的操作系统。它是第一个在商用领域成功的图形用户界面。现行最新的系统版本是 Mac OS X Mavericks。

Mac OS 基于 UNIX 系统内核，设计简单直观，安全易用，具有较强的图形处理能力，广泛用于桌面出版和多媒体应用等领域。

3.2.5 移动操作系统

随着移动通信技术的飞速发展以及智能手机的逐渐普及，移动操作系统越来越受到关注。

主要的手机操作系统有 Android、iOS、Windows Phone、Symbian 和 BlackBerry 等。其中，前三者是目前市场占有份额较高的智能手机操作系统。

1．Android 操作系统

Android 是一种基于 Linux 的自由及开放源代码的操作系统，主要用于便携设备，如智能手机和平板电脑。Android 操作系统最初由 Andy Rubin 开发，主要支持智能手机。2005 年，Google 公司收购并注资，组建开放手机联盟进行开发改良，使其逐渐扩展到平板电脑及其他领域。目前，Android 是市场占有率最高的智能手机操作系统。

2．iOS 操作系统

iOS 是苹果公司开发的一款移动操作系统。iOS 最初设计为 iPhone 手机使用，后来陆续应用到 iPod touch、iPad 以及 Apple TV 产品上。iOS 的用户界面使用多点触控技术，简单易用，加上其超强的稳定性，使其在技术上处于业界领先地位。

3．Windows Phone

Windows Phone 简称 WP，是微软发布的一款智能手机操作系统，其最新版本为 Windows Phone 8。Windows Phone 具有桌面定制、图标拖动、滑动控制等功能。

Windows Phone 力图打破人们与信息和应用之间的隔阂，提供最优秀的端到端体验。

3.3 操作系统应用基础

3.3.1 安装操作系统

1．安装前的准备工作

① 根据自身实际情况和应用需求确定要安装的操作系统的种类。

② 根据计算机硬件的配置情况确定安装操作系统的版本。

③ 通过正规渠道获得要安装操作系统的软件副本。

2．安装操作系统

下面，以安装 Windows 7 操作系统为例，步骤如下。

Step1 插入 Windows 7 安装光盘，然后重启计算机。

Step2 收到提示时按下任意键，计算机开始加载安装程序文件。

Step3 在“安装 Windows”界面中，设置语言、时间和货币格式等选项，单击“下一步”按钮。

Step4 在“请阅读许可条款”界面中，选择“我接受许可条款”，单击“下一步”按钮。

Step5 在“你想进行何种类型的安装？”界面中，选择“自定义（高级）”选项，单击“下一步”按钮。

Step6 在“你想将 Windows 安装在何处？”界面中，选择要安装操作系统的分区，单击“下一步”按钮。

Step7 这时计算机开始安装 Windows 7 系统。在安装过程中，系统可能会有几次重启，但所有的过程都是自动的，并不需要进行任何操作。

Step8 在安装完成且计算机提示首次使用 Windows 7 后，设置计算机名称、初始用户账户等信息。

3.3.2 计算机启动过程

当按下计算机的电源按钮后，计算机自动启动并进入系统工作界面，然后用户通过命令行或图形用户界面“指挥”计算机来为自己工作。那么在这个过程中，计算机内部又进行了哪些操作呢？

计算机启动过程包括计算机自身的启动和操作系统的启动两个阶段。

1．相关概念

（1）BIOS（Basic Input/Output System，基本输入/输出系统）

BIOS 是一组被“固化”在计算机主板上一块 ROM 中的直接关联硬件的程序，保存着计算机最重要的基本输入/输出的程序、系统设置信息、开机后自检程序和系统自启动程序，其主要功能是为计算机提供底层的、最直接的硬件设置和控制。

（2）主引导记录（Master Boot Record，MBR）

有时也被称为主引导扇区，位于整个硬盘的 0 柱面 0 磁头 1 扇区，它由主引导程序、硬盘分区表和硬盘有效标志三个部分组成。

2．计算机自身的启动

Step1　当打开计算机的电源开关后，BIOS 获得控制权，计算机就会立即开始“加电自检”（Power on Self Test，POST）。

Step2　测试计算机的显卡、内存、标配硬件（如硬盘、串口、并口等）、即插即用设备等。

Step3　当上面的所有步骤都顺利完成以后，BIOS 到硬盘中寻找 MBR（这里假设从硬盘启动），如果找到，则加载 MBR 到计算机内存中，然后 BIOS 将计算机的控制权转交给 MBR；如果没有找到，则计算机启动失败。

Step4　MBR 中的主引导程序负责将操作系统加载到内存中。这时，整个启动过程就进入操作系统启动阶段。

3．操作系统的启动

在这里以 Windows 7 的启动过程为例，步骤如下。

Step1　MBR 得到控制权后，搜索 MBR 中硬盘分区表，找到主分区中活动分区，加载活动分区的第一个扇区到内存中。

Step2　启动管理器（Bootmgr）寻找并读取启动配置数据（Boot Configuration Data，BCD），如果有多个启动选项，则将它们全部显示在屏幕上，由用户选择从哪个选项启动。

Step3　选择从 Windows 启动后，会加载 Windows 系统目录下的 system32\winload.exe 文件，并开始加载 Windows 的内核。

Step4　当这些都顺利完成后，就可以登录系统了。至此，Windows 启动完成。

📖 **自主学习：**请读者通过上网查找相关资料，比较 Windows 7 和智能手机启动过程的异同以及各自启动方式的优缺点。

3.3.3　系统的备份和还原

成功安装完操作系统后，就可以安装必要的应用软件，开始自己的工作了。但是在使用计算机的过程中，可能会发生这样的情形：在某次病毒袭击或意外删除某个文件之后，系统出现蓝屏或死机，不能再正常工作了。为了避免重装系统的麻烦，做到防患于未然，应定期对文档、文件夹和参数设置进行存档，以便可以在计算机出现故障时恢复文件和数据。

每种流行的操作系统都有备份和还原功能，下面介绍 Windows 7 的备份和还原功能。

1．备份

（1）备份用户数据文件

Step1　依次单击“开始｜控制面板｜备份和还原”，打开显示“备份和还原”页面的控制面板窗口，如图 3.3.1 所示。

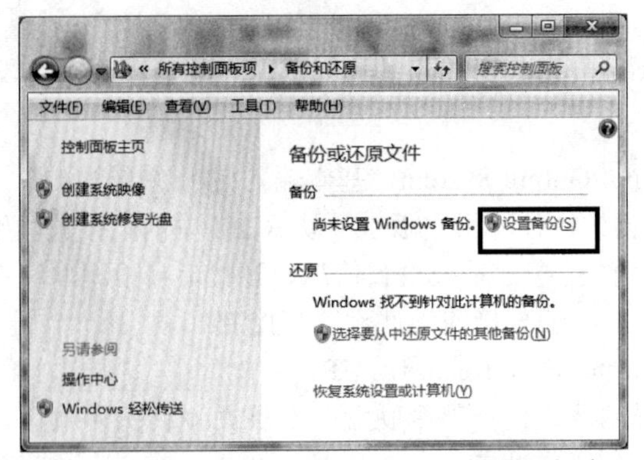

图 3.3.1　显示“备份和还原”页面的控制面板窗口

Step2　单击“设置备份”项，进入“设置备份”向导，如图 3.3.2 所示，选择要保存备份的位置，这里选择“Elements（J:）[推荐]”，单击“下一步”按钮。

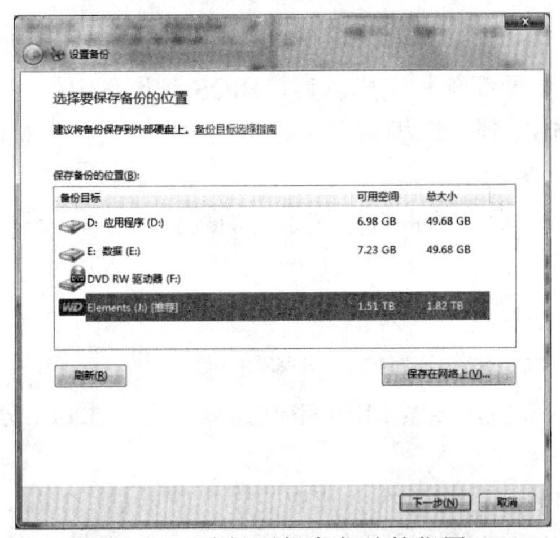

图 3.3.2　选择要保存备份的位置

Step3　打开如图 3.3.3 所示的页面，选择“让我选择”单选钮，单击“下一步”按钮。

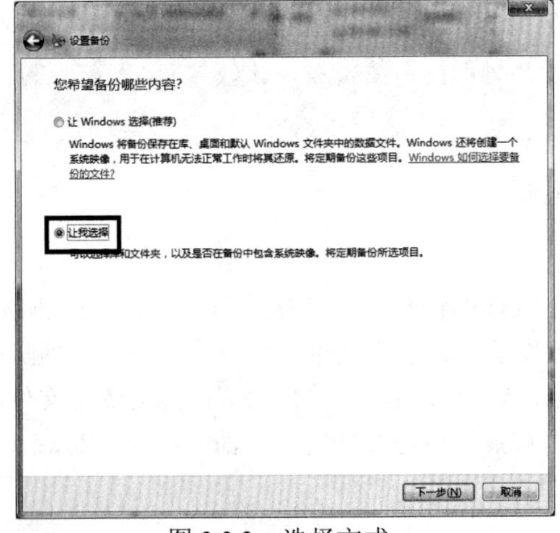

图 3.3.3　选择方式

Step4　打开如图 3.3.4 所示的页面，选择要备份哪些驱动器中的数据文件，也可在页面最下方选择是否创建系统映像，单击“下一步”按钮。

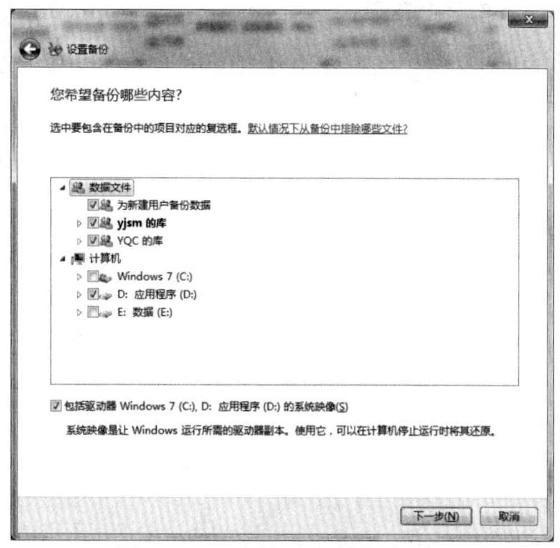

图 3.3.4　选择要备份的文件

Step5　打开如图 3.3.5 所示的页面，可以单击“更改计划”，修改定期备份的时间。这样，该计划会在指定时间，将上次备份后修改过的文件和新建的文件添加到备份中。设置完成后，单击“保存设置并运行备份”，系统将花一定的时间来完成备份，并将按计划定期更新备份。

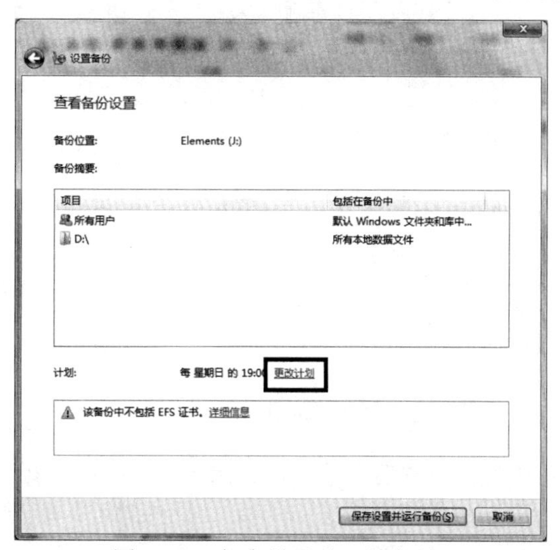

图 3.3.5　保存设置并开始备份

（2）备份系统数据

备份系统数据又称为创建系统映像。系统映像是驱动器的精确副本。在默认情况下，系统映像包含 Windows 运行所需的驱动器，它还包含 Windows 和系统设置、程序及文件。如果计算机工作异常，则可以使用系统映像来还原计算机的内容。创建系统映像的步骤如下。

Step1　依次单击“开始 | 控制面板 | 备份和还原”，打开显示“备份和还原”页面的控制面板窗口。

Step2　单击“创建系统映像”项，打开如图 3.3.6 所示的“创建系统映像”向导。首先选择保存备份的位置，这里选择“在硬盘上”备份，单击“下一步”按钮。

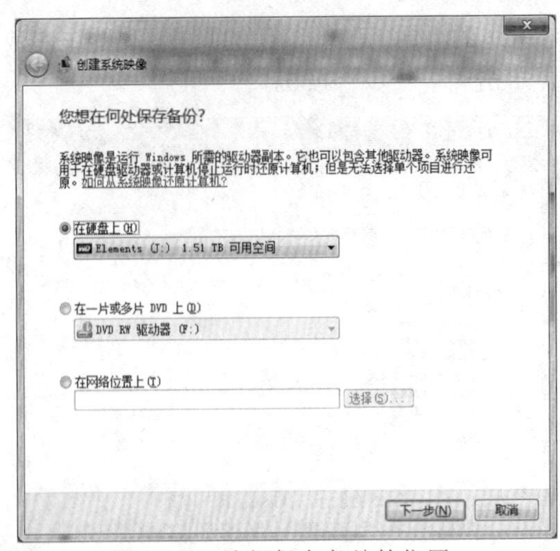

图 3.3.6　选择保存备份的位置

Step3　打开如图 3.3.7 所示的页面，选择在备份中包括的驱动器，通常使用默认设置即可，单击“下一步”按钮。

图 3.3.7　选择在备份中包括的驱动器

Step4　在新页面中确认备份设置后，单击“开始备份”按钮开始创建系统映像。

2. 还原与恢复

（1）还原用户数据

Step1　依次单击“开始 | 控制面板 | 备份和还原”，打开显示“备份和还原”页面的控制面板窗口。

Step2　如果备份不止一个，则单击“选择要从中还原文件的其他备份”项，根据系统提示添加要还原的文件或文件夹。

Step3　按照系统提示还原数据。

（2）使用系统映像备份还原系统数据

Step1　依次单击“开始 | 控制面板 | 备份和还原”，打开显示“备份和还原”页面的控制面板窗口。

Step2　单击“恢复系统设置或计算机”项，在打开的页面中单击“高级恢复方法”项。

Step3　在打开的页面中单击“使用之前创建的系统映像恢复计算机”项，然后根据系统提示完成相应操作即可。

3.3.4　操作系统工作界面

在计算机发展的初期阶段，计算机的人机交互界面设置很差，数值显示由指示灯的亮、暗表示，数值的输入由开关或卡片进行，工作效率极低。后来出现了数码显示、键盘输入、纸带输入等技术，人机交互速度有了进一步的提高。

随着计算机及其相关技术的不断发展，先后出现了命令行用户界面、图形用户界面等形式的工作界面。近些年又出现了单点/多点触控、语音控制、姿势控制、头部跟踪、视觉跟踪等人机交互方式。

1. 命令行用户界面

在命令行用户界面（Command-Line Interface，CLI 或 Command User Interface，CUI）中，操作系统为用户提供了若干命令。用户通过键盘输入命令，操作系统接收到命令后，予以执行。这种界面比较适合操作熟练的用户。DOS 界面是典型的命令行用户界面，如图 3.3.8 所示。

```
C:\>dir

 Volume in drive C is PC DISK
 Volume Serial Number is 3143-BEF0
 Directory of C:\

DOS          <DIR>        10-03-04  11:55p
VBDOS        <DIR>        10-04-04  12:16a
UCDOS        <DIR>        10-04-04  12:15a
UCDICT       <DIR>        10-04-04  12:15a
WINDOWS      <DIR>        10-04-04  12:19a
VB           <DIR>        10-04-04   9:32a
        6 file(s)              0 bytes
                 1,874,526,208 bytes free

C:\>ver

MS-DOS Version 6.22

C:\>_
```

图 3.3.8　DOS 界面

2. 图形用户界面

图形用户界面（Graphic User Interface，GUI）是指采用图形方式显示的用户与计算机交互的界面。与早期计算机使用的命令行界面相比，这种方式易于理解、学习和使用，特别适合初学者。Windows 7 界面就是典型的图形用户界面。

常见的操作系统，如 Windows、Mac OS、Linux 等，都拥有各自的图形用户界面，但无论这些界面如何千差万别，它们都包括桌面、窗口、菜单等元素。

（1）桌面（Desktop）

操作系统正常启动后，显示在屏幕上的就是桌面，它是其他图形界面元素的承载器。如图 3.3.9 所示是 Windows 7 的桌面。

图 3.3.9　Windows 7 的桌面

（2）窗口（Window）

窗口一般包括标题栏、工具栏、菜单栏、状态栏、控制按钮、滚动条、边框和边角等元素。

（3）菜单（Menu）

菜单有“开始”菜单、系统控制菜单、快捷菜单等多种形式，如图 3.3.10 所示。

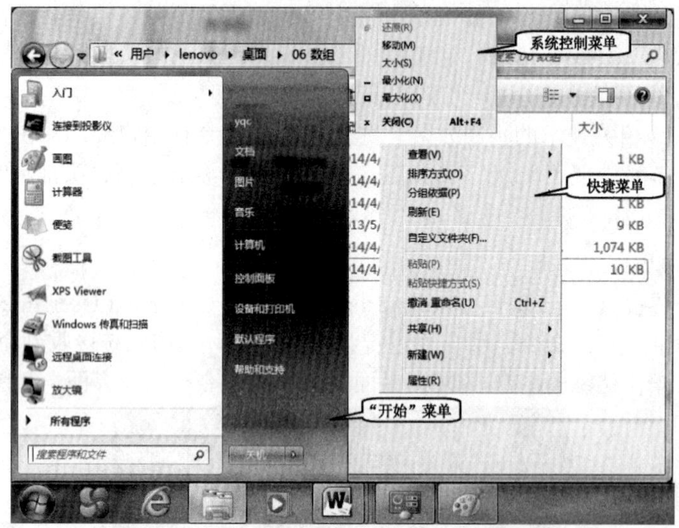

图 3.3.10　Windows 7 的各种菜单

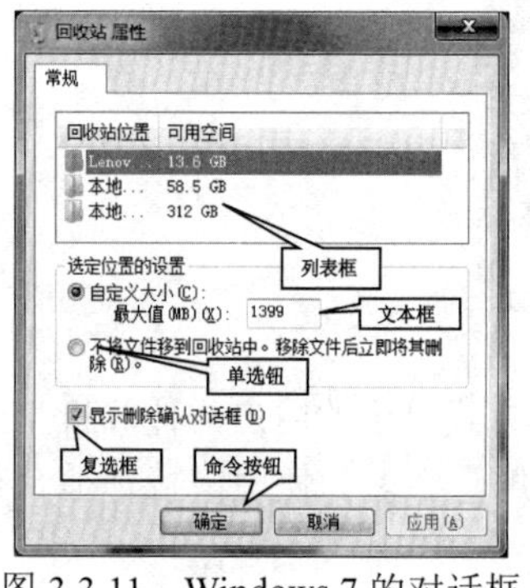

图 3.3.11　Windows 7 的对话框

（4）图标（Icon）

通过不同的图标可以识别不同的对象。如图 3.3.9 所示，桌面图标的内部显示一幅小图像。

（5）对话框（Dialog Box）

对话框是一种特殊的窗口，用来显示提示信息或输入比较复杂的数据。与常规窗口不同，多数对话框是无法最大化、最小化或调整大小的，但是它们可以被移动。对话框中的元素（除了常规窗口中的元素外）主要包括列表框、文本框、单选钮、复选框、命令按钮等。如图 3.3.11 所示的就是一个典型的 Windows 7 对话框。

3.4　程序与进程管理

当编辑一篇文章时，可以一边打开 QQ 监听是否有来自好友的信息，一边欣赏着计算机播放的古典音乐。这时，计算机中同时运行着 Microsoft Word、QQ 和 Windows Media Player 三个程序。操作系统是如何为它们分配 CPU 的运算时间呢？

3.4.1　进程及其相关概念

1．程序（Program）

这里所说的程序是指可执行的程序，其中包含若干条机器指令。

2．进程（Process）

进程是指一个具有一定独立功能的程序在一个数据集合上的一次动态执行过程。进程是操作系统资源分配、保护和调度的基本单位。例如，如果执行 2 次 Windows 的“画图”程序，系统就创建 2 个进程，尽管执行的是同一个“画图”程序。

3. 进程与程序的区别和联系

进程与程序是两个密切相关的概念，可以从以下 4 个方面来理解它们之间的区别和联系。

（1）程序是一个静态的概念，指的是有序代码的集合，是存放在外存储器中的程序文件，可以从一台计算机复制到另一台计算机中；进程是一个动态的概念，描述程序在内存中执行时的动态行为，不能在计算机之间迁移；进程由程序执行而产生，随着执行过程结束而消亡，所以进程是有生命周期的。

（2）程序是永久的，可以脱离机器长期保存；进程是暂时的，执行完毕就不存在了。

（3）程序和进程的组成不同。程序是有序代码的集合；进程包括程序代码、数据和进程控制块（进程状态信息）。

（4）程序与进程的对应关系。一个程序多次执行可产生多个不同的进程；进程可创建其他进程，而程序不能形成新的程序。

4. 线程（Thread）

进程的引入提高了计算机资源的利用效率，但在进一步提高进程的并发性时，人们发现进程切换开销所占比例越来越大，同时进程间通信的效率也受到限制。

为了更好地实现并发处理和共享资源，提高 CPU 的利用率，人们将线程引入操作系统中，将进程“细分”为线程。在引入线程的操作系统中，把线程作为处理器调度的对象，而把进程作为资源分配单位，一个进程内可同时有多个并发执行的线程。

线程是一个动态的对象，表示进程中的一个控制点，执行一系列的指令。由于同一个进程内各线程都可访问整个进程的所有资源，因此它们之间的通信比进程间通信要方便；而同一进程内的线程间切换也会由于许多上下文的相同而简化。

进程与线程的比较见表 3.4.1。

表 3.4.1 进程与线程的比较

比 较 项 目	进　　程	线　　程
地址空间资源	不同进程的地址空间是相互独立的	同一进程的各线程共享同一地址空间
通信关系	必须使用操作系统提供的进程间通信机制	同一进程中的各线程间可以通过直接读/写进程数据段来进行通信
调度切换	慢	快

3.4.2 进程管理机制

1. 进程的状态

一般来说，进程在其生命周期中有就绪、运行、阻塞三种基本状态。

（1）就绪状态（Ready）

进程在内存中已经具备执行的条件，即获得了除 CPU 之外的所有资源，等待分配 CPU 的状态称为就绪状态。通常，一个进程被创建后就处于就绪状态。如果一个多任务操作系统中同时有多个进程都处于就绪状态，这些进程将被排成一个队列，称为就绪队列。

（2）运行状态（Running）

进程获得 CPU 的使用权，并正在执行的状态称为运行状态。在多 CPU 系统中，可能有多个进程同时处于运行状态。

（3）阻塞状态（Blocked）

阻塞状态也称为等待状态或睡眠状态，是指当正在运行的进程因等待某个事件而暂时不能运行的状态。例如，进程 A 请求某个输出设备将数据写到磁盘上的某个文件中，这时发现请求的设备被另一个进程 B 占用，在进程 B 没有放弃此输出设备前，进程 A 将放弃 CPU，从运行状态转换到阻塞状态。进程 B 一旦放弃对输出设备的占用，进程 A 就由阻塞状态变为就绪状态。在一般情况下，如果一个系统中有多个进程处于阻塞状态，这些进程将被组织成一个队列，称为阻塞队列。

进程在三种基本状态之间的转换如图 3.4.1 所示，可描述如下。

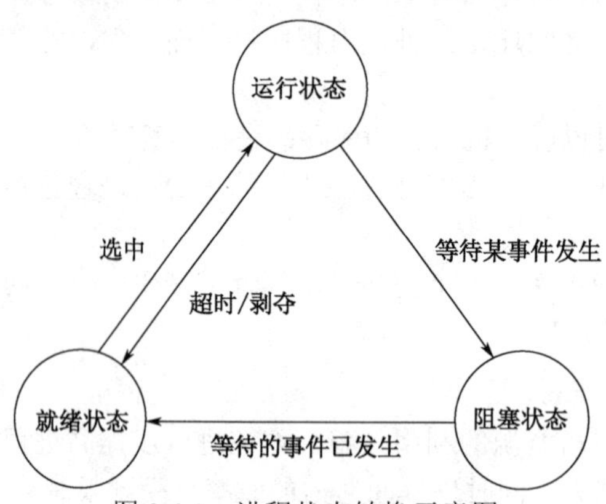

图 3.4.1　进程状态转换示意图

（1）就绪状态→运行状态

当 CPU 空闲时，进程调度程序从就绪队列中选中一个处于就绪状态的进程，并将 CPU 分配给它，此时进程便由就绪状态转换到运行状态。

（2）运行状态→就绪状态

正在运行的进程被进程调度程序中断执行，例如，用完系统分配的 CPU 时间片，或被优先级别更高的进程“剥夺”CPU 使用权，这时进程将从运行状态转换为就绪状态。

（3）运行状态→阻塞状态

当正在运行的进程需要等待某个事件的发生（如所需的输入/输出设备被占用）时，就会由运行状态转换为阻塞状态。

（4）阻塞状态→就绪状态

处于阻塞状态的进程，由于等待的事件到来（如获得所需的输入/输出设备的使用权）而不需要等待时，进程状态就会由阻塞状态转换为就绪状态。

思考：为什么处于阻塞状态的进程满足运行条件后，不直接转换到运行状态？

当处于阻塞状态的进程满足运行条件后，系统内满足运行条件的其他进程可能还有多个或 CPU 被其他进程占用，因此进程不会立即获得 CPU 运行，需要先转换为就绪状态，进入就绪队列，等待获得 CPU 的时机。

2．进程调度

一般，操作系统中进程总数多于 CPU 的数量，各进程间必定会产生竞争 CPU 的情况。进程调度就是按照一定的调度算法动态地将 CPU 分配给就绪队列中的某个进程，从而让它占有 CPU 运行。

（1）进程调度方式

进程调度方式有剥夺式调度和非剥夺式调度两种方式。

剥夺式（Preemptive）调度，又称为抢占式调度。在这种调度方式中，当符合剥夺原则（如正在运行的进程用完系统分配的 CPU 时间片，或就绪队列中出现优先级别更高的进程）的情况出现时，系统就立即剥夺正在执行的进程对 CPU 的使用权，将之分配给其他进程。

非剥夺式（Non-Preemptive）调度，又称为非抢占式调度。在这种方式中，进程调度程序一旦把 CPU 分配给某个进程后便让它一直运行下去，直到进程完成或发生某事件而阻塞时，才把 CPU 分配给另外一个进程。

（2）进程调度算法

操作系统的进程调度算法很多，各自有其适用的场合，也有一些算法适用于多种场合。常用的调度算法有：先来先服务算法、时间片轮转算法、优先级算法等。

① 先来先服务算法

先来先服务（First Come First Service，FCFS）调度算法是最简单的调度算法，其基本思想是按照进程就绪的先后顺序来调度进程。

FCFS 算法是一种非剥夺式算法，正在运行的进程直到执行完毕或阻塞才让出 CPU 的使用权，当进程被唤醒（如完成输入/输出操作）后，并不立即恢复执行，而是需要再次排队等待分配 CPU。FCFS 算法具有如下特点：

- 算法简单，易于实现；
- 对长作业有利，对短作业不利；
- 对 CPU 繁忙型的作业有利，对 I/O 繁忙型的作业不利。

② 时间片轮转算法

时间片轮转（Round Robin，RR）算法的基本思想是，将 CPU 的处理时间分成固定大小的时间片，通过时间片轮转，提高进程并发性和响应时间。此算法的关键是选取一个长短合适的时间片。

在时间片轮转算法中，系统中的进程按照就绪的先后顺序排成一个就绪队列，从就绪队列队首进程开始轮流获得 CPU 的一个时间片运行，当这个时间片用完且此进程没有完成既定任务时，系统剥夺此进程的 CPU 使用权并将其重新排到就绪队列的尾部，等候下一次调度。

时间片轮转算法属于剥夺式调度算法，可使就绪队列中的进程都“公平”地得以执行。

③ 优先级算法

优先级（Highest Priority First，HPF）调度算法的基本思想就是按照一定的原则为进程设置不同的优先级别，系统总是选取优先级别高的进程分配 CPU 运行。

3.4.3 Windows 进程管理

1. 任务管理器

Windows 7 任务管理器显示计算机中当前正在运行的应用程序、进程和服务。可以使用任务管理器监视计算机的性能、关闭没有响应的程序或者查看网络状态。

（1）任务管理器的启动

打开 Windows 7 任务管理器的方法如下：

- 按 Ctrl+Shift+Esc 组合键；
- 右击任务栏上的空白区域，从快捷菜单中选择“启动任务管理器”；
- 单击“开始”按钮，在“开始”菜单的“搜索”框中输入“taskmgr.exe”，按回车键。

Windows 7 任务管理器如图 3.4.2 所示。

（2）任务管理器的功能

Windows 7 任务管理器的用户界面由菜单栏、6 个选项卡（应用程序、进程、服务、性能、联网、用户）和状态栏组成。通常，使用 6 个选项卡来完成对任务的管理。在此介绍经常使用的“应用程序”、“进程”和“性能”三个选项卡。

①“应用程序”选项卡

“应用程序”选项卡（见图 3.4.2）可显示所有当前正在运行的应用程序。通过该选项卡可完成结束任务、切换任务和新建任务的功能。

- 结束任务：从任务列表中选择一个任务，单击“结束任务”按钮。
- 切换任务：从任务列表中选择一个任务，单击“切换至”按钮。
- 新建任务：单击“新任务”按钮，打开“创建新任务”对话框（见图 3.4.3），可以打开用户指定（可直接输入资源名字或通过单击“浏览”按钮搜索资源）的程序、文件夹、文档或 Internet 资源。

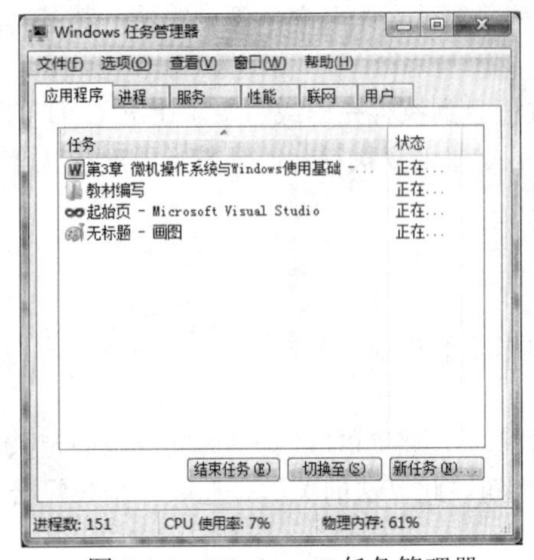

图 3.4.2　Windows 7 任务管理器

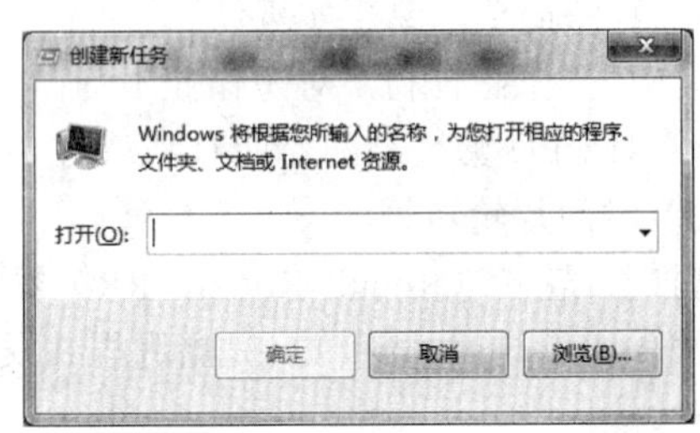

图 3.4.3　“创建新任务”对话框

② “进程”选项卡

“进程”选项卡可以显示所有当前正在运行的进程、后台服务等，甚至可以显示病毒程序或木马程序。除了以上功能外，该选项卡经常用于结束没有响应或行为异常的进程。方法是，从进程列表中选择一个进程，单击“结束进程”按钮。

☞注意：

结束进程时要小心。如果结束某进程，而该进程与正在运行的某程序（如字处理程序）相关联，则进程的结束也将导致与它相关联的程序的关闭，并且会丢失所有未保存的数据。如果结束与系统服务相关联的进程，则系统的某些部分可能无法正常工作。

③ “性能”选项卡

通过“性能”选项卡可以查看计算机 CPU 和内存的使用的情况。如图 3.4.4 所示，如果“CPU 使用记录”图表分开显示，则表示计算机具有多个 CPU，或者有一个多核的 CPU，或者两者都有。百分比数值较高表明正在运行的程序或进程需要大量 CPU 资源，这可能会使计算机的运行速度减慢。如果百分比数值冻结在 100%附近，则程序可能没有响应。如果程序没有响应，可以等待系统自动恢复，也可以在“应用程序”选项卡中手动退出没有响应的程序。

若要查看有关 CPU 使用率的高级信息，则在“性能”选项卡的底部，单击“资源监视器”。资源监视器显示的信息与任务管理器中显示的类似，但资源监视器会显示更为详细的信息。

2. 识别与程序关联的进程

① 右击任务栏上的空白区域，从快捷菜单中选择“启动任务管理器”，打开任务管理器窗口。

② 单击“应用程序”选项卡，右击要转到进程的程序，然后选择“转到进程”命令。与此程序相关联的进程将在“进程”选项卡中突出显示，如图 3.4.5 所示。

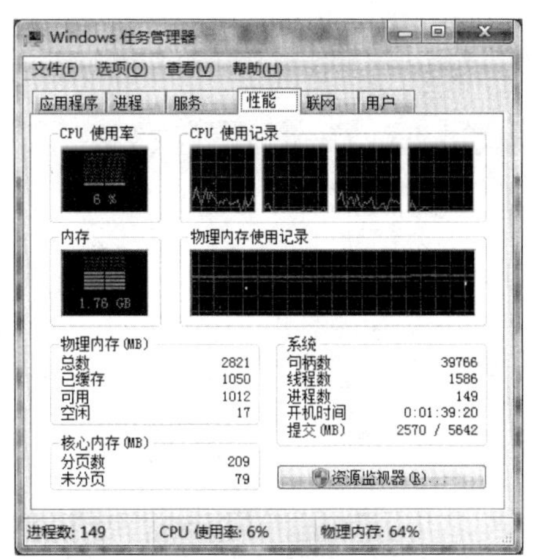

图 3.4.4　Windows 7 任务管理器性能选项卡

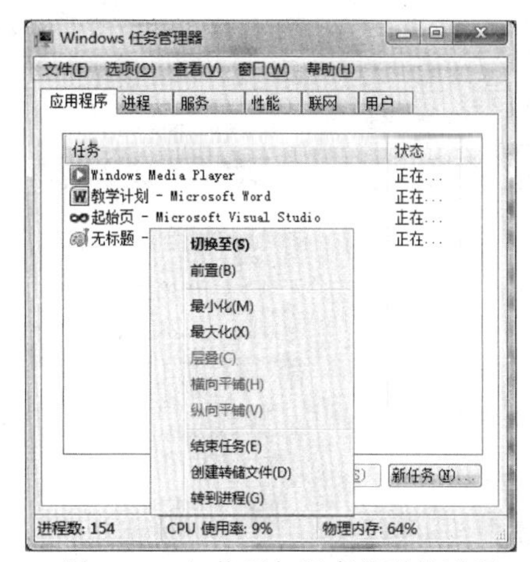

图 3.4.5　切换至与程序关联的进程

3.4.4　Windows 程序管理

1. 安装或卸载应用程序

（1）安装应用程序

通常，程序可从 CD、DVD 或网络安装。如果是从 CD 或 DVD 安装程序，许多程序会自动启动安装向导。安装时，首先将光盘插入光驱，系统将显示“自动播放”对话框，然后就按照向导提示进行操作就可以了。如果安装程序不自动启动安装向导，就需要检查程序附带的文档。通常会提供手动安装程序的说明。如果没有安装文档，还可以浏览整张光盘，然后打开程序的安装文件（文件名通常为 Setup.exe 或 Install.exe）。如果是从 Internet 安装程序，其方法大致如下。

Step1　在打开的 Web 浏览器中，单击指向安装程序的链接。

Step2　执行下列操作之一：

- 若要立即安装，则单击链接后选择“打开”或“运行”程序，然后按照指示进行操作。
- 若要下载后安装，则单击链接后选择“保存”程序文件，然后将安装文件下载到计算机中。做好安装该程序的准备后，双击该文件，并按照指示进行操作。

（2）卸载或更改程序

如果不再使用某个程序，或者希望释放硬盘中的空间，则可以从计算机中卸载该程序。可以使用“程序和功能”工具卸载程序，或通过添加或删除某些选项来更改程序配置。

Step1　依次单击“开始 | 控制面板 | 程序和功能”，打开显示“程序和功能”页面的控制面板窗口。

Step2　在已安装的程序列表中，先选择要卸载/修改的程序，然后单击“卸载/更改”按钮即可，如图 3.4.6 所示。多数程序只提供卸载功能。

2. 打开或关闭 Windows 功能

Windows 附带的某些程序和功能（如 Internet 信息服务）必须打开才能使用。

要打开或关闭 Windows 功能，按照下列步骤操作。

Step1　依次单击“开始 | 控制面板 | 程序和功能”，打开显示“程序和功能”页面的控制面板窗口，选择左侧窗格中的“打开或关闭 Windows 功能”项，显示如图 3.4.7 所示的页面。

Step2　勾选/清除某个 Windows 功能项左侧的复选框，将打开/关闭该 Windows 功能。设置完成后，单击“确定”按钮。

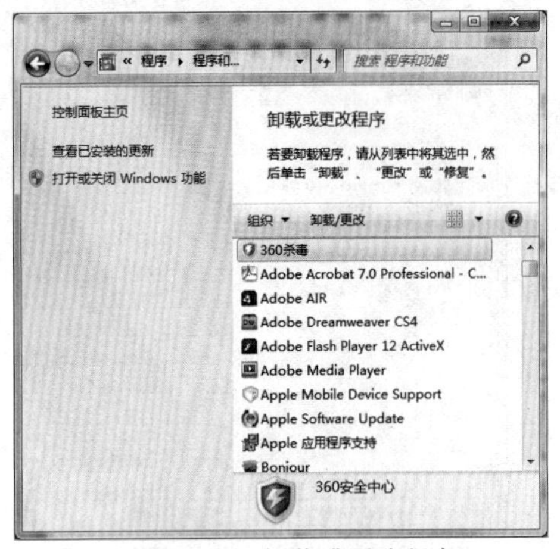

图 3.4.6　卸载或更改程序

图 3.4.7　打开或关闭 Windows 功能

3.5　存储管理

存储器是一种极为重要的系统资源。操作系统的存储管理功能是管理内存资源，主要实现内存的分配与回收、存储保护以及内存扩充等功能。

3.5.1　存储管理概述

1. 存储器的层次

按照计算机的体系结构，计算机存储系统可以划分为 4 个层次：寄存器、高速缓存、主存储器、外存储器，如图 3.5.1 所示。

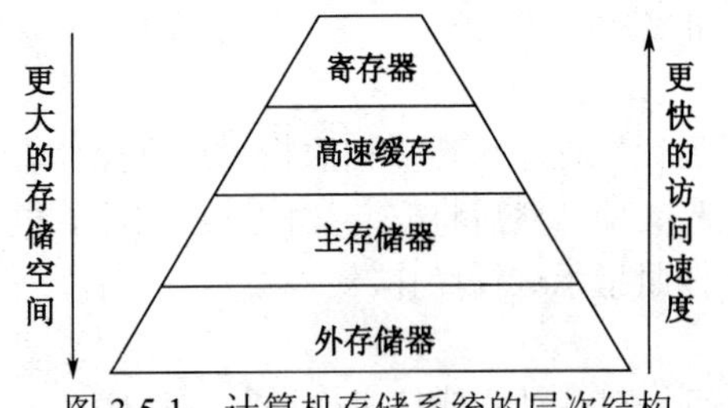

图 3.5.1　计算机存储系统的层次结构

（1）寄存器

寄存器（Register）是访问速度最快但最昂贵的存储器，它的容量很小。一个计算机系统包括几十个甚至上百个寄存器。

（2）高速缓存

高速缓存（Cache）是为了解决处理器与主存之间速度不匹配的问题而引入的。其存储容量比寄存器稍微大一些，访问速度比寄存器慢，但比主存储器快。当处理器要读取数据时，首先访问高速缓存，如果所要访问的数据已经在高速缓存中，则直接从高速缓存中读取信息；如果要访问的数据不在高速缓存中，那就需要从主存储器中读取信息。

（3）主存储器

主存储器（Primary Storage），也称为内存储器，简称为主存或内存。内存中存储的是 CPU 执行时所需要的代码和数据。内存的容量远大于高速缓存，但是小于外存储器，其访问速度低于高速缓存，高于外存储器。计算机最大内存容量受到计算机系统结构的限制。

（4）外存储器

外存储器（Secondary Storage）简称外存，是计算机系统中最大规模的存储器，用来存储各种数据和程序。外存储器的特点是存储容量大，成本低，断电后数据不会丢失，访问速度是存储系统中最慢的。

2．存储管理的功能

存储管理主要管理内存资源，它主要包括以下功能。

（1）内存的分配和回收。当一个进程需要运行时，系统根据内存的实际使用情况，按照一定的规则，把某一空闲内存区域分配给进程。当进程结束运行时，系统回收所占用的内存空间，使之成为自由区域，以便再次分配。

（2）通过多道程序技术共享内存，合理利用内存空间，提高内存的利用率。

（3）扩充内存容量。内存管理采用虚拟存储技术，可以让程序的大小不受内存容量的限制，即使在用户程序比实际物理内存还要大的情况下，程序也能正常运行。

（4）内存中信息的保护。确保各个程序都在各自分配到的存储区域内操作，互不干扰，不破坏操作系统内核区的信息。

3．存储管理相关概念

（1）逻辑地址和逻辑地址空间

用户的源程序通常用高级语言编写，源程序通过汇编或编译后得到目标程序。目标程序的地址不是内存的实际地址，目标程序使用的地址称为逻辑地址（相对地址），一个用户作业的目标程序的逻辑地址集合称为该作业的逻辑地址空间。

逻辑地址空间可以是一维的，这时逻辑地址限制在从 0 开始顺序排列的地址空间内；也可以是二维的，这时整个作业被分为若干段，每段有不同的段号，段内地址从 0 开始。

（2）物理地址和物理地址空间

内存由若干个存储单元组成，每个存储单元都有一个编号，这个编号可唯一地表示一个存储单元，称为内存地址或物理地址。内存地址从 0 编号，最大值取决于内存的大小和地址寄存器所能存储的最大值。

内存物理地址的集合称为内存地址空间或物理地址空间。它是一维线性空间，其编址顺序为 0, 1, 2, …, n-1，其中 n 是存储器实际单元个数。例如，某计算机系统有 512KB 内存，即 524 288B，则其内存空间编号为 0, 1, 2, …, 524 287。内存空间编号通常使用十六进制数来表示，512KB 内存空间编号的十六进制数表示为 00000H, 00001H, 00002H, …, 7FFFFH。

（3）地址转换

用户程序和数据存储在逻辑地址空间中，要运行用户程序，必须将其装入物理内存。此时程序和数据的逻辑地址和物理地址不可能一致，只有把程序和数据的逻辑地址转换为物理地址后，程序才能正确运行，该过程称为地址转换或地址重定位。

如图 3.5.2 所示为一个编译好的目标程序 A 装入内存前后不同的地址空间。

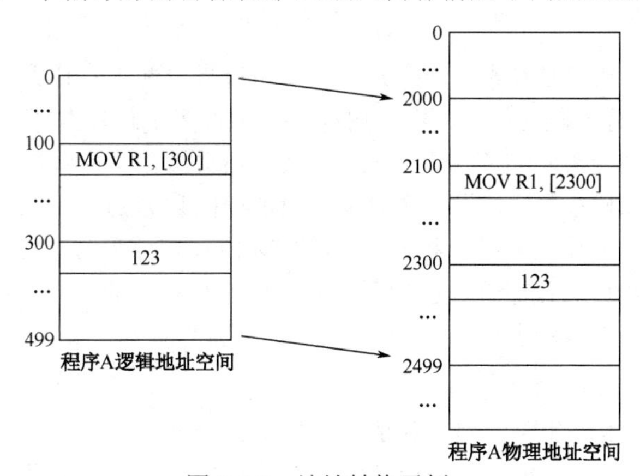

图 3.5.2　地址转换示例

由图 3.5.2 可以看出，目标程序 A 大小为 500B，逻辑地址空间为 0～499，第 100 号单元处存储指令"MOV　R1，[300]"，其功能是将 300 号存储单元内的数据 123 送入 R1 寄存器。在程序 A 运行时，假设将其装入物理内存的第 2000～2499 号单元处，原逻辑地址第 100 号单元中指令的数据地址 300 转换为物理地址 2300。

3.5.2　存储管理的基本方法

1．单一连续存储管理

单一连续存储管理是最简单的内存管理方式，适用于单用户单任务操作系统。单一连续分配管理将内存空间分为系统区和用户区，系统区存放操作系统常驻内存的代码和数据，用户区全部分配给一个用户程序独占使用。

单一连续存储管理最大的优点是易于管理。但也存在着一些问题和不足之处，例如对要求内存空间少的程序造成内存浪费；程序一次性全部装入，使得很少使用的程序部分也占用一定数量的内存。

2．分区式存储管理

为了支持多道程序系统和分时系统，支持多个程序并发执行，引入了分区式存储管理。其基本思想是将内存分为一些大小相等或不等的连续区域，称为分区。操作系统占用其中一个分区，其余的分区由应用程序使用，每个应用程序占用一个或几个分区。分区式存储管理虽然可以支持并发，但难以进行内存分区的共享。

分区式存储管理分为固定分区存储管理和可变分区存储管理。

（1）固定分区存储管理

固定分区（Fixed Partitioning）存储管理是指预先将可分配的内存空间分割成多个大小固定的连续分区。每个分区的大小可以相同，也可以不同。根据程序的大小，分配当前空闲的、适当大小的分区。这种存储管理方式支持多个程序并发执行，容易实现且开销小。其缺点是，分区大小固定，限制了可容纳的程序的大小，内存空间的利用率低。

（2）可变分区存储管理

可变分区（Dynamic Partitioning）存储管理与固定分区存储管理相比，分区大小和分区数目都不确定，是可变的。该管理方式的基本思想是，当某一用户作业申请内存时，检查内存中是否存在一块能满足该作业的空闲的、连续存储空间，若存在这样的空间，就从中划分出一个分区给该用户使用。

可变分区存储管理方式可克服固定分区管理方式内存利用率低的问题，更适合多道程序系统。

3．页式存储管理

前面介绍的两种存储管理方式有一个共同点：为进程分配的存储空间是连续的。采用以上存储管理方式的系统运行一段时间后，会在内存中产生许多"碎片"，降低内存的利用率。为了解决以上问题，引入了非连续的内存分配方式，主要包括页式存储管理和段式存储管理两种方式。

页式存储管理的基本思想是，将程序的逻辑地址空间划分为若干固定大小的区域，称为页面或页（Page），并为每页加上编号。相应地，将物理内存划分为与页面大小相同的存储块，称为页框（Page Frame）。页式存储管理以物理块为单位进行内存的分配，将进程中的若干页分别装入到多个物理块中，这些物理块可以连续，也可以不连续。

4．段式存储管理

段式存储管理的基本思想是，将进程的地址空间划分成若干个段（Segment），这样每个进程有一个二维的地址空间。系统为每个段分配一个连续的分区，而进程中的各个段可以不连续地存放在内存的不同分区中。程序加载时，操作系统为所有段分配其所需内存，这些段不必连续。

5. 虚拟存储器

受计算机体系结构和成本的限制，计算机的内存容量总是有限的。在前面介绍的各种存储管理方式中，必须为作业分配足够的存储空间，以装入有关作业的全部信息，并在这个作业运行结束后，才能释放内存。当作业的大小超出了主存的可用空间，则无法装入主存，也就无法运行。绝大部分的作业在执行时实际上不是同时使用全部信息的，有些信息，例如错误处理，可能从来不会使用，也可能运行一次后，再也不会使用。既然作业的全部信息是分阶段需要的，则可以分阶段将作业信息调入内存，而不需要一次将作业的全部信息调入内存。于是，虚拟存储技术应运而生。

虚拟存储技术的基本思想是：将有限的内存空间和大容量的外存统一管理起来，构成一个远大于实际内存的、虚拟的存储器。在虚拟存储系统中，作业运行不需要将作业的全部信息放入内存中，将暂时不运行的作业信息存放在外存中，通过内存和外存之间的对换，使系统逐步将作业信息放入内存，最终达到能够运行整个作业，从逻辑上扩充内存的目的。

3.5.3 Windows 存储管理

1. 内存管理

（1）资源监视器

资源监视器是一种用来实时监视 CPU、硬盘、网络和内存使用情况的工具，可以使用它查看计算机内存性能的报告。

依次单击“开始 | 所有程序 | 附件 | 系统工具 | 资源监视器”，打开资源监视器，选择“内存”选项卡，即可显示系统中所有正在运行的进程内存占用情况，如图 3.5.3 所示。

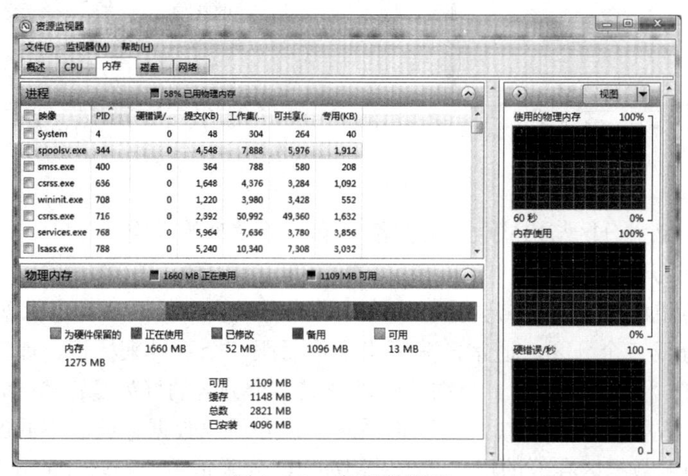

图 3.5.3 资源监视器

（2）虚拟内存设置

如果计算机缺少运行程序或操作所需的随机存取内存，Windows 7 则使用虚拟内存进行补偿。通常，Windows 7 的虚拟内存是保存在 C 盘根目录下的一个文件，称为虚拟内存文件或交换文件，其名称为“pagefile.sys”。通过设置可以更改其存放位置，步骤如下。

Step1 右击桌面上的“计算机”图标，从右键快捷菜单中选择“属性”命令，打开显示“系统”页面的控制面板窗口。

Step2 单击“高级系统设置”项，打开“系统属性”对话框，选择“高级”选项卡，单击

“性能”栏中的“设置”按钮。

Step3 弹出“性能选项”对话框，如图 3.5.4 所示，选择“高级”选项卡，单击“虚拟内存”栏中的“更改”按钮。

Step4 弹出“虚拟内存”对话框，如图 3.5.5 所示，清除“自动管理所有驱动器的分页文件大小”复选框。

Step5 在“每个驱动器的分页文件大小”列表框中选择要更改的分页文件所在的驱动器。

Step6 可根据需要选择以下单选钮：

- 自定义大小，由用户自行定义所选驱动器中虚拟内存文件的大小。具体做法是，在“初始大小”和“最大值”文本框中输入新的值，从而改变虚拟内存的大小。
- 系统管理的大小，由系统管理所选驱动器中虚拟内存文件的大小。
- 无分页文件，在所选驱动器中不设虚拟内存文件。

Step7 设置完成后，单击“设置”按钮，然后单击“确定”按钮。

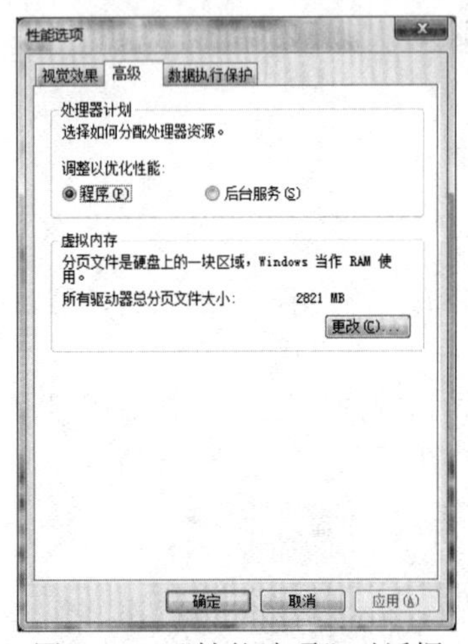

图 3.5.4 “性能选项”对话框

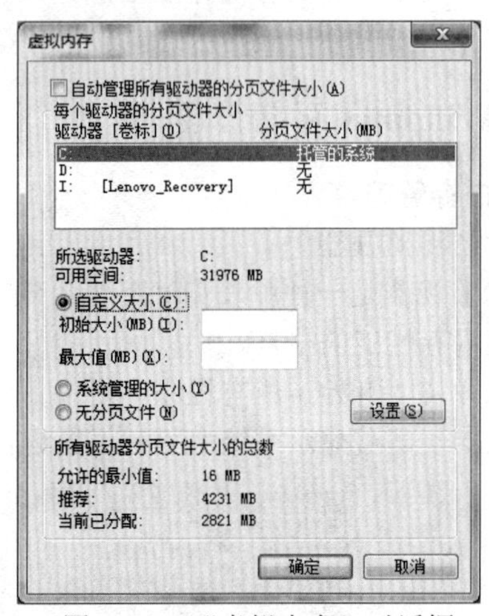

图 3.5.5 “虚拟内存”对话框

2. 磁盘管理

磁盘管理包括磁盘分区与格式化、磁盘清理和碎片整理等操作。

（1）磁盘分区与格式化

为了方便计算机的使用，通常会把一块物理硬盘分成多个分区（或逻辑盘）来使用。例如，把一块物理硬盘分成三个分区。通常，分区用字母后跟一个冒号来标识，如三个分区的盘符分别是“C:”、“D:”和“E:”。将一个物理磁盘分成多个分区的好处是：第一，各个分区可以有各自的管理规则，互不影响。第二，可以将系统文件和用户数据存放在不同的分区中，当系统区出问题后，不影响数据区存放的用户数据。例如，C 分区是系统和软件的安装区，D 区用于存储办公数据，而 E 区用于存放与个人生活或娱乐相关的数据。如果系统发生了故障，只需要恢复或重新安装 C 区就可以了，不影响其他两个分区的用户数据。如果一个物理硬盘只分为一个分区，当系统发生故障时，就会影响到用户数据的安全。

若要在硬盘中创建分区，用户必须以管理员身份登录，并且硬盘中必须有未分配的磁盘空间或者在硬盘中的扩展分区内必须有可用空间。如果没有未分配的磁盘空间，则可以通过收缩现有分区、删除分区或使用第三方分区程序的方法创建一些空间。

① 硬盘分区

用户可以在安装操作系统时或系统安装后进行硬盘分区操作。下面说明在系统安装完成并登录 Windows 7 后如何进行分区。

Step1　用户使用管理员身份登录。

Step2　右击桌面上的“计算机”图标，在右键快捷菜单中选择“管理”命令，打开“计算机管理”窗口。

Step3　单击左窗格中“存储”类别下的“磁盘管理”项，系统会在右窗格中显示当前计算机中物理硬盘的分区情况。如图 3.5.6 所示是某台计算机硬盘分区情况。

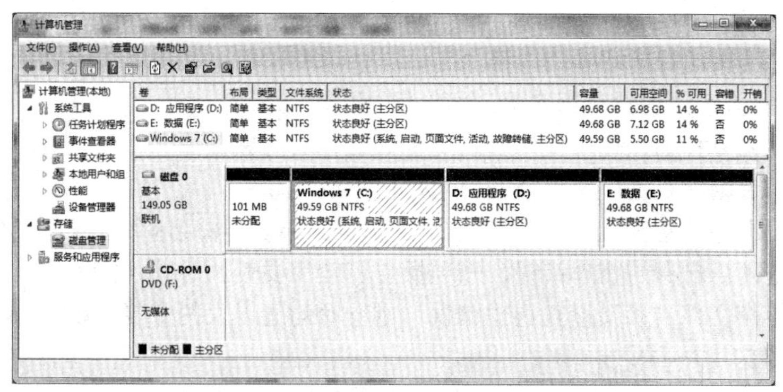

图 3.5.6　某台计算机硬盘分区情况

Step4　在右窗格中，右击要压缩的分区，从右键快捷菜单中选择“压缩卷”命令。

Step5　按照系统提示，输入要压缩的空间量（将变成未分配空间），单击“压缩”按钮，如图 3.5.7 所示。

Step6　右击刚才压缩出来的未分配磁盘空间，从右键快捷菜单中选择“新建简单卷”命令。在打开的对话框中，按照系统提示，输入要创建的卷的大小（MB）或接受默认大小，然后单击“下一步”按钮。

Step7　使用默认驱动器号或选择其他驱动器号以标识分区，然后单击“下一步”按钮。

Step8　在“格式化分区”对话框中，根据需要进行相应的设置：

- 如果不想立即格式化该卷，则选择“不要格式化这个卷”项。
- 也可以使用默认设置格式化该卷，或选择相应的选项。

Step9　检查选择信息，确定无误后单击“完成”按钮。

② 格式化现有分区

格式化分区将会破坏分区上的所有数据。一定要先备份好数据，再进行格式化分区操作。

Step1～3 与“硬盘分区”操作相同。

Step4　在右窗格中，右击要格式化的分区，从右键快捷菜单中选择“格式化”命令，打开如图 3.5.8 所示的“格式化”对话框。

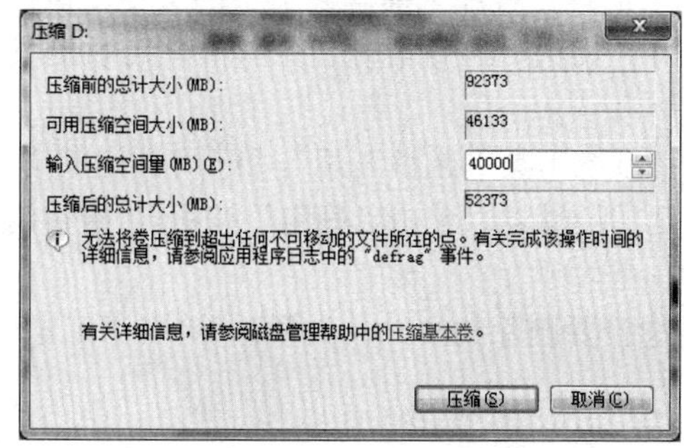

图 3.5.7　压缩参数设置

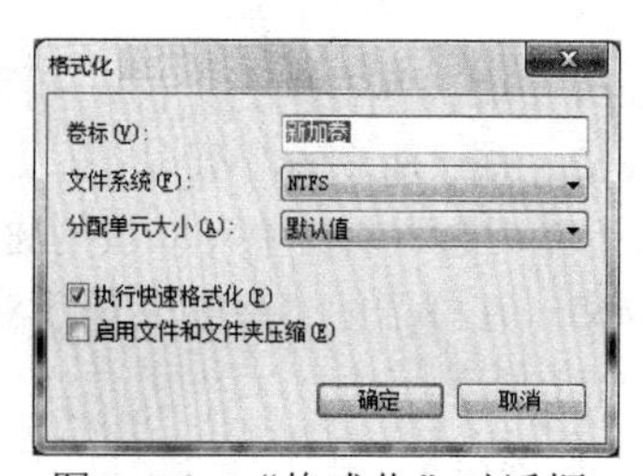

图 3.5.8　“格式化”对话框

Step5　在“格式化”对话框中，根据需要输入“卷标”名称，选择“文件系统”、“分配单元大小”，单击“确定”按钮开始格式化。

（2）磁盘查错

磁盘扫描用于检查分区中存在的各种错误或问题，并尝试进行修复，步骤如下。

Step1　双击桌面上的“计算机”图标，打开“计算机”窗口。

Step2　右击要检查的硬盘图标，从右键快捷菜单中选择“属性”命令，打开磁盘属性对话框，如图 3.5.9 所示。

Step3　在磁盘属性对话框中，选择“工具”选项卡，单击“查错”栏中的“开始检查”按钮，打开如图 3.5.10 所示的检查磁盘对话框。

- 若要自动修复扫描过程中检测到的文件和文件夹问题，则勾选“自动修复文件系统错误”复选框；否则，磁盘检查只报告问题，但不进行修复。
- 若要执行彻底的磁盘检查，则勾选“扫描并尝试恢复坏扇区”复选框。此操作将尝试查找并修复硬盘自身的物理错误，该项操作可能需要较长时间才能完成。
- 若既要检查文件错误又检查物理错误，则同时勾选以上两个复选框。

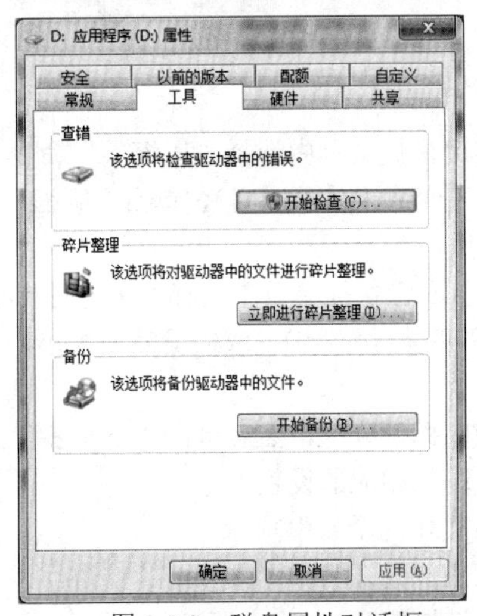

图 3.5.9　磁盘属性对话框

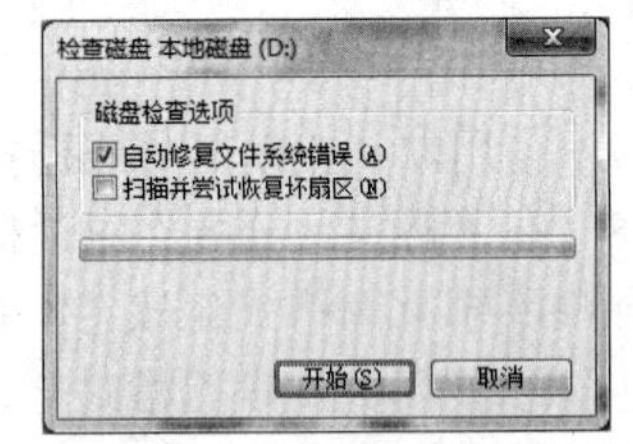

图 3.5.10　检查磁盘对话框

Step4　单击“开始”按钮开始磁盘扫描。

此操作可能需要几分钟时间，这要视磁盘的大小而定。为获得最好的结果，在检查错误时，最好不要使用计算机执行任何其他任务。

（3）磁盘清理

用户可使用 Windows 自带的系统工具“磁盘清理”程序来清理磁盘中的文件。该程序可删除临时文件、清空回收站并删除各种系统文件等。使用“磁盘清理”工具清理磁盘的具体方法如下。

Step1　依次单击“开始 | 所有程序 | 附件 | 系统工具 | 磁盘清理”，打开“磁盘清理”工具。

Step2　在“驱动器”列表中，选择需要清理的驱动器，单击“确定”按钮，“磁盘清理”工具开始计算所选驱动器中可释放的磁盘空间。

Step3　在打开的“磁盘清理”对话框中，选择要删除的文件（类型），单击“确定”按钮，如图 3.5.11 所示。

Step4　在确认删除的对话框中，单击“删除文件”按钮。

（4）磁盘碎片整理

随着系统的使用，硬盘中难免会产生许多零碎的空间，一个文件可能保存在硬盘的几个不连续的区域（簇）中，形象地称为“碎片”。碎片对系统的性能有很大的影响。通过定期对硬盘进行碎片整理，可以减少系统对文件的访问时间，从而提高计算机的工作效率。

磁盘碎片整理程序通过调整碎片在硬盘中的位置，将分散碎片整理为物理上连续的空间，以便磁盘和驱动器能够更有效地工作。手工碎片整理的方法如下。

Step1　单击“开始｜所有程序｜附件｜系统工具｜磁盘碎片整理程序”，打开磁盘碎片整理程序，如图 3.5.12 所示。

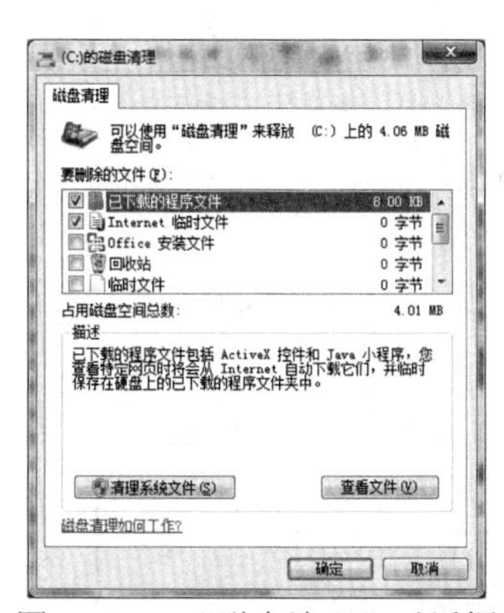

图 3.5.11　“磁盘清理”对话框

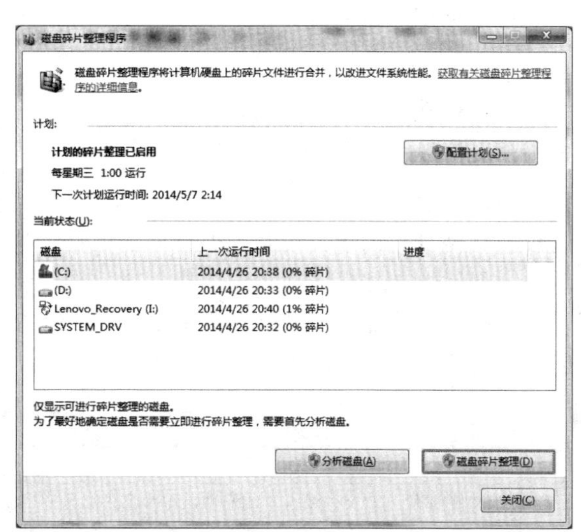

图 3.5.12　磁盘碎片整理程序

Step2　在“当前状态”列表框中，选择要进行碎片整理的驱动器。

Step3　单击“分析磁盘”按钮，可以先分析磁盘，以确定是否要对磁盘进行碎片整理。在完成磁盘分析后，系统将在“上一次运行时间”列中显示上一次运行的时间和碎片的百分比，如图 3.5.13 所示。如果碎片百分比高于 10%，则应该对该磁盘进行碎片整理。

Step4　选择需要整理碎片的磁盘，单击“磁盘碎片整理”按钮。

图 3.5.13　分析磁盘后开始整理磁盘碎片

磁盘碎片整理可能需要几分钟到几小时才能完成，具体取决于硬盘碎片的大小和程度。

3.6 文件管理

计算机中的数据通常以文件的形式存储在硬盘等外部存储介质中，数据处理与管理都是通过文件的方式进行的。文件管理的任务是对用户文件和系统文件进行有效管理，实现按文件名存取，实现文件的共享，保证文件安全，并提供一套使用文件的操作和命令。

3.6.1 文件及其相关概念

1．文件的定义

文件是存储在一定介质中的一组相关信息的集合，是操作系统用来存储和管理信息的基本单位，每个文件必须有一个确定的名字。

2．文件的属性

文件包括两部分内容：一是文件存储的数据，称为文件数据；二是关于文件本身的说明信息，称为文件属性。文件属性主要包括创建日期、文件长度、修改日期和文件物理位置等。文件属性主要被文件系统和用户用来管理文件。不同的文件系统通常有不同的文件属性，表 3.6.1 中列出了常用的文件属性。

表 3.6.1　常用文件属性

属　性	含　义
文件名称	文件最基本的属性，每个文件必须有一个名称用来互相区分
文件类型	主要通过扩展名来体现，图标也可以较直观地判断文件类型
文件长度	文件中存储数据的字节数
时间属性	文件创建、上次访问、上次修改等操作的时间和日期
物理位置	文件在存储介质上所存放的位置
文件权限	文件的存取控制信息

3．文件的命名

文件命名的格式为：〈文件名〉[.扩展名]。其中，扩展名用于说明文件所属类别，通常由创建文件的应用程序自动添加，不需要用户强行添加。

Windows 系列操作系统命名规范见表 3.6.2。

表 3.6.2　Windows 系列操作系统文件命名规范

约 定 项 目	Windows 9x/NT/XP/7
文件名最大长度	文件名最多 255 个字符，其中包含了最多 4 个字符的扩展名
是否允许包含空格	是
是否允许包含数字	是
不允许包含的字符	\ / ? : “ < > | *
不允许设置的文件名	Aux、Com1、Com2、Com3、Com4、Con、Lpt1、Lpt2、 Lpt3、Prn、Nul
是否区分大小写	否

在命名文件时，应该尽量做到“见名知意”，即要给文件起一个信息丰富、含义清楚的名字，无论谁看到文件名，都能知道该文件存储的内容是什么。例如，看到某个文件的名字为“2014 年 5 月_第一次自驾游_北京到拉萨.pptx”，就能够知道该文件与 2014 年 5 月某人第一次从北京到拉萨自己驾驶汽车旅行的情况有关。

4．文件的类型

文件的扩展名用于说明文件所属类别，借助扩展名，通常可以判定打开该文件的应用程序。常见的扩展名及其所属类别见表 3.6.3。

表 3.6.3　常见文件扩展名及其所属类别

扩展名	类型	扩展名	类型
exe	可执行文件	sys	系统文件
docx（或 doc）	Microsoft Word 文档	htm（l）	网页文件
txt	文本文件	pdf	Acrobat 文档
rar	压缩文件	c	C 语言源程序文件
bmp	位图文件	mp3	一种常见声音文件
avi	一种常见视频文件	swf	一种常见动画文件

在图形界面的操作系统中，除了使用文件的扩展名来标识文件类型外，还可使用图标标识文件类型，便于用户通过查看图标来直观地识别文件类型。通常，每种文件类型都有一种图标与之对应。例如，图标代表 Microsoft Word 文件、图标代表网页文件、图标代表文本文件。

5．文件夹

在日常办公中，人们通常将纸质文件按类别放置在文件柜内的文件夹中。同样的道理，操作系统在管理文件时，也提供了一种类似于文件夹的对应物，其在图形用户界面的操作系统中称为“文件夹”，在命令行用户界面操作系统中称为“目录”。典型的文件夹图标是。

文件夹是可以在其中存储文件或子文件夹（文件夹中包含的文件夹通常称为“子文件夹”）的容器。通常，可以创建任意数量的文件夹，每个文件夹中又可以容纳任何数量的文件和子文件夹。文件夹的命名规则与文件的命名规则一样，只是文件夹通常不用扩展名。

磁盘上的文件夹是以树状结构进行组织的，以根目录为根向下扩展，如图 3.6.1 所示。

6．路径

用户访问某个文件时，除了要知道文件名外，通常还需要知道文件存放的位置。文件存放位置一般由盘符和路径两部分构成。盘符（又称为驱动器符号）指计算机存储设备的名称，通常用一个字母加冒号来标识。文件的路径是指从根目录（盘符下的第一个目录，用反斜线“\”表示）出发，一直到目标文件，把途经的各个子目录名（子文件夹）连接在一起而形成的目录序列。子目录名之间用分隔符（反斜线“\”）分开。例如，Word 2010.pptx 文件的存放位置为“G:\00 大学计算机\03 Office\Word\Word 2010”，其中盘符是“G:”，路径是“\00 大学计算机\03 Office\Word\Word 2010”，第一个“\”表示根目录，其余“\”表示分隔符。

3.6.2　文件系统与文件操作

1．文件系统

文件系统是操作系统中与文件管理有关的那部分软件和被管理的文件，以及实现管理所需要的一些数据结构的总体。从系统角度看，文件系统对文件存储空间进行组织、分配，并负责文件的存储、保护和检索。从用户角度看，文件系统主要实现“按名存取”功能，并向用户提供简便、统一的使用文件的接口。下面是常见操作系统支持的文件系统。

- DOS/Windows 操作系统支持的文件系统主要有 FAT、NTFS、WINFS 等。
- Mac OS 操作系统支持的文件系统主要有 HFS、HFS+、UFS 等。
- UNIX 操作系统支持的文件系统主要有 UFS、FAT、NTFS、UDF、HFS、ext2 等。
- Linux 操作系统支持的文件系统主要有 ext、ext2、ext3、ext4、FAT、NTFS 等。

下面介绍 Windows 中常使用的 FAT、NTFS 文件系统。

（1）FAT 文件系统

FAT（File Allocation Table，FAT）文件系统是一种用于小型磁盘和简单文件夹结构的简单文件系统。它是一种比较古老的文件系统，主要是为了向后兼容。FAT 系统最大的优点是多种操作系统都支持它。缺点是无法支持系统高级容错特性，不具有内部安全特性等。

FAT 文件系统中磁盘空间的分配单位是簇（Cluster），包括若干个扇区，默认簇的大小随着分区容量的变化而变化。FAT 文件系统包括 FAT12、FAT16 和 FAT32 三种类型，其主要参数见表 3.6.4。

表 3.6.4　FAT 文件系统的 3 种类型

类　型	最大磁盘分区	说　明
FAT12	16MB	用 12bit 来标识簇的个数
FAT16	2GB	用 16bit 来标识簇的个数
FAT32	2TB	用 28bit 来标识簇的个数（高 4bits 被暂时保留）

（2）NTFS

NTFS（New Technology File System，NTFS）文件系统是专门为 Windows NT 操作系统开发的全新的文件系统，并适用于 Windows 2000 及以上版本的操作系统。与 FAT32 文件系统相比，NTFS 提供了许多高级特性：

- 通过访问控制列表（ACL）实现文件和文件夹级的安全性；
- 支持对分区、文件夹、文件的压缩功能；
- 可对分区进行磁盘配额管理；
- 支持文件的加密功能；
- 支持最大 2TB 的分区。

2．文件的操作

（1）普通用户眼中的文件操作

从普通用户的角度来讨论文件的操作，主要包括文件的创建、移动、复制、重命名、删除、打开、关闭、属性设置等操作。在 Windows 7 中，用户可以通过 Windows 文件管理窗口来实现这些操作。

（2）程序员眼中的文件操作

在大多数情况下，程序员通过编写程序来操作文件。从程序员的角度来看，典型的处理文件的程序包括三个步骤，姑且称之为文件操作的“三步曲”，即打开或创建文件、读/写文件和关闭文件。下面是一个将名为 file1.txt 的文本文件的内容显示在屏幕上的 C 语言程序。

```
#include<stdio.h>
#include<stdlib.h>
int main()
{
    FILE *fp;
    char string[81];
    if((fp=fopen("file1.txt","r"))==NULL)          /*打开文件*/
    {
        printf("Can't open this file");
        exit(-1);
    }
```

```
    while(fgets(string,81,fp)!=NULL)        /*从文件中循环读出每行文本，显示在屏幕上*/
        printf("%s",string);
    fclose(fp);                             /*关闭文件*/
    return 0;
}
```

3.6.3 Windows 文件管理

在 Windows 7 中，用户通过 Windows 文件管理窗口来实现文件管理的任务。有些特殊类型的文件还可以通过 Windows 7 提供的“库”功能来管理，如音乐、图片等。

1. Windows 文件管理窗口

双击桌面上的“计算机”图标或者打开任意一个文件夹或库，将打开 Windows 文件管理窗口。此窗口的各个不同部分旨在帮助围绕 Windows 进行导航，或更轻松地使用文件、文件夹和库。Windows 文件管理窗口组成如图 3.6.1 所示，窗口中各个部件对应的功能见表 3.6.5。

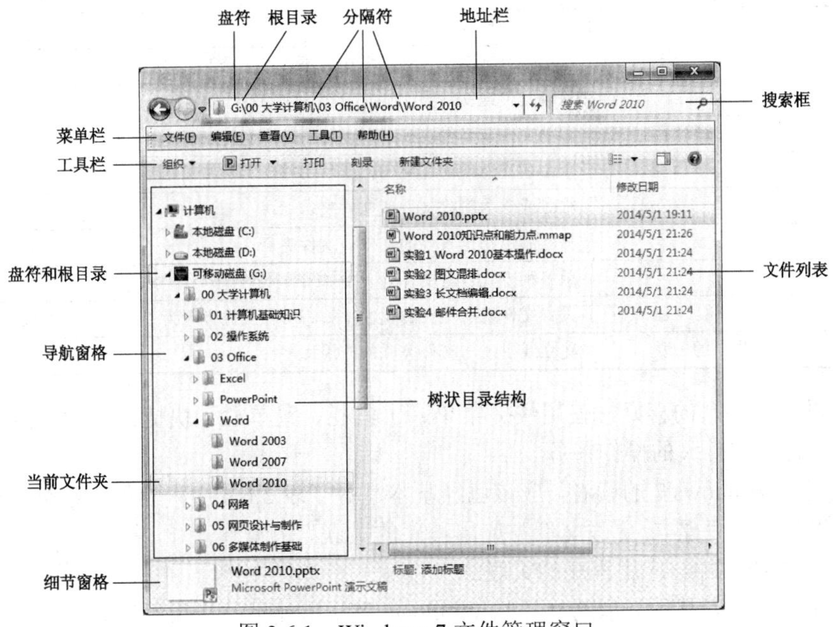

图 3.6.1 Windows 7 文件管理窗口

表 3.6.5 Windows 文件管理窗口部件功能

窗口部件	用途
导航窗格	使用导航窗格可以访问库、文件夹、保存的搜索结果，甚至可以访问整个硬盘
“后退”和“前进”按钮	使用“后退”按钮和“前进”按钮可以导航至已浏览过的文件夹或库，而无须关闭当前窗口
工具栏	使用工具栏可以执行一些常见任务，如更改文件和文件夹的外观、将文件刻录到 CD 上或启动数字图片的幻灯片放映
地址栏	使用地址栏可以导航至不同的文件夹或库，或返回上级文件夹或库
库窗格	仅当在某个库（如文档库）中时，库窗格才会出现。使用库窗格可自定义库或按不同的属性排列文件
列标题	使用列标题可以更改文件列表中文件的显示方式。例如，可以单击列标题更改显示文件和文件夹的顺序，也可以单击右侧下三角箭头，使用不同的方法筛选文件 注意：只有在“详细信息”视图中才显示列标题
文件列表	显示当前文件夹或库的内容

续表

窗口部件	用　途
搜索框	在“搜索”框中输入词或短语作为查找的关键字来查找当前文件夹或库中的项
细节窗格	使用细节窗格可以查看与选定文件关联的最常见属性
预览窗格	使用预览窗格可以查看大多数文件的内容。例如，选择电子邮件、文本文件、图片，甚至可以是视频，无须在程序中打开即可查看其内容。如果看不到预览窗格，则单击工具栏中的“预览窗格”按钮，可以在窗口右侧打开预览窗格

2．文件或文件夹的操作

（1）Windows 7 中文件或文件夹操作概述

Windows 7 中有关文件或文件夹的操作见表 3.6.6。

表 3.6.6　Windows 7 中常用文件或文件夹操作

操　作	说　明
打开	打开文件或文件夹
新建	新建文件或文件夹
选定	选定一个或多个（连续多个或不连续多个）文件或文件夹
复制	复制文件或文件夹
移动	移动文件或文件夹
重命名	重命名文件或文件夹
删除	临时或永久删除文件或文件夹
搜索	搜索满足指定条件的文件或文件夹
查看	用多种方式查看文件列表
设置属性	设置文件或文件夹的属性，如将文件属性设置为“隐藏”或“只读”
建立/更改文件与应用程序的关联	建立或更改与文件关联的应用程序

用户可以根据各自的喜好，使用快捷菜单、工具栏、菜单栏、快捷键中的任意一种方法来完成常见的文件或文件夹的操作任务。

凡是使用过 Windows 7 的读者，应该已经基本掌握了表 3.6.6 中列出的大部分操作，在此不再赘述。这里仅介绍“建立/更改文件与应用程序的关联”的操作。

（2）建立/更改文件与应用程序的关联

关联程序是指打开某种类型的文件时 Windows 默认所使用的应用程序。

建立/更改关联程序就是建立/更改 Windows 打开某类文件默认所使用的应用程序。例如，通常，文本文件的关联程序是 Windows 的“记事本”程序，现在想将其的关联程序更改为“Microsoft Word 2010”，可使用以下操作完成任务。具体操作步骤如下。

Step1　依次单击“开始｜控制面板｜默认程序”，打开显示“默认程序”页面的控制面板窗口。

Step2　选择“将文件类型或协议与程序关联”项，打开“设置关联”页面。

Step3　在中间的列表框中，根据“名称”列给出的扩展名，如“.txt”，选择要设置的文件类型或协议，如图 3.6.2 所示。

Step4　单击“更改程序”按钮，弹出“打开方式”对话框，如图 3.6.3 所示。

Step5　从“推荐的程序”或“其他程序”栏中选择一个应用程序作为关联程序，也可以单击“浏览”按钮搜索应用程序。

Step6　单击“确定”按钮。

上面的方法适用于将同类文件都使用新设置的关联程序打开的场合。要改变单个文件的关联程序，具体操作步骤如下。

Step1　右击要更改的文件，在快捷菜单中选择“打开方式 | 选择默认程序”命令。

Step2　弹出“打开方式”对话框，选择一个应用程序作为关联程序。

Step3　若要使用选定的应用程序打开相同类型的所有文件，则勾选“始终使用选择的程序打开这种文件”复选框；否则，清除该复选框。

Step4　最后单击“确定”按钮。

图 3.6.2　“设置关联”页面

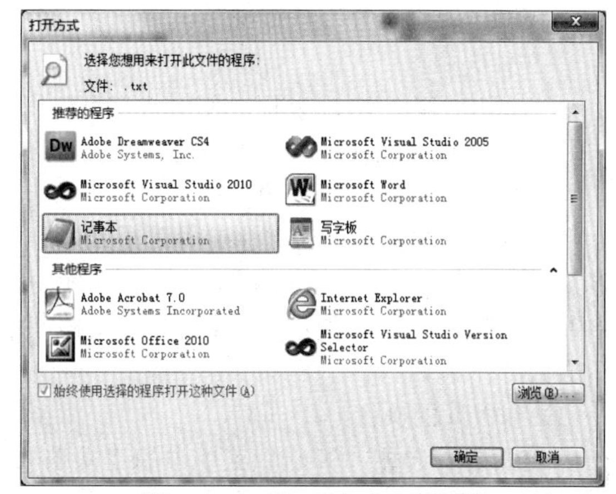

图 3.6.3　“打开方式”对话框

3. 库的应用

（1）库与文件夹

文件夹和库都可以用于管理文件，两者有相似的地方，但也有本质的区别。

文件夹是一个文件或子文件夹的容器。每个文件或子文件夹都存储在文件夹中。

在 Windows 7 中，可以使用库组织和访问文件，而不管其存储位置在哪里。库可以收集不同位置的文件，并将其显示为一个集合，而无须从其存储位置移动这些文件。库是一个整理文件的好方法，用户不需要搜索多个位置即可找到要查找的内容。

（2）使用库访问文件和文件夹

在默认情况下，Windows 7 有 4 个库，如图 3.6.4 所示。

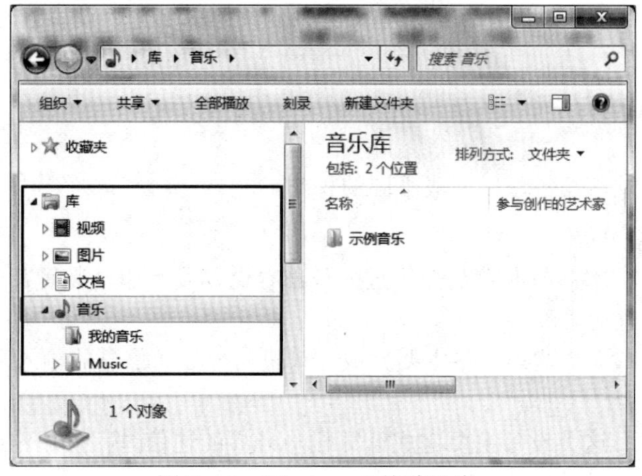

图 3.6.4　Windows 7 的默认库

- 文档库：用于管理文档。使用该库可组织和排列字处理文档、电子表格、演示文稿以及其他与文本有关的文件。在默认情况下，移动、复制或保存到文档库中的文件都存储在“我的文档”文件夹中。
- 图片库：用于管理图片。使用该库可组织和排列数字图片，图片可从照相机、扫描仪或者其他人的电子邮件中获取。在默认情况下，移动、复制或保存到图片库中的文件都存储在“我的图片”文件夹中。
- 音乐库：用于管理音乐。使用该库可组织和排列数字音乐，如从音频 CD 翻录或从 Internet 下载的歌曲。在默认情况下，移动、复制或保存到音乐库的文件都存储在“我的音乐”文件夹中。
- 视频库：用于管理视频。使用该库可组织和排列视频，例如，取自数字相机、摄像机的剪辑，或者从 Internet 下载的视频文件。在默认情况下，移动、复制或保存到视频库中的文件都存储在“我的视频”文件夹中。

到底应该将文件保存到文件夹中还是库中？如果将文件保存到文件夹中，则它会出现在包含该文件夹的任何库中。如果将文件保存在库中，则实际上会将该文件存储在该库的“默认保存位置”。例如，如果将文本文件保存在文档库中，则会将其存储在“我的文档”文件夹中，而不是库中。

（3）有关库的操作

- 打开库。单击“开始”菜单中的“文档”、“图片”或“音乐”，可以打开文档、图片或音乐库。
- 新建库。有 4 个默认库（文档、音乐、图片和视频），但可以新建库用于其他集合。
- 按文件夹、日期或其他属性排列项目。可以使用“排列方式”菜单以不同方式排列库中的项目，该菜单位于任何打开库的库面板（文件列表上方）内。
- 包含或删除文件夹。库收集包含的文件夹或“库位置”中的内容。
- 更改默认保存位置。默认保存位置是将项目复制、移动或保存到库中时的存储位置。

有关库的操作，大多都可在快捷菜单中完成。

3.7 设备管理

通常，设备是指除了 CPU 和主存之外的所有硬件资源。由于设备种类繁多，各自具有不同的特性，因此使得设备管理成为操作系统中最繁杂和琐碎的部分。设备管理主要指设备的分配、监视、控制、回收等。

3.7.1 设备的分类

从不同的角度出发，设备可以分成不同的种类。

1. 按照服务功能分类

（1）存储类设备。本书前面章节介绍过的外部存储器及其驱动装置都是存储类设备，如磁盘机、磁带机、光盘驱动器等。

（2）输入/输出类设备。这类设备主要完成计算机与外界间信息的输入和输出功能，如键盘、显示器、打印机等。

（3）通信类设备。这类设备主要完成计算机与外界的通信过程，通常既可以输入也可以输出，如网卡、蓝牙设备等。

2．按照每次信息交换的单位分类

（1）块设备。指以数据块为单位来组织和传送数据信息的设备，如磁盘，其输入、输出以一个扇区为基本单位。

（2）字符设备。指以单个字符为单位来传送数据信息的设备，如键盘、打印机等。

3．按照设备使用可共享性分类

（1）独占设备。指在任一给定的时刻只能由一个进程使用的设备，如终端、打印机等。

（2）共享设备。指多个用户进程运行期间可以交替地使用的设备，如磁盘等。

（3）虚拟设备。指通过虚拟技术将独占设备变换为可供多个用户进程共享逻辑设备，以提高设备的利用率，提高系统并行的程度。SPOOLing 技术就是一种典型的虚拟技术。

3.7.2 设备管理机制

1．设备管理的功能

为了提高设备使用效率和用户使用的方便性，设备管理一般应具备如下功能。

（1）设备的分配与回收。要实现对设备的有效管理和利用，系统必须记录设备的状态及相关信息，根据用户的请求和设备的类型，按照一定的算法把输入/输出设备及相应的设备控制器和通道分配给某一进程。在进程使用完设备后，系统负责回收设备，以便重新分配。

（2）缓冲区管理。在计算机系统中，CPU 的处理速度与外设的工作速度之间存在着很大的差距，为了使高速的 CPU 与低速的外设之间协调工作，一般都在主存中开辟一块存储区作为缓冲区，使得 CPU 和外设通过缓冲区传送数据。操作系统的设备管理程序负责缓冲区的建立、分配与释放。

（3）设备控制与中断处理。操作系统通过程序直接控制、中断控制、DMA、通道控制等控制方式，极大地提高 CPU 与 I/O 设备之间的并行程度，从而更充分地利用外部设备，提高计算机系统的性能。

（4）实现虚拟设备。为了实现多进程并发对独占设备的需求，设备管理实现了虚拟设备功能，将一个独占的物理设备变换为多个逻辑设备，从而能够接受多个进程对设备的请求。

除了以上功能外，设备管理的功能还包括设备的即插即用、节能、调度优化等。

2．输入/输出的控制方式

常用的控制方式有程序直接控制方式、中断控制方式、DMA 和通道控制 4 种。另外，为了使高速的 CPU 与低速的外设之间协调工作，还使用了缓冲技术。这里介绍程序直接控制方式和缓冲技术。

（1）程序直接控制方式

程序直接控制方式的基本思想就是利用 I/O 测试指令测试设备的闲/忙。若设备不忙，则执行输入或输出操作；若设备忙，则 I/O 测试指令不断对该设备进行测试，直到设备空闲为止。如图 3.7.1 所示。

程序直接控制方式的优点是控制方式简单，易于实现，但是其缺点也非常明显，由于 CPU 与 I/O 设备之间的速度差异，使得 CPU 大部分时间都处于等待 I/O 完成的循环测试中，整体效率比较低。

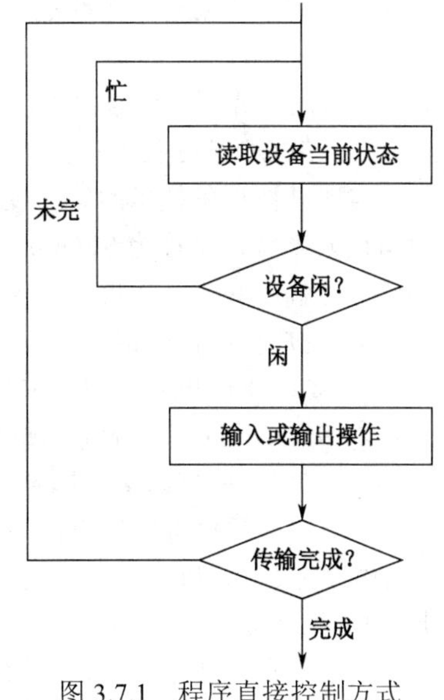

图 3.7.1　程序直接控制方式

（2）缓冲技术

缓冲技术作为一种缓冲机制，主要用来解决速度不匹配的问题。这种技术不仅用于计算机领域，在现实世界中应用也很广泛，例如为了缓解地铁运送乘客速度和乘客进站速度之间的差异，地铁部门在建设了宽广的站台的基础上，引入了较长的"之"字形进站通道，本质上讲，该措施也是一种缓冲机制。

将缓冲技术引入计算机的设备管理中，缓和了 CPU 和 I/O 设备速度不匹配的矛盾，减少 I/O 操作对 CPU 的中断次数，协调逻辑记录大小与物理记录大小不一致的情况。

缓冲分为硬件缓冲和软件缓冲两种。硬件缓冲用专用的存储器作为缓冲器，如高速缓冲存储器（Cache）。软件缓冲是指在操作系统的管理下，在内存中划出若干存储单元作为缓冲区。

按照缓冲区个数的多少和结构不同，缓冲区又可分为单缓冲、双缓冲、多缓冲、循环缓冲与缓冲池等。

3．设备分配与调度

（1）设备分配策略

设备分配策略根据设备的特性分为独占方式、共享方式和虚拟方式 3 种。

① 独占方式是指把一台设备每次分配给一个进程使用，直到它释放该设备。

② 共享方式是指设备可以被多个进程"交替"使用，即当一个进程需要时，便申请它，获得后使用它，用完就释放它。磁盘是可以用共享方式分配、使用的设备。

③ 为了提高独占设备的利用率，提高进程并行程度，引入了虚拟设备技术。虚拟技术就是利用快速、共享设备把慢速、独占设备模拟为同类物理设备。

（2）设备分配算法

设备的分配算法与进程的调度算法有些相似之处，其基本思想是，将请求设备的进程组织成设备请求队列，操作系统按照一定的算法将设备分配给进程。

① 先来先服务（First Come First Service，FCFS）算法：当设备空闲时，系统总是将设备分配给设备请求队列中的队首进程。

② 高优先级优先（Highest Priority First，HPF）算法：首先对每个提出 I/O 请求的进程分配一个优先级，按照优先级由高到低的顺序排成设备请求队列，如果优先级相同，则按照 FCFS 的顺序排列；如果有一个新进程要加入设备请求队列，不是简单地把它挂在队尾，而是根据该进程 I/O 请求的优先级插在队列的适当位置。当设备空闲时，系统从设备请求队列的队首去除一个具有最高优先级的进程，并将设备分配给它。

（3）SPOOLing 技术

实现虚拟设备技术的软、硬件系统称为假脱机（Simultaneous Peripheral Operation On-Line，SPOOL）系统，又称为 SPOOLing 系统。

下面就以共享打印机为例说明 SPOOLing 系统的工作原理。

① 用户提出打印请求。

② 系统将用户的打印请求传递给 SPOOLing 系统。

③ SPOOLing 系统的输出进程在磁盘中申请一个空闲区，将需要打印的数据传送到该区域中。

④ 将用户的打印请求挂到打印队列中。注意，到此为止，虽然打印机还没有进行真正的打印工作，但是用户可以认为打印过程已经结束。

⑤ 如果打印机空闲，就会从打印队列中取出一个请求，再从磁盘中的指定区域取出数据，执行打印操作。

由于磁盘是共享设备，SPOOLing 系统可以随时响应打印请求并把数据缓存起来，这样就把独占设备改造成了共享设备，从而提高设备的利用率和系统效率。

SPOOLing 技术还可用于其他场合，如在网络上进行文件传输、发送 E-mail 等。

SPOOLing 技术的特点是：提高 I/O 速度，缓和高速的 CPU 与低速的 I/O 设备之间速度不匹配的矛盾；将独占设备改造为共享设备，提高设备的利用率；实现虚拟设备功能，将物理的一个设备变换为多个对应的逻辑设备。

3.7.3 Windows 设备管理

1. 使用设备管理器查看设备信息

使用设备管理器，可以查看和更新计算机中安装的设备驱动程序，查看硬件是否正常工作以及修改硬件设置。查看设备信息的具体方法如下。

Step1 依次单击“开始 | 控制面板 | 设备管理器”，打开如图 3.7.2 所示的“设备管理器”。

Step2 在列表框中，单击设备名称左侧的展开按钮▷，可以显示详细信息。

Step3 右击展开的详细信息，如“声音、视频和游戏控制器”下的“SoundMAX Integrated Digital HD Audio”，在右键快捷菜单中选择“属性”命令，弹出相应的属性对话框，可以进一步查看设备的情况，包括设备类型、制造商、设备状态、驱动程序等，如图 3.7.3 所示。

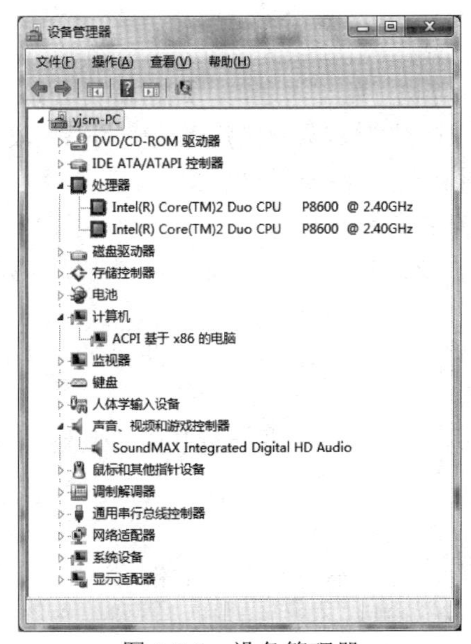

图 3.7.2 设备管理器

图 3.7.3 设备的详细属性

2. 设备和打印机

除了使用“设备管理器”对设备进行管理外，“设备和打印机”也可用于对部分设备进行管理。两者的区别主要在于，“设备管理器”可以管理在计算机内部安装的所有硬件以及外部连接的设备，而“设备和打印机”通常只管理外部设备。

依次单击“开始 | 设备和打印机”，打开显示“设备和打印机”页面的控制面板窗口，如图 3.7.4 所示。可以进行以下操作。

- 查看设备属性：右击某个设备图标，在右键快捷菜单中选择“属性”命令，弹出相应的属性对话框，在“硬件”选项卡中显示选中设备的情况，如图 3.7.5 所示。
- 添加设备/添加打印机：单击“添加设备”或“添加打印机”按钮，在打开的对话框中按系统提示操作。

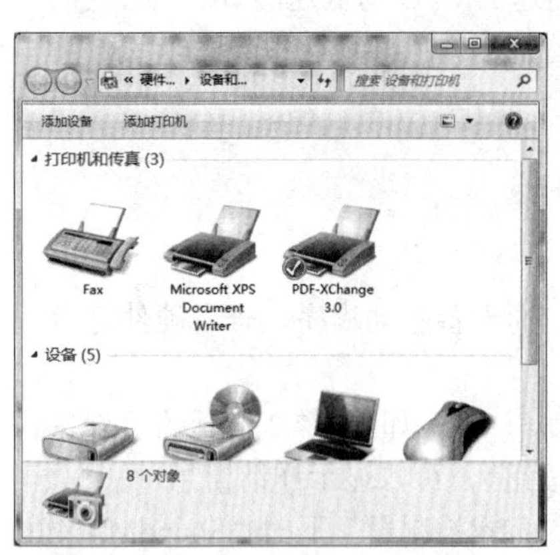

图 3.7.4 “设备和打印机”页面

图 3.7.5 设备详细属性

3.8 用户管理与安全防护

在使用一台刚刚安装好 Windows 7 操作系统的计算机开始工作之前，通常需要做如下预防措施保护计算机，才可将计算机连接到互联网上，否则，非常容易感染病毒或受到恶意攻击。

- 安装并启动防火墙软件，阻止黑客或恶意软件访问，保护计算机。
- 打开 Windows 自动更新，并确保计算机自动安装更新。
- 安装一个好的防病毒程序，并及时更新，保持该程序处于最新状态，尽量保护计算机免受病毒、蠕虫和其他安全威胁的伤害。
- 使用 Microsoft Windows Defender 或其他反间谍程序进行实时保护，这些程序可以帮助保护计算机免受间谍软件和恶意软件的侵害。
- 使用标准账户访问计算机。该类用户权限受限，可降低计算机遭受攻击的风险。

3.8.1 管理用户账户

Windows 7 系统有三种类型的账户，每种类型为用户提供不同的计算机控制级别。

- 标准账户：该类账户的用户可以使用大多数软件和进行不影响其他用户的安全设置。
- 管理员账户：可以对计算机进行最高级别的控制，拥有完全的访问权。
- 来宾账户：主要针对需要临时使用计算机的用户。来宾账户不需要新建，只是启用或关闭。该类用户对密码保护的文件、文件夹、系统设置不可访问。

在首次安装 Windows 并进行默认设置时，系统要求创建用户账户。此账户是能够设置计算机以及安装用户要使用的任何程序的管理员账户。完成计算机设置后，建议创建一个标准账户并使用该账户进行日常工作，这样有助于使计算机更安全。标准账户不可以做对计算机的所有用户造成影响的更改（如删除计算机工作所需要的文件），这样，即使其他人（或黑客）在用户登录时获得了对计算机的访问权限，他们也无法篡改计算机的安全设置或更改其他用户账户。

1. 创建用户账户

Step1 使用管理员身份登录系统。

Step2 依次单击“开始｜控制面板｜用户账户”，打开显示“用户账户”页面的控制面板，如图 3.8.1 所示。

图 3.8.1 “用户账户”页面

Step3 单击“管理其他账户”项，进入“管理账户”页面，如图 3.8.2 所示。

Step4 单击“创建一个新账户”项，进入“创建新账户”页面，如图 3.8.3 所示。

Step5 输入用户账户的名称，选择需要设置的账户类型，最后单击“创建账户”按钮，即可创建新账户。

图 3.8.2 创建一个新账户

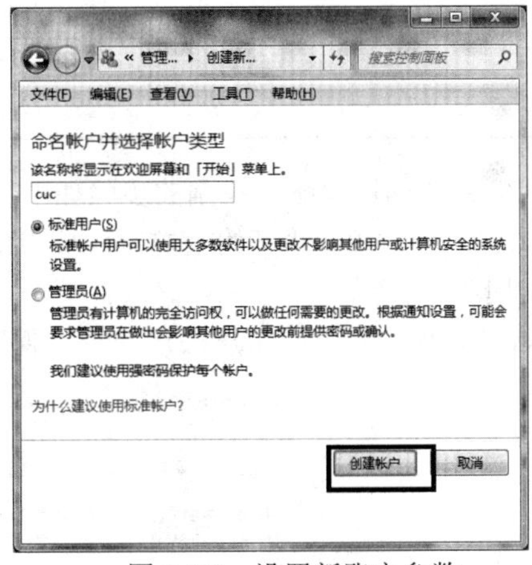

图 3.8.3 设置新账户参数

2. 更改用户账户设置

Step1 在如图 3.8.2 所示的“管理账户”页面中，单击要更改的账户。

Step2 打开如图 3.8.4 所示“更改账户”页面，从中选择所需的操作。例如，单击“更改账户类型”项，然后按照系统提示进行设置即可。

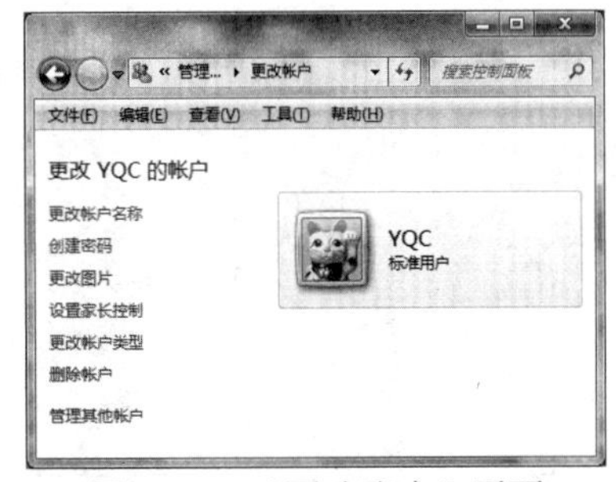

图 3.8.4 “更改账户”页面

3. 用户账户控制

用户账户控制（UAC）是一项安全方面的功能，此功能可以在程序做出需要管理员级别权限的更改时，系统发出通知，从而使管理员保持对计算机的控制。UAC 的工作原理是调整用户账户的权限级别。如果当前用户是管理员，则可以单击“是”按钮继续。如果当前用户不是管理员，则必须由具有计算机管理员账户的用户输入其密码后才能继续（或当前用户知道管理员账户的密码并输入）。如果当前用户被授予权限，则他将暂时具有管理员权限来完成任务，任务完成后，他所具有的权限仍是标准用户权限。这样，即使当前用户是管理员账户，在不知情的情况下也无法对计算机做出更改，从而防止在计算机中安装恶意软件和间谍软件。

当需要权限或密码才能完成任务时，UAC 会以 4 种不同类型的对话框中的一种来通知用户。表 3.8.1 中给出用于通知和指导用户如何进行响应不同类型的对话框说明。

表 3.8.1 不同类型的对话框说明

图　标	类　型	描　述
	Windows 中包含的设置或功能需要获得管理员的许可才能启动	此项目具有有效的数字签名，可验证此项目的发布者是否为 Microsoft。如果出现的是此类型的对话框，通常可以安全地继续使用。如果不确定，则应该检查该程序或功能的名称，确定此项目是否为想要运行的程序或功能
	不属于 Windows 一部分的程序，需要管理员的许可才能启动	此程序具有有效的数字签名，该数字签名可确保该程序正是其所声明的程序，并验证该程序发布者的身份。如果出现的是此类型的对话框，应该确保该程序是想要运行的程序，并且信任该程序发布者
	来自未知发布者的程序，需要管理员的许可才能启动	此程序不具有来自其发布者的有效数字签名。这不一定表明有危险，因为许多旧的合法程序缺少签名。但是，应该特别注意并且仅当其获取自可信任的来源（例如原装 CD 或发布者网站）时才允许程序运行。如果不确定，则应该在 Internet 上查找该程序的名称，以确定该程序是已知的程序，还是恶意的软件
	系统管理员已阻止运行此程序	此程序已被阻止，因为已知此程序不受信任。若要运行此程序，则需要与系统管理员取得联系

打开或关闭用户账户控制的步骤如下。

Step1　依次单击“开始 | 控制面板 | 用户账户”，打开显示“用户账户”页面的控制面板窗口，如图 3.8.1 所示。

Step2　单击“更改用户账户控制设置”项，弹出对话框，如图 3.8.5 所示。

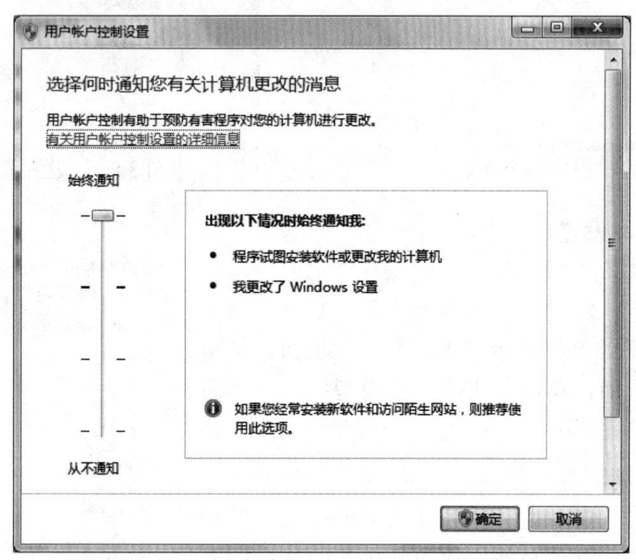

图 3.8.5　“用户账户控制设置”对话框

Step3　在“用户账户控制设置”对话框中，根据个人需要执行以下操作之一：

- 若要关闭 UAC，则移动滑块到“从不通知”处，然后单击“确定”按钮，此时需要重新启动计算机才能关闭 UAC。
- 若要打开 UAC，则移动滑块到希望收到通知的时间处，然后单击“确定”按钮。

3.8.2 Windows Defender

间谍软件是一种在未征得用户同意的情况下，可显示广告、搜集用户的信息或更改计算机上设置的软件。例如，间谍软件可能会在 Web 浏览器上安装不需要的工具栏、链接或收藏夹，更改默认主页，或频繁地弹出广告。有些间谍软件不显示任何可检测的征兆，但却在秘密地收集敏感信息，如用户访问了哪些网站或输入了哪些文本。大多数间谍软件是通过用户下载的免费软件安装的，但有些情况下，只要访问某个网站也可感染间谍软件。

使用反间谍软件可帮助保护用户的计算机免受间谍软件和其他可能不需要的软件的侵扰。Windows Defender 是 Windows 附带的一种反间谍软件。在默认情况下它是启用的。Windows Defender 会在间谍软件尝试将自己安装到计算机中时向用户发出警告。它还可以扫描计算机，查看是否存在间谍软件，找到后可将其删除。

几乎每天都会有新间谍软件出现，Windows Defender 必须进行定期更新才能检测到最新间谍软件，保护计算机免受其威胁。Windows Defender 会在更新 Windows 时根据需要进行更新。为实现最高级别的保护，可将 Windows 设置为自动安装更新。

Windows Defender 提供以下两种手段来帮助防止间谍软件感染计算机。

- 实时保护。Windows Defender 会在间谍软件尝试将自己安装到计算机中并在计算机中运行时发出警报。如果程序试图更改重要的 Windows 设置，它也会发出警报。
- 扫描选项。可以使用 Windows Defender 扫描可能已安装到计算机中的间谍软件。定期计划扫描，还可以自动删除扫描过程中检测到的任何恶意软件。

1．打开或关闭 Windows Defender 的方法

Step1　依次单击“开始 | 控制面板 | Windows Defender”，打开其窗口。

Step2　单击“工具”按钮，进入“工具和设置”页面。

Step3　单击“选项”项，进入“选项”页面。在左侧窗格中选择“管理员”项，然后勾选或清除右侧窗格中的“使用此程序”复选框，最后单击“保存”按钮。

2．扫描间谍软件和其他可能不需要的软件

在 Windows Defender 中，可以选择运行计算机的“快速扫描”或“完整扫描”。如果怀疑间谍软件已经感染了计算机的某特定区域，则可以仅选择要检查的驱动器和文件夹进行“自定义扫描”。

快速扫描检查的是计算机中最有可能感染间谍软件的硬盘。完整扫描检查硬盘中所有文件和当前运行的所有程序，但可能会导致计算机运行缓慢，直到扫描完成。建议每日进行快速扫描，如果怀疑计算机被间谍软件感染，则随时进行完整扫描。扫描方法如下。

Step1　依次单击“开始 | 控制面板 | Windows Defender”，打开其窗口。

Step2　如果要进行快速扫描，则单击“扫描”按钮；否则，单击“扫描”按钮旁的下拉按钮，在弹出的下拉列表中选择“完全扫描”或“自定义扫描”项。

3.8.3 Windows 防火墙

防火墙可以是软件，也可以是硬件，它能够检查来自网络的信息，然后根据防火墙设置阻止或允许这些信息进出计算机。

防火墙有助于防止黑客或恶意软件通过网络访问计算机。防火墙还有助于阻止计算机向其他计算机发送恶意软件。利用 Windows 7 自带的防火墙功能，可以给用户的计算机多设置一道保护的屏障，降低黑客攻击和病毒袭击的风险。

1．打开或关闭 Windows 防火墙的方法

Step1　依次单击“开始｜控制面板｜Windows 防火墙”，打开显示“Windows 防火墙”的控制面板窗口。

Step2　在左窗格中，单击“打开或关闭 Windows 防火墙”。

Step3　在要保护的每个网络位置下，设置“启用 Windows 防火墙”或“关闭 Windows 防火墙”，然后单击“确定”按钮。

2．允许程序通过 Windows 防火墙通信

如果 Windows 防火墙阻止了某一程序，而用户希望允许该程序通过防火墙进行通信，可以在 Windows 防火墙的允许程序列表（也称为“例外列表”）中选中该程序，使之通过防护墙。

Step1　依次单击“开始｜控制面板｜Windows 防火墙”，打开显示“Windows 防火墙”的控制面板窗口。

Step2　在左窗格中，单击“允许程序或功能通过 Windows 防火墙”项。

Step3　打开的页面如图 3.8.6 所示，勾选允许通过防火墙的程序和功能前面的复选框，并勾选允许通信的网络位置，然后单击“确定”按钮。

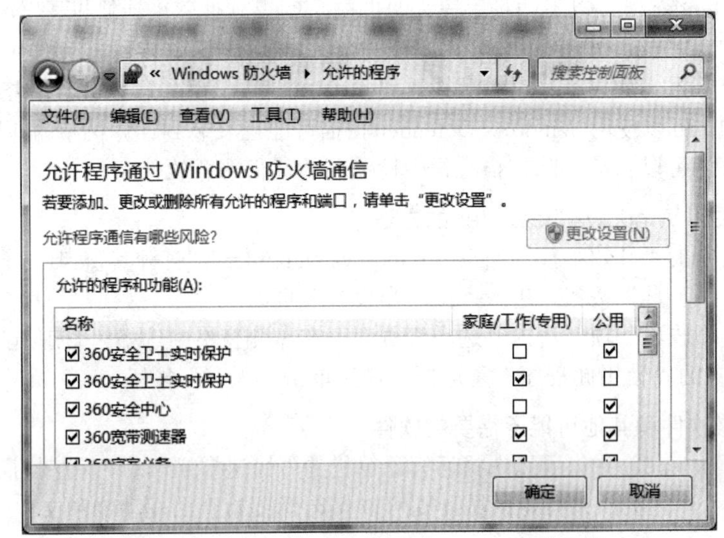

图 3.8.6　允许程序或功能通过 Windows 防火墙

本章小结

通过本章的学习，读者可以对与操作系统相关的概念、术语有一个全面的了解，并掌握 Windows 7 的基本使用方法。希望读者在掌握 Windows 7 中最常用的操作同时，如“程序管理”、“存储管理”、“文件管理”、“设备管理”等，也不要忽视对操作系统管理各种资源时用到的管理机制、调度策略等的理解，因为这些机制或策略对读者计算思维意识和方法的培养有一定的帮助作用，读者可能会在有意无意之间将它们应用到今后的工作或学习中。

第 4 章　Office 2010 办公软件

学习要点：

- 了解 Microsoft Office 2010 组成；
- 掌握 Word 2010 基本操作方法；
- 掌握 Excel 2010 基本操作方法；
- 掌握 PowerPoint 2010 基本操作方法；
- 掌握 Office 2010 各组件协同工作方法。

建议学时：上课 3 学时，上机 6 学时。

Office 2010 是 Microsoft 公司推出的一套办公软件，它适用于文字排版和编辑、表格处理和计算、幻灯片制作、常用数据库管理和 Internet 信息交流等日常办公方面的工作，使办公变得更加简单快捷。

针对用户的不同需求，该软件共有 6 个版本，分别是初级版、家庭及学生版、家庭及商业版、标准版、专业版和专业高级版。另外，针对不同的操作系统，Office 2010 具有 32 位和 64 位两种版本。

Office 2010 中包含的组件众多，但对于大多数用户来说，常用的是 Word 2010、Excel 2010、PowerPoint 2010。

4.1　文字处理软件 Word 2010

4.1.1　Word 2010 简介

Word 2010 是 Microsoft Office 2010 的一个重要的组成部分，是一款优秀的文字处理软件。

1．Word 2010 的工作界面

Word 2010 的工作界面由标题栏、功能区、文档编辑区和状态栏等组成，如图 4.1.1 所示。

（1）标题栏：位于工作界面的顶部，由应用程序图标W、快速访问工具栏、标题和窗口控制按钮 4 部分组成。

（2）功能区：功能区是用户向 Word“发号施令”的最主要的界面元素，它由若干个选项卡组成，每个选项卡按照功能划分为若干个功能组，每个组中包括若干个命令按钮。

（3）文档编辑区：它是完成文档编辑操作的区域。文档编辑区中闪烁的光标叫作插入点，表示文本的输入位置。其顶部是水平标尺，左侧是垂直标尺，右侧和底部都有滚动条。

（4）状态栏：位于工作界面的底部，由以下几部分组成。

① 文档页数、字数：显示文档的统计数据，单击页数，弹出“查找和替换”对话框；单击字数，弹出“字数统计”对话框。

② “拼写与语法检查”按钮：单击该按钮可以执行“拼写与语法检查”命令。

③ 语言设置按钮：单击该按钮，弹出“语言”对话框。

④ 插入和改写状态切换按钮：在默认情况下，文档处于“插入”状态下，单击此按钮可以在“插入”和“改写”两种状态之间切换。在“插入”状态下，新输入的字符将插入在插入点之后，原来位于插入点之后的文本将向右移动；在“改写”状态下，新输入的字符将替换光标

右侧的字符。

⑤ 文档视图切换按钮：包括 5 个视图切换按钮，单击按钮可以切换到相应的文档视图。

⑥ 缩放比例工具：由显示比例按钮和缩放滑块组成。单击显示比例按钮可打开“显示比例”对话框，选择不同的显示比例；通过操作缩放滑块，可以调节编辑区的显示比例。

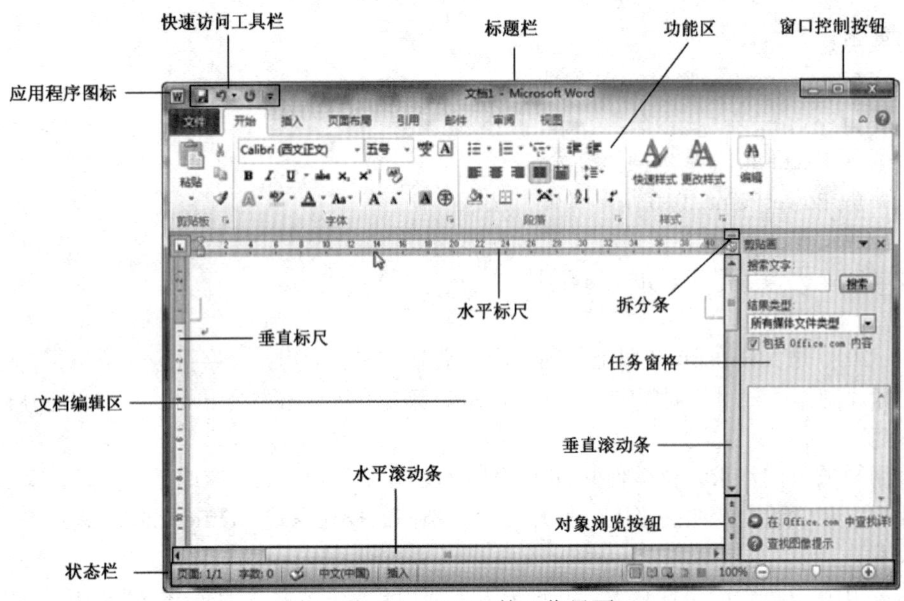

图 4.1.1　Word 2010 的工作界面

2. Word 2010 的视图方式

Word 2010 为用户提供了 5 种视图方式，分别是“页面视图”、“阅读版式视图”、“Web 版式视图”、“大纲视图”和“草稿”。

（1）页面视图

页面视图是 Word 2010 的默认视图方式。在这种视图下，除了可以处理文本外，还可以处理图形、公式和其他非文本元素。可以显示文档的打印结果外观，主要包括页眉、页脚、图形对象、分栏设置、页面边距等元素，是最接近打印结果的视图方式。

（2）阅读版式视图

为了使用最简洁的用户界面阅读长文档并进行文本编辑，可使用阅读版式视图。切换到该视图方式后，标题栏、功能区、状态栏等窗口元素被隐藏起来，仅在窗口上方显示阅读版式工具栏，默认全屏幕显示两页文档。

（3）Web 版式视图

Web 版式视图以网页的形式显示 Word 文档，Web 版式视图方式适用于发送电子邮件和创建网页。

（4）大纲视图

大纲视图主要用于设置和显示 Word 文档标题的层次结构，并可以方便地折叠和展开各种层级的文档。大纲视图广泛用于长文档的编辑和快速浏览。

（5）草稿

为了浏览文本和设置基本的文本格式，可以使用草稿方式。草稿隐藏了页面边距、分栏、页眉页脚和图片等内容，仅显示标题和正文，是最节省计算机系统硬件资源的视图方式。

视图方式的切换，可以通过单击“视图”选项卡的“文档视图”组中相应的按钮来实现；

也可以通过单击状态栏右部的视图切换按钮来切换。

4.1.2 文档的管理

文档的管理包括创建、保存、打开、密码设置、多文档操作等。

1. Word 2010 文档密码的设置

在 Word 2010 中，可以使用密码阻止他人打开或修改 Word 文档。具体操作步骤如下。

Step1 单击“文件”选项卡，进入 Backstage 视图，单击“另存为”项，打开“另存为”对话框。

Step2 单击该对话框中的“工具”按钮，选择下拉列表中的“常规选项”项，弹出“常规选项”对话框，如图 4.1.2 所示。

Step3 如果希望他人必须输入密码方可查看文档，则在“打开文件时的密码”文本框中设置密码；如果希望他人必须输入密码方可修改文档，则在“修改文件时的密码”文本框中输入密码；如果不希望他人修改文件，则勾选“建议以只读方式打开文档”复选框。设置完成后，单击“确定”按钮。

Step4 在打开的“确认密码”对话框中重新输入密码进行确认，然后单击“确定”按钮。

Step5 回到“另存为”对话框，单击“保存”按钮。

2. Word 2010 多文档操作

打开多个 Word 文档时，有时需要对这多个文档窗口进行切换、重排、拆分等操作。这些操作都在“视图”选项卡的“窗口”组中进行，如图 4.1.3 所示。

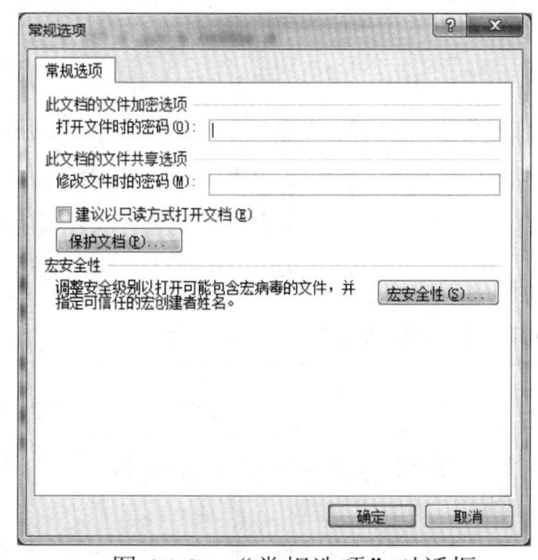

图 4.1.2 “常规选项”对话框

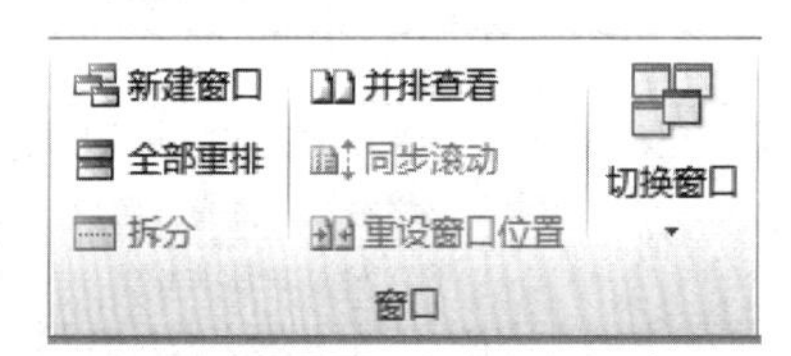

图 4.1.3 “视图”选项卡的“窗口”组

（1）在多个 Word 文档间切换

依次单击“视图”选项卡 | “窗口”组 | “切换窗口”按钮，从下拉列表中选择文档名称，即可将该文档激活。

（2）横向平铺文档

当打开多个 Word 文档时，在当前窗口中，依次单击“视图”选项卡 | “窗口”组 | “全部重排”按钮，即可横向平铺全部文档。

（3）纵向平铺文档

当打开多个 Word 文档时，在当前窗口中，依次单击“视图”选项卡 | “窗口”组 | “并排查看”按钮，弹出“并排查看”对话框，选择需要并排比较的文档，单击“确定”按钮。然后，

可以单击“同步滚动”或“重设窗口位置”按钮进一步设置并排查看的细节。

（4）新建文档窗口

在当前 Word 文档窗口中，依次单击“视图”选项卡｜“窗口”组｜“新建窗口”按钮，可以新建文档窗口。

可以为一个打开的 Word 文档另外建立一个或多个显示窗口，在每个窗口中可以用不同的视图显示文档的内容，这就是所谓的“一文多视”。对同一个文档用不同的视图显示，可以突出文档某一方面的特点。

（5）拆分文档窗口

为了在屏幕上同时看到一个长文档不同部分的内容，可以将文档窗口拆分为两部分。这一功能可以通过依次单击“视图”选项卡｜“窗口”组｜“拆分”按钮来实现，还可以直接拖动垂直滚动条上方的拆分条，如图 4.1.1 所示。

4.1.3 文档的编辑

1. 文本输入及格式设置

（1）文本输入

在默认情况下，Word 文档有“即点即输”的功能，可以在文档的任意空白位置双击，将光标定位在那里，插入点的位置就是文本输入的位置。

当要输入一些不能通过键盘直接输入的特殊符号时，可以依次单击“插入”选项卡｜“符号”组｜“符号”按钮，弹出“符号”下拉列表，在其中选择要插入的符号；如果“符号”下拉列表中没有需要的符号，则可以选择“其他符号”项，打开“符号”对话框，找到需要的符号，双击，插入该特殊符号。

（2）文本选择

输入完文本，对文本内容进行格式化、删除、复制等编辑操作之前，要先选中相应的文本。

在选择文本时经常使用“文本选取区”。在 Word 的页面视图方式下，将鼠标指针放到文档的左侧空白处，鼠标指针变为向右倾斜的指针形状，这时鼠标所处区域就是“文本选取区”。

选择文本的具体方法见表 4.1.1。

表 4.1.1　Word 2010 中选择文本的方法

选择范围	方　法
任意数量的文本	鼠标法：在文本的开始位置单击，然后按住鼠标左键不放并拖动到文本的结束位置后松开 键盘法：将光标定位在文本的开始位置，然后按住 Shift 键不放，使用键盘移动插入点，如上、下、左、右箭头键等 鼠标结合键盘法：在文本的开始位置单击，按住 Shift 键不放，单击要选定文本的结束位置
一个词	鼠标法：在文本中双击鼠标，选中光标所在位置的词或词组 键盘法：将光标定位在词的开头位置，再按 Ctrl+Shift+“→”组合键；或者将光标定位在词尾处，再按 Ctrl+Shift+“←”组合键
一句文本	按住 Ctrl 键不放，然后在句中的任意位置单击
一行文本	鼠标法：在某行文本左侧的文本选取区中单击 键盘法：将光标定位在一行文本的开头，然后按 Shift+End 组合键；或者将光标定位在一行文本的结尾，然后按 Shift+Home 组合键
多行文本	在多行文本左侧的文本选取区中按住下鼠标左键并拖动，可选中多行文本
一段文本	在某段文本左侧的文本选取区中双击，或者在要选择的段落中的任意位置快速三击

续表

选 择 范 围	方　　法
矩形文本块	按住 Alt 键不放，从要选择文本区域的一角按住鼠标左键拖动到对角位置
插入点之前的文本	按 Ctrl+Shift+Home 组合键
插入点之后的文本	按 Ctrl+Shift+End 组合键
整篇文档	鼠标法：在文档左侧的文本选取区中快速三击 键盘法：按 Ctrl+A 组合键
不连续的文本块	先选择一个文本区域，然后按住 Ctrl 键不放，逐个选择其他所需要的文本区域

（3）字符格式设置

字符的格式包括字体、字形、字号、颜色、下划线、着重号、上下标、缩放、间距、位置等。可通过“开始”选项卡的“字体”组（如图 4.1.4 所示）、浮动工具栏（如图 4.1.5 所示）、“字体”对话框（如图 4.1.6 和图 4.1.7 所示）等来设置字符的格式。

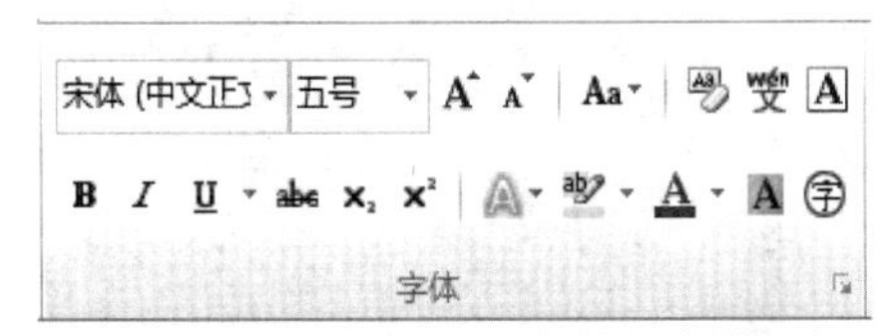

图 4.1.4　“开始”选项卡的“字体”组

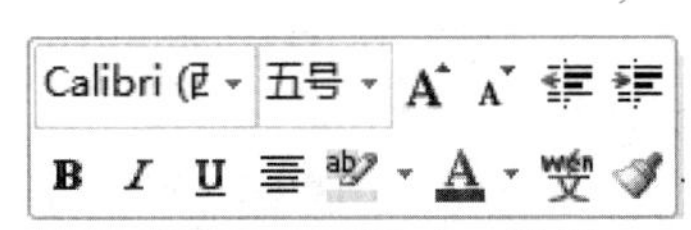

图 4.1.5　浮动工具栏

图 4.1.6　“字体”对话框的“字体”选项卡

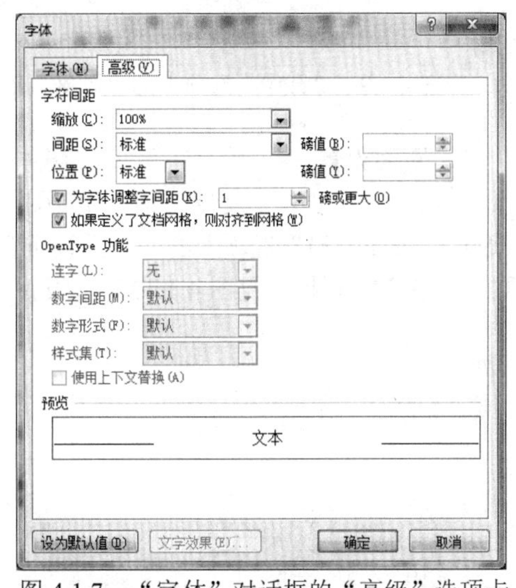

图 4.1.7　“字体”对话框的“高级”选项卡

在 Word 2010 中还增加了设置“文本效果”功能，利用该功能可以让文字看起来具有艺术字的效果。具体步骤如下。

Step1　选中需要设置文本效果的文本。

Step2　依次单击“开始”选项卡｜“字体”组｜“文本效果”按钮 A▾，在下拉列表中选择需要的效果即可。

Step3　如果觉得下拉列表中内置的样式不符合要求，还可以选择“轮廓”、“阴影”、“映像”、“发光”选项中的样式，或者打开相应的“选项”对话框，进行个性化设置。

2．段落格式设置

当输入的文本满一行时，插入点将自动移至下一行，即具有自动换行的功能。按回车键，将自动生成一个“段落”，每个段落最后都有段落标记（↵）。一个 Word 文档中的文本是由若干段落组成的。

段落格式主要包括对齐方式、缩进、行距和间距、边框和底纹等。可通过标尺（见图 4.1.8）、“开始”选项卡的“段落”组（见图 4.1.9）、“段落”对话框（见图 4.1.10）来设置段落的格式。

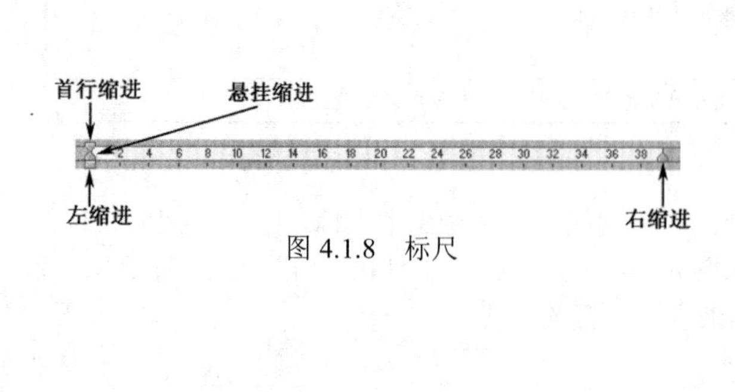

图 4.1.8　标尺

图 4.1.9　“开始”选项卡的“段落”组

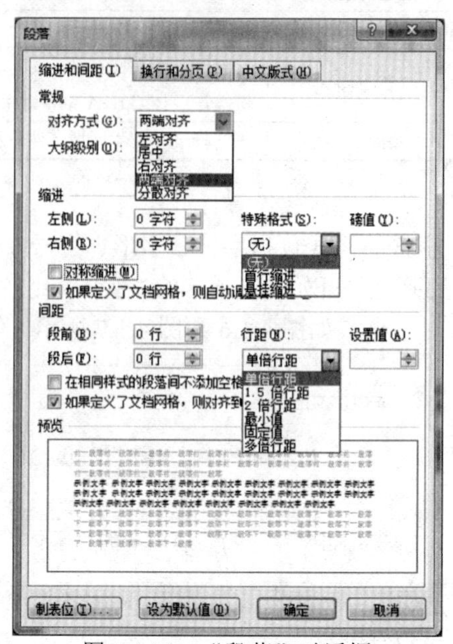

图 4.1.10　“段落”对话框

3. 页面设置

页面设置主要包括文字方向、页边距、纸张大小、纸张方向、颜色、水印、页面边框等。可通过“页面布局”选项卡的“页面设置”组（见图 4.1.11）和“页面背景”组（见图 4.1.12）、“页面设置”对话框（见图 4.1.13）来设置页面格式。

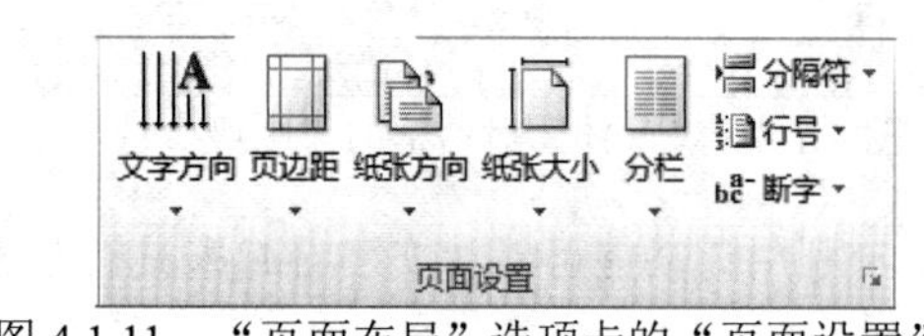

图 4.1.11　“页面布局”选项卡的“页面设置”组

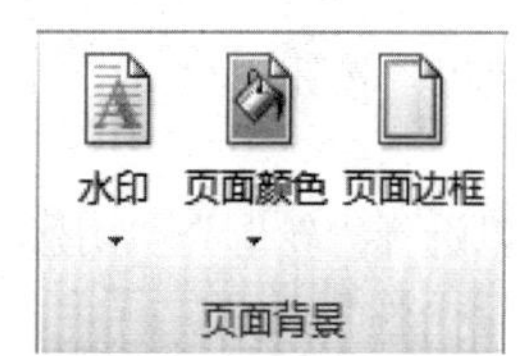

图 4.1.12　“页面布局”选项卡的“页面背景”组

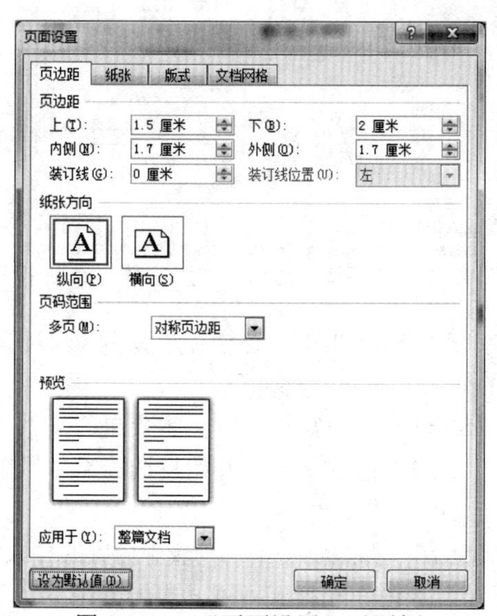

图 4.1.13　“页面设置”对话框

4．各种对象的编辑

（1）表格的编辑

文档中有些内容可能需要用表格来表现。Word 具有相当强大的表格处理能力，可以满足这种需求。

① 插入表格

Step1　将光标定位在要插入表格的位置，依次单击“插入”选项卡｜“表格”组｜“表格”按钮，弹出“插入表格”下拉列表，如图 4.1.14 所示。

Step2　在下拉列表中的表格上直接移动鼠标指针（或按住鼠标左键拖动），在光标后将出现一个表格，到达所需的行、列时单击（或释放左键）。也可以选择“插入表格”项，弹出“插入表格”对话框，在其中设置要插入表格的行数、列数后，单击“确定”按钮，如图 4.1.15 所示。

图 4.1.14　“插入表格”下拉列表

图 4.1.15　“插入表格”对话框

② 选择表格或表格中的行、列、单元格

要编辑表格或表格中的行、列、单元格，首先要选中它们。

- 选择一个单元格：将鼠标指针移到单元格的左边框上，当鼠标指针变成 ➚ 形状时，单击。
- 选择一行单元格：将鼠标指针移到要选定行的某个单元格的左边框上，当鼠标指针变成 ➚ 形状时，双击，或者在该行左侧文本选取区中单击。
- 选择一列单元格：将鼠标指针移到要选定列最上面单元格的上边框处，当鼠标指针变成 ⬇ 形状时，单击。
- 选择整个表格：将鼠标指针移到表格上任意处，当表格的左上角出现⊞图标，右下角出现□图标时，单击其中之一。

③ 插入行、列、单元格

将鼠标指针定位在单元格内，右击，弹出快捷菜单，从“插入”级联菜单中选择所需的命令。

④ 删除行、列、单元格、表格

先选中需要删除的对象，如行、列、单元格或整个表格，然后右击，从弹出的快捷菜单中选择相应的命令。

⑤ 设置表格内文本对齐方式和文字方向

- 设置表格内文本的对齐方式：选中需要设置对齐方式的单元格，根据需要，依次单击“表格工具｜布局”选项卡的“对齐方式”组中代表对齐方式的 9 个按钮之一，如图 4.1.16 所示。

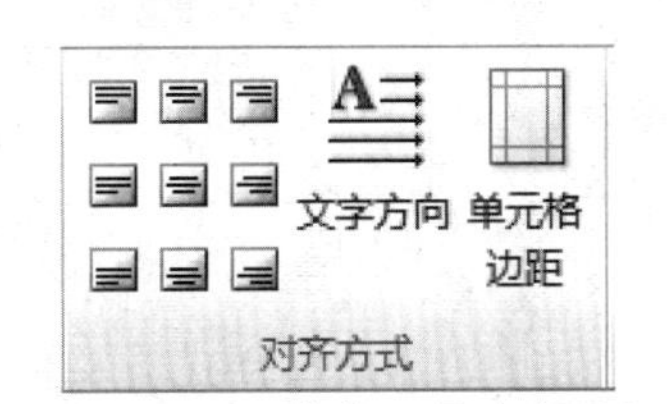

图 4.1.16　“表格工具｜布局”选项卡的“对齐方式”组

- 设置表格内文字的方向：选中需要设置文字方向的单元格，依次单击“表格工具｜布局”选项卡｜“对齐方式”组｜“文字方向”按钮，可以将单元格内的文字由横向转为纵向，或由纵向转为横向。

⑥ 合并/拆分单元格

- 合并单元格：选中需要合并的多个单元格，右击，在快捷菜单中选择“合并单元格”命令。
- 拆分单元格：选中要拆分的一个或多个单元格，右击，在快捷菜单中选择“拆分单元格”命令，弹出“拆分单元格”对话框，在其中输入列数、行数，单击“确定”按钮。

⑦ 调整表格大小

可通过鼠标拖动、“表格工具 | 布局”选项卡的“单元格大小”组、“表格属性”对话框来实现调整表格大小的操作。这里只简单介绍鼠标拖动法。

将鼠标指针移到要调整的单元格行或列边框上，当鼠标指针变为÷或╫形状时，拖动鼠标到相应位置，调整单元格的行高或列宽。

单击表格右下角的调节大小图标□，当鼠标指针变为↘形状时，拖动鼠标到相应位置，调节表格大小。

⑧ 表格与文字转换

i）将文本转换成表格

Step1　转换前需要先编辑文本，文本之间要有分隔符，分隔符可以是逗号、空格、制表符等。例如，输入如下的文本（注意：其中的“,”为半角字符）：

姓名, 客观题, 主观题

张三, 48, 45

李四, 46, 49

Step2　选中文本，依次单击“插入”选项卡 | “表格”组 | “表格”按钮，在下拉列表中单击“文本转换成表格”项，打开“将文字转换成表格”对话框，将分隔符设置为“逗号”，单击“确定”按钮，即可生成所需的表格，如图 4.1.17 所示。

ii）将表格转换成文本

Step1　选中表格，依次单击“表格工具 | 布局”选项卡 | “数据”组 | “转换为文本”按钮，弹出“表格转换成文本”对话框。

Step2　设置所需的文字分隔符，单击“确定”按钮，如图 4.1.18 所示。

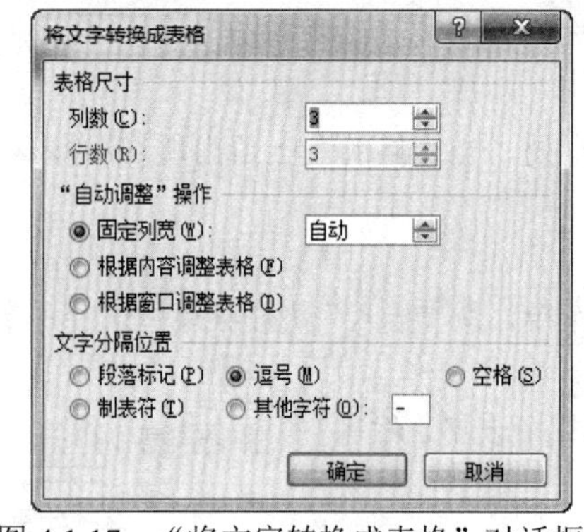

图 4.1.17　“将文字转换成表格”对话框

图 4.1.18　“表格转换成文本”对话框

⑨ 套用表格样式

可以直接套用内置的表格样式，从而快速设置表格格式。

选中表格，依次单击“表格工具 | 设计”选项卡 | “表格样式”组 | “表格样式”列表框右下角的“其他”按钮▾，从下拉列表中选择一种样式。

⑩ 表格数据排序和计算

i）表格数据排序

Step1 建立如表 4.1.2 所示的《大学计算机》期末考试成绩单表格。

表 4.1.2 《大学计算机》期末考试成绩单

姓名	客观题	实操题	论文	总分
张三	39	49	19.5	
陈聿谦	48	40	17	
张锐	37	38	18.5	
王学儒	40	48	20.0	

Step2 将光标定位在表格的任一单元格中，依次单击“表格工具 | 布局”选项卡 | “数据”组 | “排序”按钮，打开“排序”对话框。

Step3 在“排序”对话框中分别设置主要关键字为“客观题”，次要关键字为“实操题”，排序方式都是“升序”，如图 4.1.19 所示。

Step4 单击“确定”按钮，完成排序任务。

ii）表格数据计算

在 Word 表格中，可以利用公式进行一些简单的运算，而且在公式中还可以使用内置的函数，下面的例子使用求和函数 SUM。

Step1 将光标置于要插入公式的单元格中，依次单击“表格工具 | 布局”选项卡 | “数据”组 | “公式”按钮，打开“公式”对话框，如图 4.1.20 所示。

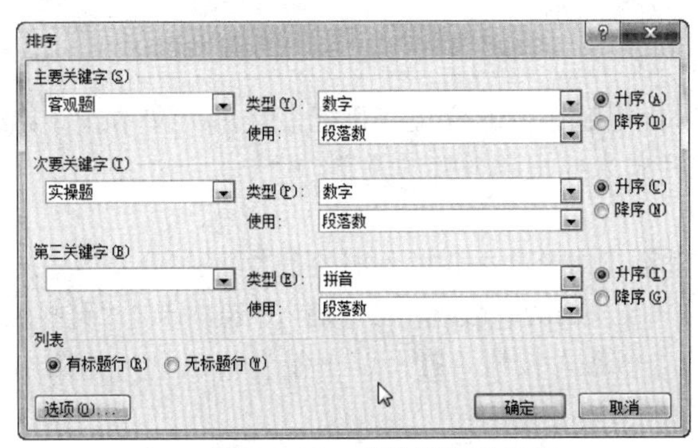

图 4.1.19 “排序”对话框

图 4.1.20 “公式”对话框

Step2 在“公式”文本框中输入公式的内容，格式为“=函数名称（单元格引用）”。函数名称可以在“粘贴函数”下拉列表中进行选择或直接输入，单元格引用可以使用以下命令。

- ABOVE：引用公式所在单元格上方的所有数据单元格。
- LEFT：引用公式所在单元格左方的所有数据单元格。
- RIGHT：引用公式所在单元格右方的所有数据单元格。
- BELOW：引用公式所在单元格下方的所有数据单元格。

关于公式和单元格引用的具体写法和含义，请读者参考 4.2 节相关内容。

Step3 单击“确定”按钮完成该单元格的计算，其他单元格的计算方法与此类似。

（2）插入超链接或书签

① 创建指向文件的超链接

Step1 选择要显示为超链接的文本或对象。

Step2 依次单击“插入”选项卡 | “链接”组 | “超链接”按钮；或右击选中的文本或对象，从快捷菜单中选择“超链接”命令，打开“插入超链接”对话框，如图 4.1.21 所示。

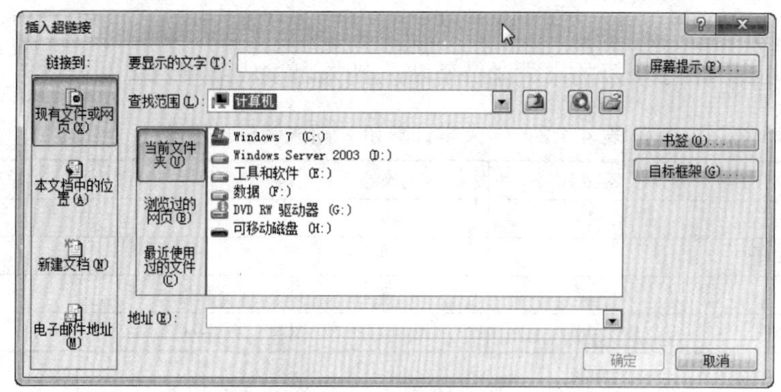

图 4.1.21　“插入超链接”对话框

Step3　单击“链接到”栏中的按钮，右侧显示相应的选项，可以创建指向不同类型的超链接。

- 链接到已有文件或网页：单击“现有文件或网页”按钮，然后在“地址”文本框中输入要链接到的地址。
- 链接到尚未创建的文件：单击“新建文档”按钮，在“新建文档名称”文本框中输入新文件的名称，然后在“何时编辑”栏中选择“以后再编辑新文档”或“开始编辑新文档”项。
- 链接到电子邮件地址：单击“电子邮件地址”按钮，在“电子邮件地址”文本框中输入所需的电子邮件地址，或者在“最近用过的电子邮件地址”列表框中选择一个电子邮件地址，并在“主题”框中输入电子邮件的主题。

② 创建指向文档中某个位置的超链接

要链接到文档中的某个位置，首先必须标记超链接的位置或目标，然后为文本或对象添加超链接。可以在 Word 中使用书签或者标题样式来标记超链接的位置。

i）插入书签

Step1　选择要为其分配书签的文本或对象，或者单击要插入书签的位置。

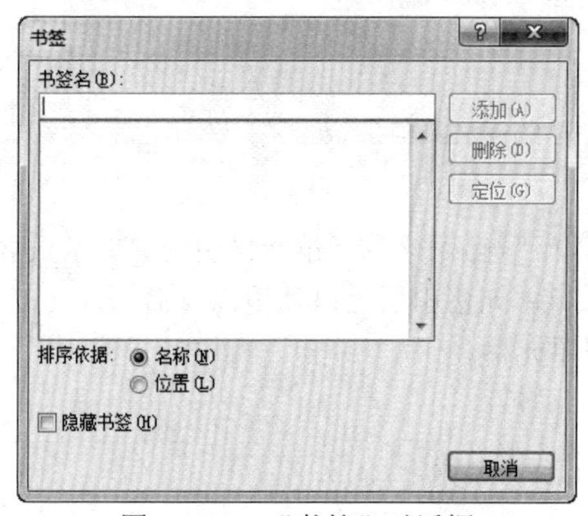

图 4.1.22　“书签”对话框

Step2　依次单击“插入”选项卡 |“链接”组 |“书签”按钮，打开“书签”对话框，如图 4.1.22 所示。

Step3　在“书签名”框中输入名称。

Step4　单击“添加”按钮。

ii）应用标题样式

Step1　选中要应用标题样式的文本。

Step2　依次单击“开始”选项卡 |“样式”组中所需的样式。

iii）添加链接

Step1　选择要显示为超链接的文本或对象。

Step2　在其上右击，在弹出的快捷菜单中选择“超链接”命令，打开“插入超链接”对话框。

Step3　单击“链接到”栏中的“本文档中的位置”按钮，右侧显示相应的选项。

Step4　在“请选择文档中的位置”列表框中，选择要链接的标题或书签。

③ 删除超链接

Step1　选择需要删除超链接的文本或对象。

Step2　在其上右击，在弹出的快捷菜单中选择“取消超链接”命令。

（3）插入插图等对象

用户可以通过在 Word 文档中插入图表、图形、文本框、艺术字、公式等对象，达到美化文档、增强文档表现力的目的。

可通过“插入”选项卡的“插图”组、“文本”组、“符号”组（见图 4.1.23）完成以上对象的插入操作。

图 4.1.23　“插入”选项卡的“插图”组、“文本”组、“符号”组

5. 特殊格式设置

（1）边框和底纹

通过“边框和底纹”对话框（见图 4.1.24）可以设置文本、段落、页面、插图、表格、单元格等的边框，以及文本、段落、表格、单元格的底纹。

图 4.1.24　“边框和底纹”对话框

① 添加边框

Step1　选中需要添加边框的页面元素，可以是文本、段落、插图等。

Step2　依次单击“开始”选项卡｜“段落”组｜“边框线”按钮右侧的下拉按钮，在弹出的下拉列表中选择“边框和底纹”项，打开“边框和底纹”对话框，如图 4.1.24 所示。

Step3　单击“边框”选项卡，根据需要选中所需的样式、颜色和宽度等。

Step4　如果要为整个页面添加边框，则单击“页面边框”选项卡，在其中设置有关页面边框的参数。

Step5　在“预览”区中单击相应的按钮绘制需要的边框线。

Step6　单击“确定”按钮。

② 添加底纹

添加底纹的具体步骤如下。

Step1　在“边框和底纹”对话框中单击“底纹”选项卡，根据需要依次设置“应用于”、“填充颜色”、“图案样式”和“图案颜色”等参数。

Step2　单击“确定”按钮。

（2）格式刷工具的使用

通常，可以使用格式刷复制文本或段落的格式。

Step1　选定包含要复制格式的文本，或将光标定位在要复制格式的段落中，然后依次单击“开始”选项卡｜“剪贴板”组｜“格式刷”按钮。

Step2　拖动变为小刷子形状的鼠标指针“刷”过需要复制格式的文本，或用鼠标选中另一个段落。

Step3　若要多次复制文本或段落的格式，可先选定包含要复制格式的文本，或将光标定位在要复制格式的段落中，双击“格式刷”按钮，然后多次执行 Step2。再次单击“格式刷”按钮或按 Esc 键即可退出格式刷编辑状态。

（3）撤销和恢复

为防止用户误操作，Word 2010 提供了撤销和恢复功能，撤销可以取消前一步（或几步）的操作，而恢复则可以取消刚做的撤销操作。

① 撤销

当编辑 Word 文档时，可能会出现操作错误的情况，此时可以单击快速访问工具栏中的“撤销”按钮或者按 Ctrl+Z 组合键，取消上一次所做的操作。

若要撤销多次操作，可以单击快速访问工具栏中“撤销”按钮右侧的下拉箭头，然后在弹出的下拉列表中选择要撤销的操作步骤。

② 恢复

恢复和撤销是相对应的，用于恢复被撤销的操作。操作方法是单击快速访问工具栏的“恢复”按钮或者按 Ctrl+Y 组合键。

4.1.4　文档的排版

1．段落排版

（1）首字下沉

排版文档时，为了引起读者的注意力，可以对某段正文的第一个字符进行加大处理，而本段中的其他文字不变，这就需要设置首字下沉。

Step1　将光标定位在要设置首字下沉的段落中，或者选中需要下沉的文本，如一个英文单词，一个或两个汉字。

图 4.1.25　“首字下沉”对话框

Step2　依次单击“插入”选项卡｜“文本”组｜“首字下沉”按钮，在弹出的下拉列表中选择一项。其中的“下沉”、“悬挂”默认都是 3 行。

Step3　若内置的选项不能满足要求，则从下拉列表中选择“首字下沉选项”项，打开“首字下沉”对话框，如图 4.1.25 所示，设置其中的“位置”、“选项”。

Step4　要取消下沉和悬挂，可将光标定位在已设置首字下沉的段落中，在“首字下沉”下拉列表中选择“无”项。

（2）分栏

Step1　依次单击“页面布局”选项卡｜“页面设置”组｜“分栏”按钮，打开如图 4.1.26（a）所示的下拉列表，从中选择需要的分栏选项即可。若内置选项不符合分栏要求，则从下拉列表中选择“更多分栏”项，打开“分栏”对话框，如图 4.1.26（b）所示。

（a）“分栏”下拉列表

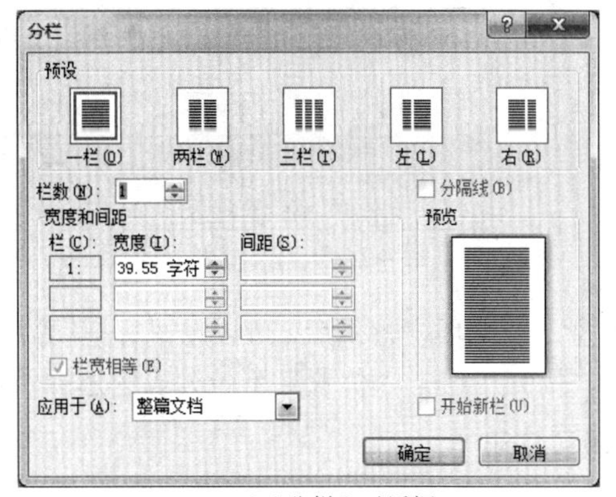

（b）“分栏”对话框

图 4.1.26　分栏操作

Step2　在“分栏”对话框中，设置“栏数”、“宽度”、“间距”、“分隔线”等，单击“确定”按钮。

（3）制表位

可以使用“水平标尺”或“段落”对话框为一个或多个段落设置制表位，按 Tab 键后，插入点及其后内容将跳到下一个制表位。利用这种操作可实现一个如图 4.1.27 所示的无框线的表格。其操作过程如下。

排名	学历	人数	比例(%)
3	博士	5	21.74
2	硕士	8	34.78
1	本科	10	43.48

图 4.1.27　利用制表位功能制作的表格示例

Step1　选中要设置制表位的所有段落，依次单击“开始”选项卡｜“段落”组右下角的对话框启动器按钮，打开“段落”对话框。

Step2　单击“段落”对话框左下角的“制表位”按钮，打开“制表位”对话框。

Step3　分别设置制表位位置为：2 厘米、左对齐，5 厘米、居中，7 厘米、竖线对齐，10 厘米、右对齐，13 厘米、小数点对齐。

Step4　在需要插入制表位的位置按 Tab 键，或利用“替换”功能，将两列之间的分隔符（如空格）替换为“制表符”。

2．图文混排

将不同的对象，如图片、剪贴画、SmartArt 图形、文本框、自选图形、艺术字、图表等，插入到 Word 文档中，就形成了对象和文本共存的情况。设置两者之间的位置关系是通过 Word 提供的设置环绕方式功能来实现的，这也正是“图文混排”的关键所在。

Word 2010 内置的环绕方式主要有 7 种：嵌入型、四周型、穿越型、紧密型、上下型、衬于文字下方、浮于文字上方，其含义如图 4.1.28 所示。对象默认的环绕方式为嵌入型。

下面以图片为例来说明设置环绕方式的具体方法。

选中图片，依次单击“图片工具｜格式”选项卡｜“排列”组｜“自动换行”按钮，在弹出的下拉列表中选择所需的环绕方式。

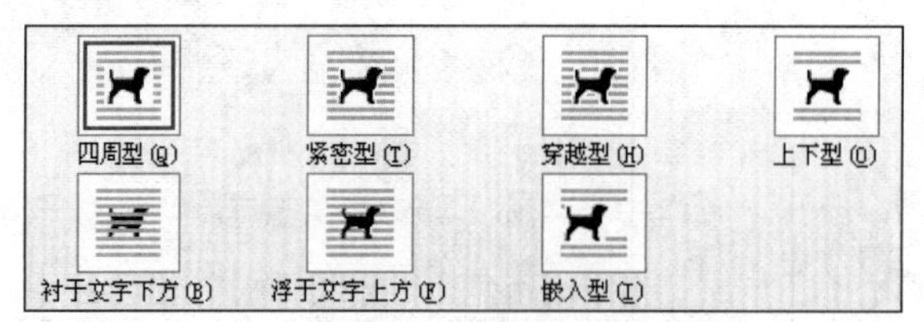

图 4.1.28　Word 2010 内置的 7 种环绕方式

设置除嵌入型之外的环绕方式后，可以用鼠标拖动方式来移动对象，也可以在“图片工具丨格式”选项卡丨“排列”组丨“位置”下拉列表中选择所需的位置选项。

3．页面排版和打印

（1）页面排版

① 脚注和尾注

要为 Word 文档中的一个专有名词或英文缩写添加注释，又不想让注释文字出现在文档正文中，可以通过添加脚注或尾注的方法来实现。

Step1　将光标定位到需要添加注释的文本后面，依次单击“引用”选项卡丨“脚注”组丨“插入脚注”或“插入尾注”按钮。

Step2　在文档中将插入一个脚注或尾注序号，同时在该页面的下方或文档的最后也插入一个脚注序号或尾注序号，在序号后输入注释内容。

② 页眉和页脚

页眉和页脚是指文档中每个页面的顶部、底部页边距中的区域。通常，页眉出现在每页的顶端，页脚出现在每页的底端。用户可以在页眉和页脚中插入文本或图形。例如，可以添加页码、时间和日期、公司徽标、文档名称、章标题、作者姓名等。

i）插入页眉和页脚

Step1　依次单击“插入”选项卡丨“页眉和页脚”组丨“页眉”或“页脚”按钮。

Step2　在弹出的下拉列表中，在“内置”栏中选择所需类型的页眉或页脚。

ii）编辑页眉和页脚

如果“内置”的页眉或页脚内容或格式不能满足用户的需求，则可以自定义页眉或页脚。

Step1　依次单击“插入”选项卡丨“页眉和页脚”组丨“页眉”或“页脚”按钮。

Step2　在弹出的下拉列表中选择“编辑页眉”或“编辑页脚”项，文档进入页眉或页脚编辑状态，并在功能区中显示“页眉和页脚工具丨设计”选项卡，如图 4.1.29 所示。

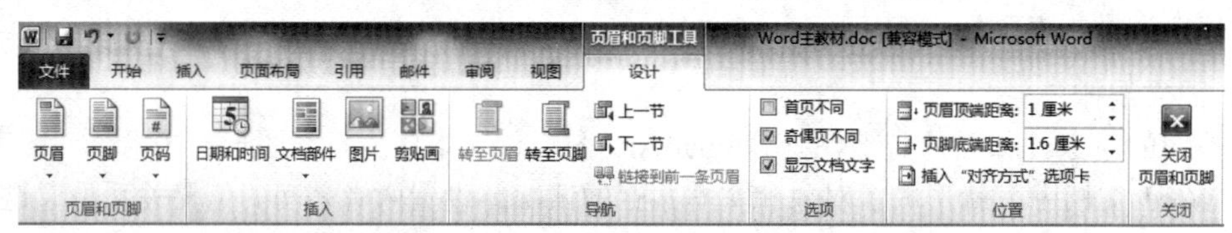

图 4.1.29　“页眉和页脚工具丨设计”选项卡

Step3　单击“导航”组中的按钮，可以在不同节之间、页眉和页脚之间转换；单击“插入”组中的按钮，可以插入“日期和时间”、“文档部件”、“图片”等对象。

Step4　在页眉或页脚中输入文本或插入所需类型的对象。

Step5　依次单击“页眉和页脚工具丨设计”选项卡丨“关闭”组丨“关闭页眉和页脚”按钮，退出页眉或页脚编辑状态。

页眉或页脚中的对象与文档正文中的对象没有本质的区别，只是所处的位置不同。用户可以使用正文中对象设置格式的方法来设置页眉或页脚中对象的格式。例如，可以为页眉或页脚中的段落添加边框和底纹。文本及各种对象格式的设置方法前面已经介绍过了，不再赘述。

iii）设置首页不同的页眉或页脚

对于多页的书籍或论文，通常首页的页眉和页脚与其他页不同，如首页不设置页眉或页脚等。具体操作步骤如下。

Step1　进入页眉或页脚的编辑状态，单击“页眉和页脚工具｜设计”选项卡，勾选“选项”组｜“首页不同”复选框。

Step2　根据需要编辑首页的页眉或页脚，直到满足要求为止。

iv）设置奇偶页不同的页眉或页脚

在对书籍或论文的编辑过程中，经常需要在偶数页上使用书籍或论文名称作为页眉，而在奇数页上使用章标题作为页眉，这时就需要对奇偶页设置不同的页眉或页脚，具体操作步骤如下。

Step1　进入页眉或页脚的编辑状态，单击“页眉和页脚工具｜设计”选项卡，勾选“选项”组｜“奇偶页不同”复选框。

Step2　根据需要编辑奇数页的页眉或页脚，直到满足要求为止。

Step3　根据需要编辑偶数页的页眉或页脚，直到满足要求为止。

③ 添加封面

从 Word 2007 开始新增了添加文档封面功能，其实质就是预先设计好一个页面，用它作为文档的封面页。

Step1　依次单击“插入”选项卡｜“页”组｜“封面页”按钮。

Step2　在弹出的下拉列表中选择自己喜欢的封面即可。

④ 分隔符的使用

分隔符主要包括分页符、分栏符、自动换行符、分节符等。

i）插入空白页

将光标定位到需要插入空白页的位置，依次单击“插入”选项卡｜“页”组｜“空白页”按钮。

注意：插入空白页的实质就是在光标处插入了一个“分页符”。

ii）插入分页符

将光标定位到要分页的位置，依次单击“页面布局”选项卡｜“页面设置”组｜“分隔符”按钮，在下拉列表的“分页符”栏中选择“分页符”项。

另外，在需要分页的位置按 Ctrl+Enter 组合键也可插入分页符。

iii）插入分节符

在默认情况下，Word 将整个文档视为一节，其版面布局也是相同的。若要在同一文档的不同部分进行不同的版面布局，如设置不同的纸张方向、纸张大小、页边距等，则需要将文档分割成多个节。分完节后，就可以为不同节设置不同的版面布局了。

将光标定位到要分节的位置，依次单击“页面布局”选项卡｜“页面设置”组｜“分隔符”按钮，在下拉列表的“分节符”栏中选择所需的分节符。

- 下一页：从插入分节符所在页的下一页开始新节。
- 奇数页：从插入分节符所在页的下一奇数页开始新节。
- 偶数页：从插入分节符所在页的下一偶数页开始新节。
- 连续：在插入分节符所在页的同一页上开始新节。

（2）打印预览和打印

Word 2010 使用“打印”窗格实现打印预览和打印功能。依次单击“文件”选项卡｜“打印”选项，可以打开“打印”窗格，如图 4.1.30 所示。

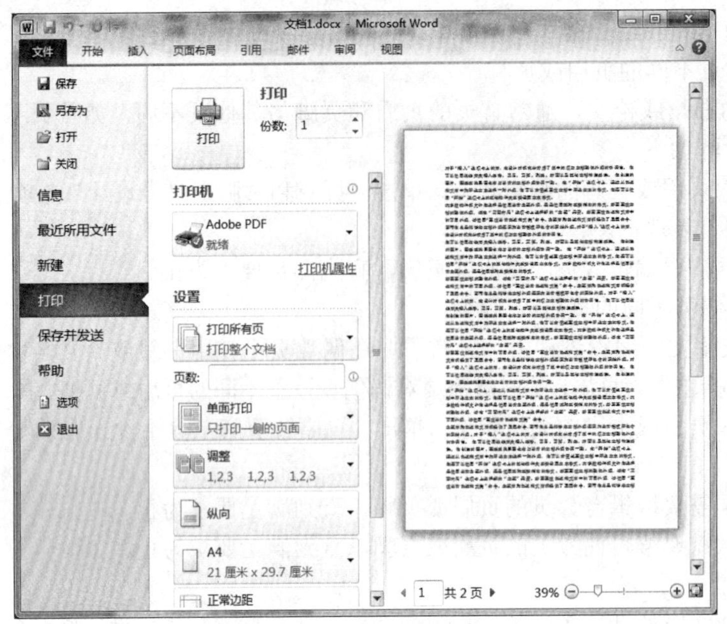

图 4.1.30 “打印”窗格

① 打印预览

“打印”窗格右侧为文档的打印预览区，该区域显示的是光标所在页面的打印预览效果。通过打印预览区可以完成如下操作。

- 翻页：拖动窗格右侧的垂直滚动条，或者单击窗格下方的“上一页”◀按钮或“下一页”按钮▶。
- 调整显示比例：拖动位于“打印”窗格右下角的显示比例工具上的滑块或单击其上的⊕或⊖按钮。

② 打印文档

在“打印”窗格中，中间是有关“打印”的选项，在此可设置打印参数和页面设置的参数。

在“打印机”栏选择打印机，设置要打印的份数、要打印的页面范围、打印顺序等，单击“打印”按钮。

4. 高级排版

（1）模板

所谓模板，就是预先设置好的最终文档外观框架的一种特殊文档，扩展名为.dot 或.dotx。如果要编排的多篇文档具有相同的格式或部分相同的内容，如一些相同的文字、对象、页面设置、样式、宏等，为了提高效率，可以使用模板。

用户可以直接使用 Word 已经定义好的模板，也可以自己定义具有自身特色的模板。如果在创建文档前没有选择模板，Word 将使用默认模板。可通过以下步骤创建一个模板。

Step1 创建一个普通文档。

Step2 添加模板中应有的内容和格式，如页面格式、共性的文字或对象、样式、宏等。

Step3 将文档另存为 Word 模板文件。

在创建 Word 文档前，先选择刚建立的模板，然后创建文档即可。

（2）表格布局

有时图文混排并不能满足要求，这时可以尝试着使用表格来布局整个页面。大致步骤如下。

Step1 首先要建立一个表格，可以合并或拆分单元格，将表格设置为多个布局区域。

Step2　接着分别在各个区域内填入所需文本或各种对象，对每个区域进行不同的编辑、排版操作。

Step3　最后取消表格的边框线。

（3）样式

样式是多种字体格式和段落格式等的集合。当文档中有多处文本要设置相同的格式时，可以把这些格式定义成一种样式，然后在需要的地方套用这种样式，就无须对它们进行重复的格式化操作了。

① 设置内置样式

Step1　选中要设置样式的文本，依次单击“开始”选项卡｜“样式”组｜“样式”列表框右下角的“其他”按钮，打开样式列表框。

Step2　在打开的列表框中选择需要的样式。

② 更改样式

Step1　依次单击“开始”选项卡｜“样式”组右下角的对话框启动器按钮，打开“样式”任务窗格，如图 4.1.31 所示。

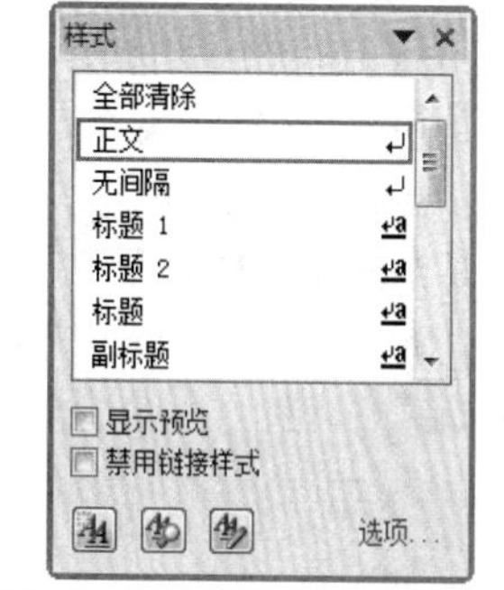

图 4.1.31　“样式”任务窗格

Step2　在“样式”任务窗格中，单击样式名后的下拉按钮，在弹出的下拉列表中选择“修改”项，打开“修改样式”对话框。

Step3　在“修改样式”对话框中设置“名称”、“样式类型”、“样式基准”、“后续段落样式”等参数的值，单击“确定”按钮。

③ 新建样式

Step1　依次单击“开始”选项卡｜“样式”组右下角的对话框启动器按钮，打开“样式”任务窗格。

Step2　单击“新建样式”按钮，打开“根据格式设置创建新样式”对话框。

Step3　在对话框中设置新样式的“名称”、“样式类型”、“样式基准”、“后续段落样式”等参数的值，单击“确定”按钮。

（4）项目符号和编号

项目符号和编号是放在文本前的点或其他符号，合理地使用项目符号和编号，可以使文档的层次结构更加清晰、更有条理。

可以对已有的文本添加项目符号和编号，也可以在空白位置先设置好样式，再输入内容。按“回车”键后，项目符号和编号会自动出现在下一行。

① 设置内置项目符号

Step1　选择需要添加项目符号的段落。

Step2　依次单击“开始”选项卡｜“段落”组｜“项目符号”按钮，在下拉列表中的“项目符号库”栏中选择所需的项目符号。

② 设置自定义项目符号

Step1　依次单击“开始”选项卡｜“段落”组｜“项目符号”下拉按钮，在下拉列表中单击“定义新项目符号”项，打开“定义新项目符号”对话框，如图 4.1.32（a）所示。

Step2　在对话框中设置“项目符号字符”、“对齐方式”等，单击“确定”按钮。

③ 更改项目符号的级别

依次单击“开始”选项卡｜“段落”组｜“项目符号”下拉按钮，在下拉列表中选择“更改列表级别”下的级别样式。

④ 设置内置编号

Step1　选择需要添加编号的段落。

Step2　依次单击“开始”选项卡｜“段落”组｜“编号”右侧的下拉按钮，在下拉列表中的“编号库”栏中选择所需的编号。

⑤ 设置自定义编号

Step1　依次单击“开始”选项卡｜“段落”组｜“编号”右侧的下拉按钮，在下拉列表中单击“定义新编号格式”项，打开“定义新编号格式”对话框，如图 4.1.32（b）所示。

Step2　在对话框中设置“编号样式”、“编号格式”、“对齐方式”等，单击“确定”按钮。

⑥ 设置起始编号

Step1　依次单击“开始”选项卡｜“段落”组｜“编号”右侧的下拉按钮，在下拉列表中单击“设置编号值”项，打开“起始编号”对话框，如图 4.1.32（c）所示。

Step2　在对话框中选择是“开始新列表”还是“继续上一列表”，然后设置编号数值，单击“确定”按钮。

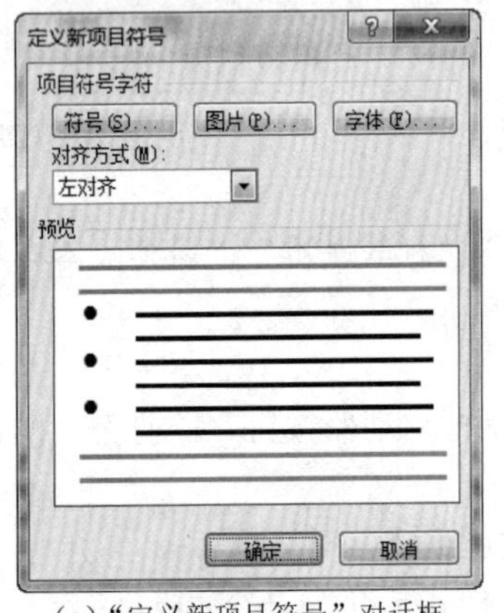

（a）“定义新项目符号”对话框

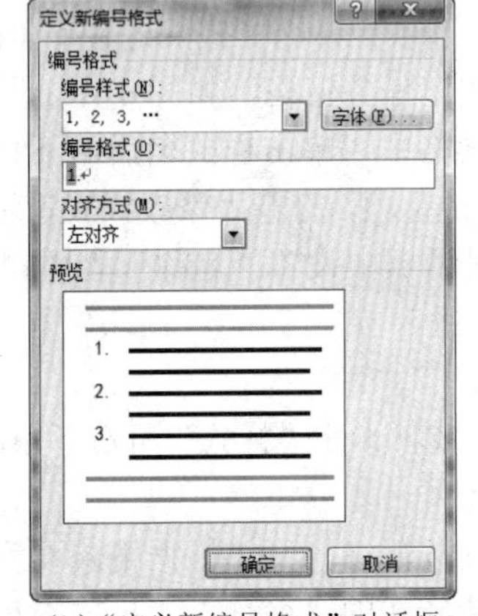

（b）“定义新编号格式”对话框

（c）“起始编号”对话框

图 4.1.32　项目符号和编号相关对话框

⑦ 设置多级列表

i）设置内置多级列表

Step1　选择需要设置为多级列表的段落。

Step2　依次单击“开始”选项卡｜“段落”组｜“多级列表”右侧的下拉按钮，在下拉列表中的“列表库”栏中选择所需的列表。

ii）设置自定义多级列表

Step1　依次单击“开始”选项卡｜“段落”组｜“多级列表”右侧的下拉按钮，在下拉列表中单击“定义新的多级列表”项，打开“定义新多级列表”对话框，如图 4.1.33 所示。

Step2　在打开的对话框中，设置“单击要修改的级别”、“编号格式”和“位置”等选项。若需要将标题样式链接到编号上，可以单击“更多”按钮，将对话框展开，在“将级别链接到样式”下拉列表中选择所需的样式。

Step3　单击“确定”按钮。

（5）自动化图表题注

除了文本外，Word 文档中一般还包括大量的图片或表格等对象，制作者要为这些对象添加题注（编号和说明文字）。虽然可以手工为每张图片和每个表格添加题注，但是这样做非常不利于后期的维护。如果在文档中添加或删除了某个图片或表格，那么其后图片或表格的编号就要做出相应的调整。使用手工的方法来完成这个操作，既费时又不准确，很容易出错。

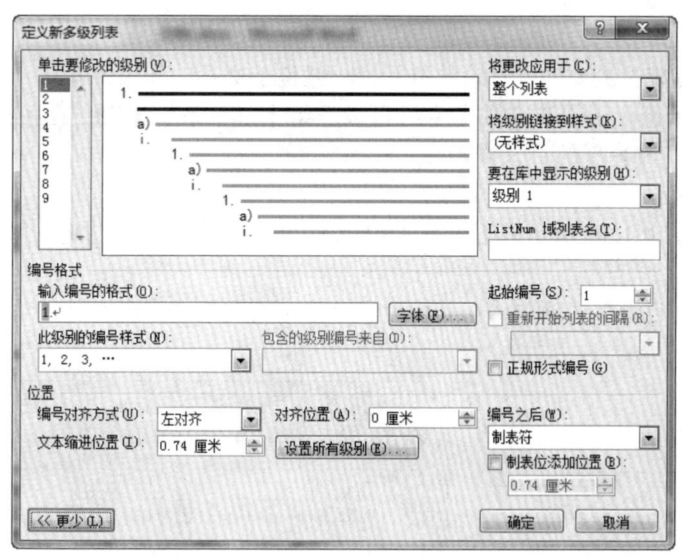

图 4.1.33 “定义新多级列表”对话框

Step1 选择要添加题注的对象，如表格、图等对象。

Step2 依次单击“引用”选项卡｜“题注”组｜“插入题注”按钮，打开“题注”对话框，如图 4.1.34 所示。

Step3 在对话框中的“标签”下拉列表中，选择所需的标签，如“图表”。

Step4 若未找到所需的标签，则单击“新建标签”按钮，打开“新建标签”对话框，如图 4.1.35 所示。在“标签”框中输入新的标签名，单击“确定”按钮。

Step5 在“题注”对话框的“题注”文本框中输入要显示在标签之后的文本，单击“确定”按钮。

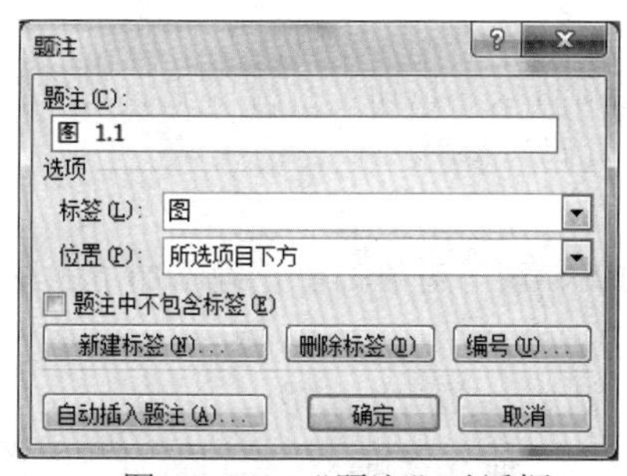

图 4.1.34 “题注”对话框

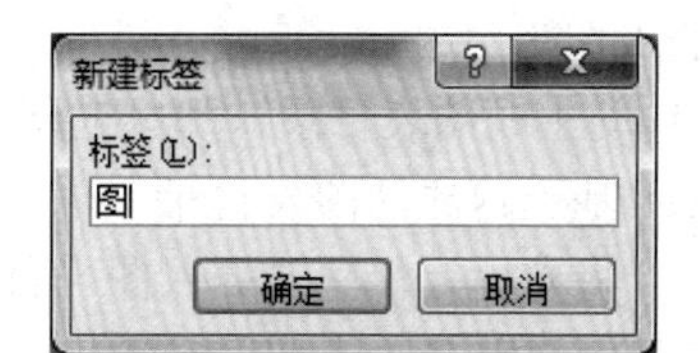

图 4.1.35 “新建标签”对话框

（6）自动化创建目录

目录通常是长文档不可缺少的部分。有了目录，用户就可以了解文档中有什么内容，如何查找内容等。Word 2010 提供了自动生成目录的功能，使目录的制作变得非常简便、高效，而且在文档发生了改变以后，可以利用更新目录的功能来快速地反映文档的变化。

① 自动生成目录

自动生成目录前必须保证目录中的目录项都已设置所需的大纲级别。

大纲级别按照级别由高到低依次是：1 级、2 级、……、9 级、正文文本。

通常，用户不会直接去设置段落的大纲级别，而是通过为段落套用已创建好的样式来设置大纲级别。例如，将目录中一级目录项对应的标题设置为“标题 1”样式（该样式已将大纲级别设置为“1 级”）。

i）插入内置目录

Step1　将光标定位到要插入目录的位置，一般位于文章的开头。

Step2　依次单击“引用”选项卡｜“目录”组｜“目录”按钮，在弹出的下拉列表（见图 4.1.36）中选择一种内置的目录样式。

ii）自定义目录

Step1　在如图 4.1.36 所示的下拉列表中单击“插入目录”项，打开“目录”对话框，如图 4.1.37 所示。

Step2　单击“目录”选项卡，在其中设置“显示页码”、“页码右对齐”、“显示级别”等。

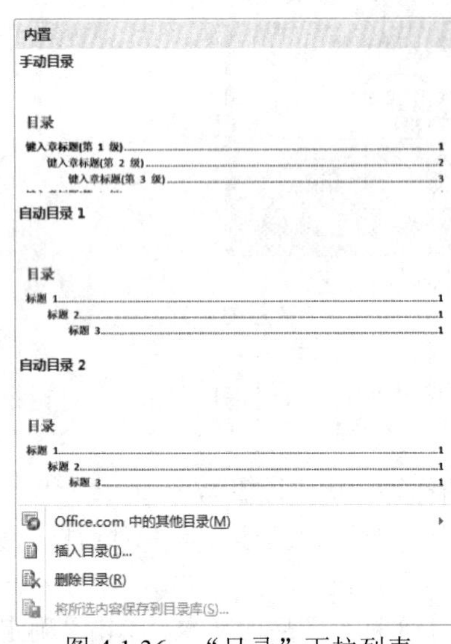

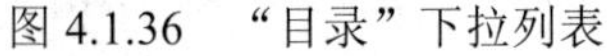
图 4.1.36　“目录”下拉列表

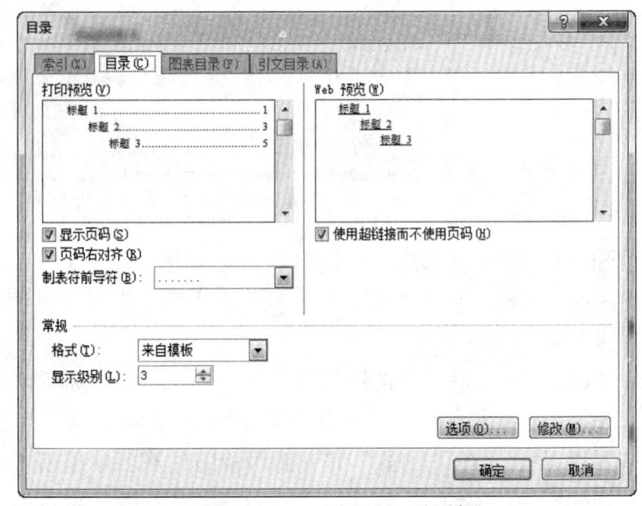

图 4.1.37　“目录”对话框

iii）更新目录

依次单击“引用”选项卡｜“目录”组｜“更新目录”按钮，打开“更新目录”对话框，根据修改的内容选择“更新整个目录”或“只更新页码”。

② 插入图表目录

若要自动生成图表目录，那么应保证文档中的图、表等对象都已正确添加了题注。

i）插入基于题注的图表目录

Step1　将光标定位到要插入图表目录的位置，例如，文档的末尾。

Step2　依次单击“引用”选项卡｜“题注”组｜“插入表目录”按钮，打开“图表目录”对话框，如图 4.1.38 所示。

Step3　在“常规”栏的“题注标签”下拉列表中，选择要使用的标签，单击“确定”按钮。

ii）更新图表目录

若对文档中的题注进行了更改，则可以通过选择图表目录并按 F9 键来更新图表目录。

（7）自动化编辑/审阅文档

当用 Word 来编写书籍时，一般都是由多位作者负责不同章节的编写。大家可能需要相互传阅书稿，给出一些修改的意见，使用 Word 提供的查找、替换和审阅功能可以完成以上工作。

① 查找

Step1　单击“视图”选项卡，勾选“显示”组｜“导航窗格”复选框，或者依次单击“开始”选项卡｜“编辑”组｜“查找”按钮，或者按 Ctrl+F 组合键，从而打开“导航”任务窗格。

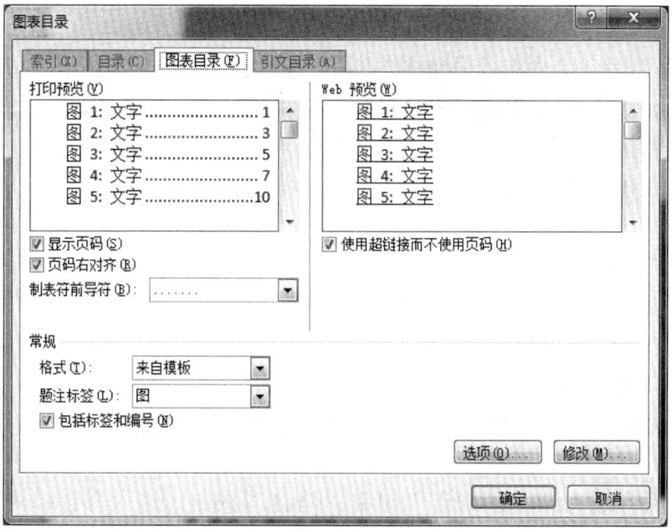

图 4.1.38 “图表目录”对话框

Step2 在“搜索文档”文本框中输入要查找的内容，搜索结果将显示在任务窗格中，文档中查找到的结果会自动突出显示。

另外，利用“导航”任务窗格还可以查找图形、表格、公式、脚注/尾注、批注等。

单击“搜索文档”文本框右侧的下拉按钮，在下拉列表中选择需要查找的选项，如表格。

② 替换

要在当前文档中用新的文本替换原来的文本，可以使用替换功能。

Step1 依次单击“开始”选项卡｜“编辑”组｜“替换”按钮，或按 Ctrl+H 组合键，弹出“查找和替换”对话框。

Step2 单击“替换”选项卡，在“查找内容”文本框中输入要查找内容，在“替换为”文本框中输入目标文本（若要删除文本，则保持“替换为”文本框为空）。

Step3 单击“更多”按钮，展开对话框，如图 4.1.39 所示，根据需要设置“格式”等下拉列表中的选项，再执行替换操作即可。

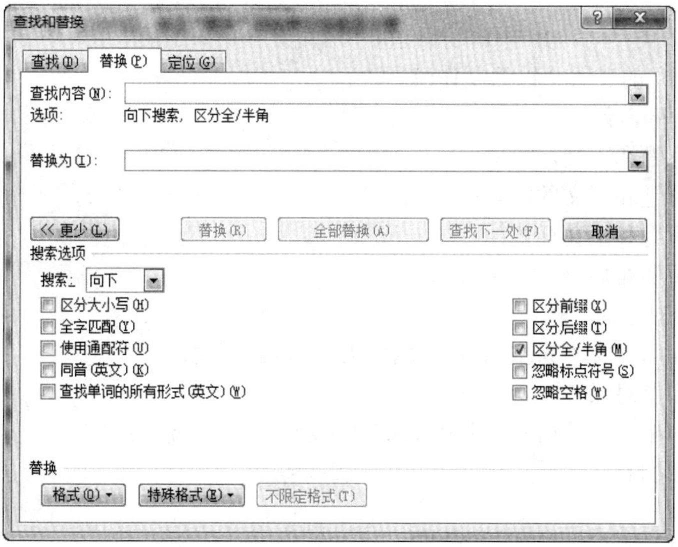

图 4.1.39 “查找和替换”对话框“替换”选项卡

③ 审阅文档

对于使用 Word 制作的、由多个作者共同完成的书稿，当一个作者给另一个作者负责的章节提出建议时，可以使用 Word 提供的审阅功能。

审阅功能主要包括批注和修订。批注用于显示对文档中的某部分内容、格式等给出的修改意见；而修订则直接对文档内容、格式等进行修改和处理。

i）批注

添加批注的操作步骤如下。

Step1　选择要添加批注的内容，依次单击“审阅”选项卡 | “批注”组 | “新建批注”按钮。

Step2　在页面右侧出现批注框，可以在其中输入批注的内容。

要删除批注，可以右击批注框，在快捷菜单中选择“删除批注”命令。

ii）修订

依次单击“审阅”选项卡 | “修订”组 | “修订”按钮，进入修订模式，之后，对文档进行的所有修改都会被 Word 记录下来，并且以不同标记标识出来。

如图 4.1.40 所示的是一个修订的例子。在这个例子中，修订者在“Office”后插入了“ 2010”，将“Microsoft”的字体改为“Arial”，并将“Internet”字体加粗。

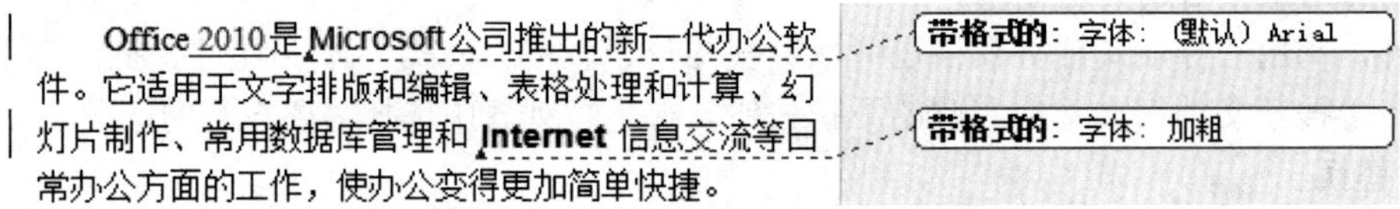

Office 2010是Microsoft公司推出的新一代办公软件。它适用于文字排版和编辑、表格处理和计算、幻灯片制作、常用数据库管理和 Internet 信息交流等日常办公方面的工作，使办公变得更加简单快捷。

带格式的：字体：(默认) Arial

带格式的：字体：加粗

图 4.1.40　修订示例

右击修订位置，在弹出的快捷菜单中选择接受还是拒绝修订。

通过依次单击“审阅”选项卡 | “更改”组 | “接受”下拉按钮 | “接受对文档的所有修订”项（或“拒绝”下拉按钮 | “拒绝对文档的所有修订”项），接受（或拒绝）修订者对文档的所有修改。

4.1.5　制作 Word 文档流程

Word 文档的种类不同，其制作的流程也不相同。

（1）以文本为主的普通文档的制作流程

Step1　新建 Word 文档。

Step2　输入标题和正文。

Step3　创建标题和正文的样式。

Step4　应用标题和正文样式。

Step5　设置页面布局。

（2）拥有多种对象的文档

Step1 至 Step4 与以文本为主的普通文档的制作步骤相同。

Step5　插入多个对象。

Step6　设置各个对象的格式，其中最重要的是“文字环绕方式”。

Step7　设置页面布局。

（3）长文档

Step1　新建 Word 文档。

Step2　在大纲视图下构建文档纲目结构。

Step3　创建多级标题编号。

Step4　为各级标题应用标题编号。

Step5　插入各级标题下的内容。

Step6　插入分节符。

Step7　设置页面布局。

Step8　设置页眉、页脚。

Step9　插入脚注。

Step10 插入题注。

Step11 自动生成目录，包括插入图表目录和插入目录。

☞注意：

长文档的制作方法有很多，这里只是给出了一个参考的制作流程。

4.2　电子表格软件 Excel 2010

4.2.1　Excel 2010 简介

与 Word 2010 一样，Excel 2010 也是 Microsoft Office 2010 办公套装软件的重要组成部分，是目前非常流行的电子表格制作软件。其主要功能包括制作各类精美的电子表格文档，进行烦琐的数据处理和统计运算，并将结果显示为直观的图表，因此它被广泛应用于财务、统计、分析和个人事务处理等领域。

1. Excel 工作界面

Excel 2010 工作界面由标题栏、功能区、编辑栏、工作簿窗口和状态栏等组成，如图 4.2.1 所示。

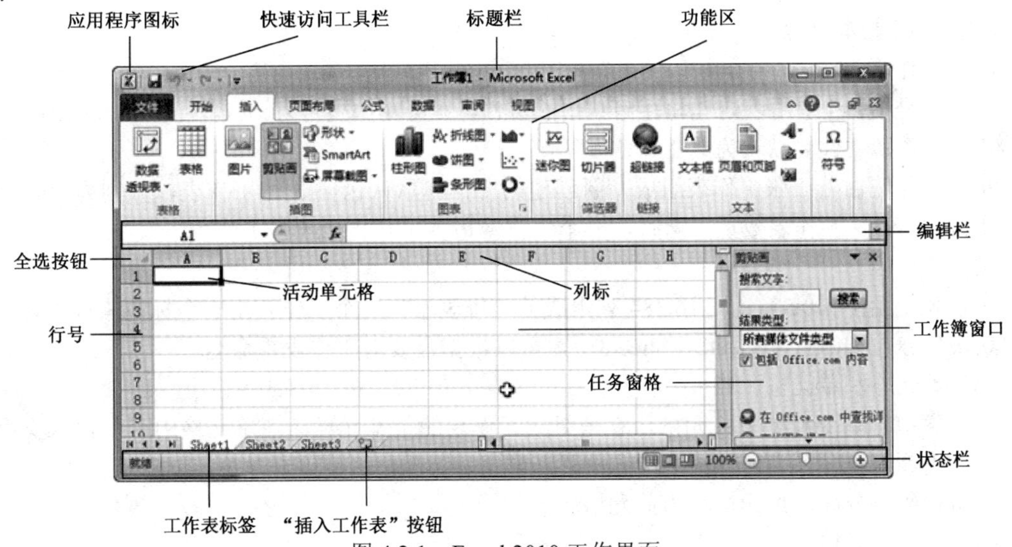

图 4.2.1　Excel 2010 工作界面

（1）标题栏：位于工作界面的顶部，由应用程序图标、快速访问工具栏、标题栏、窗口控制按钮组成。

（2）功能区：功能区是用户向 Excel“发号施令”最主要的界面元素，它由若干个选项卡组成，每个选项卡按照功能划分为若干个功能组，每个组中包括若干个命令按钮。

（3）编辑栏：编辑栏位于功能区下方，其主要功能是显示或修改当前单元格的地址和内容，如图 4.2.2 所示。

- 名称框：显示当前单元格或单元格区域、选定对象的名称。
- 数据编辑区：显示或编辑当前单元格的数据或公式。
- 功能按钮区：包含 3 个按钮，分别是：“取消”按钮、“确认”按钮和“插入函数”按钮。

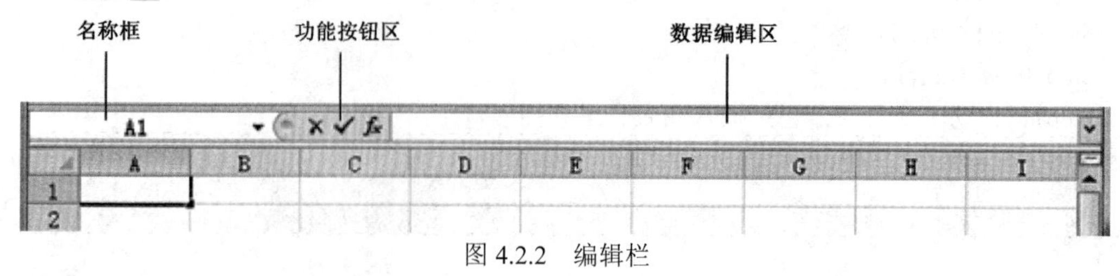

图 4.2.2　编辑栏

（4）工作簿窗口

Excel 2010 工作界面中的文档窗口称为工作簿窗口。工作簿窗口的左下角是工作表标签，每个标签标识一个工作表的名称，标签高亮显示的是当前正在编辑的工作表。工作表标签的右侧是“插入工作表”按钮。工作簿窗口有自己的标题栏，自左至右分别是控制菜单图标、工作簿标题、最小化按钮、最大化（还原）按钮和关闭按钮。

（5）状态栏

状态栏位于 Excel 2010 工作界面底部，在默认情况下，它显示了文档的视图和缩放比例等内容，并可以进行切换视图模式、调整文档显示比例等操作。

在 Excel 2010 中，可以自定义状态栏以满足用户的不同需求。在状态栏上右击，在打开的快捷菜单中选择所需命令即可。

2．Excel 基本概念

（1）工作簿

工作簿是 Excel 中用以处理和存储数据的文件，其文件扩展名为.xlsx。启动 Excel 2010 时自动创建的工作簿文件名默认为“工作簿 1”。

每个工作簿由若干张工作表组成。新创建的工作簿默认包含 3 张工作表，分别为 Sheet1、Sheet2 和 Sheet3。工作表数量可增减，一个工作簿最多可包含 255 张工作表。

（2）工作表

工作表是由 1 048 576 行、16 384 列组成的二维表格。每个工作表用一个标签来标识，工作表的默认名称为 Sheet1、Sheet2、Sheet3…，可以根据需要对工作表重命名。

（3）单元格和单元格区域

工作表中行列交汇处为单元格，它是组成工作表的基本元素。在单元格中可以输入文字、数值、公式等，也可以进行各种格式的设置，如字体、颜色、高度、宽度、对齐方式等。

一组相邻或分离的单元格称为单元格区域。

（4）活动单元格

活动单元格也称为当前单元格，是指当前选中或正在编辑的单元格。活动单元格的边框与其他单元格的边框有明显的不同，如图 4.2.1 所示。

（5）行号和列标

在 Excel 工作表中，行的编号（简称为行号）以数字 1, 2, …, 1 048 576 命名，列的编号（简称为列标）以 A, B ,…, Z, AA, AB, …, AZ, BA, BB ,… ,XFD 命名。

每个单元格都有一个唯一的地址，该地址用单元格所在列的列标和所在行的行号来表示，例如，单元格 C9 表示其行号为 9，列标为 C。

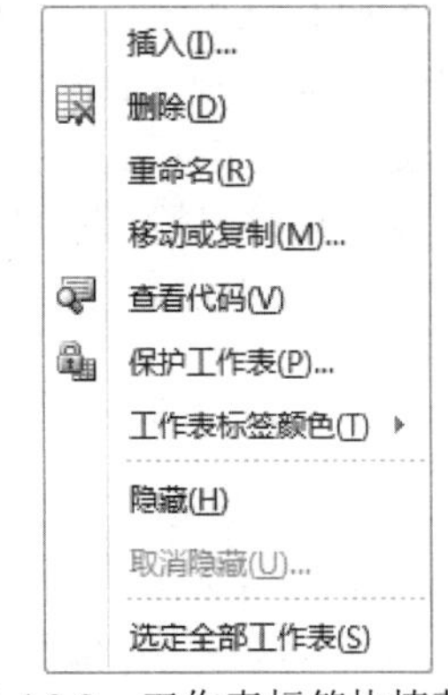

图 4.2.3 工作表标签快捷菜单

3. Excel 基本操作

（1）工作簿的基本操作

① 创建新工作簿。

依次单击“文件”选项卡 | “新建”选项，从“可用模板”列表中选择所需模板，然后单击“创建”按钮。

② 保存、打开、关闭工作簿

在 Excel 中保存、打开、关闭工作簿文件的方法与在 Word 中相应操作的方法类似，不再赘述。

（2）工作表的基本操作

工作表的基本操作包括插入、切换、删除、重命名、移动或复制等。

① 插入、删除、重命名、移动或复制、隐藏、选定全部工作表、改变工作表标签颜色可通过如图 4.2.3 所示的工作表标签快捷菜单完成。

② 切换工作表

单击要切换到的工作表的标签即可完成切换工作表任务。如果所需的工作表标签没有显示出来，则可以通过单击工作表标签前面的 4 个滚动按钮 |◀ ◀ ▶ ▶| 来滚动标签。

③ 设置工作组

按住 Ctrl 键不放，逐个单击组成工作组的各个工作表标签，即可设置成工作组。

（3）单元格的基本操作

① 选定单元格或区域

在 Excel 中，在当前工作表中进行各种操作之前，都必须选定单元格或单元格区域作为操作的对象。

- 选定一个单元格：单击要选定的单元格。
- 选定矩形单元格区域：先选定矩形区域 4 个角中任一个角处的单元格，按住鼠标左键不放并拖动到已选定单元格所在角的对角处，释放鼠标左键。
- 选定多个分散的单元格区域：先选定第一个单元格区域，然后按住 Ctrl 键不放，再逐个选定其他单元格区域。
- 选定整行：单击要选定行的行号。
- 选定整列：单击要选定列的列标。
- 选定整个工作表：单击工作表行号和列标交叉处的全选按钮，如图 4.2.1 所示。
- 选定连续的多行或多列：在工作表行号或列标上按住鼠标左键，并拖动以选定多行或多列。
- 选定不连续的多行或多列：先单击某个行号或列标，选定一行或一列，然后按住 Ctrl 键，再逐个单击其他行号或列标即可。

② 插入单元格、行或列

Step1 在要插入单元格、行或列的位置选定单元格、行或列。

Step2 依次单击“开始”选项卡 | “单元格”组 | “插入”下拉按钮，在弹出的下拉列表中根据需要选择“插入单元格”、“插入工作表行”或“插入工作表列”。

③ 删除单元格、行或列

Step1 选中要删除的单元格、行或列。

Step2　依次单击“开始”选项卡丨“单元格”组丨“删除”下拉按钮，在弹出的下拉列表中根据需要选择“删除单元格”、“删除工作表行”或“删除工作表列”。

④ 命名单元格

Step1　选择需要命名的单元格或区域。

Step2　单击名称框，输入新名称，按 Enter 键确认。

4.2.2　数据的输入和编辑

1．输入数据

（1）输入数字

在 Excel 中，数值型数据是最常见、最重要、最复杂的数据类型。在单元格中输入数字的规则如下。

① 可包含的符号：

数字 0～9、正号“+”、负号“−”或括号“( )”、小数点“.”、分数线“/”、百分号“%”、指数符号“E”或“e”、货币符号“$”或“￥”、千位分隔符“,”、空格等。

② 在数字前加上负号“−”或用括号将数字括起来均被识别为负数，正号自动省略。

③ 以带分数的形式输入分数，要在整数与分数之间加一个空格。例如：“0□1/2”（□为空格）表示 0.5；“10□1/2”表示 10.5。

④ 数值只能保留 15 位有效数字。例如，输入“1234567890123456”，显示为 1.23457E+15，编辑栏的数据编辑区中显示“1234567890123450”，只保留了 15 位有效数字。

⑤ 当没有千分符的数值的整数部分大于 11 位时，自动转换成科学计数法表示。例如，在单元格中输入“123456789012”，将自动显示为 1.23457E+11。

⑥ 通常，若存放有数字的单元格列宽小到不足以正常显示该数字，则会显示错误提示“##...#”。

⑦ 通过在数值前或后输入“%”来输入百分数。例如，65%或%65。

⑧ 数值型数据在单元格中默认的对齐方式为右对齐。

（2）输入日期和时间

Excel 将日期和时间作为数值处理，并且内置了多种日期和时间的数据格式。当在单元格中输入的数据与这些格式之一相匹配时，Excel 便会自动将其识别为日期或时间。

① 被系统识别为日期或时间的数据在单元格中默认的对齐方式为右对齐。

② 日期默认格式：yyyy-mm-dd，也可以用“/”分隔。

③ 时间默认格式：hh:mm:ss，系统默认输入的时间是以 24 小时制输入的。若要以 12 小时制输入时间，则要在输入的时间后加一个空格，再输入 AM（表示上午）、PM（表示下午）。

④ 日期和时间组合输入的格式：日期+空格+时间。例如，输入“14-9-21□18:25”，表示 2014 年 9 月 21 日 18 时 25 分。

⑤ 按 Ctrl+“;”组合键，可快速输入系统的当前日期。

⑥ 按 Ctrl+Shift+“;”组合键，可快速输入系统的当前时间。

日期和时间在 Excel 系统内部是用 1900 年 1 月 1 日起至用户输入日期的天数来存储的，日期为整数部分，时间为小数部分。例如，2014/09/21 12:00 在 Excel 内部存储的是 41903.50。

可以把时间和日期型数据看作一种特殊的数值，可以进行加、减或其他运算。例如，A1 单元格中是日期 1900/1/1，A2 单元格中是日期 1900/1/10，在 A3 单元格中输入公式“=A2−A1”，那么 A3 单元格将显示结果 9。若要在公式中使用日期或时间，则用一对半角的双引号将日期或时间括起来。

（3）输入文本

在 Excel 中，可以输入的文本包括汉字、字母、数字、空格及各种符号。如果输入的数据不是 Excel 可识别的数字型格式、日期、时间、逻辑值或公式，则 Excel 会自动识别为文本。文本型数据在单元格中的默认对齐方式为左对齐。

① 超长文本的输入

在一个单元格中输入的文本过长，超出了所在单元格的宽度时，若右边相邻单元格中没有任何数据，则当前单元格中只显示文本开头部分，其余部分覆盖右边相邻的单元格；但如果右边相邻的单元格中有数据，则超出单元格宽度的部分将不显示。选定该单元格，在编辑栏中可以看到输入的全部文本内容。可以通过增大单元格列宽或在单元格内换行的方式直接显示全部内容。

要使输入的内容在单元格内换行的方法有两种：

- 选择需要自动换行的单元格或区域，然后依次单击“开始”选项卡 | “对齐方式”组 | “自动换行”按钮。
- 在单元格中输入文本时，在需要换行的地方按 Alt+Enter 组合键。

② 数字字符串的输入

对于全部由数字组成的字符串，如学号、邮政编码、电话号码等，如果按照日常生活中的形式原样输入，可能会产生如下问题：

- 数字过长，整数部分超过 11 位，或超过了 15 位有效数字。这时数字不会按照输入的内容原样输出，如身份证号。
- 虽然数字不长，但是有前导 0，这时前导 0 不会正确显示。例如，河北省石家庄市的邮政编码为“050001”，如果按照原样输入则显示出来为“50001”。

为了避免这种现象发生，可采用下列两种方法输入：

- 先输入单引号“'”，再输入数字，如：“'010”。
- 先输入等号“=”，再输入两端添加了双引号的数字，如：“="010"”。

2．填充数据

（1）相同内容的填充

① 填充柄法

Step1　选定一个单元格，输入要填充的内容，例如，“传媒大学”。

Step2　选中刚输入内容的单元格。

Step3　将鼠标指针移到活动单元格的右下角，拖动填充柄。

Step4　按住鼠标左键在行或列方向上拖动，到适当的单元格位置释放鼠标，如图 4.2.4 所示。

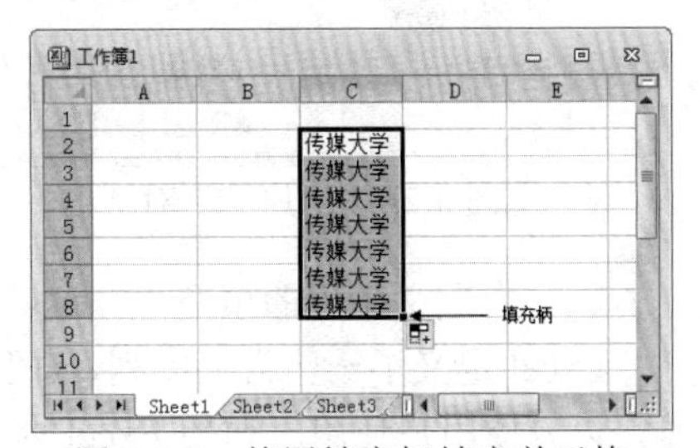

图 4.2.4　使用填充柄填充单元格

② 组合键法

Step1　选中要输入数据的单元格区域。

Step2　输入数据，如“传媒大学”，然后按 Ctrl+Enter 组合键。

（2）输入已存在的内容

① 记忆输入

若在单元格中输入的起始字符与单元格所在列已有数据的起始字符相同，则 Excel 会自动反白显示其余部分，按回车键即可完成与已有数据相同内容的输入。

② 选择列表

单击要输入数据的单元格，按 Alt+“↓”组合键，弹出一个下拉列表，其内容是当前列已经输入的数据，从中选择需要的内容即可。

（3）不同内容的填充

① 自然数序列的填充

Step1　选中一个单元格，输入数值，如输入 1。

Step2　按住 Ctrl 键同时拖动填充柄，即可输入自然数序列，如图 4.2.5 所示。

② 等差序列的填充

Step1　在连续的两个单元格中分别输入两个数值，如 1，5。

Step2　选中这两个单元格。

Step3　拖动填充柄，如图 4.2.6 所示。

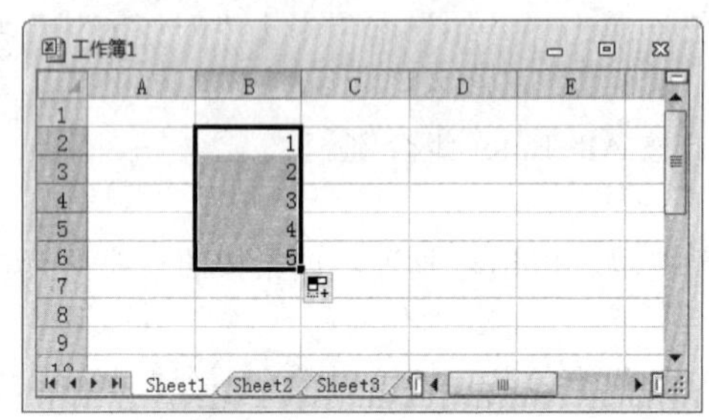

图 4.2.5　自然数序列填充

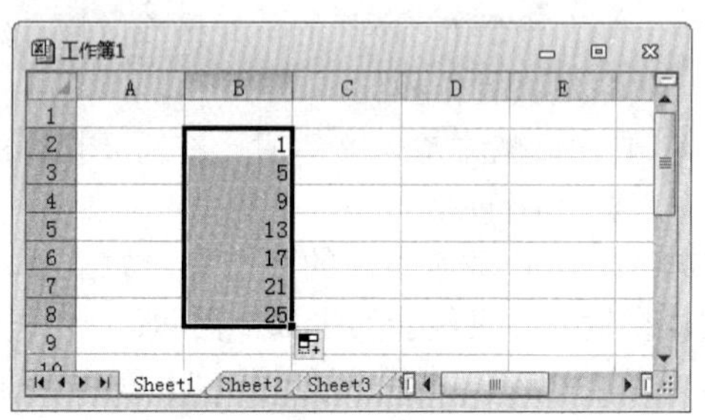

图 4.2.6　等差序列的填充

③ 系列填充

Step1　选中一个单元格，输入一个数值，例如 1。

Step2　依次单击“开始”选项卡｜“编辑”组｜“填充”下拉按钮。

Step3　在弹出的下拉列表中选择“系列”命令，打开“序列”对话框，如图 4.2.7 所示。

Step4　设置“序列产生在”的值为“列”，设置“类型”为“等比序列”，输入“步长值”为 3，“终止值”为 81。

Step5　单击“确定”按钮，结果如图 4.2.8 所示。

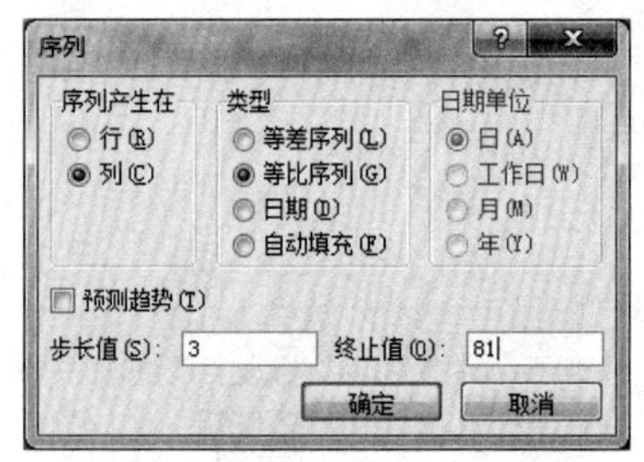

图 4.2.7　“序列”对话框

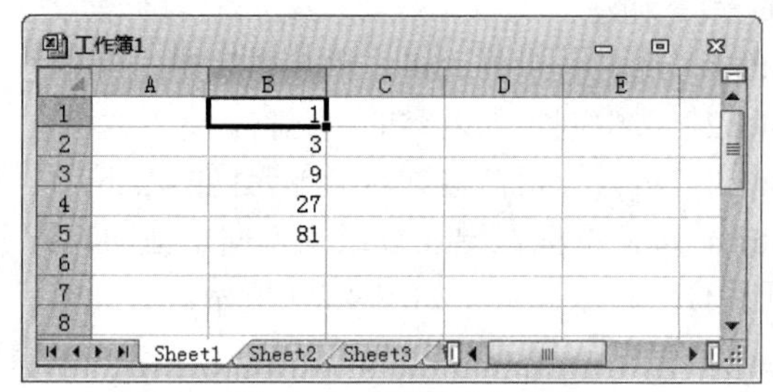

图 4.2.8　系列填充结果

（4）自定义序列的填充

Excel 定义了一些常见序列，如“甲，乙，丙，丁……”、“正月，一月，二月，三月，四月……”等，以方便用户使用。如果 Excel 内置的序列不能满足用户的需求，Excel 还允许用户根据需要自定义序列。

① 查看已存在序列

Step1　依次单击“文件”选项卡｜“选项”项。

Step2　在“Excel 选项”对话框左侧窗格中选择“高级”选项，然后单击右侧窗格中的“编辑自定义列表”按钮。

Step3 弹出“自定义序列”对话框，可在其中查看已存在的序列，如图 4.2.9 所示。

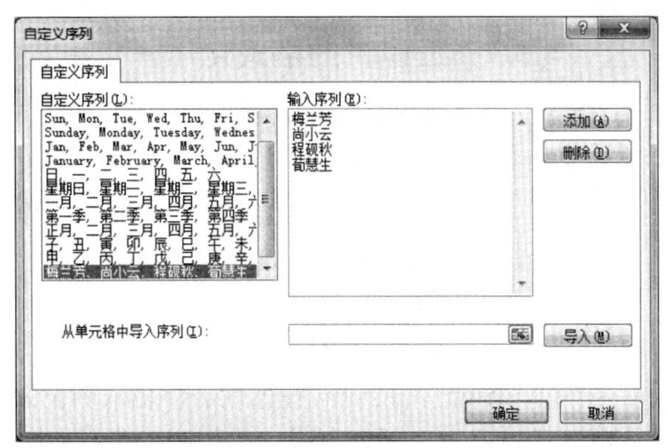

图 4.2.9 “自定义序列”对话框

② 自定义新的序列

Step1 打开“自定义序列”对话框。

Step2 在“输入序列”列表框中输入要定义的序列，每输入一个序列项后按 Enter 键，如图 4.2.9 所示。

Step3 单击“添加”按钮，将定义的新序列加入到“自定义序列”列表框中。

Step4 单击“确定”按钮。

③ 使用自定义序列填充数据

Step1 选中一个单元格，输入自定义序列中的一个值，如“梅兰芳”。

Step2 沿水平或垂直方向拖动填充柄，Excel 就会将序列条目依次填充到单元格区域中，结果如图 4.2.10 所示。

图 4.2.10 自定义序列填充结果

3. 编辑数据

Excel 中的撤销和恢复、单元格的复制和粘贴、格式刷的操作方法与 Word 基本相同，在此不再赘述。

（1）修改数据

若单元格内的数据有错误，则双击单元格，这时单元格中出现光标，单元格进入编辑状态。通过光标键移动光标到合适位置后进行编辑或修改。

另外，用户还可以单击要修改的单元格，然后再单击编辑栏中的数据编辑区，在其中编辑或修改数据。

（2）清除

如果想保留原有的单元格结构，只清除单元格的内容、格式或批注，则应执行清除操作。具体操作步骤如下。

Step1 选定要清除的单元格或区域。

Step2 依次单击“开始”选项卡｜“编辑”组｜“清除”下拉按钮，弹出如图 4.2.11 所示的下拉列表，其中各项说明如下。

- 全部清除：清除所选单元格或区域的全部内容和批注，格式恢复为常规设置。
- 清除格式：只将所选单元格或区域的格式恢复为常规设置。
- 清除内容：只清除所选单元格或区域中的内容，批注和格式不变。

- 清除批注：只清除所选单元格或区域的批注，内容和格式不变。
- 清除超链接：只清除所选单元格或区域中的超链接，内容、格式和批注不变。

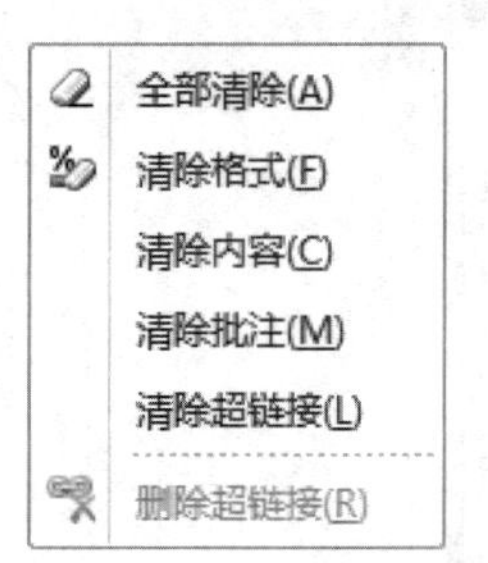

图 4.2.11 “清除”下拉列表

4.2.3 工作表的格式化

1. 设置单元格格式

（1）设置文本格式

为了使工作表更加美观，需要对工作表中的单元格进行格式设置。下面分别介绍如何对文本的字体、字形、字号、颜色等进行格式设置。

① 设置字体格式

Step1 选中需要设置字体格式的单元格或单元格区域。

Step2 依次单击“开始”选项卡|“字体”组中的相应按钮，如图 4.2.12 所示。

② 设置对齐方式

Step1 选中需要设置对齐方式的单元格或单元格区域。

Step2 依次单击“开始”选项卡|“对齐方式”组中的相应按钮，如图 4.2.13 所示。

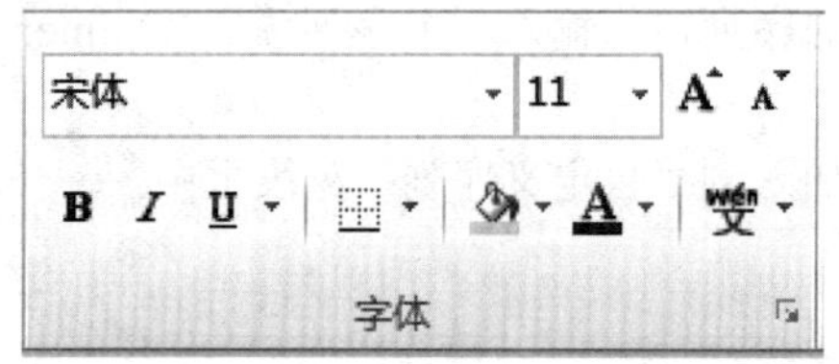

图 4.2.12 “开始”选项卡的“字体”组

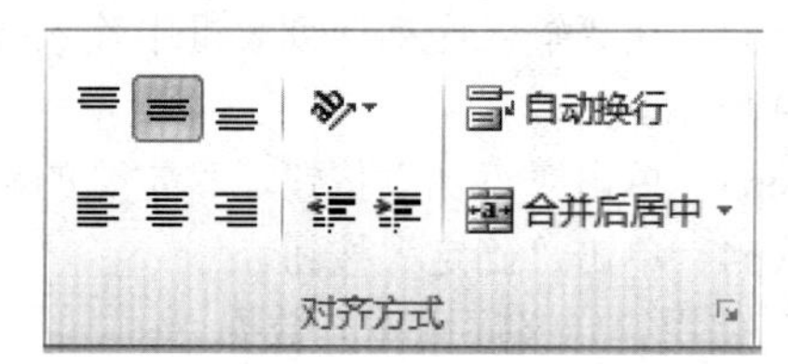

图 4.2.13 “开始”选项卡的“对齐方式”组

③ 设置标题格式

表格的标题具有以下特点：标题在表格的上方，并按整个表格的宽度居中设置。具体操作步骤如下。

Step1 在表格上方的单元格中输入标题的内容。

Step2 选中包括标题内容在内的与表格同宽的多个单元格。

Step3 依次单击“开始”选项卡|“对齐方式”组|“合并后居中”按钮。

（2）设置数字格式

在实际应用中，Excel 的默认数字格式往往不能满足用户的需求。因此，Excel 针对常用的数字格式，事先定义了常规、数值、货币、会计专用、日期、时间、百分比、分数、科学计数、文本、特殊等数字格式。

用户可以使用“开始”选项卡|“数字”组中的相应按钮、“设置单元格格式”对话框来设置数字格式，选项卡法的具体设置方法如下。

Step1 选中需要设置数字格式的单元格或单元格区域。

Step2 依次单击“开始”选项卡|“数字”组中的相应按钮即可，如图 4.2.14 所示。

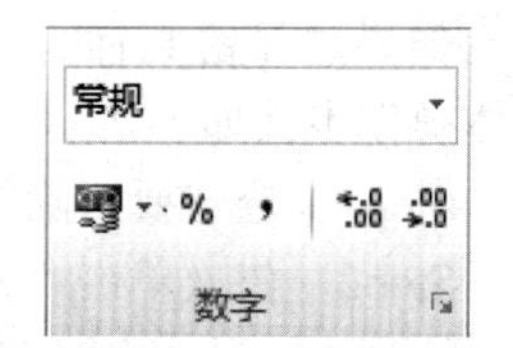

图 4.2.14 “开始”选项卡的“数字”组

“会计数字格式”按钮：数据按照“会计数字格式”显示，主要表现在数据前显示货币符号，同时显示千位分隔符。

“百分比样式”按钮%：将单元格中的数据乘以 100，并以百分数形式显示。

“千位分隔样式”按钮,：为数值型数据添加千位分隔符。

“增加小数位数”按钮 ：增加显示小数位数，以较高精度显示值。

“减少小数位数”按钮 ：减少显示小数位数，以较低精度显示值。

“数字格式”下拉列表 ：显示的是单元格当前的数字格式，单击右侧的下拉按钮，弹出的下拉列表中包含 11 种数字格式可供直接选择，如图 4.2.15 所示。

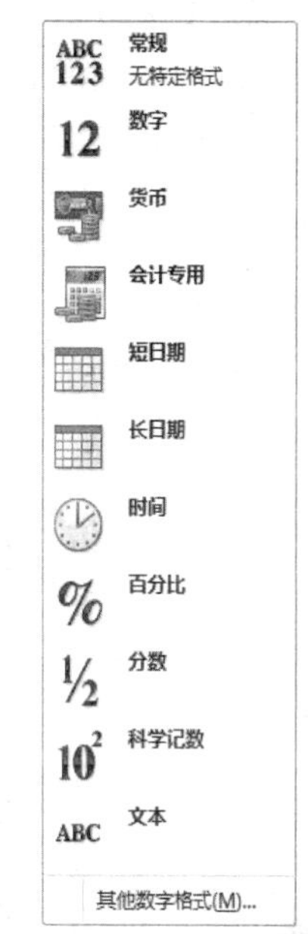

图 4.2.15 “数字格式”下拉列表

（3）设置边框和底纹

在默认情况下，Excel 表格中的单元格无网格线（工作表中的网格线是为方便用户输入而显示出来的，在打印时将不会出现），背景颜色也是白色的。通过对单元格设置边框和底纹，可改变工作表的视觉效果，提高工作表中数据的直观性。

① 设置边框

用户可以使用“开始”选项卡｜“字体”组｜“边框”下拉列表、“设置单元格格式”对话框来设置边框，对话框法的具体设置方法如下。

Step1 选中需要设置边框格式的单元格区域。

Step2 依次单击“开始”选项卡｜“字体”组｜“边框”下拉按钮 ，弹出下拉列表。

Step3 选择下拉列表中的“其他边框”项，打开“设置单元格格式”对话框。

Step4 在对话框中切换至“边框”选项卡，如图 4.2.16 所示，可以设置线条“样式”和“颜色”。在“预置”栏中，选择一种预置绘制边框的方式。

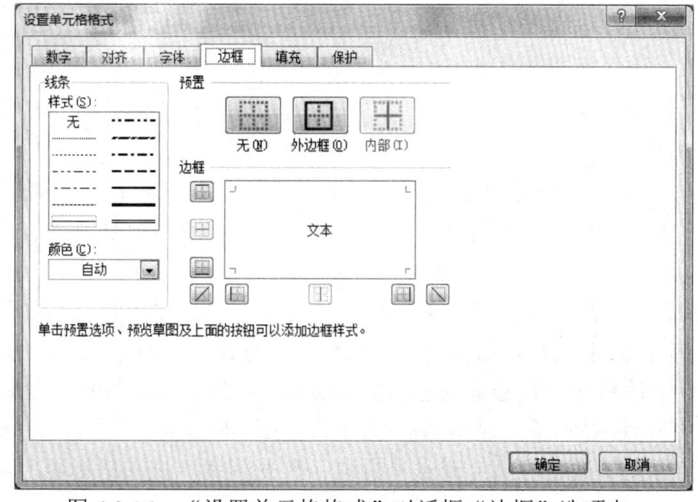

图 4.2.16 “设置单元格格式”对话框“边框”选项卡

- 无：擦除选中区域已绘制的所有边框。
- 外边框：绘制选中区域的外边框线。
- 内部：绘制选中区域的内部边框线。

或者，单击“边框”栏中的不同按钮，在选中区域中绘制相应的边框线。

- 、、、：分别绘制选中区域的外边框的上、下、左、右边框线。
- 、：分别绘制选中区域的内边框的水平、垂直边框线。
- 、：分别绘制选中区域内部左下到右上、左上到右下的斜线边框。

上述操作可反复进行，直到预览窗口显示的效果符合要求为止。

Step5　单击“确定”按钮。

② 设置底纹

用户可以使用“开始”选项卡丨“字体”组丨“填充颜色”下拉列表、“设置单元格格式”对话框来设置底纹，对话框的具体设置方法如下。

Step1　选中需要设置底纹格式的单元格或区域。

Step2　在所选区域中右击，在弹出的快捷菜单中选择“设置单元格格式”命令，打开“设置单元格格式”对话框。

Step3　单击“填充”选项卡，如图 4.2.17 所示，可以设置背景色、图案颜色和图案样式，可以在“示例”框中查看效果。

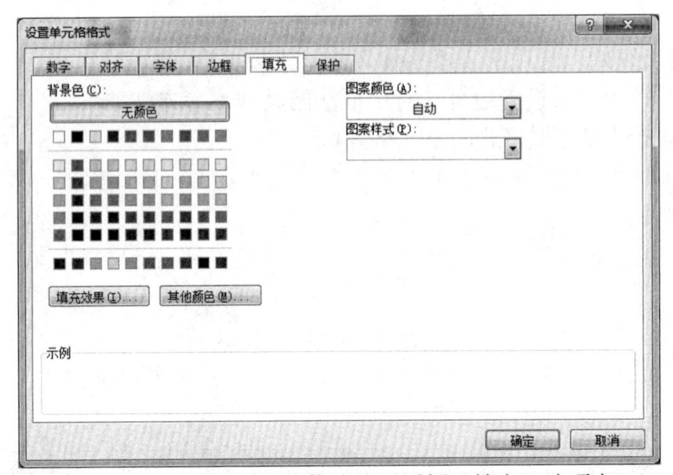

图 4.2.17　“设置单元格格式”对话框“填充”选项卡

Step4　单击“确定”按钮。

2．设置列宽和行高

在默认状态下，工作表中所有单元格的大小都是一样的，但有时不能满足实际需要。因此，需要对工作表的行高和列宽进行调整以满足个性化需求，使表格更加合理、美观。用户可以使用“开始”选项卡丨“单元格”组丨“格式”下拉列表，或者拖动鼠标的方法设置列宽和行高。对话框法可以精确地设置选中单元格区域的行高和列宽，但是比较烦琐。如果想快速设置单元格区域的行高和列宽，而不太在意精确度，可以使用鼠标法。鼠标法具体操作步骤如下。

Step1　将鼠标指针移动到行号或列标间的分隔线上，当鼠标指针形状变成✢或✢时，按住鼠标左键，屏幕上会出现提示条，显示当前行的高度或列的宽度。

Step2　沿垂直方向（改变行高）或水平方向（改变列宽）拖动鼠标至所需的位置，松开鼠标左键，设置所需行高或列宽。

Step3　如果想根据单元格的内容自动调整行高或列宽，则可以在行号或列标间的分隔线上双击。

3．自动套用格式

（1）套用单元格样式

Excel 2010 预定义了大量常用的单元格格式，包括字体、数字格式、边框和底纹等，称为单元格样式。具体设置方法如下。

Step1　选定需要设置格式的单元格或单元格区域。

Step2　依次单击“开始”选项卡｜“样式”组｜“单元格样式”下拉按钮，在弹出的下拉列表中选择需要的样式。

（2）套用表格格式

Excel 2010 内置了大量常用的表格格式，这些表格格式组合了数字、字体、对齐方式、边框、底纹、行高和列宽等属性，称为表样式。具体设置步骤如下。

Step1　依次单击“开始”选项卡｜“样式”组｜“套用表格格式”下拉按钮，在弹出的下拉列表中选择需要的表样式，将弹出“套用表格式”对话框。

Step2　选定需要套用格式的单元格区域，设置所选区域是否包含表标题，单击“确定”按钮。

注意：套用表格格式后，选定单元格区域将自动转换为 Excel 表。如果不需要 Excel 表功能，那么要将 Excel 表转换为普通的数据区域。具体操作步骤如下。

Step1　单击 Excel 表中的任意单元格。

Step2　依次单击“表格工具｜设计”选项卡｜“工具”组｜“转换为区域”按钮，在弹出的对话框中单击“是”按钮。

4.2.4　公式和函数

对 Excel 工作表中的数据进行分析和处理时，需要使用公式和函数。利用公式和函数可以完成各种运算，它是 Excel 2010 的核心功能之一。

公式是对单元格中的数据进行运算和分析的式子，利用公式完成诸如加、减、乘、除等运算。另外，在公式中可以使用单元格的引用地址引用同一工作表、同一工作簿中不同工作表、其他工作簿中工作表的单元格。

函数是 Excel 自带的一些已经定义好的公式，它是用户定义公式的重要组成部分。Excel 2010 内置了丰富的函数，可以对工作表中的数据进行求和、求平均值、查找、统计等运算。

1．公式的基本操作

（1）公式的组成

Excel 中公式的格式为：“=表达式”。

公式总是以等号（=）开头，Excel 会将等号后面的字符解释为公式。表达式是指用运算符将常量、单元格引用、函数等连接起来，符合 Excel 语法规定的式子。

（2）运算符

运算符用于指定要对公式中的元素执行的计算类型。Excel 中有 4 种运算符：算术运算符、比较运算符、文本连接运算符和引用运算符。

① 算术运算符

算术运算符包括+、–、*、/、%、^，见表 4.2.1。

表 4.2.1　算术运算符

运　算　符	说　　明	例　　子
+	加法	1+5，结果为 6
–	负号或减法	6–5，结果为 1
*	乘法	3*5，结果为 15
/	除法	10/5，结果为 2
%	百分比	50%，结果 0.5
^	乘方	10^3，结果 1000

② 比较运算符

比较运算符用于两个值的比较，包括=、>、<、>=、<=和<>。比较运算的结果为逻辑值 TRUE 或 FALSE，见表 4.2.2。

表 4.2.2　比较运算符

运　算　符	说　　明	例　　子
=	等于	6=6，结果为 TRUE
<>	不等于	6<>6，结果为 FALSE
>	大于	6>3，结果为 TRUE
>=	大于或等于	6>=6，结果为 TRUE
<	小于	6<3，结果为 FALSE
<=	小于或等于	6<=6，结果为 TRUE

③ 文本连接运算符

文本连接运算符只有"&"。该运算的功能是将两个值连接起来产生一个连续的文本值。例如，"传"&"媒"的结果为"传媒"。

④ 引用运算符

引用运算符可以对单元格区域进行合并计算，见表 4.2.3。

表 4.2.3　引用运算符

运　算　符	说　　明	例　　子
:	区域运算符，生成一个对两个引用之间所有单元格的引用，包括这两个引用在内	B5:C15 表示的是以 B5 为左上角，C15 为右下角的矩形区域
,	联合运算符，求由逗号分隔的多个引用所对应单元格区域的并集，包括这两个引用在内	A2:B5, K8 表示的是 A2:B5 单元格区域和 K8 单元格的并集
□	空格（因为无法在纸上显示，所以使用“□”表示）为交集运算符，求由空格分隔的两个引用所对应单元格区域的交集	B4:M6□D1:G8 表示的是 B4:M6 矩形区域与 D1:G8 矩形区域相交的矩形区域 D4:G6

⑤ 运算符的优先级

如果一个公式中含有多个运算符，那么运算的顺序遵循如下规则：

- 按运算符的优先级从高到低依次进行计算，见表 4.2.4；
- 如果运算符的优先级相同，则从左到右进行计算。

表 4.2.4　运算符的优先级

运　算　符	优　先　级
：（冒号）　，（逗号）　□（空格）	1
－（负号）	2
%	3
^	4
*、/	5
+、－	6
&	7
=、<、<=、>、>=、<>	8

（3）公式的输入

① 常量的输入

常量的输入方法见表 4.2.5。

表 4.2.5　常量输入方法

类　型	说　明	例　子
数值常量	日期和时间要用双引号括起来。其他类型的数值常量不带引号直接输入	="2014/1/1"+3
逻辑常量	不带引号直接输入	TRUE 或 FALSE
文本常量	使用双引号括起来	="传媒"&"大学"

② 输入公式

输入“=”，然后依次输入组成公式的各种成分：运算符、常量、单元格引用、函数等。在工作表中输入公式后，在单元格中显示的是公式计算的结果，而在编辑栏中显示的是输入的公式。

③ 复制公式

在使用 Excel 公式进行计算时，很多情况下，工作表中的公式具有相似性，可以通过复制公式来简化操作，提高工作效率，具体操作步骤如下。

Step1　选中被复制公式所在的单元格。

Step2　将鼠标指针指向该单元格右下角的填充柄，按住鼠标左键向需要的方向拖动即可。

2. 单元格引用

在计算公式时，通过单元格地址来引用单元格中的数据，称为单元格引用。单元格引用指定了参加运算的数据所处的单元格或区域。

（1）相对引用

格式：列标+行号，例如，A1。

说明：在将公式从公式所在的单元格（源单元格）复制到新位置（目标单元格）时，单元格引用将根据源单元格和目标单元格的相对位置而发生相应变化的引用，称为相对引用。

例子：源单元格 C1 中的公式为“=A1+B1”，如果将源单元格 C1 中公式复制到目标单元格 C2 中，那么目标单元格中公式变为“=A2+B2”。

（2）绝对引用

格式：$列标+$行号，例如，$A$1。

说明：在复制公式时，有时并不希望公式中的单元格引用随着公式的复制操作而发生变化。

例子：源单元格 C1 中的公式为“=A1+$B$1”，如果将源单元格 C1 中公式复制到目标单元格 C2 中，那么目标单元格中公式变为“=A2+$B$1”。

（3）混合引用

格式：$列标+行号或列标+$行号，例如，$A1，A$1。

说明：若公式中的单元格引用只在行号或列标前加$，则在复制公式时，加$的行号或列标保持不变，不加$的列标或行号会根据目标单元格与源单元格之间的相对关系变化而变化，称为混合引用。

例子：源单元格 C1 中的公式为“=$A1+B1”，如果将源单元格 C1 中公式复制到目标单元格 D2 中，那么目标单元格中公式变为“=$A2+C2”。

除了可以直接输入单元格引用外，还可以用鼠标直接选定的方法输入单元格引用，并按 F4 键实现引用类型的切换。

3. 常用函数

（1）函数的输入

Excel 中函数的主要类别包括财务、日期与时间、数学与三角函数、统计、查找与引用等。

① 函数的格式

函数名（参数 1,参数 2,…）

函数名代表该函数具有的功能。不同函数需要的参数个数和类型不同，可以使用逗号将参数分隔开来。

② 输入函数

函数的输入主要有两种方法：在需要输入函数的公式中直接按照函数的格式输入所需的函数；单击编辑栏中的“插入函数”按钮 fx，在弹出的“插入函数”对话框中选择函数类型、函数名和参数。

（2）常用函数说明

① SUM 函数

功能：求参数中数值型数据的和。

语法：SUM（number1[,number2]…）

说明：number1，number2…为 1～255 个数值型参数。

② AVERAGE 函数

功能：求参数的算术平均值。

语法：AVERAGE（number1[,number2]…）

说明：number1，number2…为 1～255 个数值型参数。

③ COUNT

功能：计算参数中数值型数据的个数。

语法：COUNT（value1 [,value2]…）

说明：value1，value2…为 1～255 个数值型参数。

④ MAX

功能：求参数中的最大值。

语法：MAX（number1[,number2]…）

说明：number1，number2…为 1～255 个数值型参数。

⑤ MIN

功能：求参数中的最小值。

语法：MIN（number1[,number2]…）

说明：同 MAX 函数。

⑥ IF

功能：根据指定条件计算结果的真假。

语法：IF（logical_test,[value_if_true],[value_if_false]）

说明：

- logical_test：用于判断真假的表达式。
- value_if_true：可选参数，其值是 logical_test 的计算结果为 TRUE 时所要返回的值。
- value_if_false：可选参数，其值是 logical_test 的计算结果为 FALSE 时所要返回的值。

⑦ COUNTIF

功能：对区域中满足指定条件的单元格进行计数。

语法：COUNTIF（range, criteria）

说明：range 是要进行计数的单元格区域。criteria 为确定哪些单元格将被计算在内的条件，其形式可以为数字、表达式、单元格引用或文本。例如，条件可以表示为 56、"56"、">56"、"peaches" 或 B4。

4.2.5　数据管理

1．数据清单

数据清单是指包含相关数据的一系列工作表数据行，其中每一列包含相同类型的数据。Excel的数据管理功能是通过数据清单来实现的。

在 Excel 中建立数据清单应遵循以下规则。

（1）在同一张工作表中只能创建一张数据清单。

（2）在数据清单的第一行创建各列标题，即字段名。通常，列标题使用的字体、格式等应与标题下面的数据相区别。

（3）数据清单中不能出现空行或空列。

（4）同一列数据的类型应一致。

（5）与其他数据之间至少要留出一个空列和一个空行。

Excel 在管理数据清单时，把数据清单看作一个数据库。数据清单中的列标题相当于数据库中的“字段”，数据清单中的一行则相当于数据库中的一条“记录”。

2．排序

通常，数据排序是指根据一列或多列的值，按一定的顺序将数据清单的记录重新排列。排序所依据的字段名称为“关键字”。

另外，还可以按照单元格颜色、字体颜色、单元格图标、自定义序列进行排序。

通常，排序操作都是按列排序（按照某一列或几列的内容对行的顺序进行调整）的，但也可以按行进行排序（按照某一行或几行的内容对列的顺序进行调整）。

（1）按单列排序

按单列排序是指根据单一字段的数据对数据清单中的记录进行排序。具体操作步骤如下。

Step1　单击数据清单中要作为排序依据的那一列中的某个单元格。

Step2　依次单击“开始”选项卡 | “编辑”组 | “排序和筛选”下拉按钮，在弹出的下拉列表中按需要选择“升序”或“降序”项。

（2）按多列排序

按多列排序是指依次根据多个字段的数据对数据清单中的记录进行排序。也就是说，按照前一个字段对数据清单排序后，排序字段值相同的多行再按照下一个字段进行排序，其余类推。具体操作步骤如下。

Step1　选择要排序的单元格区域或单击数据清单区域的任意单元格。

Step2　依次单击“开始”选项卡 | “编辑”组 | “排序和筛选”下拉按钮，在弹出的下拉列表中选择“自定义排序”项，弹出“排序”对话框，如图 4.2.18 所示。

Step3　在“排序”对话框中提供了编辑排序条件的三个下拉列表框。

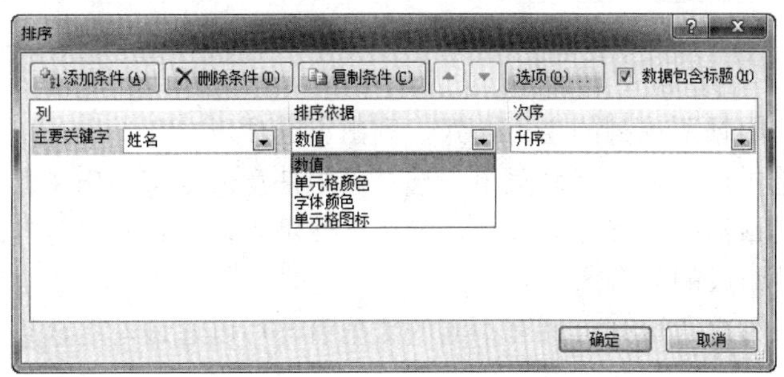

图 4.2.18　“排序”对话框

- 列：用来设置排序关键字，单击右侧的下拉按钮，弹出的下拉列表中是当前选中的数据清单中的全部列标题，可以选择其中的一个作为排序的关键字。
- 排序依据：包括“数值”、“单元格颜色”、“字体颜色”和“单元格图标”。
- 次序：包括“升序”、“降序”、“自定义序列”等。如果“排序依据”选择不同，则显示的“次序”选项也不相同。

Step4　设置好一个排序条件后，单击“添加条件”按钮，可以添加新的排序条件；单击“删除条件”按钮，可以删除已设置好的排序条件；单击“上移”按钮、“下移”按钮，可以调整排序条件的先后次序。

Step5　在“排序”对话框中确认编辑好所有的排序条件后，单击“确定”按钮。

3．筛选

筛选是指从数据清单中查找和分析符合特定条件的数据记录，经过筛选的数据清单只显示满足条件的记录，而隐藏不满足条件的记录。Excel 提供了自动筛选和高级筛选两种筛选命令。

（1）自动筛选

自动筛选通常是在一个数据清单的某个列中查找特定的值。具体操作步骤如下。

Step1　选定数据清单中的任意单元格。

Step2　依次单击“开始”选项卡｜“编辑”组｜“排序和筛选”下拉按钮，在弹出的下拉列表中单击“筛选”按钮，或者依次单击“数据”选项卡｜“排序和筛选”组｜“筛选”按钮。数据清单每个列标题的右侧均会出现下拉按钮▼。

Step3 单击列标题右侧的下拉按钮▼，会弹出一个下拉列表，数据类型不同，其中的内容也会有所不同，数字筛选下拉列表如图 4.2.19 所示，文本筛选下拉列表如图 4.2.20 所示。以图 4.2.19 为例，其中部分选项说明如下。

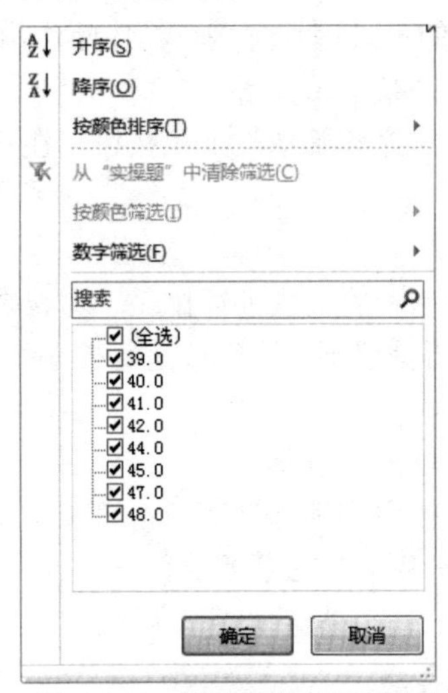

图 4.2.19　数字筛选下拉列表

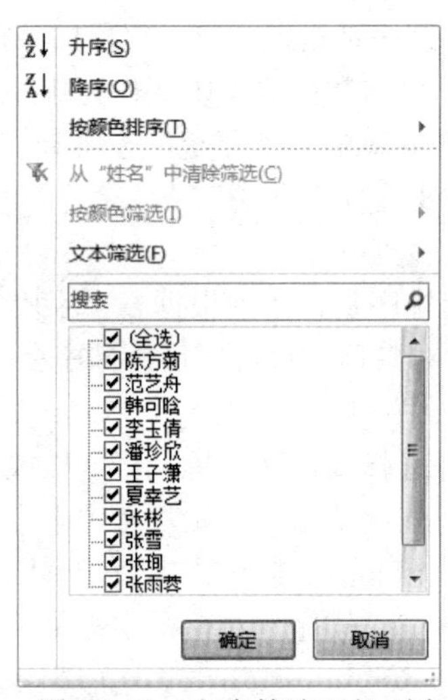

图 4.2.20　文本筛选下拉列表

- 按颜色筛选：根据所选列的现有格式，列出可选项。
- 数字筛选：选中后会弹出级联菜单，选择其中任意命令将弹出“自定义自动筛选方式”对话框。在对话框中设置筛选条件，筛选条件可以是由具有“与”或“或”关系连接的两个简单条件组成的复合条件。
- 数据值列表：列出所选列中所有不同的数据值，可以通过勾选选项左侧的复选框来设置筛选条件。

Step4　单击“确定”按钮，数据清单按筛选条件隐藏所有不符合条件的行。

在现有筛选结果基础上，用户还可以通过在其他列上设置筛选条件进行进一步的筛选，从而进一步减少所显示的记录。

（2）高级筛选

在自动筛选中，如果筛选条件涉及多个字段，则需要分多次操作才能实现，并且难以实现两个字段筛选条件之间“或”关系的筛选。在这种情况下，就需要使用高级筛选功能。

首先，构造筛选条件。筛选条件区域一般放在数据清单的最前面或最后面，并且与数据清单之间至少要留出一个空行。第一行输入字段名，即列标题。字段名的下方输入对应该字段的筛选条件。多个条件的“与”、“或”关系用如下方法实现：

- “与”关系的条件必须写在同一行上。
- “或”关系的条件不能写在同一行上。

例如，如图 4.2.21 所示的筛选条件是“销售数量大于或等于 60 且单价大于或等于 2000，或者是否超过平均销售额为是”。注意：同样位于第 14 行的两个条件之间是“与”关系，分别位于第 14 行和第 15 行的条件之间是“或”关系。

接下来，执行高级筛选，具体步骤如下。

Step1　依次单击“数据”选项卡｜“排序和筛选”组｜“高级”按钮，弹出“高级筛选”对话框，如图 4.2.22 所示。

	C	D	E	F	G
1					
2	型号	销售数量	单价	销售额	是否超过平均销售额
3	S820	187	1999	373813	是
6	D2	96	2388	229248	是
7	GT-I9268	89	2388	76416	否
9	Galaxy S3	113	2796	315948	是
10	K900	122	2999	365878	是
11	Ascend Mate	164	1999	327836	是
12					
13	型号	销售数量	单价	销售额	是否超过平均销售额
14		>=60	>=2000		
15					是

图 4.2.21　构造筛选条件

图 4.2.22　“高级筛选”对话框

Step2　在对话框中设置筛选参数。

- 方式：筛选结果的显示位置。
- 列表区域：数据清单所在的区域。
- 条件区域：构建的筛选条件位于的区域。
- 复制到：若在“方式”栏中选择“将筛选结果复制到其他位置”项，则在此处设置筛选结果显示的位置。

Step3　单击“确定”按钮。

（3）取消自动筛选

若要显示数据清单的所有数据，或者想重新筛选数据，则需要取消当前的筛选。

前提：已按照某列或多列对数据清单进行了筛选。

依次单击“开始”选项卡｜“编辑”组｜“排序和筛选”下拉列表中的“筛选”项，或者依次单击“数据”’选项卡｜“排序和筛选”组｜“筛选”按钮，均可取消自动筛选。

4．分类汇总

除了排序、筛选等管理、组织数据的功能外，Excel 还提供了分类汇总操作，对数据清单中的数据进行统计分析。

（1）分类汇总的目的

分类汇总是一种很重要的操作，它的作用是将数据清单中的字段分类逐级进行求和、计数、求平均值、最大（小）值、乘积、标准偏差、方差等汇总运算，并将结果自动分级显示。

（2）分类汇总的前提

在创建分类汇总前，必须满足两个前提条件：

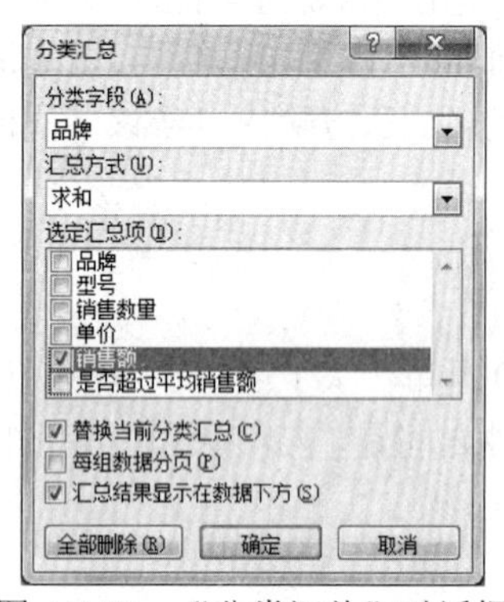

图 4.2.23　“分类汇总”对话框

① 要明确分类字段，即按照哪个字段将数据清单中的记录分成不同的类别。

② 依据分类字段对数据清单排序，即将数据清单中分类字段的数据值相同的记录排列在一起，也就是将数据清单按照分类字段分好类。

（3）创建分类汇总

在满足分类汇总的前提条件下，按照以下步骤操作。

Step1　依次单击“数据”选项卡｜“分级显示”组｜“分类汇总”按钮，弹出如图 4.2.23 所示的“分类汇总”对话框。

Step2　在“分类汇总”对话框中，设置所需的“分类字段”、“汇总方式”、“选定汇总项”等。

Step3　单击“确定”按钮。

（4）删除分类汇总结果

Step1　单击分类汇总结果区域中的任意单元格。

Step2　依次单击“数据”选项卡｜“分级显示”组｜“分类汇总”按钮，打开“分类汇总”对话框。

Step3　单击“全部删除”按钮。

4.2.6　图表操作

数据图表将单元格中的数据以各种统计图表的形式显示，可以比较直观地表现数据，便于分析数据并找出事物发展趋势，为用户决策提供强有力的支持。

1. 图表的结构

图表主要由图表区、绘图区、图例、数值轴、分类轴、标题、数据系列和网格线等几部分组成，如图 4.2.24 所示。

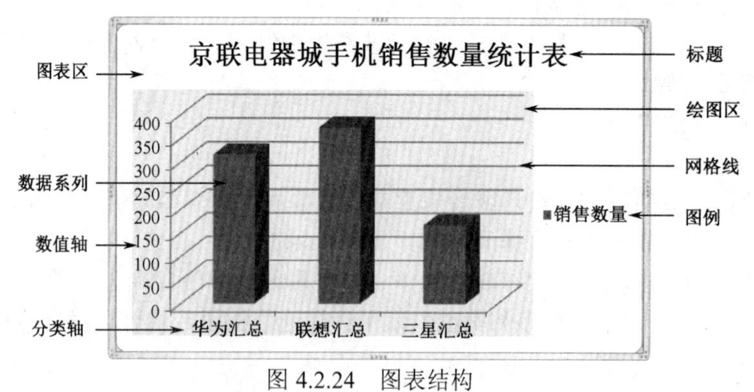

图 4.2.24　图表结构

（1）图表区

图表区是指图表的全部范围，包括所有的数据信息以及图表辅助的说明信息。Excel 默认的图表区由白色填充区域和黑色细实线边框组成。

（2）绘图区

绘图区是指图表区内的图形表示的范围，即以坐标轴为边界的矩形区域。

（3）标题

标题包括图表标题和坐标轴标题。图表标题是显示在绘图区上方的文本框，坐标轴标题是显示在坐标轴边上的文本框。

（4）数据系列

数据系列对应工作表中的一行或一列数据，在图表中表现为点、线、面等图形。

（5）数值轴

数值轴是根据工作表中数据的大小来自定义数据的单位长度，它是用来表示数值大小的坐标轴。

（6）分类轴

分类轴用来表示图表中需要比较的各个对象。

（7）图例

图例是指用来表示图表中各个数据系列的名称或者分类而指定的图案或颜色。

（8）网格线

网格线包括主要网格线和次要网格线，用于强调数值轴或分类轴的刻度。

2．创建图表

创建图表时，既可以先选择数据区域，再选择图表类型，也可以先选择图表类型，创建一个空白图表区域，然后再选择数据区域。具体操作步骤如下。

Step1　选择数据源。选定在图表中要使用的数据区域为数据源。

Step2　选择图表类型。依次单击“插入”选项卡｜“图表”组中某种图表类型按钮，然后在弹出的下拉列表中选择要使用的图表子类型。

Step3　设置图表放置的位置。

Excel 中的数据图表有两种位置：一种置于有数据的工作表（一般是数据源所在的工作表）中，称为“嵌入式图表”；另一种是只包含图表的工作表，称为“独立图表”。可以通过执行下列操作来更改其放置位置：依次单击“图表工具｜设计”选项卡｜“位置”组｜“移动图表”按钮，在弹出的“移动图表”对话框（见图 4.2.25）中，设置要放置图表的位置。

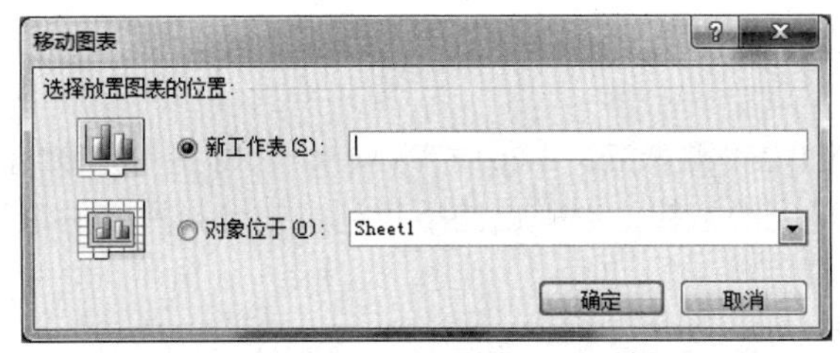

图 4.2.25　“移动图表”对话框

3．编辑图表

在图表创建完成后可以根据需要进行编辑。

（1）选定图表元素

要编辑图表或其元素，必须先选定操作对象。

① 选定图表

● 选定嵌入式图表：单击嵌入式图表。

● 选择独立图表：单击独立图表所在工作表的标签。

② 选定图表元素

选定图表后，依次单击“图表工具丨布局”选项卡或“图表工具丨格式”选项卡丨“当前所选内容”组丨“图表元素”下拉按钮，从弹出的下拉列表中选择所需的图表元素。

（2）调整图表大小

选定图表后，拖动图表边框上的 8 个控制点，可以调整图表的大小。

（3）修改数据源

选定图表，依次单击“图表工具丨设计”选项卡丨“数据”组丨“选择数据”按钮，弹出“选择数据源”对话框，如图 4.2.26 所示。

图 4.2.26 “选择数据源”对话框

● 图表数据区域：在此设置图表数据源所在单元格区域。
● 图例项（系列）：列出按图表数据区域中的数据产生的数据系列（默认按行产生），可以单击“添加”、“编辑”和“删除”按钮设置数据系列。
● 水平（分类）轴标签：列出作为图表横轴（分类）轴标签的数据，可以单击“编辑”按钮设置分类轴。
● “切换行/列”按钮：单击该按钮选择数据系列是按行产生，还是按列产生。

（4）更改图表类型

选定图表后，依次单击“图表工具丨设计”选项卡丨“类型”组丨“更改图表类型”按钮，或者依次单击“插入”选项卡丨“图表”组右下角的对话框启动器按钮，均可弹出“更改图表类型”对话框，可以从中选择要使用的图表类型和子类型。

（5）设置图表选项

选定图表，然后依次单击“图表工具丨布局”选项卡丨“标签”组或“坐标轴”组（见图 4.2.27）中与所设置图表元素相对应的按钮，在弹出的下拉列表中选择所需的选项，设置相应图表元素如何显示或布局的细节。

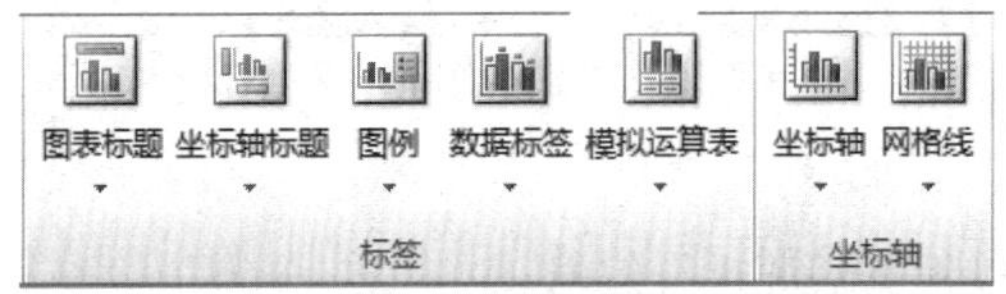

图 4.2.27 “图表工具丨布局”选项卡的“标签”和“坐标轴”组

4．修饰图表

图表中的所有元素都可以通过编辑格式进行修饰。具体操作步骤如下。

Step1 选定要修饰的图表元素。

Step2　依次单击“图表工具｜布局”或“图表工具｜格式”选项卡｜“当前所选内容”组｜“设置所选内容格式”按钮，打开相应的格式设置对话框。

Step3　在对话框中设置图表元素的格式。

5．迷你图

迷你图是 Excel 2010 中加入的一种全新的图表制作工具，它以单元格为绘图区域，使用它可以显示一系列数值的趋势。

（1）创建迷你图

现以“京联电器城上半年销售统计表”（见图 4.2.28）为源数据，说明插入迷你图的具体操作步骤。

Step1　选择要在其中插入一个或多个迷你图的一个或一组空白单元格。本例为单元格 $C$10。

Step2　依次单击“插入”选项卡｜“迷你图”组｜“折线图”按钮，设置要创建的迷你图的类型为折线图。

Step3　弹出“创建迷你图”对话框，如图 4.2.29 所示。

- 数据范围：输入迷你图基于的数据单元格区域，本例为单元格区域 C4:C9。
- 位置范围：显示在 Step1 中选中的单元格区域，在此可修改已选中的单元格区域。

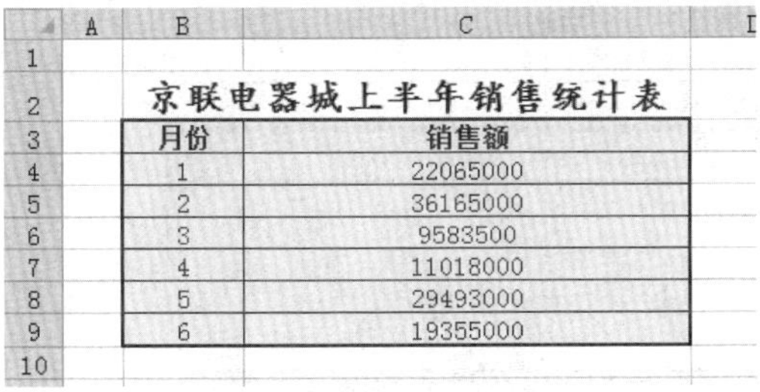

京联电器城上半年销售统计表
月份
销售额
1
22065000
2
36165000
3
9583500
4
11018000
5
29493000
6
19355000

图 4.2.28　京联电器城上半年销售统计表

创建迷你图
选择所需的数据
数据范围(D): C4:C9
选择放置迷你图的位置
位置范围(L): $C$10
确定
取消

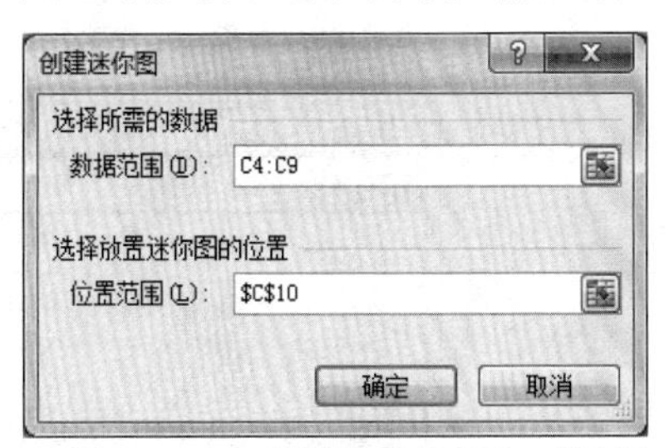

图 4.2.29　“创建迷你图”对话框

Step4　单击“确定”按钮完成迷你图的创建，最终结果如图 4.2.30 所示。

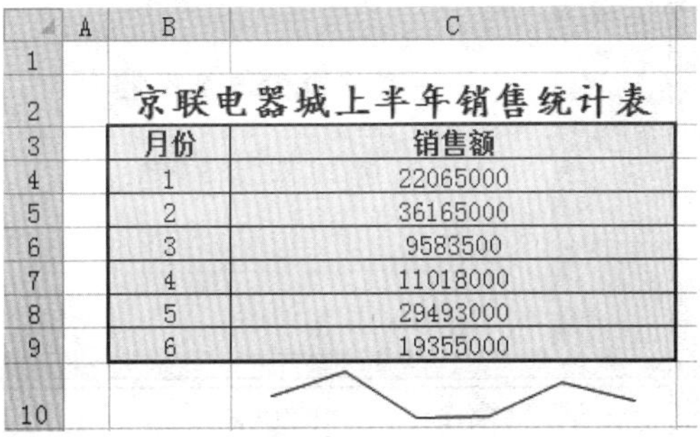

京联电器城上半年销售统计表
月份
销售额
1
22065000
2
36165000
3
9583500
4
11018000
5
29493000
6
19355000

图 4.2.30　迷你图结果

（2）编辑迷你图

选中创建好的迷你图，功能区会出现“迷你图工具｜设计”选项卡，可以在“显示”组中选择要标记的对象，例如，要突出显示最大值，可以标记“高点”。

4.3　演示文稿制作软件 PowerPoint 2010

PowerPoint 2010 是用来制作演示文稿的工具软件，通过它能够制作出集文字、图形、图像、声音以及视频剪辑等多媒体元素于一体的演示文稿，主要用于介绍公司的产品、展示学术成果等。

4.3.1 演示文稿的基本操作

1. PowerPoint 2010 的工作界面

PowerPoint 2010 启动后，将会显示如图 4.3.1 所示的工作窗口，包括：标题栏、选项卡标签、功能区、幻灯片 / 大纲浏览窗格、幻灯片窗格、备注窗格、状态栏、视图按钮、显示比例等。

（1）幻灯片/大纲浏览窗格：显示演示文稿所有幻灯片或幻灯片中的文本大纲的缩略图，该窗格包括“幻灯片”和“大纲”两个选项卡。“幻灯片”选项卡显示幻灯片窗格中的每张完整大小幻灯片的缩略图。当演示文稿包括多张幻灯片时，可单击“幻灯片”选项卡上的缩略图使该幻灯片显示在幻灯片窗格中，也可拖动缩略图重新排列演示文稿中的幻灯片，还可以在“幻灯片”选项卡中添加或删除幻灯片。

（2）幻灯片窗格：在幻灯片窗格中，可直接编辑、处理各个幻灯片。

（3）备注窗格：在普通视图中输入当前幻灯片备注。

（4）状态栏：显示当前的状态信息，如幻灯片的张数及当前幻灯片的位置、演示文稿使用的主题名称及语言类别等信息。

（5）视图按钮：用于在不同视图方式之间进行切换。

（6）显示比例：通过拖动滑块来调整幻灯片窗格编辑区域在幻灯片窗格中的显示比例。

图 4.3.1 PowerPoint 2010 工作界面

2. PowerPoint 2010 的视图方式

视图方式就是演示文稿的显示方式。PowerPoint 2010 中提供了普通视图、幻灯片浏览视图、备注页视图、幻灯片放映视图、阅读视图等 5 种演示文稿视图方式，以及幻灯片母版、讲义母版、备注母版 3 种母版视图方式。

普通视图是主要的编辑视图，可用于设计和编辑演示文稿。普通视图有 4 个工作区域（见图 4.3.1）：幻灯片选项卡、大纲选项卡、幻灯片窗格、备注窗格。

幻灯片浏览视图用来查看缩略图形式的幻灯片。通过此视图，在创建演示文稿以及准备打印演示文稿时，可以对演示文稿的顺序方便地进行排列和组织。

在备注页视图下，以整页格式查看、输入、编辑备注页的内容。

幻灯片放映视图用于向观众放映演示文稿，幻灯片放映视图会占据整个计算机屏幕，可看到图形、计时、视频、动画和切换等真实效果。

阅读视图是在一个设有简单控件以方便审阅的窗口中查看演示文稿的一种视图方式。如果用户要修改演示文稿，可方便地随时从阅读视图切换至其他视图。

视图方式可采用两种方式进行切换：一是单击“视图”选项卡｜“演示文稿视图”或“母版视图”组中的视图按钮；二是单击窗口下方视图按钮中相应的按钮。

3. 创建演示文稿

PowerPoint 2010 提供了多种创建演示文稿的方法，主要包括新建空白演示文稿和利用模板、套用主题、利用现有文档创建演示文稿等。

模板其实是一种演示文稿，其中的每张幻灯片格式均已设定好，用户只需将具体内容填入并加以修改，即可创建出具有一定专业水准的演示文稿。在 PowerPoint 2010 中，用户可以使用内置模板、自行设计的模板，以及从 Office.com 或其他网站下载的模板来创建演示文稿。

主题是一种独立的演示文稿类型，内置主题不包含文本或数据本身，但主题颜色、主题字体和主题效果将应用于文档的所有部分。

创建演示文稿的具体步骤如下。

Step1　依次单击“文件”选项卡｜“新建”项。

Step2　执行以下操作之一：

- 创建空白演示文稿：在“可用的模板和主题”栏中双击“空白演示文稿”选项。
- 利用模板创建演示文稿：在“可用的模板和主题”栏中单击“样本模板”选项，在“样本模板”栏中选择所需的模板。
- 利用主题创建演示文稿：在“可用的模板和主题”栏中单击“主题”选项，在“主题”栏中选择所需的主题。
- 利用现有演示文档创建演示文稿：在“可用的模板和主题”栏中单击“根据现有内容新建”选项，在打开的对话框中选择一个已有的演示文稿，单击“创建”按钮。

4. 演示文稿的编辑

创建演示文稿后，就可对演示文稿中的幻灯片进行一系列的操作，主要包括幻灯片的选择、添加、复制、移动、删除和重用等。对幻灯片的基本操作，既可以在普通视图下的幻灯片/大纲浏览窗格中进行，也可以在幻灯片浏览视图方式下进行。

（1）幻灯片的选择

PowerPoint 2010 幻灯片选择方法见表 4.3.1。

表 4.3.1　PowerPoint 2010 幻灯片选择方法

选择范围	方　法
单张幻灯片	在幻灯片/大纲浏览窗格的幻灯片选项卡中单击要编辑的幻灯片缩略图
多张不连续的幻灯片	在幻灯片/大纲浏览窗格的幻灯片选项卡中单击要编辑的第一张幻灯片缩略图，按住 Ctrl 键不放，再依次单击要选择的其他幻灯片的缩略图
多张连续的幻灯片	在幻灯片/大纲浏览窗格的幻灯片选项卡中单击要编辑的第一张幻灯片缩略图，按住 Shift 键不放，再单击要选择的最后一张幻灯片的缩略图
全部幻灯片	在幻灯片/大纲浏览窗格的幻灯片选项卡中单击任意一张幻灯片缩略图，然后按 Ctrl+A 组合键

（2）幻灯片的添加、重用

Step1　在幻灯片/大纲浏览窗格的“幻灯片”选项卡中选择幻灯片要添加的位置（在某张幻灯片之后插入，单击该幻灯片；在两张幻灯片之间插入，单击它们之间的空白处）。

Step2　选择要添加幻灯片的版式，并添加指定版式的幻灯片。

- 添加默认版式或与当前幻灯片版式相同的幻灯片：依次单击“开始”选项卡｜“幻灯片”组｜“新建幻灯片”按钮。
- 添加版式不同的幻灯片：依次单击“开始”选项卡｜“幻灯片”组｜“新建幻灯片”下拉按钮，在下拉列表中选择需要的版式。
- 重用幻灯片：依次单击“开始”选项卡｜“幻灯片”组｜“新建幻灯片”下拉按钮，在下拉列表中选择“重用幻灯片”项。在幻灯片窗格右侧弹出的“重用幻灯片”窗格中，如图 4.3.2 所示，单击“浏览”按钮找到要添加幻灯片所在的演示文稿文件，将显示出所选演示文稿中的所有幻灯片，单击要重用的幻灯片即可。若要保留源演示文档格式，则勾选“重用幻灯片”窗格最下方的“保留源格式”复选框。

图 4.3.2　“重用幻灯片”窗格

（3）幻灯片复制（或移动）

Step1　选择要复制（或移动）的幻灯片。

Step2　按 Ctrl+C（或 Ctrl+X）组合键，或依次单击“开始”选项卡｜“剪贴板”组｜“复制”（或“剪切”）按钮。

Step3　选择要复制（或移动）到的目标位置（同选择添加幻灯片位置），按 Ctrl+V 组合键或依次单击“开始”选项卡｜“剪贴板”组中｜“粘贴”按钮实现复制（或移动）。

另外，除了以上方法外，在幻灯片浏览视图下，用户还可以使用鼠标拖动法，即：按住 Ctrl 键的同时（移动则不必按 Ctrl 键），按住鼠标左键拖动选中的幻灯片，将其复制（或移动）到目标位置。

（4）幻灯片的删除

选中要删除的幻灯片，按 Delete 键；或者在选中的幻灯片上右击，在快捷菜单中选择“删除幻灯片”命令。

4.3.2　演示文稿的外观设置

使用 PowerPoint 2010 提供的母版、版式、模板、主题、背景等方法可以高效地设定演示文稿的外观，并使幻灯片的外观风格一致。

1. 设定幻灯片母版和版式

幻灯片母版用于存储有关演示文稿的主题（包括背景）和幻灯片版式的信息，每个演示文稿至少包含一个幻灯片母版。幻灯片版式定义了幻灯片上要显示内容的位置、内容类型和格式设置信息。在默认情况下，PowerPoint 2010 内置一个幻灯片母版，包含 11 种版式。

创建演示文稿时，最好先设置幻灯片母版，而不要在创建了幻灯片之后再设置母版。如果先设置了幻灯片母版，则添加到演示文稿中的所有幻灯片都会基于该幻灯片母版和相关联的版式，使其外观风格一致。

依次单击“视图”选项卡｜“母版视图”组｜“幻灯片母版”按钮，进入幻灯片母版编辑状态，如图 4.3.3 所示。图中最上面稍大一些的是幻灯片母版，其下面是与母版相关联的幻灯片版式。

在幻灯片母版编辑状态下，用户可以设置文本、图片等元素的位置、尺寸和格式，添加演示文稿各幻灯片共有的内容，设置幻灯片的背景，设置各个元素的动画效果等。

图 4.3.3　幻灯片母版编辑状态

如果 PowerPoint 2010 提供的 11 种默认版式不能满足需要，用户可自行设计版式。在幻灯片母版视图下，依次单击“幻灯片母版”选项卡｜“编辑母版”组｜“插入版式”按钮，可以插入自定义的版式。

2. 自定义模板

如果 PowerPoint 2010 提供的内置模板以及从 Office.com 或其他网站下载的模板不能满足需求，用户可自己定义模板。

创建模板的方法非常简单：编辑好一个演示文稿，在保存时选择“PowerPoint 模板”类型，位置默认，最后保存即可。

3. 套用主题

主题是幻灯片的界面设计方案，包括主题颜色、主题字体和主题效果三者的组合，是一组统一的设计元素。主题可以作为一套独立的选择方案应用于文件中，快捷、方便地设置整个文档的格式，并赋予它专业、时尚的外观。

Step1　选择要设置主题的一张或多张幻灯片。

Step2　依次单击“设计”选项卡｜“主题”组｜“其他”按钮，弹出下拉列表，如图 4.3.4 所示。

Step3　在下拉列表中右击某个要设置的主题样式，在快捷菜单中选择其应用范围。

4. 设置背景样式

背景样式是指基于特定主题下主题颜色中可用于背景的 4 种背景色，按照背景填充定义（如纯色、渐变等）进行组合，而形成的可能的背景样式。如图 4.3.5 所示为内置主题“龙腾四海”，其背景颜色按照细微、中等和强烈组合形成 12 种可能的内置背景样式。

背景样式应用于幻灯片的方式同主题应用于幻灯片一样。此外，用户可根据自己的偏好自定义背景：选择要设置背景的幻灯片，依次单击“设计”选项卡｜“背景”组右下角的对话框启动器，在“设置背景格式”对话框中可以设置纯色填充、具有渐变效果、使用图片或图案填充的背景等，如图 4.3.6 所示。

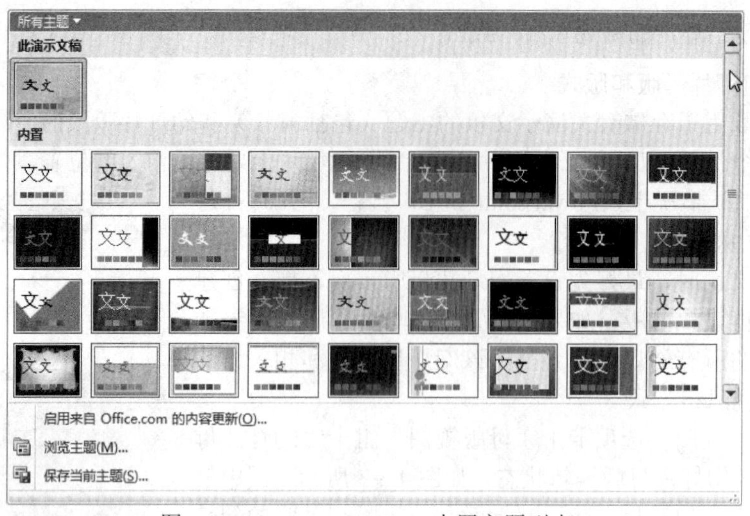

图 4.3.4　PowerPoint 2010 内置主题列表

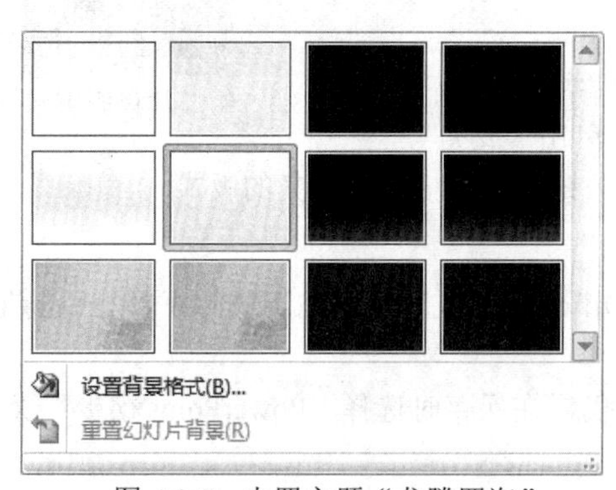

图 4.3.5　内置主题“龙腾四海”

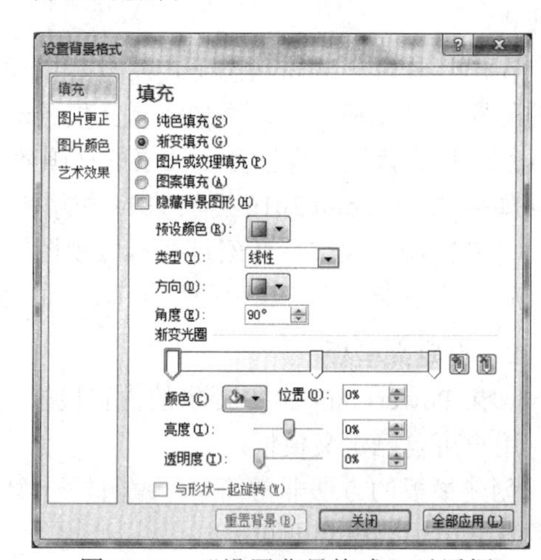

图 4.3.6　“设置背景格式”对话框

4.3.3　对象的添加与编辑

PowerPoint 2010 为演示文稿提供了多种格式的对象，如文本、表格、图形、图像、影音文件等，在普通视图方式下可对幻灯片内容进行编辑。

1．占位符与文本框

绝大多数的幻灯片版式中都有一种边缘是虚线的矩形框，称为占位符，如图 4.3.7 所示。图中最上面的占位符用于输入标题文字，下面的占位符可输入文本，还可通过单击 6 个按钮中的某一个，在占位符中插入表格、图表、SmartArt 图形、图片、剪贴画、媒体剪辑等对象。在没有插入对象之前，占位符中的内容为提示文字。

如果需要在占位符以外的地方插入文本，可使用文本框。对文本框的操作与 Word 2010 相同，在此不再赘述。

2．插入表格、艺术字、图片、插图等

除了可以使用如图 4.3.7 所示占位符中的 6 个按钮插入表格、图表、SmartArt 图形、图片、剪贴画、媒体剪辑等对象外，还可使用如图 4.3.8 所示的“插入”选项卡中的“表格”组、“图片”组、“插图”组、“文本”组、“媒体”组中的相关按钮来插入相关对象。具体操作方法与

Word 2010 相同，在此不再赘述。

图 4.3.7　占位符

图 4.3.8　“插入”选项卡下的“表格”组、“图像”组、“插图”组、“文本”组、“媒体”组

3．插入音频、视频等多媒体对象

依次单击“插入”选项卡｜“媒体”组｜“视频”（或“音频”）下拉按钮，在弹出的下拉列表中选择相应的视频（或音频）对象，然后单击“插入”按钮，即可完成向演示文稿中添加视频（或音频）对象的操作。

添加的音频对象可以是计算机中的音频文件或“剪贴画”音频，也可以是自己录制的音频或者 CD 中的音乐。成功添加声音文件后，可以更改其默认状态，具体操作步骤如下。

Step1　选中添加的声音图标，图标的下面出现如图 4.3.9 所示的声音工具栏。

Step2　在声音工具栏中可试听声音、调节音量等。

Step3　依次单击“音频工具｜播放”选项卡｜“编辑”组｜“剪裁音频”按钮，弹出如图 4.3.10 所示的“剪裁音频”对话框，根据需要拖动音轨上的滑块来剪裁音频。另外，利用“编辑”组中的其他按钮还可以设置音频的淡入和淡出效果。

图 4.3.9　声音工具栏

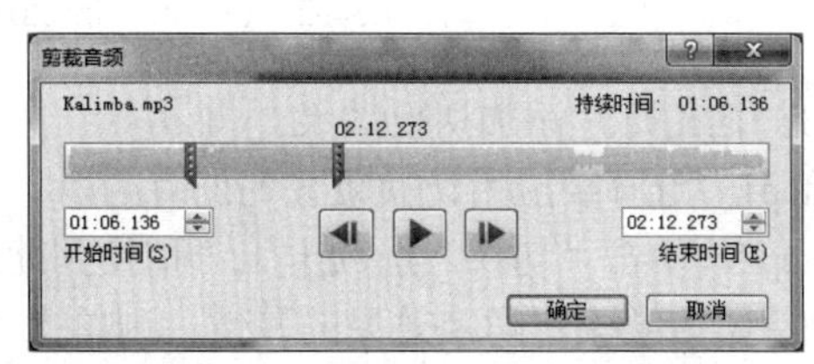

图 4.3.10　“剪裁音频”对话框

Step4　使用“音频工具｜播放”选项卡｜“音频选项”组中的按钮，可以设置声音文件的播放方式，例如，在显示幻灯片时自动开始播放、在单击时开始播放、跨幻灯片播放或循环连续播放、放映时是否隐藏图标等，如图 4.3.11 所示。

Step5　依次单击“音频工具｜播放”选项卡｜“书签”组｜“添加书签”或“删除书签”按钮，将声音播放的某个时刻作为书签，并通过将之设置为某种对象动画效果的“触发器”，可以达到类似于卡拉 OK 的效果。

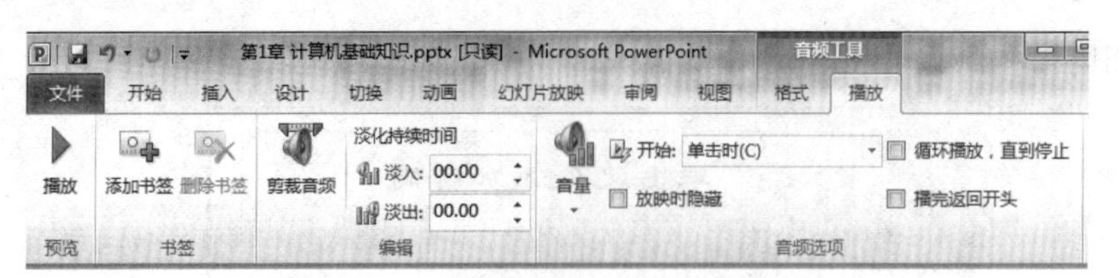

图 4.3.11 “音频工具 | 播放”选项卡

在 PowerPoint 2010 中，可在幻灯片中添加多种格式的视频文件、剪贴画视频等，其添加和编辑的方法与处理音频的方法类似，在此不再赘述。

4.3.4 演示文稿的动画设计

在制作演示文稿时，除了要精心组织内容、合理设计每张幻灯片的布局外，还需要应用动画效果和换片功能来增加演示文稿的动态性与多样性，达到突出重点，控制信息的流程和增加演示趣味性的目的。

1. 设置切换效果

幻灯片切换效果是指幻灯片放映时从一张幻灯片跳转到下一张幻灯片时的动画效果。PowerPoint 2010 内置了 34 种幻灯片切换效果，如图 4.3.12 所示，用户可向幻灯片添加切换效果，为切换效果设置不同的属性或计时，以及更改或删除幻灯片切换效果等。

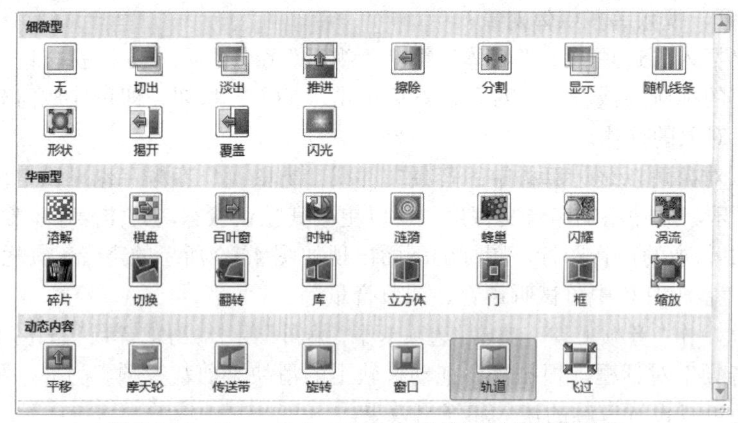

图 4.3.12 PowerPoint 2010 内置的幻灯片切换效果

（1）向幻灯片添加切换效果

Step1 选择要应用切换效果的幻灯片。

Step2 单击“切换”选项卡 | “切换到此幻灯片”组中某种要应用到选中幻灯片的幻灯片切换效果。若要设置切换效果的属性，则单击“效果选项”并选择所需的选项。

Step3 要使演示文稿中的所有幻灯片应用相同的幻灯片切换效果，依次单击“切换”选项卡 | “计时”组 | “全部应用”按钮。

Step4 要设置切换声音效果，依次单击“切换”选项卡 | “计时”组 | “声音”下拉按钮，在下拉列表中选择所需的声音效果。

（2）切换效果的更改和删除

选择要更改切换效果的幻灯片，单击“切换”选项卡 | “切换到此幻灯片”组中其他幻灯片切换效果，即完成切换效果的更改。若依次单击“切换”选项卡 | “切换到此幻灯片”组 | “无”选项，则删除切换效果。要更改或删除演示文稿中所有幻灯片的切换效果，则选中切换效果（或“无”选项）后，单击“全部应用”按钮。

2. 设置动画效果

动画是给幻灯片添加视觉效果的另一种方式。用户可以为演示文稿中的文本、图片、形状、表格、SmartArt 图形和其他对象设置动画，赋予它们进入、退出、大小或颜色变化甚至移动等视觉或声音效果，以达到强调重点信息、吸引观众注意力的目的。PowerPoint 2010 提供了进入、退出、强调和动作路径 4 种不同类型的动画效果，如图 4.3.13 所示，用户可以单独使用任何一种动画，也可以将多种效果组合在一起。

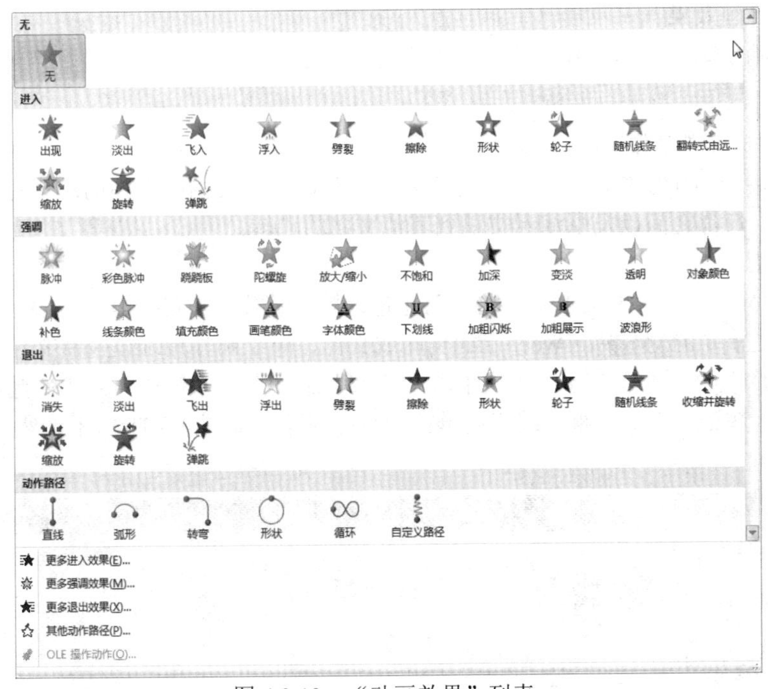

图 4.3.13 “动画效果”列表

（1）添加动画效果

选择要设置动画效果的对象，单击“动画”选项卡｜“动画”组中所需的动画效果，对该对象添加动画效果。要对单个对象应用多个动画效果，则选择已添加动画效果的文本或对象，依次单击“动画”选项卡｜“高级动画”组｜“添加动画”按钮，从下拉列表中选择要添加的新动画效果。

将动画效果应用于对象或文本后，在文本或对象旁边会显示编号标记，仅当选择“动画”选项卡或动画窗格可见时，才会在普通视图中显示该标记。

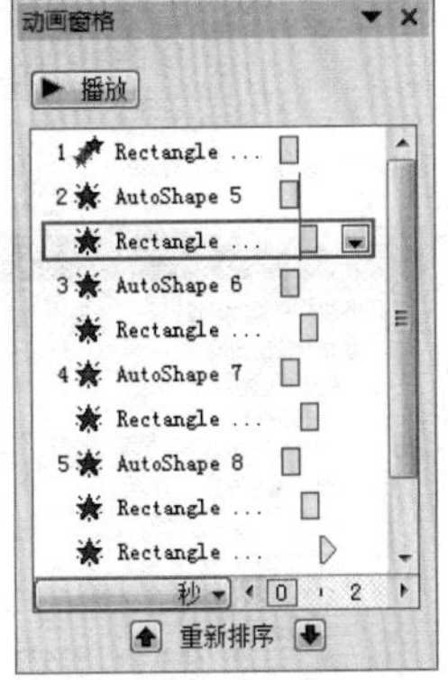

图 4.3.14 动画窗格

（2）查看动画效果列表

依次单击“动画”选项卡｜“高级动画”组｜“动画窗格”按钮，将显示动画窗格，如图 4.3.14 所示。动画窗格中显示有关动画效果的重要信息，如动画效果的类型、多个动画效果之间的相对顺序、对象的名称以及效果的持续时间。

（3）编辑动画效果

用户可以使用“动画”选项卡｜“动画”组中的“效果选项”来更改动画的默认效果；使用“动画”选项卡｜“计时”组中的选项为动画指定开始时间、持续时间或者延迟时间；在动画窗格中选择要重新排序的动画，使用其下方的“重新排序”按钮，进行动画顺序的调整。

（4）复制动画效果

利用 PowerPoint 新增的功能——“动画刷”，用户可以迅速将动画效果从一个对象复制到另外一个对象或多个对象上。在幻灯片窗格中，选中已设置动画效果的对象后，在“动画”选项卡 | “高级动画”组中，双击“动画刷”按钮，然后依次单击要使用该动画效果的对象，再次单击“动画刷”停止动画的复制。

（5）删除动画效果

选中要删除动画效果的对象，依次单击“动画”选项卡 | “动画”组 | “无”选项，即可删除动画效果。

3．使用超链接和动作

通过超链接和动作设置，可以实现幻灯片放映时在演示文稿中不同的幻灯片之间、不同的演示文稿中的幻灯片之间以及从演示文稿到其他文档的跳转。

（1）超链接

在 PowerPoint 中，可为文本或对象等创建超链接，链接对象可以是同一演示文稿中的幻灯片、不同演示文稿中的幻灯片、Web 上的页面或文件、电子邮件地址以及新文件。

选中幻灯片中的文本或对象，依次单击“插入”选项卡 | “链接”组 | “超链接”按钮，在弹出的“插入超链接”对话框中选择超链接的目标对象，如图 4.3.15 所示，然后单击“确定”按钮。

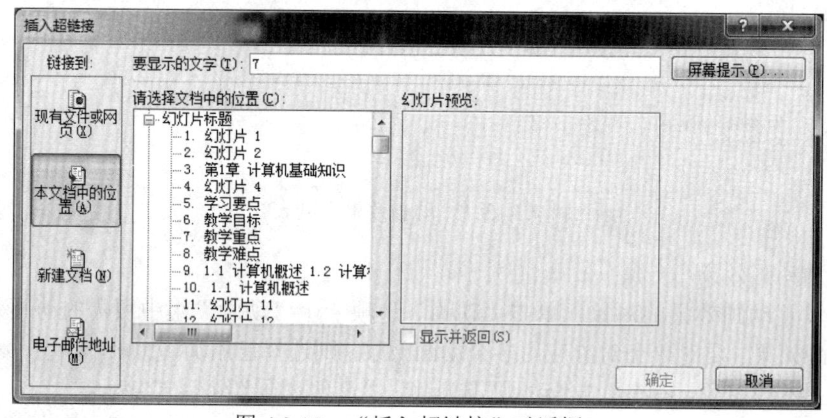

图 4.3.15　“插入超链接”对话框

（2）动作

在 PowerPoint 中，可为文本或对象等创建动作。幻灯片放映时，在设有动作的对象上，单击或移过鼠标指针，即可实现演示文稿中不同的幻灯片之间、不同的演示文稿中的幻灯片之间以及从演示文稿到其他文档的跳转，并可添加跳转声音效果。

选择要设置动作的对象，依次单击“插入”选项卡 | “链接”组 | “动作”按钮，在弹出的“动作设置”对话框中选择超链接的目标对象，如图 4.3.16 所示，然后单击“确定”按钮。

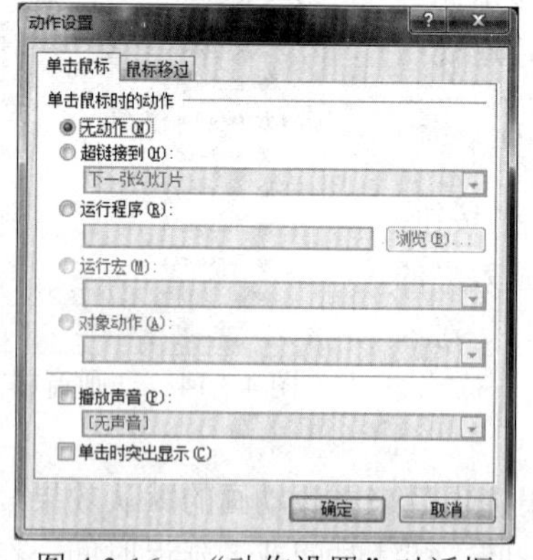

图 4.3.16　“动作设置”对话框

4.3.5 演示文稿的放映设计

1. 播放演示文稿

依次单击“幻灯片放映”选项卡 | “开始放映幻灯片”组 | “从头开始”（按 F5 键）或“从当前幻灯片开始”按钮（按 Shift+F5 组合键），从第一张幻灯片开始或从当前幻灯片开始放映演示文稿。

2. 为放映演示文稿计时

在演讲者放映幻灯片时，一般通过单击的方式来控制放映过程。但在无人控制情况下自动播放幻灯片或者不希望人工切换幻灯片（比如在展台浏览放映方式）时，需要事先对幻灯片放映时间进行设置。

（1）人工设置放映时间

选择要设置放映时间的幻灯片，通过“切换”选项卡 | “计时”组 | “换片方式”的选项设置自动换片时间，可以设定选中幻灯片的自动切换时间。若单击“全部应用”按钮，则可以将当前设置应用到全体幻灯片。

（2）排练计时

通过预先放映演示文稿并记录下各张幻灯片包括动画效果的放映时间的功能即为“排练计时”。具体操作如下。

依次单击“幻灯片放映”选项卡 | “设置”组 | “排练计时”按钮，开始计时，屏幕左上角出现“录制”工具栏（见图 4.3.17）。通过该工具栏可控制幻灯片排练计时的操作，包括切换到下一项、暂停计时、恢复计时、终止计时、重新计时。结束排练计时后，会弹出一个对话框要求保存排练计时，若不保存则本次排练计时无效。保存排练计时后，在自动播放幻灯片时将按保存的排练计时放映而无须人工干预。如果用户在“设置放映方式”对话框的“放映选项”栏中勾选了“循环放映，按 Esc 键终止”复选框，幻灯片将会自动按计时控制进行循环放映，直至按 Esc 键终止。

图 4.3.17 “录制”工具栏

3. 设置放映方式

PowerPoint 2010 提供了演讲者放映、观众自行浏览、在展台浏览三种不同的幻灯片放映方式。

- 演示者放映（全屏幕）：适合会议、演讲和教学场合，演讲者可完全控制放映进程。
- 观众自行浏览（窗口）：允许用户利用窗口命令（如：移动、编辑、复制和打印等）控制放映过程，方便用户与其他应用程序进行交互。
- 在展台浏览（全屏幕）：自动循环往复地放映演示文稿，适合无人看管的场所。选择该放映方式时，选项“循环放映，按 Esc 键终止”自动被选中。

依次单击“幻灯片放映”选项卡 | “设置”组 | “设置幻灯片放映”按钮，打开如图 4.3.18 所示“设置放映方式”对话框，可选择相应的放映类型并进行其他放映设置。

4. 演示文稿的打包

在 PowerPoint 2010 中，用户可以将制作好的演示文稿打包成 CD，从而在没有安装 PowerPoint 软件的计算机中放映幻灯片。

Step1 依次单击“文件”选项卡 | “保存或发送”选项。

Step2 双击“文件类型”窗格中的“将演示文稿打包成 CD”选项，打开“打包成 CD”对话框，在其中添加或删除演示文稿，确定要打包的演示文稿。

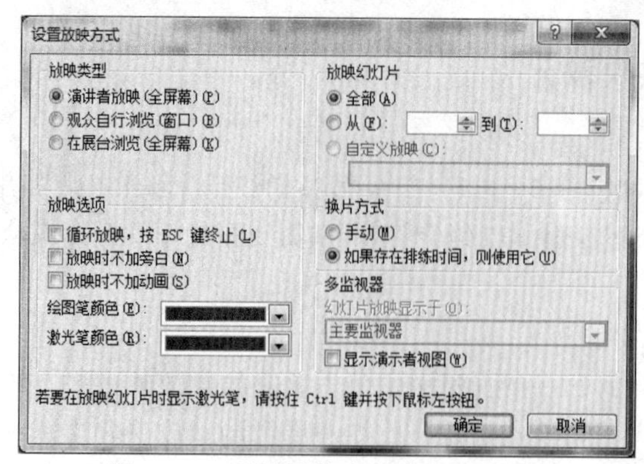

图 4.3.18 “设置放映方式”对话框

Step3　在“打包成 CD”对话框中，单击“复制到文件夹”按钮，打开“复制到文件夹”对话框。

Step4　在“复制到文件夹”对话框中设置“文件夹名称”、“位置”等，最后单击“确定”按钮。

5．演示文稿的打印

（1）页面设置

Step1　依次单击“设计”选项卡｜“页面设置”组｜“页面设置”按钮。

Step2　打开如图 4.3.19 所示的“页面设置”对话框，根据需要设置各个参数，最后单击“确定”按钮。

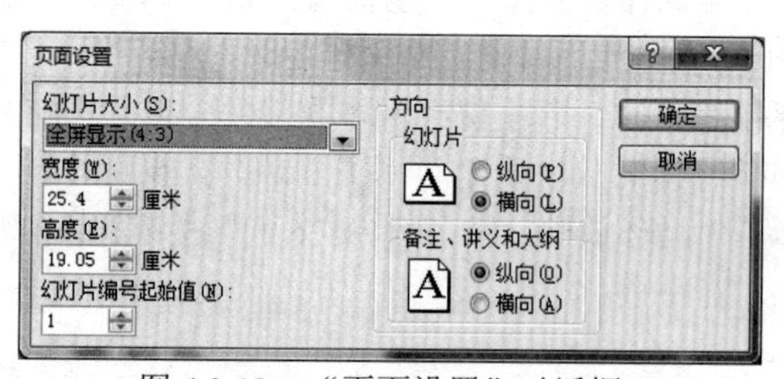

图 4.3.19　“页面设置”对话框

（2）打印演示文稿

Step1　依次单击“文件”选项卡｜“打印”选项。

Step2　在中间的窗格中设置打印份数、打印机类型、打印幻灯片的范围等参数，如果有需要还可编辑页眉和页脚。

Step3　单击“打印”按钮。

4.3.6　Office 2010 各组件协同工作示例——邮件合并

在日常工作和学习中，有时需要 Word、Excel 和 PowerPoint 各应用软件之间协作来完成一项任务。这三者之间的协作主要表现在：在 Word 中插入 Excel 对象、在 Excel 中插入 Word 对象、由 Word 文档创建 PowerPoint 演示文稿、在 PowerPoint 演示文稿中使用 Excel 工作表、在 PowerPoint 演示文稿中使用 Excel 图表等。

下面是 Word 与 Excel 协同工作的一个示例——邮件合并。

1．邮件合并概述

在日常工作中，经常会遇到同时给多个对象发送复试通知、考试成绩单等文档的情况，这些文档的内容、格式等基本相同，只是姓名、成绩等属性不同，为了提高工作效率，可使用 Word 2010 提供的邮件合并功能。

邮件合并是在“主文档”和“数据源”两个文档之间进行的。“主文档”的内容可分为两个部分：一是相对固定的内容，如正文、单位 Logo 等，这部分内容在编辑“主文档”时直接给出即可；二是变化的内容，需要从“数据源”文档中合并进来，“数据源”文档一般保存为通讯录信息，通常为一个 Excel 工作簿，当然也可以是文本文件、Word 文档等。

2. 邮件合并示例

在某市 2014 高中物理竞赛初赛环节中，每位参赛选手都要参加客观题和实际操作题的答题。初赛结束后，考试委员会秘书组将初赛成绩单通过互联网发送给每位选手。

（1）制作数据源文档

初赛成绩单使用 Excel 2010 制作，所涉及知识点非常简单，在此不再详细介绍。最终结果如图 4.3.20 所示。

	A	B	C	D	E	F	G	H	I
1	姓名	性别	出生年月	学校	E-mail	客观题	实操题	总分	等级
2	王敏艺	女	1992年6月2日	京海2中	byyshxy@163.com	38	38	76	及格
3	李皓	女	1992年4月4日	京海5中	dshxy@126.com	48	40	88	良好
4	亚琨	女	1992年11月9日	京海实验	ggxy@sina.com	39	49	88	良好
5	张璞	男	1992年10月10日	京海2中	jgxy@qq.com	36	48	84	良好
6	吴丽璞	男	1992年5月15日	京海5中	lxy@163.com	46	48	94	优秀
7	冯壮	女	1992年4月16日	京海实验	wyxy@sina.com	38	45	83	良好
8	马晨阳	女	1992年12月21日	京海1中	wxy@126.com	46	41	87	良好
9	郭成玉	女	1992年11月22日	京海2中	xwxy@qq.com	45	40	85	良好
10	马尚登	男	1992年1月27日	京海实验	xxgcxy@139.com	49	47	96	优秀
11	周丛浩	女	1992年9月28日	京海5中	yyxy@sina.com	38	47	85	良好
12	宁洁	男	1992年9月2日	京海外国语	zzflxy@126.com	42	39	81	良好
13	张帅	女	1992年1月3日	京海1中	dhxy@163.com	39	41	80	良好
14	刘思田	女	1992年8月8日	京海2中	clxy@qq.com	41	42	83	良好
15	王思佳	男	1992年5月9日	京海外国语	jsjxy@126.com	48	48	96	优秀
16	于小双	男	1992年6月14日	京海5中	crjyxy@qq.com	37	39	76	及格
17	张恩铭	女	1992年2月15日	京海1中	gzxy@139.com	41	44	85	良好
18	孙苇钰	女	1992年12月20日	京海外国语	lyxy@sina.com	43	42	85	良好
19	韩可晗	男	1992年12月21日	京海1中	rjxy@126.com	46	43	89	良好

图 4.3.20 “数据源”文档

（2）制作主文档

Step1 启动 Word 2010，设置默认建立的文档的纸张大小：宽度 21 厘米，高度 15 厘米。

Step2 输入如图 4.3.21 所示内容，并设置其格式。

Step3 保存文档。

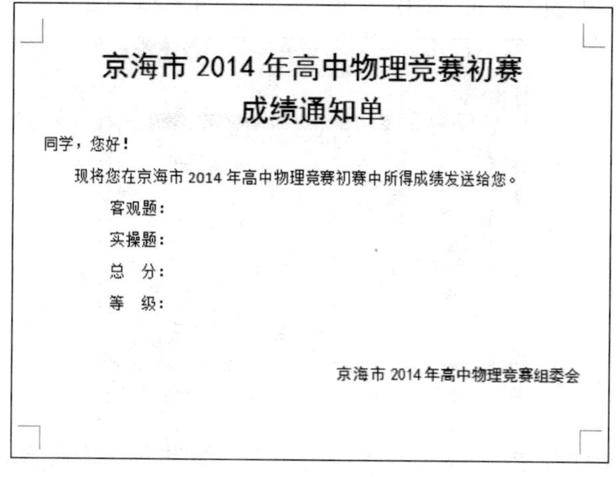
京海市 2014 年高中物理竞赛初赛
成绩通知单

同学，您好！

现将您在京海市 2014 年高中物理竞赛初赛中所得成绩发送给您。

客观题：

实操题：

总 分：

等 级：

京海市 2014 年高中物理竞赛组委会

图 4.3.21 “主文档”内容

（3）在主文档中加载数据源中数据

Step1　打开主文档文件，依次单击“邮件”选项卡｜“开始邮件合并”组｜“选择收件人”按钮，在下拉列表中选择“使用现有列表”项，打开“选择数据源”对话框。

Step2　在打开的对话框中，选择“数据源”文档，单击“打开”按钮。

（4）在主文档中插入关键词

Step1　将光标定位在“同学”两字的左侧，依次单击“邮件”选项卡｜“编写和插入域”组｜“插入合并域”下拉按钮，在下拉列表中选择“姓名”项。

Step2　按照同样的方法，在“客观题：”、“实操题：”、“总分：”、“等级：”右侧分别插入相应的合并域。

（5）合并生成多份初赛成绩通知单

完成上述步骤后，可以预览或合并生成多份成绩通知单。

Step1　预览结果。

- 依次单击“邮件”选项卡｜“预览结果”组｜“预览结果”按钮，可以预览合并后的结果。
- 单击“邮件”选项卡｜“预览结果”组中的|◀ ◀ 1 ▶ ▶|按钮，可以在多份成绩单之间进行切换。

Step2　合并生成多份成绩通知单。

- 依次单击“邮件”选项卡｜“完成”组｜“完成并合并”下拉按钮，在下拉列表中选择“发送电子邮件”项，如图 4.3.22 所示。

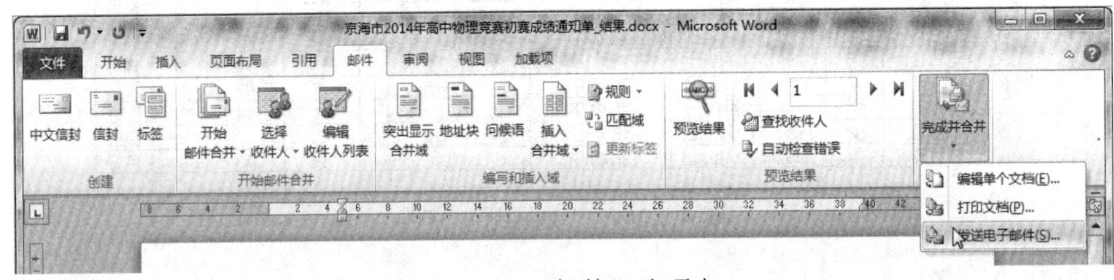

图 4.3.22　“邮件”选项卡

- 在打开的“合并到电子邮件”对话框中，单击“收件人”下拉按钮，选择与邮件地址对应的字段名称，在“主题行”框中输入邮件主题，在“发送记录”栏中选择“全部”项或用户自定义的范围，单击“确定”按钮，如图 4.3.23 所示。

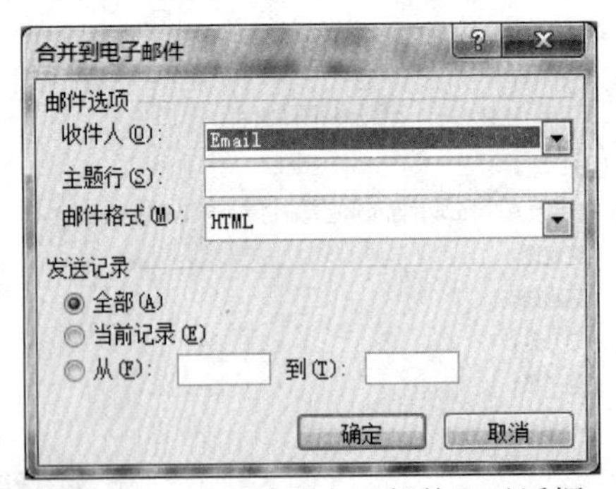

图 4.3.23　“合并到电子邮件”对话框

- 打开 Outlook 邮件发送程序，并自动发送邮件。如果邮件没有自动发送，则创建的电子邮件将保存在“发件箱”中。

本章小结

本章介绍了使用 Office 2010 进行文字排版和编辑、表格处理和计算、幻灯片制作应具备的基础知识和基本操作方法，主要内容包括 Word 2010、Excel 2010、PowerPoint 2010 基本操作方法，以及使用 Office 2010 各组件协同工作的方法。

需要强调的是，随着时间的推移，Office 软件的版本肯定会不断推陈出新，这就要求读者不仅仅学会 Office 软件的使用方法，更重要的是要注重总结归纳，找出独立于软件版本和操作方法之外的共性的东西，如不同种类 Word 文档的制作流程、Excel 数据管理的基本原理和方法等，这样才能做到无论 Office 版本如何变化，都能很快上手，永远立于不败之地！

另外，目前市场上与 Office 类似的软件很多，如 WPS 以及一些开源办公软件，有些软件不仅有 Windows 版本，还有 Linux 或适用于智能手机的版本，建议在学习本章内容的基础上，尝试着使用这些办公软件，为将来可能的办公软件的迁移做好必要的准备。

第 5 章　计算机网络基础与 Internet 应用

学习要点：

- 掌握计算机网络相关基础知识；
- 掌握局域网和无线局域网相关基础知识；
- 掌握 Internet 相关基础知识；
- 了解计算机与 Internet 的连接方式；
- 掌握 Internet 的常见应用；
- 掌握计算机网络安全相关基础知识；
- 了解计算机网络相关新技术。

建议学时：上课 6 学时，上机 4 学时。

5.1　计算机网络基础知识

计算机网络在人类的现实世界之外构造了一个虚拟世界，它改变了人们的工作方式、生活方式和思维方式。随着网络各种应用的发展，人们的工作效率越来越高；随着远程教育、远程医疗的发展，偏远地区可以方便地享有发达地区的资源；随着社交网络、虚拟社区等新兴应用的发展，人们的生活变得更加丰富。

计算机网络颠覆了很多传统的行业，也可以说影响了所有的行业。一个网络平台一天的销售额可以是传统零售商一个月的营业额；网络平台上广告的投放量已经超越了传统平台的投放量；网络课程也缩短了学生和世界名校的距离。网络技术改变了世界，仍将继续带领着人类探索未知的将来。根据 2014 年 1 月中国互联网络信息中心发布的中国互联网络发展状况统计报告，我国网民总人数大约为 6.18 亿人，中国互联网普及率为 45.8%。

网络发展到今天，为了更好地应用网络服务于我们的工作、学习和生活，我们需要深入了解网络相关的概念、原理、应用和新技术等内容。

本章主要介绍计算机网络的基础知识，包括网络的基本概念、网络的分类、网络协议和网络新技术等。

5.1.1　计算机网络的发展

计算机网络和单机一样起源于美国，从最早的主机—终端型网络发展为现在世界上最大的国际互联网——Internet，其大致经历了以下 4 个阶段。

第一阶段：主机—终端型的远程联机系统。在 20 世纪 40 年代，世界上第一台电子计算机问世后的 10 多年时间内，计算机价格昂贵且数量极少，但是现实需求量又很大，早期所谓的计算机网络主要是为了解决这一矛盾而产生的。网络诞生前的计算机系统的使用模式是高度集中的，所有设备都安装在单独的大房间中，随着分时系统的出现，可将多个终端连接在一台计算机上供多个用户同时共享机器中的资源。20 世纪 50 年代中后期，许多系统都将地理上分散的多个远程终端通过通信线路连接到一台中心计算机上，这样就出现了第一代计算机网络系统，其应用模式是以单个计算机为中心的远程联机系统。典型应用是美国航空公司与 IBM 公司研发的飞机订票系统（SABRE-I），该系统由一台计算机和全美范围内 2000 多个终端组成，终端是一台计算机的外部设备，包括显示器和键盘，无 CPU 和内存。随着远程终端的增多，在主机前增加了前端机（Front End Processor，FEP），专门用于处理通信的任务。尽管当时的网络只有一台独立的计算机，但这样的通信系统已具备了网络的雏形，如图 5.1.1 所示。

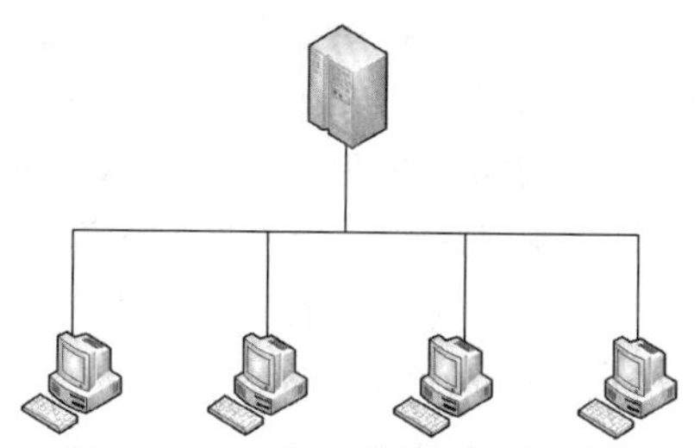

图 5.1.1 主机—终端型网络系统

第二阶段：计算机与计算机互连的网络。第二代计算机网络是以多台独立自治的计算机通过通信线路互连而成的系统，这类网络兴起于 20 世纪 60 年代后期，典型代表是美国国防部高级研究计划署（Advanced Research Projects Agency，ARPA）资助开发的 ARPAnet。该网络于 1969 年投入使用，最初只有 4 个节点：分别位于加州大学洛杉矶分校（UCLA）、斯坦福研究院（SRI）、加州大学圣巴巴拉分校（UCSB）和犹他大学（Utah）。1973 年发展到 40 个节点，1983 年已经达到 100 多个节点，其地理范围跨越了美洲大陆，连通了美国东、西部的许多大学和研究机构，还通过卫星通信线路与夏威夷和欧洲等地区的计算机网络互连。

ARPAnet 首次提出了资源子网和通信子网的两级网络结构的概念。采用了分层结构的网络体系结构与协议体系，是计算机网络发展的一个重要里程碑。该网络的主机之间并不是直接用线路相连，而是通过接口报文处理机（Interface Message Processor，IMP）转接后互连。IMP（实现信息的路由、存储和转发）和它们之间互连的通信线路一起负责主机间的通信任务，构成通信子网。与通信子网互连的主机负责运行用户程序，向用户提供共享的软件和硬件资源，构成资源子网，如图 5.1.2 所示。

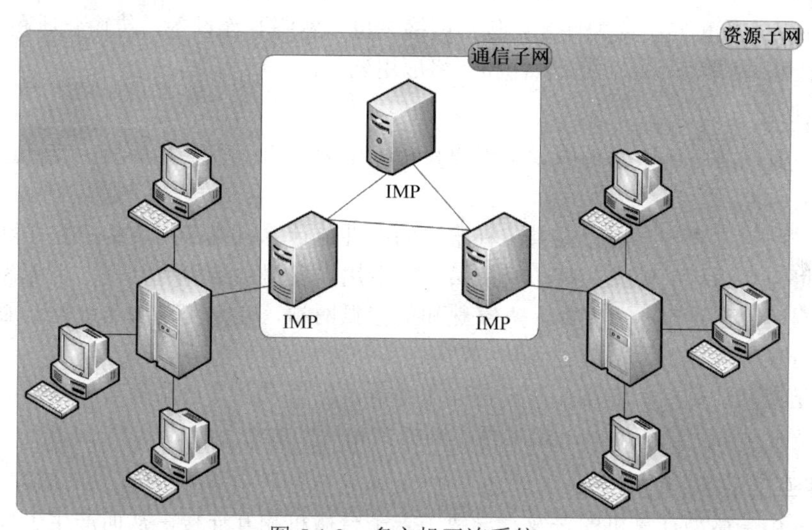

图 5.1.2 多主机互连系统

20 世纪 70 年代至 80 年代初期，第二代网络得到迅猛的发展，各大计算机公司相继推出自己的网络体系结构及实现这些结构的软硬件产品。由于没有统一的标准，不同公司的网络之间互连很困难，人们迫切需要一种开放性的标准化网络体系结构。

第三阶段：网络与网络互连。第三代计算机网络是具有统一的网络体系结构并遵循国际标准的开放式和标准化的网络。20 世纪 70 年代后期，人们看到了计算机网络发展中出现的危机，就是网络体系结构和协议标准的不统一，限制了计算机网络之间的互连互通。由此，推动了网络体系结构与网络协议的国际标准化的研究。

1983 年，TCP/IP 协议被运行于 ARPAnet 上，使得所有结构不同、软硬件不同的计算机网络都能互连互通。时至今日，TCP/IP 一直是计算机网络事实上的工业标准。

1984 年，国际标准化组织 ISO（International Organization for Standardization）颁布了“开放系统互连参考模型”（Open Systems Interconnection Reference Model，OSI/RM），该模型分为 7 层，也称为 OSI 7 层模型，成为研究和制定新一代计算机网络体系结构的基础。

OSI 参考模型的提出和 TCP/IP 协议的应用，解决了不同厂商生产设备互连的需求，从而带动了局域网技术的高速发展。

第四阶段：全球网络互连的 Internet 时代。第四代计算机网络从 20 世纪 80 年代末开始，局域网技术发展成熟，出现了光纤及高速网络技术，整个网络就像一个对用户透明的、大的计算机系统，发展为以因特网（Internet）为代表的互联网。

5.1.2 计算机网络的定义和组成

对“计算机网络”这个概念的理解和定义，随着计算机网络本身的发展而变化。目前，计算机网络是指地理上分散的多个具有独立工作能力的计算机系统通过通信设备和线路连接，并辅助以功能完善的网络软件，实现资源共享和数据通信的系统。

从定义中可以看出，计算机网络包括三个方面的内容：

① 至少两台计算机互连；

② 通信设备与连接介质；

③ 网络软件，包括通信协议和网络操作系统。

从计算机网络的定义中可知，计算机网络主要由两部分组成：计算机网络硬件和计算机网络软件。其中，计算机网络的硬件主要包括网络主机、网络互连设备、传输介质和网络适配器；计算机网络软件主要包括网络系统软件和网络应用软件。

1．网络主机

网络主机是连接在网络的外围，由用户直接使用的、用于资源共享的计算机。通常分为服务器和客户机两类。

服务器是网络上一种为用户提供各种服务的高性能计算机或专用设备，它在网络操作系统的控制下，将与其相连的硬盘、打印机或昂贵的专用设备提供给用户共享，也能为用户提供集中计算、数据库管理等服务。例如，大家熟知的搜狐网站，或学校校园网都需要服务器来支持并提供相应的服务。

客户机是用户计算机。通常，客户机向服务器发出请求并等待服务器响应，而服务器会不间断地侦听是否有客户机的请求；如果有，则提供相应的服务。

2．网络互连设备

如果说，由于微型计算机的普及，导致了若干台微机相互连接，从而产生了局域网的话，那么，由于网络的普遍应用，为了满足在更大范围内实现相互通信和资源共享的需求，因而导致了网络之间的互连。网络互连时，必须解决如下问题：在物理上，如何把两种网络连接起来？一种网络与另一种网络之间如何实现互访与通信？如何解决它们之间协议方面的差别？如何处理速率与带宽的差别？解决这些问题的部件就是中继器、网桥、路由器、网关等网络互连设备。

（1）中继器

中继器（Repeater），又称“转发器”，是最简单的网络互连设备，主要完成物理层的功能，负责在两个节点的物理层上按位传递信息。通常，信号在传输介质上传输时会存在损耗，其信号功率会随着传输距离增加而逐渐衰减，衰减到一定程度时将造成信号失真，最终导致接收错误。中继器就是为解决这一问题而设计的，它用于完成物理线路的连接，对衰减的信号进行放大、再生，并最终保持与原数据相同。

（2）集线器

集线器（Hub）的主要功能是对接收到的信号进行再生整形放大，以扩大网络的传输距离，并扩展网络接口。“Hub”是“中心”的意思，集线器所起的作用相当于多个端口的中继器，所以集线器又叫多端口中继器。

此外，集线器是一种以星形拓扑结构将网络节点连接在一起的互连设备，相当于总线的作用，工作在物理层，曾经是局域网中应用最广的连接设备。由于其具有全网共享有限带宽的缺点，因此被市场淘汰，取而代之的是交换机。

（3）交换机

交换机（Switch）是一种用于电信号转发的网络设备，如图 5.1.3 所示。它工作在数据链路层，可以为接入交换机的任意两个网络节点提供独享的电信号通路。根据工作位置的不同，可以分为广域网交换机和局域网交换机。交换机和集线器的本质区别就在于：当节点 A 发信息给节点 B 时，如果通过集线器，则接入集线器的所有节点都会收到这条信息（也就是以广播形式发送），只是网卡会过滤掉不是发给本机的信息；而如果通过交换机，除非节点 A 通知交换机广播，否则，节点 C 绝不会收到发给节点 B 的信息。

图 5.1.3　交换机

（4）网桥

网桥（Bridge）是一种工作在数据链路层的、实现中继的网络设备，常用于在两个网段之间存储、转发数据链路帧，把两个物理网络连接成一个逻辑网络。由于网络的分段，各网段相对独立，可使各个网段的内部信息包不会广播到另一个网段，当然，一个网段的故障也不会影响另一个网段的运行，因此，网桥可提高网络的性能、可靠性和安全性。网桥可以是专门的硬件设备，也可以通过计算机加装相应的软件来实现。

（5）路由器

路由器（Router）是连接 Internet 中各局域网、广域网的主要设备，工作在网络层。它把网关、桥接、交换技术集于一体，其最突出的特性是能将不同协议的网络互连，是网络的枢纽、“交通警察”。

路由器的功能为：在网络间截获发送到远地网络端的网络层数据报文并转发；为不同网络之间的用户提供最佳的通信路径、子网隔离，抑制广播风暴；生成和维护路由表，并可进行数据包格式转换，实现不同协议下的数据通信。路由器会根据信道的情况自动选择和设定路由，以最佳路径、按前后顺序发送信号。

路由和交换之间的主要区别是：交换发生在数据链路层，而路由发生在网络层。这一区别决定了路由和交换在传输信息的过程中需要使用不同的控制信息。

路由器与网桥的根本区别是：路由器是面向网络层的设备，能够识别网络地址，而网桥只能识别链路层地址或称 MAC 地址。

路由器是实现 Internet 的关键设备。通过它实现了各种骨干网内部连接、骨干网间互连和骨干网与互联网的互连互通。路由器的种类也很多，如有线路由器、无线路由器等。最新的路由器与交换机结合在一起，称为路由交换机。

（6）网关

网关是在传输层或传输层以上实现不同网络体系间互连的接口，是网络层以上的互连设备的总称，也可由软件来实现。

网关的主要功能是把一种协议变成另一种协议，把一种数据格式变成另一种数据格式，以求两者的统一，因此有协议转换的网关、应用数据转换的网关等。

3．网络传输介质

（1）双绞线

双绞线是由两条相互绝缘的导线按照一定的规格互相缠绕（一般以逆时针缠绕）在一起而制成的一种通用配线，是综合布线工程中最常用的一种传输介质。双绞线分为屏蔽双绞线（Shielded Twisted Pair，STP）与非屏蔽双绞线（Unshielded Twisted Pair，UTP）。屏蔽双绞线电缆的外层由铝铂包裹，以减小辐射，但并不能完全消除辐射。屏蔽双绞线价格相对较高，安装时要比非屏蔽双绞线电缆困难。

（2）同轴电缆

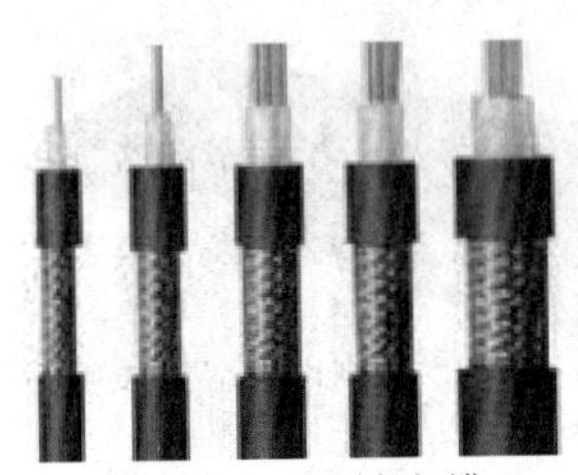

图 5.1.4　同轴电缆

同轴电缆，先由两根同轴心、相互绝缘的圆柱形金属导体构成基本单元（同轴对），再由单个或多个同轴对组成电缆，如图 5.1.4 所示。同轴电缆从用途上可分为基带同轴电缆和宽带同轴电缆（即网络同轴电缆和有线电视同轴电缆）。基带电缆又分为细同轴电缆和粗同轴电缆。基带电缆仅仅用于数字传输，数据传输速率可达 10Mbps。由于同轴电缆施工较复杂，因此，它已逐步被双绞线和光纤所取代。

（3）光纤

光纤是光导纤维的简写，是一种利用光在玻璃或塑料制成的纤维中的全反射原理而达成的光传导工具，一般由纤芯和包层组成。通常，光纤的一端的发射装置常使用发光二极管（Light Emitting Diode，LED），将电信号变为光脉冲传送至光纤，光纤的另一端的接收装置使用光敏元件检测并接收脉冲后转换为电信号，经解码后再处理。

由于光在光导纤维中的传导损耗比电在电线中的传导损耗低得多，因此光纤被用作长距离的信息传递。此外，光纤传输还有许多其他突出的优点，例如，频带宽、速度快、抗干扰能力强、保密性好等。

光纤可分为两类。一类是单模光纤，由激光作为光源，仅有一条光通路，光在其中直线传播，衰减小、传输距离长，通常可达 2～10km。单模光纤常用于主干，大容量、长距离的传输系统。另外一类是多模光纤，由二极管发光，发散为多路光纤，每路光纤走一条通路。其常用于低速、短距离传输，通常在 2km 以内。

（4）无线传输介质

无线传输是指可以在自由空间利用电磁波发送和接收信号进行通信。地球上的大气层为大部分无线传输提供了物理通道，就是常说的无线传输介质。无线通信的方法有无线电波、微波、蓝牙、红外线等。随着无线技术的日益发展，其安装方便、灵活性强、性价比高等特性使其在越来越多的行业中被使用。

4．计算机网络适配器

网络适配器又称为网卡或网络接口卡（Network Interface Card，NIC），如图 5.1.5 所示。其基本功能是，与网络操作系统配合操作，控制信息的发送与接收。网卡插在计算机主板插槽中或集成在主板上，负责将用户要传递的数据转换为网络上其他设备能够识别的格式，通过网络介质传输。网卡是计算机网络中最基本的元件。

图 5.1.5　网络适配器

每个网卡中都有一个 6 字节 48 位的物理地址，称为 MAC（Media Access Control）地址，用于定位网络设备的位置。无论是网卡、交换机，还是路由器，都具有唯一的物理地址。

根据网络技术的不同，网卡可分为 ATM 网卡、令牌环网卡和以太网网卡等。按网卡所支持带宽的不同可分为 10Mbps 网卡、100Mbps 网卡、10/100Mbps 自适应网卡和 1000Mbps 网卡。根据网卡总线类型的不同，主要分为 ISA 网卡、EISA 网卡和 PCI 网卡三大类。

5．计算机网络软件

计算机网络软件包括网络系统软件和网络应用软件两大类。

网络系统软件主要指网络操作系统，它是网络用户和计算机网络之间的接口，为用户提供各种网络服务。网络操作系统除具有一般操作系统的特征外，还有以下特征：与硬件无关，可运行于不同的网络硬件上；支持多种客户端和目录服务；支持多任务、多用户并具有丰富的网络管理功能。

由于网络的普及化，目前市场上主流的操作系统都是网络操作系统，如微软公司的 Windows 系列、苹果公司的 MAC OS 系列、UNIX 和 Linux 等。

由于网络服务的种类繁多，因此针对不同服务的网络应用软件也很多，且有通用和专用之分。通用网络应用软件适用于较广泛的领域和行业，如数据收集系统、数据转发系统和数据库查询系统等。专用网络应用软件只适用于特定的行业和领域，如银行核算、铁路控制、军事指挥系统等。个人应用的网络软件也比较多，例如浏览器、文件传输工具、远程登录工具、电子邮件收发软件、网上下载工具和即时通信软件等。

5.1.3　计算机网络的分类

用于计算机网络分类的标准很多，如拓扑结构、应用协议、数据传输速率等。但是这些标准只能反映网络某方面的特征，而最能反映网络技术本质特征的分类标准是覆盖范围。

1．按覆盖范围来划分

计算机网络按覆盖范围划分为局域网（Local Area Network，LAN）、城域网（Metropolitan Area Network，MAN）、广域网（Wide Area Network，WAN）。

（1）局域网

局域网覆盖的范围一般限定在较小的区域内，一般是半径为几十米到几千米的范围，常见于一个办公室、一栋大楼或一个单位内的网络，这是最常见、应用最广的一种网络。局域网在计算机数量配置上没有限制，少到可以只有两台，多则可达上千台。随着整个计算机网络技术的发展和提高，现在局域网得到了充分的应用和普及，几乎每个单位都有自己的局域网，甚至有的家庭中都有自己的小型局域网。

现在大多数局域网采用以太网（Ethernet）标准，它产生于 20 世纪 70 年代中期，后来 IEEE 在此基础上制定了 IEEE802.3 标准，数据传输速率从 10Mbps 上升到 10Gbps。

局域网的主要特点是：连接范围小、组建方便、采用技术较为简单，并且容易配置、数据传输速率快、误码率低，是目前计算机网络发展中最活跃的分支。在 5.2 节中将详细介绍局域网的相关内容。

（2）城域网

城域网的规模通常局限在一座城市的范围内，一般是半径为几千米至 100 千米的范围。一般城域网是将多个局域网进行互连而成的，如将一个城市中各政府机构的 LAN、各医院的 LAN、各学校的 LAN、各公司企业的 LAN 等所有单位的局域网互连。

通常，城域网的总体数据传输速率比局域网的慢，且需要专门的网络互连设备，连接费用高。类似于计算机城域网的还有有线电视网，也是一个典型的按城市来搭建的网络实例。

（3）广域网

广域网一般用来实现在不同城市和不同国家之间的网络互连，半径范围可达几千千米。因为距离较远，信息衰减比较严重，因此连接广域网各节点的交换机的链路一般都是高速链路，具有较大的通信容量。目前，有线主干线路多采用光纤，部分线路采用无线和卫星通信信道。全球最大的广域网是 Internet。

2. 按网络拓扑结构划分

网络的拓扑结构（Topology）是指网络中通信线路和计算机，以及其他设备的物理连接方式，也就是网络节点的位置和互连的几何布局。网络的节点有两类：一类是转换和交换信息的转接节点，包括交换机、路由器等；另一类是访问节点，包括计算机主机和终端等。

网络的拓扑结构往往与传输介质和介质访问控制技术密切相关，它影响着网络的性能、可靠性、建网成本和管理模式等，因此拓扑结构的选择是网络建设最重要的一步。

计算机网络的拓扑结构通常有星形、总线型、环形、树状和网状结构，每种拓扑结构都有它自己的优点和缺点。

（1）星形结构

星形结构是最古老的一种连接方式，大家每天都使用的电话就属于这种结构。在星形结构中，各节点通过物理链路与中心节点（通常是交换机或路由器）相连，数据信息从各节点通过中心节点互相传输，如图 5.1.6 所示。这是目前使用最普遍的网络拓扑结构。

星形结构的优点是，很容易在网络中增加新的节点，网络系统的可靠性相对较高，如果网络中某台端用户设备或其缆线出现了故障不会影响整个网络的运行。

星形结构的缺点是，由于所有端用户都通过点到点的方式连接到中心节点，因此，网络规模较大时，需要大量的缆线。此外，由于所有节点间的通信都通过中心节点来完成，因此，如果中心节点出现故障，整个网络便会瘫痪。为此，如果必要，中心系统可采用双机热备份，以提高系统的可靠性。

（2）总线型结构

总线型结构也称线型总线拓扑，是较简单的一种组网方法。这种拓扑结构将所有的节点像“拴在一根绳上的蚂蚱”一样连接在一条数据通道上，如图 5.1.7 所示。其数据的传输总是从发送信息的节点开始向两端扩散，如同广播电台发射的信息一样，因此又称为广播式计算机网络。各节点在接收信息时都要进行地址检查，看是否与自己的工作站地址相符，若相符则接收网上的信息。

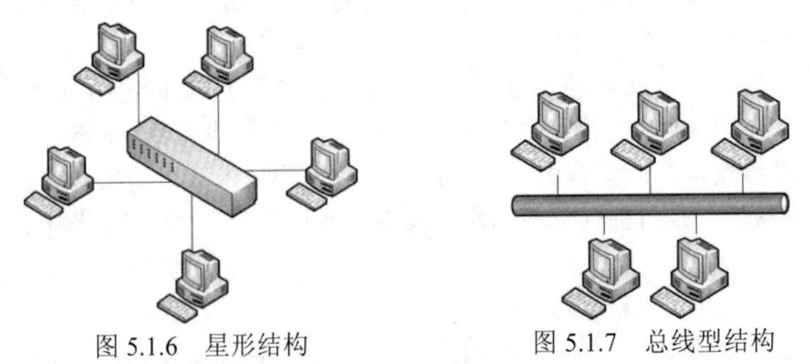

图 5.1.6　星形结构　　　　图 5.1.7　总线型结构

总线型结构的优点在于布线容易、需要铺设的电缆短、成本低；某个节点发生故障一般不会影响整个网络，并且设备可以在不影响系统中其他设备工作的情况下从总线中取下。

总线型结构的缺点是传输介质的故障会导致网络瘫痪，可靠性低；并且增加新节点不如星形网容易。该拓扑结构是早期同轴电缆以太网中常用的连接方式，在现代网络中，这种物理连接方式已经很少被采用。

（3）环形结构

环形结构将各节点通过缆线连成一个封闭的环形，如图 5.1.8 所示。数据通常会沿着环形的一个方向进行传输，依次通过每个节点。

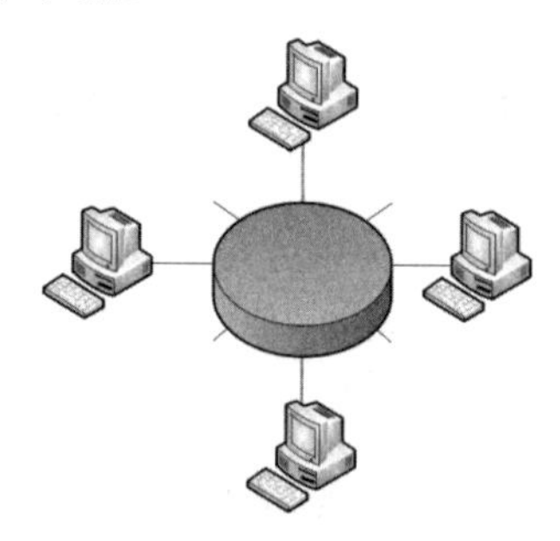

图 5.1.8　环形结构

环形结构的一个典型应用是令牌环局域网，这种网络结构最早由 IBM 公司推出。在令牌环网络中，拥有“令牌”的设备允许在网络中传输数据。这样可以保证在某一时间内网络中只有一台设备可以传送信息，避免数据的冲突。

显而易见，环形结构消除了节点通信时对中心系统的依赖性，但由于数据是依次顺着某个方向传输经过每个节点的，因此通信效率低。此外，网络建成后，难以增加新节点。最为严重的问题是，当一个节点出现故障时，将会造成全网瘫痪，因此这种结构的网络其可靠性较低。

尽管具有高级结构的环形网在很大程度上改善了其可靠性，但由于其通信效率低、维护复杂等原因，目前这种物理连接方式很少被采用。

（4）树状结构

树状结构是由星形结构扩展而来的一种连接方式，如图 5.1.9 所示。这种结构的网络层次清晰、易于实现和扩展，是目前多数校园网和企业网使用的结构。这种结构的缺点是对根节点的可靠性要求较高。

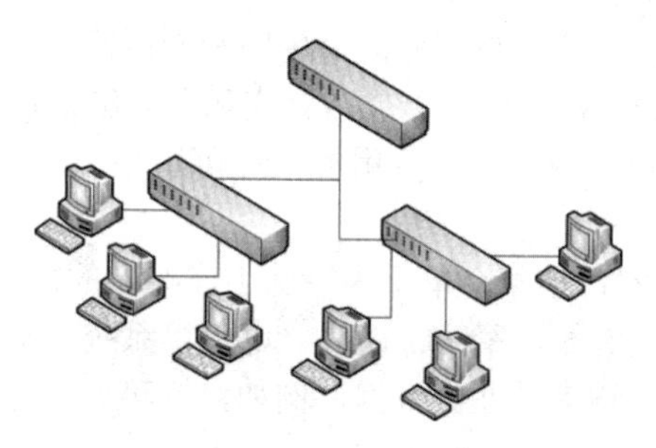

图 5.1.9　树状结构

（5）网状结构

网状拓扑结构又称为无规则型拓扑，如图 5.1.10 所示。在这种结构中，节点之间的连接是没有明显规律的，每个节点都有多条链路与网络相连，其高密度的冗余链路，使得一条甚至几条链路出现故障后，网络仍然能够正常工作，因此其可靠性很高。其缺点是成本高、结构复杂，管理维护相对困难，因此不常用于局域网，而目前实际存在和使用的广域网通常都是网状结构。

最可靠的网络连接方式是，所有节点直接两两相连在一起，这样的网络称为全互连网络，如图 5.1.11 所示。图中有 5 个设备，在全互连情况下，需要 10 条传输线路。也就是说，如果要连的设备有 n 个，则所需线路将达到 $n(n-1)/2$ 条！显而易见，这种可靠性最高的网络其成本也最高，因此一般不会在外围网络使用。只有当互连设备（如路由器）需要连接，以形成重要的主干网时，才有可能采用这样的连接方式。

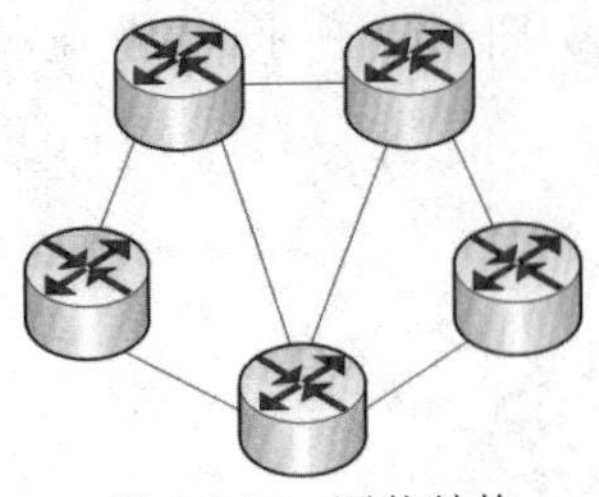

图 5.1.10　网状结构

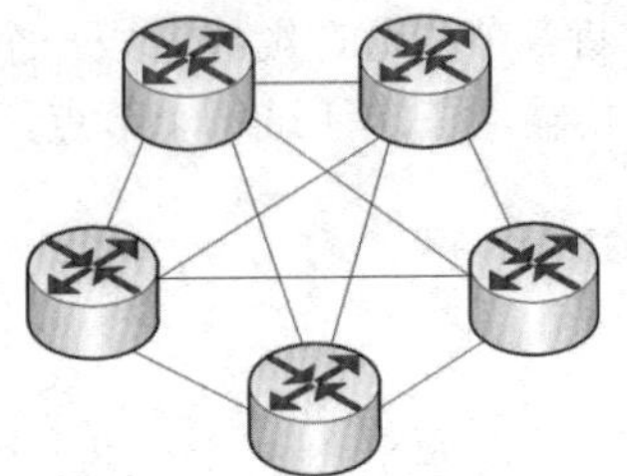

图 5.1.11　全互连结构

3. 按传输介质划分

传输介质分为两类：有线介质和无线介质，因此网络又可分为有线网和无线网。

顾名思义，有线网主要通过同轴电缆、双绞线或光纤等有线介质来连接通信设备。

无线网就是采用空气作为传输介质，用电磁波作为载体来传输数据的网络。由于无线传输无须布线，其灵活性使得其在计算机网络通信中的应用越来越普遍。从网络覆盖的地理范围来看，无线网络可分为无线局域网和无线广域网。无线局域网覆盖的地理范围有限，通常应用于单位或家庭的小范围区域；无线广域网可以覆盖一个城市、一个国家或整个地球。目前无线局域网的代表技术是 Wi-Fi，无线广域网的代表技术是 3G、4G 网络通信技术。

关于无线局域网的内容，将在 5.2 节中详细介绍。

4. 按通信方式划分

按通信方式划分，可将网络划分为点对点传输网络和广播式传输网络。

点对点传输网络：数据以点到点的方式在计算机或通信设备中传输。星形网、环形网采用这种传输方式。

广播式传输网络：数据在公用介质中传输。无线网和总线型网络属于这种类型。

5. 按网络使用的目的划分

按网络使用的目的划分，可将网络划分为公用网和专用网。

公用网（Public Network）：指电信公司（国有或私有）出资建造的大型网络。“公用”的意思就是所有愿意按照电信公司的规定交纳费用的人都可以使用这种网络，因此公用网也可称为公众网。

专用网（Private Network）：指某个单位因特殊工作业务的需要而建造的网络。这种网络不向本单位以外的人提供服务。例如，军队、铁路、电力等系统均有本系统的专用网。

公用网和专用网都可以传送多种业务数据，例如，都可以传送计算机处理的数据。

6. 按数据交换方式划分

按数据的交换方式可以将网络分为：电路交换、报文交换、分组交换和 ATM 技术。

（1）电路交换

电路交换方式类似于传统的电话交换方式，用户在开始通信前，必须申请建立一条从发送端到接收端的物理信道，并且在双方通信期间始终占用该通道。这种通信方式线路建立时间长，一旦线路建立起来，信息传输延迟时间短，适合于语音交流。

线路交换的通信过程包括建立连接、数据传送、断开连接 3 个步骤。

线路交换技术又分为空分交换和时分交换两种。

（2）报文交换

报文交换采用存储—转发原理。报文传输过程有点像古代的邮政通信，邮件由途中的驿站逐个存储转发。报文中含有目的地址，每个中间节点要为途经的报文选择适当的路径，使其能最终到达目的端。报文交换方式的数据单元是要发送的一个完整报文，其长度并无限制。

（3）分组交换

分组交换是指把较长的报文分解成一系列报文分组，以分组为单位采用“存储—转发”交换方式进行通信，将到达交换机的分组先送到存储器中暂时存储和处理，等到相应的输出线路有空闲时再发送出去。

采用报文分组交换方式的网络，其线路利用率高，但报文分组交换存在一定的延时，网络中的信息流量越多，时延就越大。使用优先级别，对重要的、紧急的报文分组可以优先传送。在报文分组交换中，设置有代码检验和信息重发机制，此外还具有路径选择功能，从而保证信息传输的可靠性。

与电路交换相比，分组交换只适用于数字信号，而电路交换既适用于数字信号，也适用于模拟信号；分组交换没有连接建立时延，而电路交换的平均连接建立时间较长；分组交换在每个节点的调用请求期间都有处理延时，且这种延时随着负载的增大而增大，而在电路交换中，提供透明的服务，信息的传输时延非常小，数据传输速率恒定。

（4）ATM 技术

ATM（Asynchronous Transfer Mode）异步传输模式是由国际电信联盟 ITU-T 制定的标准，也被称为快速分组交换技术。在这一模式中，信息被组织成长度固定的信元（Cell），在数据链路层上进行数据交换。因为包含来自某用户信息的各个信元不需要周期性出现，所以这种传输模式是异步的。ATM 信元由 5 字节信头和 48 字节信息段构成。信元的交换控制是根据信头而进行的，信头用于存放信元的路径及其他控制信息。

5.1.4 计算机网络的工作模式

1. 专用服务器结构（Server-Based）

专用服务器结构又称为工作站/文件服务器结构，由若干台微机工作站与一台或多台文件服务器通过通信线路连接而成，以共享存储设备。

文件服务器以共享磁盘文件为主要目的。这样的结构对于一般的数据共享来说是够用的，但是当数据库系统和其他复杂的应用系统产生之后，服务器已经不能承担这样的任务了。因为随着用户的增多，为每个用户服务的程序也增多，每个独立运行的程序系统开销都很大，这使得服务器很容易变慢而形成瓶颈，因此产生了客户-服务器模式。

2. 客户-服务器模式（Client/Server）

客户-服务器模式，简称为 C/S 模式，是 20 世纪 80 年代后期开始逐渐普及的一种网络应用模式。到 20 世纪 90 年代初期，这种计算模式已经成为一种主流。

在 C/S 模式中，客户机和服务器分别指参与通信的两个应用实体，主动发起服务请求的一方称为客户机，被动等待服务请求并进行服务响应的一方称为服务器。通常，客户机应用程序提供用户接口，并执行部分业务逻辑应用处理功能；而服务器端则实现集中的数据存储和管理、多用户访问机制等功能。相比服务器专用结构，C/S 结构中的服务器更注重于数据定义及存取安全和还原，并发控制及事务管理功能，执行诸如选择检索和索引排序等数据库管理功能，它有足够的能力把通过其处理后用户所需的那一部分数据而不是整个文件通过网络传送到客户机，减轻网络的传输负荷。C/S 结构是数据库技术的发展和普遍应用与局域网技术发展相结合的结果。

C/S 模式结构简单，它充分利用了客户机的处理能力，降低了对服务器的要求，使系统整体计算能力大大提高。此外，客户机和服务器之间通过网络协议通信，因此物理上在客户机和服务器两端都是易于扩充的。但 C/S 结构也有明显的不足，如安装维护复杂、客户端使用者需要经过专门的培训等，尤其是随着应用系统的不断扩充和新应用的不断出现，两层架构的 C/S 模式需要的维护成本大大增加。由此在 C/S 结构的基础上，产生了 B/S 模式。

B/S（Browser/Server）本质上也是 C/S 模式，只是由通用的浏览器代替了专用的客户端软件，减少了软件安装和维护的工作量，被称为瘦客户端网络系统，是目前主流的网络工作模式。现在，Internet 和大多数现代网络应用程序都采用 B/S 模式，如 WWW 应用、电子邮件应用等。

3．对等式网络（Peer to Peer）

在拓扑结构方面，专用服务器结构与 C/S 结构相同，其核心都是服务器。在对等式网络结构中，没有专用服务器，每个工作站既可以是客户机，也可以是服务器，彼此都可为对方提供服务，因其所有节点的地位都是对等的，所以称为对等网络。

尽管用户 PC 机不具备提供大规模服务的能力，但如果把互联网上众多的 PC 机作为一个整体联合起来，就可以提供任何服务器都难以比拟的、丰富的资源和强大的计算能力。P2P 网络具有去服务器中心化的特点，充分利用了每台计算机的资源和计算能力，被业界认为是推动互联网发展的新技术之一。

5.1.5 计算机网络体系结构与协议

计算机网络是以资源共享和信息交换为目的的。在全球数以亿计的计算机之间实现精确的点到点的数据传输是非常复杂的事情，需要解决很多复杂的问题，例如每台计算机如何标识，如何控制数据的传输以避免冲突，如何在各种实体间建立联系等。网络体系结构就是解决所有这些问题的方案。所谓网络体系结构，就是对构成计算机网络的各组成部分的功能及其相互关系的一组精确定义。最为著名的网络体系结构有 OSI 参考模型和 TCP/IP 结构。

1．OSI 参考模型

早期开发的广域网、局域网、城域网在硬件、软件等许多方面都是不兼容的。由于使用不同的拓扑结构、不同的协议，网络之间相互通信就变得非常困难。随着网络技术的进步和各种基于网络的需求的出现，一个现实问题摆在人们面前，那就是不同系统的互连问题。在此背景下，ISO（International Organization for Standardization）专门建立了一个委员会，在分析和消化已有网络的基础上，考虑到连网方便和灵活扩展等要求，于 1984 年提出了一种不基于特定机型、操作系统或公司产品的网络体系结构，即开放系统互连参考模型（Open System Interconnection Reference Model，OSI/RM）。OSI 定义了异种机型或异种操作系统以及异种网络连网的标准框架，为连接分散的“开放”系统提供了基础。这里的“开放”，表示任何两个遵守 OSI 标准的系统都可以进行互连。

OSI 参考模型采用人类解决复杂问题普遍使用的方法：分层结构化的方法实现网络体系结构。分层结构化的方法可以降低实现的难度，也便于不同公司的产品互相兼容。该模型将整个网络的通信功能分为 7 层，如图 5.1.12 所示。划分层次的基本出发点是：从逻辑上将功能分组，每层完成一组特定功能；层次不能太少，以便每层功能明确且易于实现和管理；但层次也不能太多，以免汇集各层的开销太大且不易实现。具体的 7 层由高至低分别是：应用层、表示层、会话层、传输层、网络层、数据链路层和物理层。需要注意的是，OSI 给出的仅是一个概念上和功能上的标准框架或理想模型，是将异构系统互连的标准分层结构。它定义的是一种抽象结构，而并非是对具体实现的描述。模型本身不是一组有形的、可操作的协议集合，它既不包含任何具体的协议定义，也不包括强制的实现一致性。

OSI 参考模型各层的主要功能介绍如下。

应用层
表示层
会话层
传输层
网络层
数据链路层
物理层

- 降低复杂性
- 便于模块化工程实现
- 使接口标准化
- 便于产品兼容
- 便于协同合作
- 促进技术进步

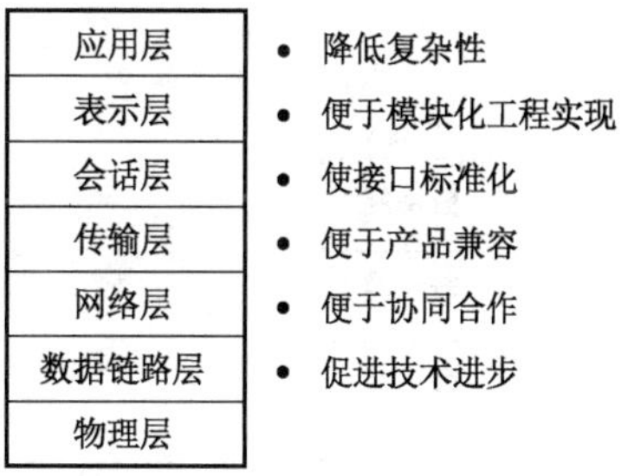

图 5.1.12　OSI 参考模型的分层结构和优点

物理层：物理层的主要功能是在物理介质上传输原始的比特流数据。这一层规定通信设备的机械、电气和功能等特性，用以建立、维护和终止物理链路连接。物理层为数据传送提供服务，一是要保证数据能在其上正确通过，二是要提供足够的带宽，以减少信道上的拥塞。

数据链路层：数据链路层在物理层提供的比特流基础上，建立相邻节点之间的数据链路，通过差错控制提供数据帧在信道上无差错的传输，并进行各电路上的操作。数据链路层在不可靠的物理介质上提供可靠的传输，包括物理地址寻址、数据的成帧、流量控制、数据的检错、重发等。在这一层，数据的单位称为帧（frame）。

网络层：数据在计算机网络中进行通信的源主机和目标主机之间可能会经过很多个数据链路，也可能还要经过很多通信子网。网络层的任务就是选择合适的网间路由和交换节点，确保数据及时传送。在这一层，数据的单位称为数据包（packet），主要设备是路由器。

传输层：传输层向会话层提供一个端到端的数据传送服务，包括数据分段与重组、差错控制等功能。这一层数据的单位是段（segment）。

会话层：进程间的对话也称为会话。会话层管理不同主机中各进程之间的对话，包括建立、管理、终止进程之间的会话。会话层不参与具体的传输，它只提供包括访问验证和会话管理在内的通信的机制。例如，服务器验证用户登录便是由会话层完成的。

表示层：表示层解决用户信息的语法表示问题。它将欲交换的数据从适合于用户的抽象语法，转换为适合于 OSI 系统内部使用的传送语法，即提供格式化的表示和转换数据服务。包括数据的压缩和解压缩、加密和解密等工作。

应用层：应用层为操作系统或网络应用程序提供访问 OSI 环境（网络服务）的接口。

OSI 参考模型的每层都有独立的功能，并且每层只和其相邻层存在接口，可以进行数据通信。每层都为其上一层提供服务。例如，第 $N+1$ 层对等实体间的通信是通过第 N 层提供的服务来完成的，而第 N 层的服务则要使用第 $N-1$ 层及其更低层提供的功能实现。

两台计算机的通信是在对等层上进行的，不能在不对等层上进行通信。OSI 参考模型的低 3 层，负责创建网络通信连接的链路；而上面的高 4 层，负责具体端到端的数据通信。网络通信则可以自上而下（在发送端）或者自下而上（在接收端）双向进行。

如图 5.1.13 所示，以主机 A 发送数据到主机 B 为例。当主机 A 用户利用某一应用程序将数据发送到应用层时，应用层将它自己的信息附加到数据上后将其传送到下一层。表示层接到该信息后并不将原始的用户数据与应用层加的信息分离，而是将应用层传来的数据前直接加上本层的信息后传到会话层。依此类推，数据自上而下沿着各层传送到物理层，在这一层数据被转换成 1 和 0 的比特流后传输到目标主机（主机 B）中。

在数据到达主机 B 后，上述过程将反过来进行，每层把该层的信息进行解析、剥离，然后将数据传送到上一层，直至最后数据被传递到相关的应用程序，被主机 B 用户接收。这样，主机 B 用户最终看到的就是主机 A 用户发送的“用户数据”，而各层的“信息”只为各层的通信服务，最终实现数据的精确传输。

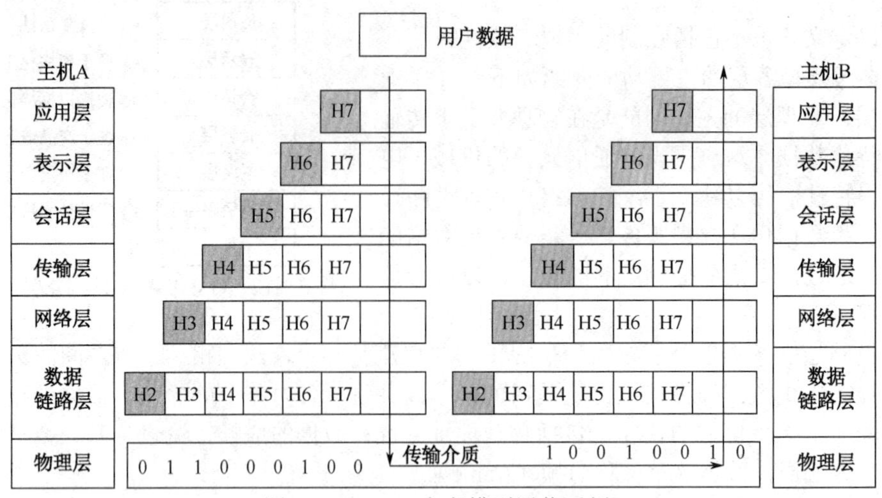

图 5.1.13 OSI 参考模型通信示例

2. TCP/IP 结构和协议

OSI 参考模型定义的计算机体系结构从原理上讲是比较理想化的模型，市场上几乎没有完全遵循 OSI 参考模型的网络产品。事实上，在 OSI 参考模型公布之前，异构网络已经能够实现互连，网络的体系结构采用的是 TCP/IP 结构。

（1）TCP/IP 结构

TCP/IP 结构是由美国国防部高级研究计划局领导研制的，并最早应用于 ARPAnet 网络的网际互连标准。TCP/IP 结构具有很强的灵活性，支持任意规模的网络，几乎可连接所有的计算机服务器和工作站。虽然 TCP/IP 结构并不是通用的国际标准，但时至今日，它已经成为了现代互联网中广泛采用的事实上的工业标准。和 OSI 参考模型类似，TCP/IP 结构也采用了分层的策略使网络实现结构化。

OSI参考模型	TCP/IP结构
应用层	应用层
表示层	
会话层	
传输层	传输层
网络层	网络层
数据链路层	网络接口层
物理层	

图 5.1.14 OSI 参考模型与 TCP/IP 结构的对应关系

与 OSI 参考模型不同的是，TCP/IP 采用了 4 层的体系结构，自上而下分别是：应用层、传输层、网络层和网络接口层。TCP/IP 结构的每层都对应 OSI 参考模型的一层或多层，对应关系如图 5.1.14 所示。

TCP/IP 结构的每层负责不同的功能。

应用层：负责处理特定的应用服务细节。

传输层：主要为两台主机上的通信进程提供端到端的通信。

网络层：也称网际互连层或 IP 层，其主要功能包括 3 个方面：处理来自传输层的分组发送请求；处理接收的数据包；处理数据包的路由选择。

网络接口层：网络接口层的主要功能是接收网络层的数据包，通过网络向外发送，或接收并处理从网络上来的物理帧，抽出网络层的数据包，向网络层发送。通常包括操作系统中的设备驱动程序和计算机中对应的网络接口卡，它们一起处理与电缆或其他任何传输介质的物理接口细节。

（2）协议

通信协议（Protocol）就是指通信双方都必须要遵守的通信规则。如果没有网络通信协议，计算机的数据将无法发送到网络上，更无法到达对方计算机，即使能够到达，对方也未必能够读懂。有了通信协议，网络通信才能够发生。

协议的实现是很复杂的。因为协议要把人能够读懂的数据，如网页、电子邮件等加工转化成可以在网络上传输的信号，需要处理的工作非常多。为了减少协议设计和调试过程的复杂性，网络协议通常也按结构化的分层方式来进行组织，每层完成一定功能，每层又都建立在它的下一层之上，为上一层提供一定的服务，把“这种服务是如何实现的”细节对上层加以屏蔽，降低实现的复杂性。

假设网络协议分为若干层，那么 A、B 两个节点通信，实际是节点 A 的第 *n* 层与节点 B 的第 *n* 层进行通信，故协议总是指某一层的协议。准确地说，在同等层之间的实体通信时，有关通信规则和约定的集合就是该层协议，例如物理层协议、传输层协议、应用层协议。相邻层协议间有一个接口，下层通过该接口向上一层提供服务。

协议由三要素组成：① 语法，即数据与控制信息的结构或格式；② 语义，即需要发出何种控制信息，完成何种动作以及做出何种响应；③ 时序，即事件实现顺序和速度匹配的详细说明。

TCP/IP 结构中重要的协议如图 5.1.15 所示。

TCP/IP结构	各层协议	
应用层	HTTP FTP SMTP TELNET SNMP	
传输层	TCP	UDP
网络层	IP ICMP ARP RARP	
网络接口层	PPP SLIP FDDI X.25	

图 5.1.15 TCP/IP 结构中重要的协议

TCP/IP 分层结构中有非常多的协议，其中最重要的协议就是以其命名的 TCP 协议和 IP 协议。

TCP（Transmission Control Protocol）：通常直译为传输控制协议，是一种可靠的面向连接的协议，其主要功能是保证信息无差错地传输到目的主机。

IP（Internet Protocol）：通常直译为网际协议，该协议负责将数据包独立地从源主机送到目的主机，解决路由选择、阻塞控制、网络互连等问题。

Telnet（Terminal Network）：远程登录协议，用于实现互联网中的远程登录功能。

HTTP（HyperText Transmission Protocol）：超文本传输协议，用于实现网页文件的传输。

FTP（File Transmission Protocol）：文件传输协议，用于实现互联网中交互式文件传输功能。

SMTP（Simple Mail Transmission Protocol）：简单邮件传输协议，该协议实现互联网中电子邮件发送功能。

UDP（User Data Protocol）：用户数据包协议，它是一种不可靠的无连接协议，与 TCP 不同的是，UDP 不进行分组顺序的检查和差错控制。

ICMP（Internet Control Messages Protocol）：网间控制报文协议，这是连网所需的基础协议，用于网络管理。

PPP（Point to Point Protocol）：点对点通信协议，通过电话拨号或宽带上网时，使用该协议。

其他协议不一一赘述。读者如果想要进一步了解，可以查阅相关资料。

5.1.6 数据通信基础

数据传输是计算机网络各种功能的基础。如果没有数据传输，网络中的数据只能停留在本地，这使网络的连通失去了本来的意义。而数据传输是在数据的发送方和接收方能够发生通信的基础上才能实现的。本节将介绍与计算机网络密切相关的几个数据通信的基本概念，方便读者学习本章内容，有兴趣的读者可以查阅数据通信的相关书籍进一步学习。

1. 数字信号和模拟信号

信号有两种：数字信号和模拟信号。

数字信号（Digital Signal）是指其波形在一定的误差允许范围内只包括高、低两个电压值，分别对应“1”和“0”。计算机中使用数字信号，也就是通过一串特定电平序列来传输数据。在图形上，这些信号通常表现为一个矩形波。如图 5.1.16 所示，水平坐标轴代表时间，垂直坐标轴代表电平，高、低电平随时间交替变化。

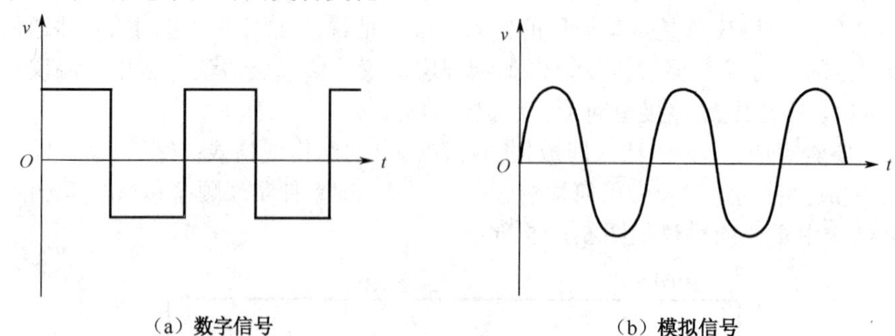

（a）数字信号　　（b）模拟信号

图 5.1.16　数字信号和模拟信号

模拟信号（Analog Signal）由连续变化的电平构成。在图形上一般表现为正弦波。模拟信号是数字信号的基础，是最常见的电信号。例如，交流电、电话线上传输的音频信号等都是模拟信号。

2. 并行通信和串行通信

并行通信是指使用独立的通信线路同时传输多组数据。并行通信普遍应用于两个短距离设备之间的通信。最常见的例子是计算机和外围设备之间的通信，如计算机和打印机之间的通信。并行传输不适合长距离传输，原因如下：第一，在长距离上使用多信道要比使用一条单独信道成本高很多；第二，为了降低信号的衰减，在长距离的传输时要求线缆比较粗，多条这样的线缆组合成并行信道比较困难；第三，长距离传输时，信号的同步不容易实现。

串行通信是指使用一条通信线路，依次传送多组数据。它具有成本低、适合长距离传输等优点。串行通信的线路简单，因为它只需要一根传输线。但正是因为只有一根传输线，每次只能传送一位数据，显然在同等条件下串行通信比并行通信的传送速率低。如果 N 位数据并行传送所需的时间为 T，则采用串行通信方式传送时，至少需要的时长为 NT。

两种通信方式各有利弊，可根据实际需要选用。一般而言，并行通信适用于短距离快速通信，而串行通信适用于长距离通信的情况。

3. 同步传输和异步传输

异步传输以字符为单位，把每个字符看作一个独立的信息，用起始位和停止位作为字符开始和结束的标志，在每个字符起始处同步。异步传输仅要求发送器和接收器的时钟能够在一段时间内保持同步，而各个字符之间的发送间隙时间长度不受限制，因此比较容易实现，所需设备也简单。

同步传输方式以数据块为单位，许多字符组成的数据块使用公共的成帧字符（同步字符及校验字符），仅在数据块的起始处同步，字符之间没有间隙，也不加起始位和停止位等成帧信号。因此，同步传输的速度高于异步传输。但同步传输要求接收器与发送器的时钟严格保持同步，不仅频率相同，而且要求相位一致，这就需要采取一系列保证措施，硬件比较复杂。

4. 单工、半双工和全双工通信

根据数据传输的方向不同，数据通信可以分为单工、半双工和全双工。

如果 A 可以向 B 发送数据，但是 B 不能向 A 发送数据，这样的通信就是单工通信，如图 5.1.17（a）所示。单工通信是只在一个方向上进行的通信，使用一条单方向的信道。这类似于传呼机，只允许传呼台给传呼机发送信息，而传呼机不能给传呼台发送信息。

如果 A 可以向 B 发送数据，B 也可以向 A 发送数据，但是这两个方向的通信不能同时发生，这样的通信就是半双工通信，如图 5.1.17（b）所示。半双工通信是不能同时在两个方向上进行的通信，使用一条双方向的信道。这类似于无线对讲机，一个人在说话时，另外一个人只能听。

如果 A 可以向 B 发送数据，B 也可以同时向 A 发送数据，这样的通信就是全双工通信，如图 5.1.17（c）所示。全双工通信是可以同时在两个方向上进行的通信，使用两条双方向的信道。这类似于用手机说话时，双方都可以说话（只是在一般情况下不会那样做而已）。

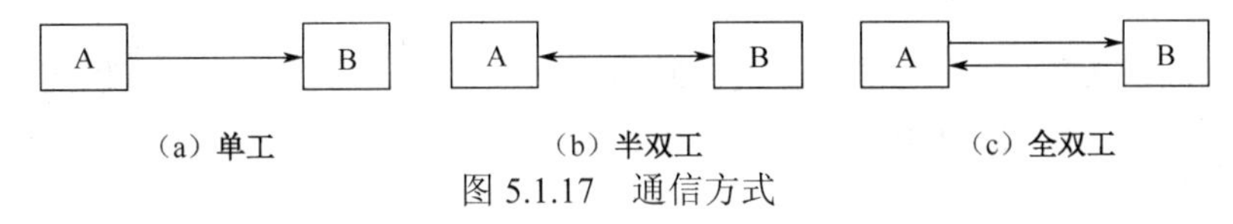

图 5.1.17　通信方式

单工通信是最简单的，也是通信效率最低的。双向通信比较复杂，特别是在网络上，协议必须确保信息能被正确而有序地接收，并允许设备有效地进行通信。全双工通信是最复杂的，其通信效率最高。网络设备中集线器是半双工的，而多数交换机都是全双工的。早期的网卡是半双工的，而现在的网卡多数是全双工的。

5．数据传输速率

数据传输速率有两种度量单位：波特率和比特率。

波特率又称为波形速率或码元速率，指数据通信系统线路中每秒传送的波形个数，其单位是波特（band），通常用于描述模拟数据的传输速率。

比特率用于反映一个数据通信系统每秒所传输的二进制位数，单位是 bps（bit per second）。例如，某网的数据传输速率为 10Mbps，指每秒可传输 10×10^6bit 数据。

6．信道容量

信道容量是衡量一个信道传输数字信号的重要参数，信道容量是指单位时间内信道上所能传输数据的最大容量，单位是 bps。信道容量和数据传输速率之间应满足以下关系：信道容量大于数据传输速率，否则高的数据传输速率在低容量信道上传输，其数据传输速率受信道容量所限制，肯定难以达到原有的指标。

7．信道带宽

信道带宽是指信道所能传送的信号的频率宽度，也就是可传送信号的最高频率与最低频率之差，单位为 Hz（赫兹）。例如，一条传输线可以接收 300～3000Hz 范围内的频率，则在这条传输线上传送频率的带宽就是 2700Hz。信道的带宽由传输介质、接口部件、传输协议以及传输信息的特性等因素所决定。它在一定程度上体现了信道的传输性能，是衡量传输系统的一个重要指标。信道的容量、数据传输速率和抗干扰性等均与带宽有密切的联系。通常，信道的带宽越大，信道的容量也越大，其数据传输速率相应也越高。

8．误码率

误码率是衡量数据传输质量的单位，即计算机网络在正常工作情况下传输数据的错误率。其计算公式为：

误码率=接收数据出错的比特数/传输数据的总比特数

误码率可以用专用仪器测量，要求计算机网络的误码率必须低于 10^{-6}。

在衡量一个网络的性能时，通常用数据传输速率和误码率这两个参数综合评定。

5.2 局域网和无线局域网

局域网（Local Area Network，LAN）是指学校、企业和机构等单位的内部网络，其主要特征是覆盖范围有限，用户个数有限，仅用于办公室、工厂、学校等内部网络。由于网内的信号传输距离短，因此网速快且误码率低。其常用的传输介质有双绞线、光纤等。局域网侧重共享信息的处理，广域网侧重共享位置准确无误及传输的安全性。

5.2.1 局域网的定义和组成

局域网指距离较近的多台功能独立的计算机和其他通信设备互相连接，以实现用户相互通信和共享诸如打印机及存储设备之类的计算资源为目的的系统。局域网通常是一个单位或一栋楼里建设的网络。

20 世纪 70 年代末期出现的计算机局域网，在 80 年代获得了飞速发展和大范围的普及，在 90 年代步入高速局域网的发展阶段。目前，LAN 的使用已相当普遍。根据网络拓扑结构的不同，局域网可以分为：以太网（Ethernet），也称为 802.3LAN；令牌环网，也称为 802.5LAN；令牌总线网，也称为 802.4LAN；以及光纤分布数据接口（FDDI）等。

局域网诞生之初的目的就是为了共享昂贵的软件和硬件资源，从最早的共享磁盘服务器、打印机等设备，发展到现在的共享打印机、应用服务器上的服务等资源，共享资源一直是局域网最主要的目的。例如，可以利用学校的局域网共享网络教学服务系统、存储阵列等资源。

局域网由什么部件构成呢？局域网既然是一种计算机网络，其主体设备自然是计算机，特别是个人计算机。几乎没有一种网络是只由大型机或小型机构成的，因此，对于局域网而言，个人计算机是一种必不可少的部件。计算机互连在一起，当然也不可能没有传输介质，这种介质可以是同轴电缆、双绞线、光缆或无线信号。网卡，也称为网络适配器，在构成 LAN 时，也是必不可少的部件。此外，还需要多端口的网络互连设备，如交换机。局域网组成结构如图 5.2.1 所示。

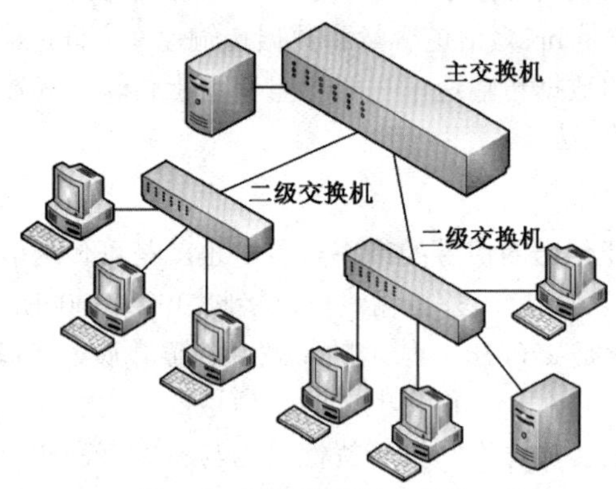

图 5.2.1 局域网组成结构

有了局域网的硬件环境，还需要控制和管理网络正常运行的软件，即网络操作系统（NOS）。网络操作系统是包含网络协议并支持数据通信的操作系统。在这个网络时代，市场上主流的操作系统都属于网络操作系统。由此可知，局域网的组成包括如下 5 种组件：

- 计算机，包括服务器或工作站
- 传输介质
- 网络适配器
- 网络连接设备
- 网络操作系统

5.2.2 局域网的标准和协议

在每种有发展前景的技术的发展过程中，标准化是一个极重要的工作，可以规范技术的发展，避免其因为技术的分裂而衰落。在计算机网络的发展过程中，有很多重要的组织制定了帮助其有序发展的标准。

美国国家标准协会（American National Standards Institute，ANSI）是由许多来自工业界和政府的代表组成的组织，负责制定电子工业等各行业的标准。

电子工业联盟（Electronic Industries Association，EIA）是一个商业性组织，其代表来自美国各电子制造公司。该组织不仅为自己的成员机构设定标准，还帮助制定 ANSI 标准。

国际电信同盟（International Telecommunications Union，ITU）是隶属于联合国管理的国际电信机构，前身是国际电报电话咨询委员会（Consultative Committee for International Telegraph and Telephone，CCITT）。它管理无线电和电视频率、卫星和电话的规范、网络基础设施、全球通信所使用的关税率等。

电气与电子工程师协会（Institute of Electrical and Electronics Engineers，IEEE）是一个由工程人士组成的国际社团，其目的在于促进电气工程和计算机科学领域的发展和教育。IEEE 有自己的标准委员会，为电子和计算机工业制定标准，并对其他制定标准的组织提供帮助。IEEE 的 802 小组致力于局域网物理部件的标准化工作，其制定的标准被称为 IEEE 802 标准，目标是为局域网技术标准化提供广泛的工业框架，大部分约定由网卡来实现。

IEEE 802 网络标准用于解决最低两层即物理层和数据链路层的功能及与网络层的接口服务。其中，数据链路层分为逻辑链路控制子层（Logical Link Control，LLC）和介质访问控制子层（Media Access Control，MAC），使数据链路功能中与硬件有关的部分和与硬件无关的部分分开，降低研制互连不同类型物理传输接口设备的费用。

IEEE 802 小组于 1980 年 2 月公布了 IEEE 802 局域网标准。许多标准后来被应用到了 1984 年公布的 OSI 参考模型之中，成为了局域网的国际标准。表 5.2.1 描述了 IEEE 802 标准。

表 5.2.1 IEEE 802 标准

标 准	名 称	解 释
802.1	网间互连标准	概述、体系结构、网络管理和网际互连
802.2	逻辑链路控制标准	关于数据帧的错误控制及流控制
802.3	CSMA/CD 网络标准	CSMA/CD 访问控制方法与物理层规范
802.4	令牌总线（Token Bus）局域网标准	令牌总线访问控制方法及物理层技术规范
802.5	令牌环（Token Ring）局域网标准	令牌环访问控制方法及物理层技术规范
802.6	MAN（城域网）标准	MAN 技术、编址和服务
802.7	宽带技术标准	宽带网络介质、接口和其他设备
802.8	光纤技术标准	光纤介质使用以及不同网络类型技术的使用
802.9	综合业务数字网（ISDN）技术标准	声音和数据通过单一的网络介质传输的集成
802.10	局域网安全技术标准	网络访问控制、加密、验证或其他安全约定
802.11	无线局域网标准	对于多种广播频率及技术的无线网络标准
802.12	高速网络标准	包括 100Base VG-AnyLAN 在内的各种 100Mbps 技术

除了上述网络标准外，随着网络技术的发展，IEEE 不断推出新的规范。例如，快速以太网（Fast Ethernet）是 100Mbps 的以太网，数据传输速率是原来 802.3 定义的 Ethernet 局域网的 10 倍，它的规范是在 802.3 的扩展版本 802.3u 中定义的。千兆位以太网（Gigabit Ethernet）是 1000Mbps 的以太网，它的规范是在 IEEE 802.3z 中定义的。万兆位以太网（10 Gigabit Ethernet）是 10000Mbps 的以太网，它的规范是在 IEEE 802.3ae 中定义的。

许多局域网标准，包括令牌环（Token Ring）、光纤分布式数据接口（FDDI）和附加资源计算机网络（ARCnet），在过去曾经很流行，但现在已经非常少见了。目前，多数局域网采用以太网技术来实现。

1. 以太网协议

最早的以太网是由美国施乐公司（Xerox）建立的，其灵感来自“电磁辐射是可以通过发光的以太来传播的”，这也是“以太网”名字的由来。以太网逐步标准化后形成了 802.3 协议规范。该协议包括可以采用各种传输介质的一系列局域网技术，其数据传输速率从最初的 10Mbps 发展到现在的 10000Mbps。万兆位以太网使用光缆传输数据。10M/100Mbps 以太网是传统的小型局域网的主流技术，而千兆位/万兆位以太网是大型网络如校园网或者城域网的主干。

以太网的协议采用的是 CSMA/CD（Carrier Sense Multiple Access/Collision Detection，载波侦听多路访问/冲突监测）技术，其主要特点如下。

① 计算机在发送信息之前，始终监听网络传输介质上的状态。若线路空闲，则发出信息；若线路被占用，则等待。

② 在发送信息过程中，若检测到碰撞，即有计算机要发送信息，则立即停止发送，冲突各方退避一个随机时间（微秒级）后再发。

③ 网络上每个站点都在收听信息，一旦发现数据包接收地址是自己的地址，立即接收到计算机中存储起来，并向发送站回答正确到达。若出错，则要求重发。

这个过程和许多人坐在一个圆形桌子周围开讨论会有些相似，与会者彼此平等，谁都可以先发言，相当于抢占线路。如果有两个或两个以上的人同时发言，相当于网络上发生了碰撞，大家都要先停顿一下，互相让一让，然后其中一个人再发言。当一个人想发言时，如果有人正在发言，就只好等他讲完了再说。与会者都可以听到（广播式）发言，没听清时可要求发言人再讲一遍。

CSMA/CD 保证网络上各台计算机有平等的权利共享传输介质。其优点是，数据传输速率高，容易实现，成本低。其缺点是，当网络上计算机数量增多时，碰撞次数呈指数方式增长。随着局域网交换技术的发展，使用交换机可以减少网络中冲突的次数，所以 CSMA/CD 仍是局域网中广泛应用的介质访问协议。

以太网的成功可以归结为以下几个原因。

① 以太网网络很容易理解、实现、管理和维护。

② 作为非专有技术，以太网设备可以从各种供应商处获得，而且市场竞争使得设备价格很低。

③ 现有的以太网标准允许网络拓扑结构有很大的灵活性，以满足小型设备和大型设备的需求。

④ 以太网能兼容流行的 Wi-Fi 无线网络，可以很容易地在一个网络中混合使用有线和无线设备。

2. NetBEUI 协议

NetBEUI（NetBIOS Extended User Interface，NetBEUI）是 Microsoft 公司开发的通信协议，全称是网络基本输入/输出系统（Network Basic Input/Output System，NetBIOS）的增强用户接口。

事实上，NetBIOS 是由 IBM 公司设计的，对运行在小型网络上的应用程序提供传输层和会话层的服务。在 IBM 的网络中，NetBIOS 是应用程序请求低层网络服务的应用程序接口（Application

Programming Interface，API），包括会话的建立和终止，以及数据传输。

Microsoft 把 NetBIOS 作为自己的基础协议后，又给 NetBIOS 增加了一个应用层组件，称为 NetBIOS 增强用户接口。NetBEUI 协议最初是面向几台到百余台计算机的工作组而设计的。它是 Microsoft 操作系统的本地网络协议，通常用于较小的，有 1～350 个节点的局域网。如果在 Windows 系列的操作系统之间实现数据共享，NetBEUI 协议是一种理想的选择。

NetBEUI 协议的优点是，内存开销较少，并易于实现，安装配置十分简单。因为它不需要附加网络地址和网络层头、尾，所以很快并且很有效，适用于只有单个网络或整个环境都连接起来的小工作组环境。但它不能在网络之间进行路由选择，因此只能限于小型局域网内使用，不能单独用它来构建由多个局域网组成的大型网络。如果需要路由到另外的局域网，就必须安装 TCP/IP 或 IPX/SPX 协议。

5.2.3 无线局域网

近年来，无线局域网（Wireless Local Area Network，WLAN）技术发展非常迅速，虽然曾经一度被认为只能作为有线网络的补充而存在，但现在却有逐渐成为主流的趋势。

无线网络最大的好处是可移动性，由于网络无须布线，因此终端设备可以很方便地从一个房间移动到另一个房间，或者室外。

过去，无线网络设备比同等性能的有线设备要贵很多，但随着无线技术的发展，现在它们的价格基本相当了。与有线网络相比，无线网络主要的缺点体现在速度、覆盖范围、稳定性以及安全等方面。无线信号容易受到诸如微波炉、无绳电话之类设备的干扰，当干扰影响到无线信号时，数据就必须重新传输，因此无线局域网通常比有线局域网要慢一些。

无线网络覆盖的范围受很多因素的限制，例如，信号类型、发射机的功率强度以及物理环境等，包括会受到厚重的墙壁、地板或天花板的限制。

无线信号可在空气中传播并能穿透墙壁，因此，房屋外的人也可以访问到房间内的无线信号，可以偷偷地使用无线网络，占用网络带宽，盗用流量。要想避免入侵者使用无线网络数据，就要对无线网络数据进行加密。

无线局域网的组成部件有哪些呢？只要有两台或两台以上计算机、无线网卡和无线路由器就可搭建一个小型无线局域网。

WLAN 使用无线电广播频段通信，包含的协议标准有：IEEE 802.11 系列协议、无线应用协议（WAP）等。目前，最流行的无线局域网技术是 Wi-Fi。此外，还有诸如蓝牙等技术。

1．Wi-Fi

Wi-Fi（Wireless-Fidelity，无线保真）技术是一个基于 IEEE 802.11 系列标准的无线网络通信技术的品牌，目的是改善基于 IEEE 802.11 标准的无线网络产品之间的互通性，由非营利性国际组织 Wi-Fi 联盟（WLANNA）所持有。简单来说，Wi-Fi 就是一种无线连网技术，属于在办公室和家庭中使用的短距离无线技术，该技术使用的是 2.4GHz 附近的频段，在信号较弱或有干扰的情况下，带宽可自动调整，有效地保障了网络的稳定性和可靠性。该技术有着自身的优点，很受厂商的青睐。

事实上，Wi-Fi 就是 WLANNA 的一个商标，该商标仅保障使用该商标的商品互相之间可以兼容，但因为 Wi-Fi 主要采用 802.11 系列协议，因此人们逐渐习惯用 Wi-Fi 来称呼 802.11 协议。从包含关系来说，Wi-Fi 是 WLAN 的一个实现，Wi-Fi 包含于 WLAN 中，属于采用 WLAN 协议中的一项新技术。由于该技术非常流行，Wi-Fi 几乎成了无线局域网 WLAN 的同义词。

802.11 是无线以太网的标准，它使用星形拓扑结构，其中心称为接入点 AP（Access Point）。

802.11 标准规定无线局域网的最小构件是基本服务集（BSS，Basic Service Set）。一个基本服务集（BSS）包括一个基站（即 AP 接入点）和若干个移动站（如智能手机），如图 5.2.2 所示。所有的站在本 BSS 以内都可以直接通信，但在与本 BSS 以外的站通信时必须通过本 BSS 的基站。在网络管理员安装 AP 时，必须为该 AP 分配一个不超过 32B 的服务集标识符（SSID，Service Set IDentifier）和一个无线信道。SSID 其实就是指该 AP 所属的无线局域网的名字，用于识别一个无线局域网。一个基本服务集 BSS 所覆盖的地理范围称为一个基本服务区（BSA，Basic Service Area）。无线局域网的基本服务区（BSA）的直径一般不超过 100m。

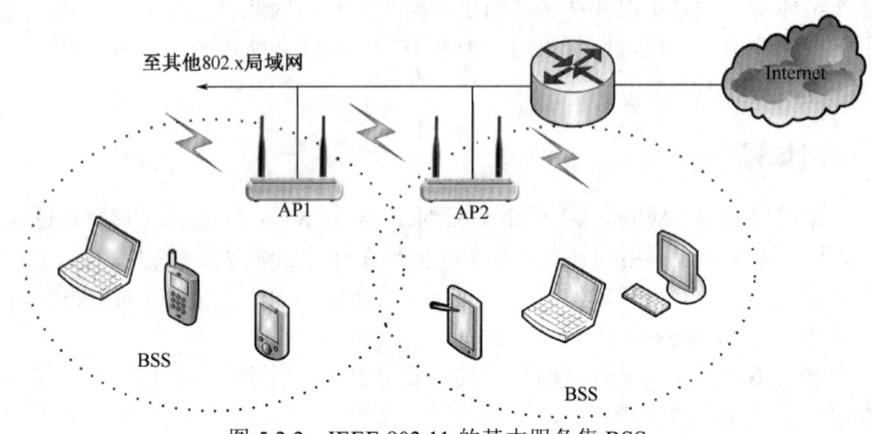

图 5.2.2　IEEE 802.11 的基本服务集 BSS

根据无线信号的工作频率和数据传输速率等的不同，802.11 无线局域网可细分为不同类型。例如，802.11a、802.11b、802.11g 以及 2009 年新颁布的 802.11n，这几种无线局域网标准的简单比较见表 5.2.2。由于无线局域网技术发展非常快，在今后几年内很有可能还会有一些更高速、更安全的无线局域网在市场上流行。

表 5.2.2　几种常见的 802.11 局域网的比较

标　准	频　段	数据传输速率	优　缺　点
802.11b	2.4GHz	最高 11Mbps	最高数据传输速率较低，价格较低，信号传播距离较远，且不易受阻碍
802.11a	5GHz	最高 54Mbps	最高数据传输速率较高，支持多用户同时上网，价格高，信号传播距离较短，且不易受阻碍
802.11g	2.4GHz	最高 54Mbps	最高数据传输速率较高，支持多用户同时上网，信号传播距离较远，且不易受阻碍
802.11n	2.4GHz 5GHz	最高 600Mbps	使用多个发射和接收天线以支持更高的数据传输速率，当使用双倍带宽（40MHz）时，速率可达 600Mbps

现在许多地方都提供免费的 Wi-Fi 服务，如机场、办公室、快餐店或商场等。如果 Wi-Fi 不提供免费接入，那么用户就必须在和附近的接入点 AP 建立关联时，输入正确的用户密码，建立关联后的通信是加密的。在无线局域网发展初期，这种接入加密方案称为 WEP（Wired Equivalent Privacy，有线等效的保密），它曾经是 1999 年通过的 IEEE 802.11b 标准的一部分。然而，WEP 的加密方案比较容易被破译，因此现在的无线局域网普遍采用了保密性更好的加密方案 WPA（Wi-Fi Protected Access，无线局域网受保护的接入）或其第二个版本 WPA2。现在 WPA2 是 802.11n 中强制执行的加密方案。目前，市场上有非法的“蹭网卡”销售，但其中很多只能破译 WEP，要破译 WPA2 就困难得多。不过，WPA2 方案也并非绝对可靠。

2. 无线个人区域网

无线个人区域网（WPAN，Wireless Personal Area NetWork）就是在个人工作的地方把属于个人使用的电子设备（如便携式电脑、平板电脑以及手机等）用无线技术连接在一起的自组网络，不需要使用接入点 AP，整个网络的范围为 10m 左右。WPAN 可以是一个人使用，也可以是多人共同使用。这些电子设备可以很方便地进行无线通信，就像用有线电缆连接一样。

WPAN 和 WLAN 并不一样：WPAN 是以个人为中心来使用的无线个人区域网，它实际就是一个低功率、小范围、低速率和低价格的电缆替代技术；而 WLAN 却是同时为许多用户服务的无线局域网，它是一个大功率、中等范围、高速率的局域网。

WPAN 的标准都是由 IEEE 的 802.15 工作组制定的，这个标准包括 MAC 层和物理层的标准。WPAN 也工作在 2.4GHz 的频段，工作于 2.4GHz 频段是不需要执照的，该频段属于工业、教育、医疗等专用频段，是公开的。欧洲的 ETSI 标准把无线个人区域网取名为 HiperPAN。

最早使用的 WPAN 是 1994 年爱立信公司推出的蓝牙（Bluetooth）系统，其标准是 IEEE 802.15.1，其数据传输速率为 720kbps，通信范围在 10m 左右。由于蓝牙是小范围的无线网技术，因此也被称为微型网。蓝牙网在两个以上的蓝牙设备之间自动形成，无须付费买流量。蓝牙设备之间交换密钥或者 PIN（Personal Identification Number，个人身份识别号）后即可实现数据通信。常见的蓝牙设备有鼠标、键盘、耳机等。

5.2.4 局域网的应用

局域网最大的优势就是共享资源，可以让一起工作的人们方便地共享硬件、软件和数据。例如，可以共享网络化软件或价格较贵的彩色打印机以减少开支，也可以共享数据文件以提高工作效率和质量等。

1. 共享文件

文件或文件夹共享是局域网中常用的网络共享形式。例如，在办公室或学生宿舍等局域网内使用文件共享，尤其是共享尺寸较大的文件，非常方便。以 Windows 7 专业版平台为例，实现文件或文件夹共享的步骤如下。

Step1　首先打开“网络和共享中心”页面的控制面板窗口，如图 5.2.3 所示。

图 5.2.3　显示“网络和共享中心”页面的控制面板窗口

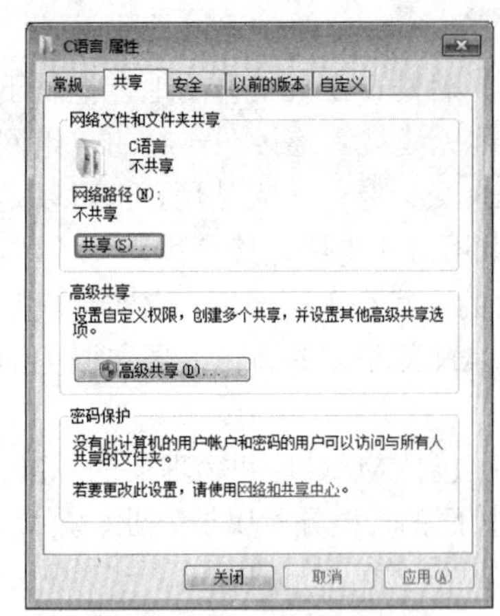

图 5.2.4　共享属性设置

Step2　选择左侧的“更改高级共享设置”项，然后在打开的页面中，分别选择“启动网络发现”、“启动文件和打印机共享”、“启用共享以便可以访问网络的用户可以读取和写入公用文件夹中的文件（可以不选）”单选钮，其他选项使用默认设置即可，最后单击“保存修改”按钮关闭当前页面。

Step3　在资源管理器中，右击要共享的文件夹，从右键快捷菜单中选择“属性”命令，打开其属性对话框，如图 5.2.4 所示。

Step4　单击“高级共享”按钮，打开如图 5.2.5 所示的“高级共享”对话框，勾选“共享此文件夹”复选框。

Step5　然后单击“权限”按钮，设置用户和读/写权限。权限设置对话框如图 5.2.6 所示，可将权限设置为 Everyone 用户具有“读取”的权限。这样，局域网中的其他用户就可以通过“计算机”文件夹左侧的“网络”找到共享文件夹，或者在搜索框中使用“\\IP 地址”方式来访问共享文件。

图 5.2.5　“高级共享”对话框

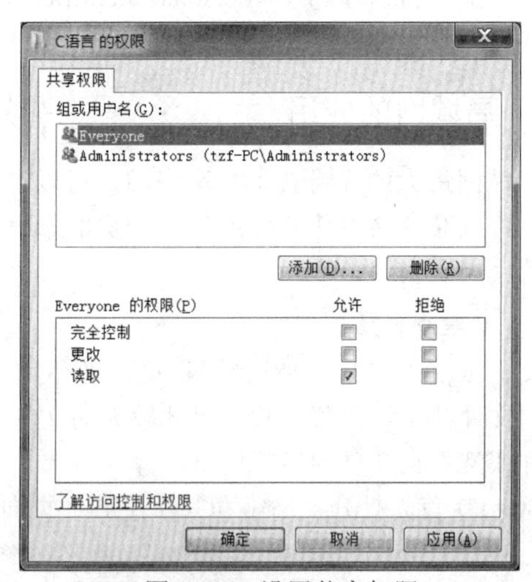

图 5.2.6　设置共享权限

2. 共享打印机

如果要在局域网内共享某台打印机，首先需要将打印机连接到一台计算机或工作站上，或者将打印机直接连接在一个网络设备的端口上，如交换机的端口。然后，在网内任何一台计算机中都可以通过安装网络打印的驱动程序来共享打印机，而不必将打印机连接在使用它的计算机上。以 Windows 7 专业版为例,安装网络打印机的步骤如下。

Step1　将打印机与计算机相连，在显示“设备和打印机”页面的控制面板窗口中，单击工具栏中的“添加打印机”按钮，打开“添加打印机”对话框，如图 5.2.7 所示。

Step2　单击“添加本地打印机”项，按照系统提示，安装本地打印机驱动程序。

Step3　在资源管理器中，右击打印机图标，从右键快捷菜单中选择“打印机属性”命令，打开打印机属性对话框，如图 5.2.8 所示，选中“共享这台打印机”复选框，将该打印机设置为共享。

共享打印机设置完成后，局域网内的其他用户只需要针对该打印机添加相应的网络打印驱动程序，即可使用该打印机。

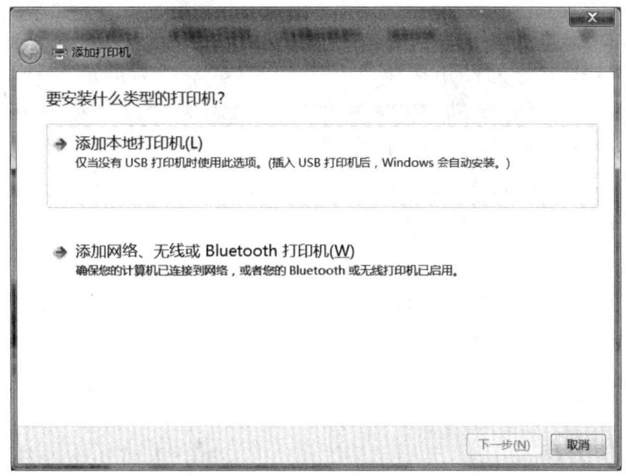

图 5.2.7　添加本地打印机驱动程序

安装网络打印驱动程序的方法是，打开如图 5.2.7 所示的对话框，单击“添加网络、无线或 Bluetooth 打印机”项，按照系统提示，安装网络打印驱动程序即可。

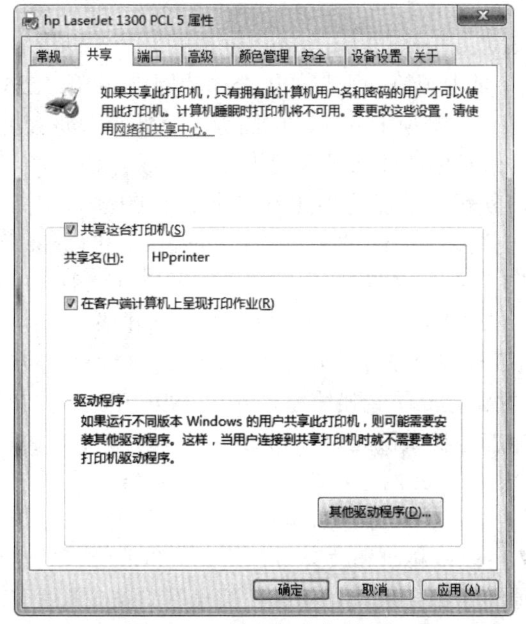

图 5.2.8　共享打印机设置

如果打印机提供网络接口，则可以直接将其连接在通信设备（如交换机）上，然后给打印机设置一个正确的 IP 地址，这样，局域网内的任何一台计算机只要安装相应的网络打印驱动程序即可使用该打印机，而无须安装本地打印驱动程序。

5.3　Internet 基础知识

5.3.1　Internet 概述

Internet（因特网）是全球性的、最具影响力的计算机互联网络，同时也是世界范围的信息资源主库。通过 Internet，人们可以足不出户地了解世界，地球村已经成为了现实。

Internet 的前身是 1969 年问世的 ARPAnet。1983 年，ARPAnet 连接的计算机已经超过 300 台。1984 年，ARPAnet 被分解为两个网络，一个用于民用，仍然称为 ARPAnet；另外一个用于军用，称为 MILnet。从 1985 年到 1990 年期间，美国国家科学基金组织（National Science Foundation，NSF）采用招标的形式，由 IBM 等三家公司利用 ARPAnet 的技术建设了包括主干网、地区网和校园网的三级网络，称为 NSFnet（National Science Founder net）。1990 年，ARPAnet 停止运营。随后，NSFnet 上接入的计算机网络与日俱增，如今发展为著名的 Internet。

由于 ARPAnet 设计基于两项原则：第一，网络需要克服自身的不可靠性；第二，网络中的计算机在通信功能上是等效的。因此，Internet 没有中枢机构。

目前，Internet 已经覆盖了全球上百个国家，有计算机的地方就有网络，网络生活已经成为新世纪人们生活的一种方式。

5.3.2 Internet 在中国

计算机网络发源于美国。我国在 20 世纪 80 年代末期才有了首次连通互联网的经历，90 年代中期才建成基于 TCP/IP 的骨干网络。回顾我国网络的发展，可以分为两个阶段。

第一阶段是与 Internet 的 E-mail 连通阶段。1987 年 9 月 14 日，北京计算机应用技术研究所从中国学术网络（China Academic Network，CANET）发出了中国第一封电子邮件："Across the Great Wall we can reach every corner in the world.（越过长城，走向世界。）"从此，揭开了中国人使用互联网的序幕。CANET 是中国第一个与外国合作的网络，使用 X.25 技术，通过德国 Karlsruhe 大学的一个网络接口与 Internet 交换 E-mail。中国数十个教育和研究机构加入了 CANET。1990 年，CANET 在国际互联网信息中心注册了中国国家最高域名 CN。

第二阶段是与 Internet 实现全功能的 TCP/IP 连接。1989 年，中国国家计划委员会和世界银行开始支持"国家计算设施"（National Computing Facilities of China，NCFC）的项目，该项目包括 1 个超级计算中心和 3 个院校网络，即中国科学院网络（CASnet）、清华大学校园网（TUnet）、北京大学校园网（PUnet）。1992 年，这 3 个院校网络分别建成。1994 年 4 月，我国接通了 1 条 64kbps 的国际线路，使这 3 个网络的用户可以对 Internet 进行全方位的访问。1993 年，中国高能物理研究所与 Stanford 大学建立了直接联系，并在 1994 年建立全方位的 Internet 连接。这些全功能的 TCP/IP 连接，标志着我国正式加入 Internet。

到 1996 年底，中国的 Internet 网已形成了四大主干网络体系，分别归属于国家指定的 4 个部级管理单位：中科院、教育部、原邮电部和原电子部。其中，中国科学技术网 CSTNET 与中国教育和科研网 CERNET 主要以科研和教育为目的，从事非经营性活动；原邮电部的中国公用计算机网 CHINANET 和原电子部吉通公司的金桥信息网 GBNET 属于商业性网络，以经营手段接纳用户入网。这 4 个网均与 Internet 主干直接相连。

中国下一代互联网（China's Next Generation Internet，CNGI）项目于 2003 年启动，由工信部、科技部、国家发展和改革委员会、教育部、国务院信息化工作办公室、中国科学院、中国工程院和国家自然科学基金委员会 8 个部委联合发起并经国务院批准。该项目以 IPv6 为核心，搭建下一代互联网的试验平台。这个平台不仅是物理平台，相应的下一代研究和开发也都可在这一平台上进行试验，目标是使之成为产、学、研、用相结合的平台及中外合作开发的开放平台。中国下一代互联网示范工程是国家级的战略项目，以此项目的启动为标志，我国的 IPv6 进入了实质性发展阶段。目前，CNGI 项目实际包括 6 个主干网络，分别由赛尔网络（负责 CERNET 的运营）、中国科学院、中国移动等各大电信运营商负责规划建设。

5.3.3 IP 地址

1. IP 地址

在 TCP/IP 体系结构中，IP 地址是一个非常重要的对象，它是识别互联网中任意一台计算机或路由器的唯一标识。在现行的 IPv4（Internet Protocol version 4）协议中，IP 地址是一个 32 位的地址编码。为了方便使用，通常将一个 IP 地址按每 8 位（1 字节）分为 1 段，共分为 4 段，段与段之间用“.”隔开，且每段用一个十进制数表示，称为点分十进制数。例如，中国传媒大学的 WWW 服务器的 IP 地址是 202.205.16.1。

许多操作系统，如 Windows 系列、各种 UNIX、Linux 系统，都支持 IP 地址另外的一种表示方法，用一个十进制数直接表示 32 位的二进制数 IP 地址。例如，202.204.25.9 可以表示为 3 402 373 385，这是一个很大的数，很难记忆，一般不这样使用。

为了便于对主机进行定位和对 IP 地址进行有效管理，同时还考虑到各个网络上的主机数目差异很大，因此将 Internet 的 IP 地址分为了 5 类，即 A～E 类。A 类用于大型网络，B 类用于中型网络，C 类用于局域网等小型网络，D 类地址是一种组播地址，E 类地址保留以便以后使用。在网络中广泛使用的是 A、B 和 C 类地址，这些地址均由网络号和主机号两部分组成。规定每组都不能用全 0 和全 1 的编码。通常，全 0 表示本身网络的 IP 地址，即网络号；全 1 表示网络广播的 IP 地址。为了区分 A、B、C、D、E 这 5 类网络，其最高位分别为 0、10、110、1110、1111，如图 5.3.1 所示。

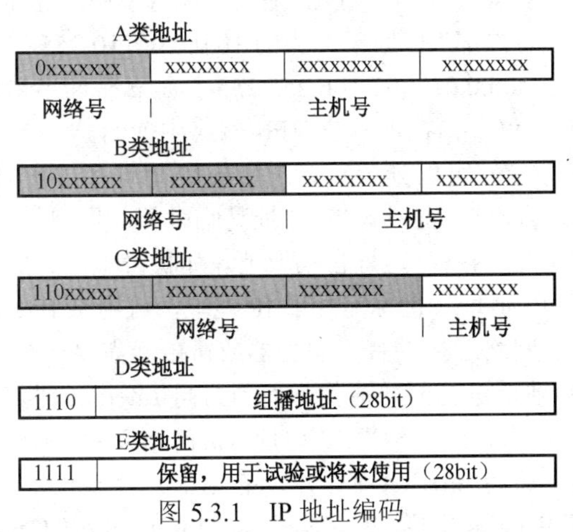

图 5.3.1 IP 地址编码

A 类地址用第 1 段表示网络号，后 3 段表示主机号。网络号最小数为$(00000001)_2$，即 1；最大数为$(01111111)_2$，即 127。其中，127 是一个特殊的网络号，用来检查 TCP/IP 协议的工作状态。因此，全世界共有 126 个（1～126）A 类网络，其主机号由 3 段 24 位构成，去掉全 0 与全 1 的编址，每个网络最多可以容纳 $2^{24}-2=16777214$ 台主机。

B 类地址分别用两段表示网络号与主机号。最小网络号的第 1 段为$(10000000)_2=128$，最大网络号的第 1 段为$(10111111)_2=191$。除去固定的前两位，还剩余 14 位用于网络号编码，并且不会发生全 0 和全 1 的编码，故全世界共有 $2^{14}=16384$ 个 B 类网络，每个 B 类网络最多可以容纳 $2^{16}-2=65534$ 台主机。

C 类地址用前 3 段表示网络号，最后 1 段表示主机号。最小网络号的第 1 段为$(11000000)_2=192$，最大网络号的第 1 段为$(11011111)_2=223$。除去固定的前 3 位，还剩余 21 位用于网络号编码，并且不会发生全 0 和全 1 的编码，故全世界共有个 $2^{21}=2097152$ 个 C 类网络，而每个 C 类网络可

以容纳 $2^8-2=254$ 台主机。综上所述，从第 1 段的十进制数字即可区分出 IP 地址的类别，见表 5.3.1。

表 5.3.1 IP 地址的分类

网络类型	第 1 段数字范围	整个地址范围	每个网络的最大主机数	网络数
A	1～126	1.0.0.1～126.255.255.254	16 777 214	126
B	128～191	128.0.0.1～191.255.255.254	65 534	16 384
C	192～223	192.0.0.1～223.255.255.254	254	2 097 152

常见的保留地址的用途见表 5.3.2。

表 5.3.2 常见的保留地址的用途

地址	例子	用途
主机号全为 0	202.204.26.0	标识一个网络
全为 1	255.255.255.255	有限广播（只对局域网主机）
主机号全为 1	202.204.26.255	对网络中所有主机进行广播
网络号位全为 0	0.0.26.16	标识当前网络的特定主机
全为 0	0.0.0.0	标识当前网络的当前主机
首字节 127	127.0.0.1	本地主机环回测试用

除了保留地址不可用于指定主机外，在 IP 地址分配方案中，还专门预留了一些不能在公网上路由的私有 IP 地址，也称为内部 IP 地址。A 类的 10.0.0.0～10.255.255.255，B 类的 172.16.0.0～172.31.255.255，C 类的 192.166.0.0～192.166.255.255 都是私有网络地址，常用于在没有合法 IP 地址的情况下支持 TCP/IP 协议，如在内网或 VPN 网络中使用。

IP 地址按使用形式来划分，可以分为两类：静态 IP 地址和动态 IP 地址。静态 IP 地址是指机器的 IP 地址是固定不变的地址。而动态 IP 地址是临时的，用户每次和 Internet 建立连接时，临时得到一个 IP 地址，当断开网络时地址自动取消，如拨号上网、Wi-Fi 等使用的是动态地址。动态 IP 地址可以解决公用 IP 地址（也称为外部 IP 地址，可用于 Internet 上的 IP 地址）短缺的问题，一个网络内只有负责网络连接的代理服务器或路由器需要一个合法的公用 IP 地址，其他机器都使用内部或私有 IP 地址进行网内通信，而当访问 Internet 时，由代理服务器或路由器负责将内部或私有 IP 地址转换为合法的外部 IP 地址。访问结束后，收回地址给其他用户使用。目前，大多数机构网络内用户访问 Internet 都采用动态地址。

所有的外部 IP 地址都由国际组织 NIC（Network Information Center）负责统一分配。目前全世界共有 3 个这样的网络信息中心，其中，InterNIC 负责美国及其他地区；ENIC 负责欧洲地区；APNIC 负责亚太地区。我国申请 IP 地址要通过 APNIC，APNIC 的总部设在澳大利亚布里斯班。个人或企业要申请 IP 地址时需考虑申请哪类 IP 地址，然后向国内的代理机构提出。

由于当前 Internet 使用的 IPv4 协议，仅使用 32 位寻址空间标识计算机，IP 地址的不足已严重制约了 Internet 的发展。以牺牲网速为代价的动态 IP 地址分配技术只能在一定程度上缓解 IP 地址不够用的问题，不能从根本上解决。为此产生了下一代 IP 协议，称为第 6 版本的 IP 协议，即 IPv6。

2．子网掩码

由于网络本身分为 A、B、C 等类，每类网络中的每个网络本身就是一个子网，因此要使用 IP 地址，必须借助子网掩码，才能准确地识别网络信息。子网掩码和 IP 地址相对应，也由 32 位二进制数组成，通常也分为 4 段，每段 1 字节，并用十进制数表示。子网掩码有两个功能：

第一，识别IP地址隶属的网络号；第二，在网络号不够用时，可以利用子网掩码将一个原有的A、B或C类的网络进一步划分成几个小的子网。

子网掩码的基本思想为：如果子网掩码的某位为1，则对应的IP地址中相应的位是网络号的一部分；如果子网掩码为0，则认为是主机号的一部分。在通信过程中，通信设备将子网掩码与IP地址进行二进制数的逻辑与运算，运算的结果即为本机的网络号。

默认的子网掩码：A类为255.0.0.0，B类为255.255.0.0，C类为255.255.255.0。

利用子网掩码，通信设备可以判断一个数据包的源主机和目标主机是否在同一个网络中，然后决定是否将该数据包向网外转发。具体的做法是：将数据包中源主机的IP地址和其子网掩码进行二进制数的逻辑与运算，得到源主机的网络号；同样的办法可以获得目标主机的网络号，若两个网络号相同，则在本网络内转发数据包，否则转发至其他网络。

例如，有3台计算机，配置如下：

主机名称	IP地址	子网掩码
主机A	193.66.12.1	255.255.255.0
主机B	193.66.12.2	255.255.255.0
主机C	193.66.13.1	255.255.255.0

假设主机A发数据到主机B，则通信设备可以分别将数据包中的主机A、主机B的IP地址和子网掩码进行二进制数逻辑与运算，分别求得主机A的网络号是193.66.12.0，主机B的网络号是193.66.12.0，因此通信设备可以知道数据包的目标主机（主机B）和源主机（主机A）属于同一个网络中，将数据包发往本网络内即可。而若从主机A发数据到主机C，则通信设备会通过运算获得主机A的网络号为193.66.12.0，而主机C的网络号为193.66.13.0，可知主机C和主机A不在同一个网络中，需要将数据包转发到主机C所在的网络。

如果公司的局域网是分级管理的，或者由若干个局域网互连而成，是否需要给每个网段都申请分配一个网络号呢？在IP地址不足的情况下，这显然是不合理也不现实的。因此，可以使用子网掩码将IP地址的主机号的一位或几位当作网络号来使用，划分出多个子网。例如，将一个C类网202.204.25.0划分为4个子网，可以取主机号的前两位作为扩展网络号，则各个子网的地址范围见表5.3.3。因为在默认情况下，子网地址全为0和全为1的地址是不可用的，这样会浪费很多地址。现在的路由器都可以进行设置，使所有的子网都可用。在每个子网中，要注意主机地址全为0的网络地址和全为1的广播地址。

表5.3.3　子网划分

子网地址	可用主机地址	子网掩码
202.204.25.0	202.204.25.1～202.204.25.62	202.204.25.192
202.204.25.64	202.204.25.65～202.204.25.126	202.204.25.192
202.204.25.128	202.204.25.129～202.204.25.190	202.204.25.192
202.204.25.192	202.204.25.193～202.204.25.254	202.204.25.192

3. 物理地址

网络中的计算机地址分为物理地址和逻辑地址两类。前面介绍的IP地址是计算机的逻辑地址。对一台计算机而言，由于地理位置和实际需求的改变，IP 地址可能发生变化，因此将其称为计算机的逻辑地址。

物理地址，又称为MAC（Media Access Control，介质访问控制）地址，通常由网卡生产厂家烧录到网卡的EPROM（一种闪存芯片，通常可以通过程序擦写）中。它由6字节，即48位二进制数组成。MAC地址由一个国际组织专门分配，前24位代表生产厂商，后24位为网卡的序列号。它存储的是传输数据时真正赖以标识发出数据的计算机和接收数据计算机的地址，也具有全球唯一性。

IP 地址用于网络层和以上各层的通信，而物理地址用于数据链路层的通信。必要时，可以进行互相转换。负责将 IP 地址解析为物理地址的协议为 ARP（Address Resolution Protocol，地址解析协议），而负责将物理地址解析为 IP 地址的协议为 RARP（Reverse Address Resolution Protocol，即反向地址解析协议）。

读者可以在 Windows 操作系统的命令提示符窗口中使用 Ipconfig/all 命令，查询本机的 MAC 地址和 IP 地址。

5.3.4 域名系统

互联网上用于标识计算机的 IP 地址是由一长串数字组成的，不容易记忆。为了方便用户的使用，可以采用具有一定含义的字符串来标识互联网上的计算机，这个具有一定含义的字符串称为域名。所有域名构成的集合称为域名系统（Domain Name System，DNS），域名系统将整个 Internet 视为一个域名空间（Name Space），域名空间是由不同层次的域组合而成的。

域名空间是一个树状结构，一个根域（名字为空）下有若干个顶级域，在每个顶级域下分别有若干个二级域，在每个二级域下又有若干个三级域，等等，如图 5.3.2 所示。

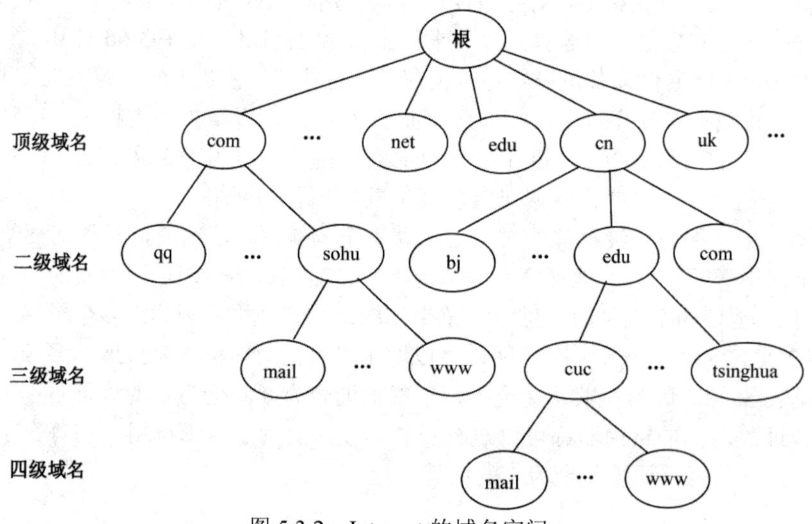

图 5.3.2 Internet 的域名空间

顶级域名有两种划分方法：机构域名和地理域名。机构域名是指按照机构类别设置的顶级域名，主要包括 com（商业组织）、edu（教育机构）等，见表 5.3.4。随着 Internet 的不断发展，不断有新的机构顶级域名被扩充到现有的域名体系中。地理域名是为世界上每个国家或地区设置的，由 ISO-3166 定义，如中国是 cn，美国是 us，法国是 fr，德国是 de。到 2012 年 5 月为止，国家顶级域名共有 296 个。

表 5.3.4 Internet 协会规定的机构顶级域名

原有机构域名	域名用途	新增机构域名	域名用途
com	商业组织	biz	公司和企业
edu	教育机构	info	信息服务业
gov	政府部门	name	个人用途
int	国际组织	pro	有证书的专业人员

续表

原有机构域名	域名用途	新增机构域名	域名用途
mil	军事组织	museum	博物馆
net	网络服务机构	aero	航空运输业
org	非营利组织	coop	合作团体
asia	亚太地区	cat	使用加泰隆人的语言和文化团体
jobs	人力资源管理	mobi	移动产品和服务的提供者
tel	Telnic 股份有限公司	travel	旅游业

在顶级域名下，还可以根据需要定义下一级的域名。例如，在我国的顶级域名 cn 下又设立了两类域名：一类为“类别域名”，包括 com、gov、edu 等共 7 个；另外一类为“行政区域名”，如 bj 代表北京，sh 代表上海等共 34 个。域名的层次不像 IP 地址那样整齐，而是可长可短，中间用圆点隔开，一般为 3～5 层。常见的格式为：

主机名.单位名称.所属机构名.国家代码

例如，中国传媒大学网站的域名为 www.cuc.edu.cn，清华大学网站的域名为 www.tsinghua.edu.cn，这些都属于教育网；而新浪 www.sina.com.cn、搜狐 www.sohu.com 则属于商业网；www.whitehouse.gov 是政府部门网站。

其中，主机名由服务器管理员命名，如习惯上把网站服务器命名为 www，把邮件服务器命名为 mail。主机名之后后缀的域名部分用来标识主机的区域位置，是通过申请合法得到的，如“cuc.edu.cn”是申请得到的合法域名。

企业的域名被称为电子商标。用户可以通过域名访问企业的网页，了解其产品信息，与企业进行电子商务活动。因此，域名被抢注或盗用的现象时有发生。有些个人或企业为达到商业竞争目的，盗用知名公司或竞争对手的名称去抢注域名，造成用户使用和市场的混乱。为了保护企业的合法权益，企业应及早申请加入 Internet，以便注册自己的域名。

2000 年 1 月 18 日，中国互联网络信息中心（CNNIC）正式推出中文域名系统，支持包含诸如“中国”、“公司”、“网络”等几个顶级域名的中文域名，如“导航.中国”。因为汉字输入没有英文那样快捷方便，所以中文域名并未流行起来。

由于域名的长度不固定，机器处理起来比较困难，因此在通信的数据包中仍然使用长度固定的 IP 地址，为此需要一种称为域名服务器的设备将域名解析成对应的 IP 地址。

Internet 上的域名服务器也是按照层次来设置的，如图 5.3.3 所示。每个域名服务器只管辖域名体系中的一部分。所有的根域名服务器知道所有的顶级域名服务器的域名和 IP 地址。所有的顶级域名服务器负责管理在该顶级域名服务器注册的所有二级域名。权限域名服务器是负责一个区的域名服务器。

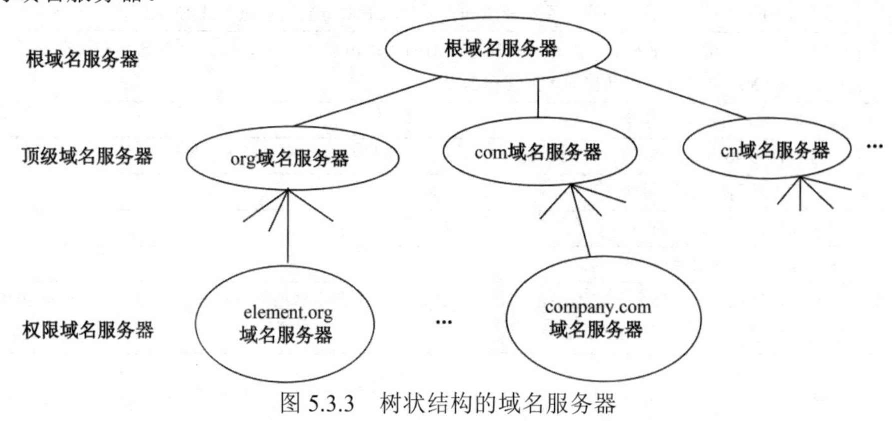

图 5.3.3　树状结构的域名服务器

域名服务器解析域名的步骤如下。

Step1　客户机提出域名解析请求，并将该请求发送给本地的域名服务器。

Step2　当本地的域名服务器收到请求后，先查询本地的缓存，如果有该记录项，则本地的域名服务器直接把查询的结果返回给客户机。

Step3　如果本地的缓存中没有该记录，则本地域名服务器直接把请求发给根域名服务器，然后根域名服务器再返回给本地域名服务器一个所查询顶级域（根的子域）的主域名服务器的地址。

Step4　本地服务器再向上一步返回的域名服务器发送请求，然后接受请求的服务器查询自己的缓存，如果没有该记录，则返回相关的下级的域名服务器的地址。

Step5　重复 Step4，直到找到正确的记录为止。

Step6　本地域名服务器把返回的结果保存到缓存中，以备下一次使用，同时还将结果返回给客户机。

当然，如果读者可以记住 IP 地址，也可以直接使用 IP 地址访问，这样就可以省略了地址解析的过程，访问速度可以略有提高。

在现有操作系统中，一般都提供手工查询域名的命令 Nslookup，通过这个命令可以实现域名和 IP 地址的相互查询。

还需要说明的是，域名肯定有对应的 IP 地址，IP 地址却不一定都有域名，二者不是一一对应关系。一个 IP 可以有多个域名，在动态 DNS 应用中，一个域名也可以对应多个 IP 地址。它们共同的特点是在 Internet 上都具有唯一性。

5.3.5　网络命令

TCP/IP 协议是标准的协议集，所有操作系统都提供用于 TCP/IP 的应用程序或命令。Windows 系统包括两种类型的基于 TCP/IP 的实用程序。

- 连接实用程序：该类程序用于交互和使用各种 Microsoft 和非 Microsoft 主机（如 UNIX 系统）上的资源，如 FTP、Telnet 等程序。
- 诊断实用程序：该类程序用于检测和解决网络问题，见表 5.3.5。

表 5.3.5　诊断实用程序

程　序	描　述
Arp	显示并修改“地址解析协议（ARP）”的缓存。缓存中是 Windows 用于将 IP 地址解析成本地 MAC 地址的对应表
Hostname	返回本地计算机的主机名
Ipconfig	显示当前的 TCP/IP 配置，也用于手动释放和更新 DHCP 服务器指定的 TCP/IP 配置
Nbtstat	显示本地 NetBIOS 名称表（本地应用程序注册的 NetBIOS 名称表）和 NetBIOS 名称缓存（已经解析成 IP 地址的 NetBIOS 计算机名称的本地缓存列表）
Netstat	显示 TCP/IP 协议会话信息
Nslookup	通过查询 DNS 服务器，检查记录、域主机别名、域主机服务和操作系统信息
Ping	验证配置并测试 IP 连通性
Route	显示或修改本地路由表
Tracert	跟踪数据包到达目标所采取的路由
Pathping	跟踪数据包到达目标所采取的路由，并显示路径中每个路由器的数据包损失信息。Pathping 也可以用于解决服务质量（QoS）连通性的问题

在诊断网络故障时，Ping 命令是常用命令。Ping 命令是通过 ICMP（Internet Control Message

Protocol）协议来测试网络的连接情况。通过将数据发送给另一台主机，并要求在应答中返回这个数据，以确定连接的情况。所以用 Ping 命令可以确定本地主机是否能和另一台主机通信。

连通问题可能是由许多原因引起的，如本地配置错误、远程主机协议失效等，当然还包括设备等造成的故障。如果本机不能访问 Internet，通常按如下步骤逐步定位网络故障，然后排除。

Step1　在命令提示符窗口中，首先使用 Ipconfig/all 命令查看本地网络设置。

Step2　Ping 保留的本地回路地址 127.0.0.1。这个地址（也叫作回送地址）如果成功地回送数据，则表明 TCP/IP 协议组已经被成功地安装了；否则需要重装协议。

Step3　Ping 本机的 IP 地址（如 10.66.5.100）。如果可以从这个 IP 地址成功回送数据，则说明主机上的 IP 地址已经成功配置；否则需要检查本机 IP 地址、子网掩码等设置。

Step4　Ping 网关地址（如 10.66.5.1）。如果可以从这个 IP 地址成功回送数据，则说明本机可以和位于同一网段上的另一台主机进行通信；否则需要检查网关的设置。

Step5　Ping 域名服务器（如 202.205.16.5）。如果域名服务器可以成功回送数据，则说明域名服务器工作正常，应该可以访问外网；否则需要检查域名服务器的设置。

Step6　Ping 位于远程网络上的某主机的 IP 地址或域名。

按照如上步骤可以检查从本机到外网某主机或服务器的所有主要设备是否都正常工作。

关于 Ping 命令的返回信息及其说明如下。

Request Timed Out：这个信息表明对方主机拒绝接受发给它的数据包，从而造成数据包丢失。大多数情况是由于对方主机装有防火墙或关机。

Destination Net Unreachable：这个信息表示对方主机不存在或者没有跟对方建立链接。Destination Net Unreachable 和 Request Time Out 的区别是，如果在所经过的路由器的路由表中具有到达目标的路由，而目标因为其他原因不可到达，这时就会出现 Request Time Out；如果在路由表中没有到达目标的路由，就会出现 Destination Net Unreachable。

Bad IP Address：这个信息表示本机可能没有连接到 DNS 服务器，所以无法解析这个 IP 地址，也可能是 IP 地址不存在。

Source Quench Received：信息比较特殊，这种情况出现的几率很少，表示对方或中途服务器繁忙无法回应。

在使用网络命令过程中，如果遇到问题，可以利用帮助系统来解决。帮助系统的使用方式是“命令名 /?”，如输入“ipconfig /?”，系统会提供命令的使用方式和示例。

5.4　计算机与 Internet 的连接

5.4.1　连接方式概述

在 20 世纪 90 年代之前，网络没有普及，计算机主要的使用模式是单机应用。随着网络的普及，网络应用逐渐成为计算机使用的主要模式。时至今日，网络接入的功能成为了计算机的标准配置。对于笔记本电脑，无线接入和有线接入功能都是必须具备的。

对于一般的个人或机构，如果要接入互联网，通常都是通过 ISP（Internet Service Provider，Internet 服务提供商）完成的。ISP 是为用户提供 Internet 接入服务的公司和机构。美国最大的 ISP 是美国在线。中国的 ISP 是有国际出口的四大骨干网，旗下还有很多 ISP 代理。ISP 通过租用国际信道和大量当地的电话线，并配有相应的通信设备，为本地用户提供接入互联网的中介服务。

随着网络技术和通信技术的提高，尤其是无线通信的蓬勃发展，接入 Internet 的方式越来越多，用户可以根据自己的需要自由选择。

5.4.2 有线接入方式

通过有线介质接入互联网的方式主要有 ADSL 宽带接入、局域网接入、有线电视接入等方式。

1. ADSL 宽带接入

ADSL（Asymmetric Digital Subscriber Line，非对称数字用户线路）是 DSL（Digital Subscriber Line，数字用户线路）的一种，它使用标准的电话线系统，采用频分复用技术把普通的电话线分成电话语音、网络数据上行和网络数据下行 3 个相对独立的信道，从而避免相互之间的干扰，即使边打电话边上网，也不会发生上网速率变慢和通话质量下降的情况。

ADSL 接入技术因为上行和下行带宽不对称，因此称为非对称数字用户线路。通常，在不影响正常电话通信的情况下可以提供最高 3.5Mbps 的上行速度和最高 24Mbps 的下行速度。由于 DSL 的相关技术发展很快，因此其技术指标也在不断变化。

ADSL 接入如何连接呢？在电信服务提供商的那一端，需要将每条开通 ADSL 业务的电话线路连接在数字用户线路访问多路复用器（DSLAM）上；而在用户端，用户需要使用一个 ADSL 调制解调器（因为和传统的调制解调器 Modem 功能类似，所以也被称为“猫”）来连接电话线路。由于网络数据使用高频信号，所以在两端还要使用信号分离器将网络数据信号和普通音频电话信号分离出来，避免打电话的时候出现噪声干扰。用户端连接方式如图 5.4.1 所示。

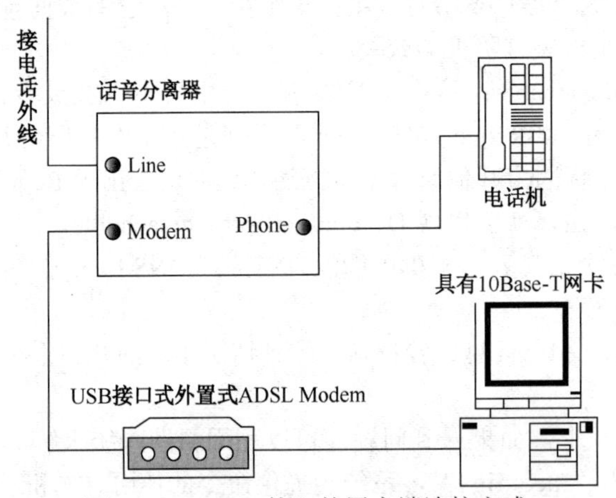

图 5.4.1　ADSL 接入的用户端连接方式

关于 ADSL 接入的系统设置较简单，无须安装任何软件，操作系统通常都包含全部的接入互联网的协议，只需要适当配置即可。在 Window 7 中，依次单击“开始 | 控制面板 | 网络和 Internet | 连接到 Internet | 宽带（PPPoE）”，打开“连接到 Internet”页面，在其中输入从 ISP 申请的用户名和密码，在“连接名称”框中可以输入一个自己喜欢的名字，如图 5.4.2 所示，最后单击“连接”按钮。

该用户名和密码将被保存在计算机中，以后每次连接时不用重复输入。上网时，只需要激活连接的窗口，单击“连接”按钮即可接入网络，如图 5.4.3 所示。

2. 有线电视线缆接入

目前，很多城市的有线电视公司（如北京的歌华有线）也可以提供 Internet 接入服务。这些公司将本城市原有的有线电视系统进行了升级改造，将原来只能单向传输上百个频道的电视信号系统，升级为可以同时传输电视信号、网络上行数据和网络下行数据的双向信号系统。与 ADSL 技术类似，有线电视系统也提供不对称的 Internet 服务，上行速度比下行速度慢很多，上行速度最快可达 2Mbps，而下行速度可达 38Mbps。

图 5.4.2　配置账户信息

图 5.4.3　连接窗口

通过有线电视线路上网需要电缆调制解调器（Cable Modem），电缆调制解调器可以直接插在墙上的同轴电缆插口中。如果需要将有线电视的机顶盒和电缆调制解调器连接到墙上的一个插口中，就需要使用电缆分线器。

多数电缆调制解调器都带有 USB 端口和以太网端口，用户可以使用其中任意一个。

然而，令人困惑的是，这个技术先进而且接入设施完备的应用未能在我国取得很好的市场份额。

3. 局域网接入

局域网是指机构、企业、学校等单位构建的有限地理范围内的网络系统。通常，局域网所在单位向 ISP 租用专线接入 Internet，这种上网方式速度快、网络信号稳定。

局域网内的用户只需要一块网卡和一根连接本地局域网的电缆，如双绞线，就可以将自己的计算机接入 Internet。

接入局域网的方式是，首先将网线的一端连接计算机的网卡，另一端连接局域网的某个端口，然后安装网卡的驱动程序（很多计算机的操作系统中已包含了网卡的驱动程序，就不需要安装了）。接下来需要设置相应的网络参数，在“网络连接”中单击“本地连接”，选择“Internet 协议（TCP/IP）”，单击“属性”按钮，在弹出的对话框中输入网络管理员提供的 IP 地址、子网掩码、默认网关以及域名服务器等参数，如图 5.4.4 所示。

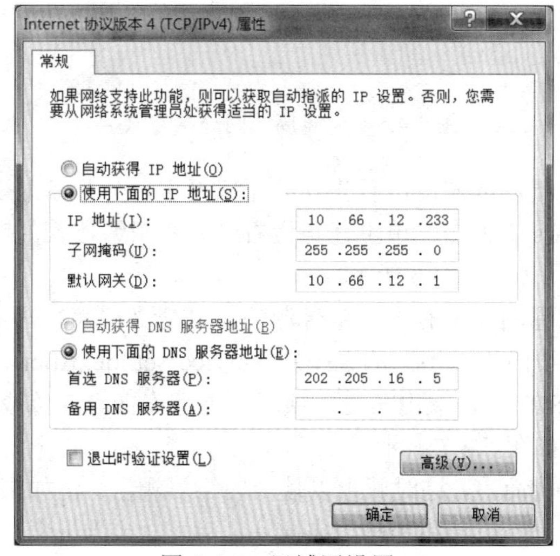

图 5.4.4　局域网设置

设置完成后，用户就可以利用各种应用程序通过局域网访问 Internet 了。如果网络管理员在代理服务器或路由器上做了动态地址分配，则用户端直接设置为“自动获得 IP 地址”即可上网，由路由器或代理服务器完成公有地址和私有地址的双向自动转换。

除了以上介绍的有线接入方式以外，Internet 服务商和房产商在新建的办公楼或者居民住宅区内铺设了专线入楼的局域网，这类网络目前可以光纤入户，网速非常快，价格也不贵，也是接入互联网的很好选择。

5.4.3 无线和移动接入方式

最近几年，无线网络技术发展的非常迅速，各种无线接入互联网的方式日新月异。

1．无线局域网接入

在 5.2 节中介绍了无线局域网（Wireless LAN，WLAN）的相关技术，包括各种标准。下面介绍无线局域网的接入方式，无线局域网具有组网快捷，接入灵活、成本低等特点。

无线局域网组网的硬件设备主要包括无线网卡和无线接入点 AP（Wireless Network Access Point）。

无线网卡主要有 3 种类型：笔记本电脑专用的 PCMCIA 网卡、台式机专用的 PCI 无线网卡和 USB 无线网卡（笔记本电脑和台式机都可使用），协议主要使用安全性较好的 802.11n。

无线 AP 的作用类似于有线局域网中的集线器，对各种无线信号进行收集并中转。无线 AP 与终端用户的无线传输距离最大为 100m。由于共享带宽，一般一台无线 AP 可支持 2～30 个终端用户。无线 AP 通常具有一个 RJ-45 接口，可用来与有线局域网进行连接。

通过 WLAN 接入 Internet，目前主要使用 Wi-Fi 技术，无线 AP 通常连接到有线网络端口，而终端用户的计算机通过无线网卡和无线 AP 进行通信，通过无线 AP 接入 Internet。连接方式如图 5.4.5 所示。

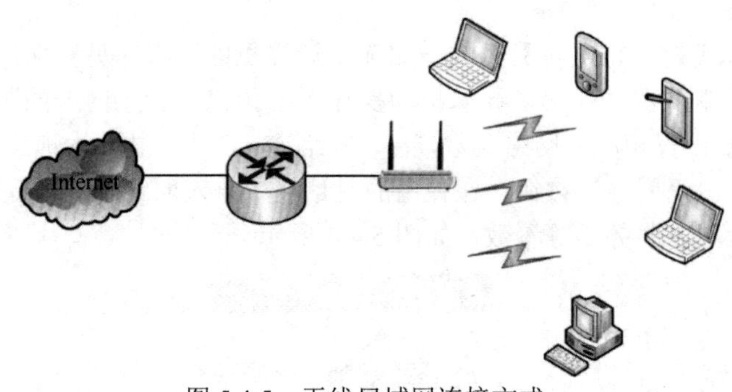

图 5.4.5　无线局域网连接方式

终端用户在无线网络覆盖区域内，首先安装无线网卡，然后安装其驱动程序，接下来需要设置网络参数。以 Windows 7 为例，单击任务栏右侧无线网络接入的图标，就会看到当前可以接收到信号的无线网络，如图 5.4.6 所示。

由于计算机所在地的周围经常有多个信号源的信号交叉覆盖，因此计算机会检测到多个无线网络的连接。不同的无线网络以不同的 SSID（Service Set Identifier，服务集标识符）来区分。

找到自己要连接的 SSID 后，双击其对应项即可进行连接。连接成功后，相应的 SSID 后面将显示“已连接”字样，如图 5.4.7 所示。

对于大多数的公共环境而言，这时就可以使用网络资源了。但如果连接的 SSID 无线网络要求认证，则需要输入认证用的账号和密码，完成认证后，才能真正连入网络。

图 5.4.6 无线连接信号

图 5.4.7 已连接的无线连接信号

2. 3G 无线上网

随着我国三网合一工程的实施，电信网、有线电视网和互联网实现了互连互通，这 3 类网络的公司都可以提供其他两类网络的业务，如经营语音通话的电信公司可以提供接入互联网和电视的业务。随着无线网络的发展，用户也可以通过 3G 信号上网。提供 3G 接入的公司有：中国电信、中国联通和中国移动。这 3 家公司采用了不同的通信标准：中国移动采用自主研发的 TD-SCDMA（时分同步码分多址）标准；中国联通采用的 WCDMA（宽带码分多址）标准是源于欧洲和日本几种技术的融合，在全世界广泛使用；中国电信采用 CDMA2000 标准，由美国高通公司发明，主要在美国、加拿大、日本和韩国等国家使用。

（1）3G 网卡接入

通过 3G 信号上网，需要选择上述 3 家公司的任何一家购买 3G 网卡。3G 网卡通常是 USB 接口的，有上述的 TD-SCDMA、WCDMA 和 CDMA2000 共 3 类标准。除了购买 3G 网卡外，还需要购买相应的 SIM（Subscriber Identity Module）资费卡，将 SIM 卡插入 3G 网卡内，再将 3G 网卡插入计算机的 USB 口，然后安装该网卡的硬件驱动程序和客户端软件。

安装完上述硬件和软件后，运行客户端软件，单击“连接”按钮，连接成功后，就可以使用 Internet 资源了。对于 3G 信号覆盖不到的地方，计算机会自动降速到 2G 网络。

这样的技术方便用户在没有有线网络也没有 Wi-Fi 信号的偏远地区接入互联网。

（2）3G 无线路由器接入

由于使用 3G 上网卡只能局限于一台计算机使用，因此，目前使用更多的是集成了 Wi-Fi 技术的 3G 无线路由器来接入 Internet。

用户只需要购买集成了 Wi-Fi 技术的 3G 无线路由器和支持 Wi-Fi 的无线网卡，即可接入 Internet。这样做的好处是，可以有多台无线终端同时使用 3G 无线路由器上网，包括笔记本电脑、智能手机、平板电脑等设备。

5.5 Internet 的应用

网络发展到今天，其应用越来越丰富。从最早的电子邮件到即时通信，再到现在的社交网络，技术的发展不断带给人们新的体验和享受。

5.5.1 信息浏览服务

信息浏览服务是 Internet 提供的非常受欢迎的服务之一。信息浏览服务也被称为万维网

（World Wide Web，WWW）服务，它是一种基于客户-服务器模式的超文本信息服务系统。整个系统由 Web 服务器、浏览器及通信协议三部分组成。

Web 服务器也称为网站服务器或 WWW 服务器，主要功能是存储和管理网页文件，并侦听是否有客户端的连接请求，如果有，则将客户端请求的网页内容传送到客户端。具体来说，WWW 服务要解决的主要问题包括：

① 如何标识 Internet 中的文件——URL 地址；

② 用什么协议来实现浏览器和服务器之间的信息传输——HTTP 协议；

③ 网页文件的格式如何定义——HTML 语言。

1. URL 地址

在 WWW 系统中，使用统一资源定位器（Uniform Resource Locator，URL）来唯一地标识和定位 Internet 中的资源。URL 的作用是，指出用什么方法、去什么地方、访问哪个文件。因此，它由 3 部分组成：

① 客户与服务器之间所用的通信协议；

② 存放信息的服务器地址；

③ 存放信息的路径和文件名。

URL 的具体格式如下：

信息服务类型或通信协议://信息资源服务器地址[:端口号]/文件路径/文件名

例如，中国传媒大学教学名师所在网页的 URL 地址为：

http://www.cuc.edu.cn/mingshi/html/jiaoxuemingshi.html

在访问一个网站的主页时，通常只需要输入 URL 的前两部分即可。网站管理员一般会把主页所在路径和文件名设置在服务器的默认目录中，而非主页的网页文件则通常用超链接来关联 URL 地址，无须用户记忆。

URL 中的协议并不局限于 HTTP，还可以是 FTP、Telnet 等协议。此外，其端口号用来区分不同类别的服务，或同一类别服务的多个不同应用。如果是不同类别的服务，通常用默认的端口号，如 HTTP 是 80 端口，FTP 是 21 端口，默认端口号不需要用户输入。如果是同一类服务的多个应用，如一台服务器中提供多个网站的服务，则除了 80 端口外，还可以使用 81、82 等端口号，用户在访问非默认端口号对应的网站时，必须输入该端口号。

2. HTTP 协议和 HTTPS 协议

HTTP（HyperText Transmission Protocol，超文本传输协议）是 TCP/IP 协议集中的一个应用层协议，是基于 TCP 的面向可靠连接的协议。

HTTP 协议采用请求/响应工作模式。用户通过浏览器向 Web 服务器发送一个访问请求，包含请求的方法、地址、内容等消息结构；服务器收到请求后，将请求的页面包含在一个 HTTP 响应消息中，向浏览器返回。

HTTPS（HyperText Transmission Protocol Secure，超文本传输安全协议）提供加密通信及对网络服务器身份的鉴定，其英文全称为 Hypertext Transfer Protocol over Secure Socket Layer，即带安全套接字层（Secure Socket Layer，SSL）的 HTTP 协议。HTTPS 负责在 Web 服务器和浏览器之间的安全通信。作为有代表性的应用，HTTPS 可用于处理信用卡交易和其他的敏感数据。

3. HTML 语言

HTML（HyperText Markup Language，超文本置标语言，也称超文本标记语言）提供一种描述信息的方法。HTML 规范由 WWW 联盟（WWW Consortium，W3C）制定，从 HTML 的多个版本到 XHTML，再到现在的 HTML5.0，历经了多次修订。

HTML 语言明显的特征是用尖括号“< >”将标签括起来，标签通常是成对出现的，形如：<标签>和</标签>，用于说明某类信息的起始和终止。

5.5.2 信息检索

随着信息化、网络化进程的推进，Internet 上的各种信息呈指数级膨胀，面对海量的无序信息，信息检索的系统应运而生。其核心思想是用一种简单的方法，按照一定的策略，在互联网中搜索信息，并对信息进行理解、提取、组织和处理，帮助人们快速找到想要的内容，摒弃无用信息。在日常信息检索中，人们普遍使用的工具是搜索引擎。除此之外，对于科学文献的检索，需要基于专门的期刊数据库或论文数据库来搜索。

1. 搜索引擎

搜索引擎的基本工作原理包括 3 步：抓取网页、处理网页和提供检索服务。每个独立的搜索引擎都有自己的网页抓取程序（Spider、Robot、蜘蛛或机器人），这类程序顺着网页超链接不间断地抓取网页，被抓取的网页称为网页快照；搜索引擎抓到网页后，还需要对网页进行分析，如提取关键词、计算相关度、出现的频次、去除重复网页、判断网页类型等，然后将这些分析的结果信息存储到索引库；用户输入关键词后，搜索引擎从索引数据库中查找匹配的网页，为了方便用户判断，除了网页 URL 和标题外，还会提供一段网页的摘要信息。

最早的搜索引擎主要搜索标题内容，而现在主流的搜索引擎，如百度、Google 等，都是全文检索，因此搜索的结果更为准确。

在使用搜索引擎时，关键词的选择很重要，会直接影响搜索结果的准确度。可以通过切换多个关键词来进行搜索，提高搜索的准确性。此外，需要注意搜索引擎帮助中给出的关键词使用的方法，如：

- 给关键词加双引号（半角形式），可实现精确查找；
- 组合关键词用“+”或空格连接，表示搜索结果应同时具有各个关键词；
- 组合关键词用“-”号连接，表示搜索结果中不要存在减号后面的关键词；
- 通配符“*”和“?”主要用于英文搜索引擎，“*”表示匹配的字符数量不受限制，“？”表示匹配的字符数量受限制。

除了可以用搜索引擎查找信息外，也可以使用目录索引查找想要的信息。目录索引是通过人工方式收集、整理资料形成的数据库。例如，雅虎、新浪、网易都提供有分类目录。索引目录由于是人工整理的，因此更为系统、全面，其缺点是局限于某些方面，而不像搜索引擎那么万能，任何方面的内容都可以查找。

2. 科技文献检索

日常信息可以使用搜索引擎或目录索引来查找，如果想深入了解某一领域的内容，则可以在中国知网上查找相关文献。

中国知网（China National Knowledge Infrastructure，CNKI）是以实现全社会知识资源传播共享与增值利用为目标的信息化建设项目。该项目由清华大学、清华同方发起，始建于 1999 年 6 月。在教育部、科技部、新闻出版总署等机构的大力支持下，在全国学术界、教育界、出版界、图书情报界等社会各界的密切配合和清华大学的直接领导下，CNKI 工程集团经过多年努力，采用自主开发并具有国际领先水平的数字图书馆技术，建成了世界上全文信息量规模最大的“CNKI 数字图书馆”，并正式启动建设中国知识资源总库及 CNKI 网格资源共享平台，通过产业化运作，为全社会知识资源高效共享提供最丰富的知识信息资源和最有效的知识传播与数字化学习平台。

中国知网的内容建设由中国学术期刊（光盘版）电子杂志社承担，技术与服务由同方知网技术有限公司承担。它提供 CNKI 源数据库、外文类、工业类、农业类、医药卫生类、经济类和教育类多种数据库。其中综合性数据库为中国期刊全文数据库、中国博士学位论文数据库、中国优秀硕士学位论文全文数据库、中国重要报纸全文数据库和中国重要会议论文全文数据库。每个数据库都提供初级检索、高级检索和专业检索 3 种检索功能。其中高级检索功能最为常用。

中国知网提供的检索服务包括文献搜索、数字搜索、学术资源、专业主题、学术统计分析等。中国知网的网站地址为：http://www.cnki.net，检索设置如图 5.5.1 所示。

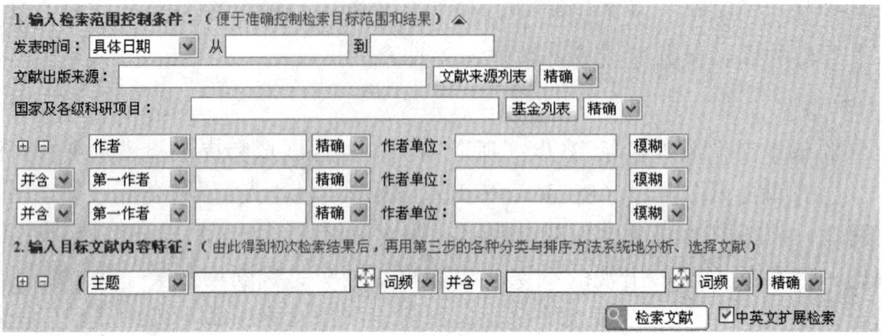

图 5.5.1　中国知网检索设置

5.5.3　电子邮件

电子邮件（Electronic Mail，简称 E-mail）又称电子信箱、电子邮政，它是一种用电子手段提供信息交换的通信方式，是 Internet 最早提供的服务。在 WWW 技术发明之前，网络上用户的交流大多通过 E-mail 方式进行。

通过网络的电子邮件系统，用户可以用非常低廉的价格，以非常快速的方式，与世界上任何一个角落的网络用户联系。这些电子邮件可以是文字、图像、声音等各种方式。同时，用户可以得到大量免费的新闻、专题邮件，并实现轻松的信息搜索。

使用电子邮件必须申请电子信箱，它是一块专门分配给用户存放电子邮件的硬盘存储区域。其格式为：

用户名@邮件服务器域名

Internet 上有很多类似邮局的计算机来转发和处理电子邮件，称为邮件服务器。其中发送邮件服务器采用简单邮件传输协议（Simple Mail Transfer Protocol，SMTP）将用户编写的邮件转发到收件人的电子信箱，所以又称为 SMTP 服务器。接收邮件服务器采用邮局协议（Post Office Protocol，POP3）将发送者发来的邮件暂存，直到邮件接收者从服务器取到本地阅读，所以接收邮件服务器又称为 POP 服务器。现在也有不少接收邮件服务器采用 Internet 信息访问协议（Internet Message Access Protocol，IMAP）来接收邮件，该协议支持客户端和服务器端的实时交互，即在客户端的操作会反映到服务器端，如果选择在服务器中保留了副本，当用户在客户端阅读新邮件后，服务器中会显示已阅读，而 POP3 协议则不会将客户端的操作显示在服务器端。现在这两种方式的邮件服务器都可以通过 Web 方式访问。

5.5.4　社交网络

Internet 上的社交网络（Social Network Service，SNS）也称为社交网络服务，它通过一个或多个共同点将一些人相互联系起来而建立成一个群组，可以是同学、同事或爱好相近的陌生人建立成的群组。在群组中可以分享经验、知识，并建立友情。

社交网络是一个系统，通常具有如下功能：

- 系统中的主体是用户，用户可以公开或半公开自己的信息；
- 用户能创建和维护与其他用户之间的连接关系及个人想要分享的内容信息（如日志或照片等）；
- 用户通过连接（或朋友）关系能浏览和评价朋友分享的信息。

社交网络与传统的 Web 应用的不同之处在于：传统的 Web 应用是以内容为主的，依靠内容信息组织在一起，呈现给用户；而社交网络的主体是人，依靠人与人之间的关系组织在一起，著名的社交网络有 Facebook（脸谱网）、人人网等。

5.5.5 FTP

在使用网络过程中，常使用两个术语："下载"（Download）和"上传"（Upload）。这两个术语描述了文件传输服务最基本的功能。这类服务使用文件传输协议（File Transfer Protocol，FTP），因此提供此类服务的计算机称为 FTP 服务器。

与大多数 Internet 的服务一样，FTP 服务也是一个客户-服务器系统。用户通过一个支持 FTP 协议的客户机程序，如浏览器，连接到 FTP 服务器的相应程序。用户通过客户机程序向服务器程序发出命令，服务器程序执行用户所发出的命令，并将执行的结果返回到客户机。FTP 文件传输原理如图 5.5.2 所示。

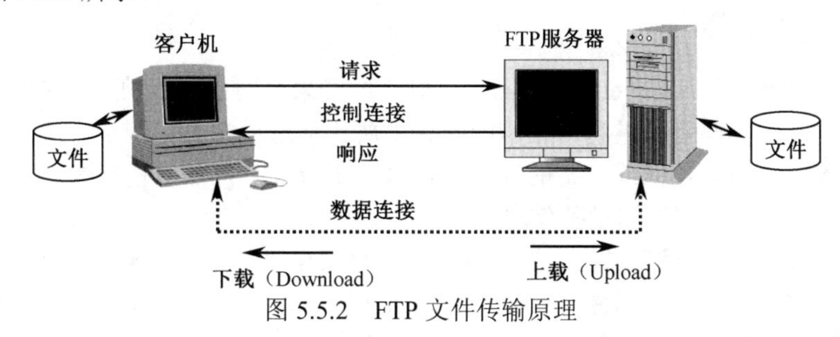

图 5.5.2　FTP 文件传输原理

现在，几乎每个高校都提供文件共享的 FTP 服务器，方便学生共享软件或数据文件。一般使用浏览器来访问这类服务器，要访问中国传媒大学的 FTP 服务器，可以在浏览器的地址栏中输入如下的 URL：ftp://ftp.cuc.edu.cn。

除了可以使用浏览器来访问 FTP 服务器上的资源外，也可以使用专门的 FTP 服务器软件，如 CuteFtp，或者使用 Windows 中自带的 FTP 命令。

5.5.6 远程登录

远程登录（Telnet），是 Internet 上较早提供的服务。用户通过该命令使自己的计算机暂时成为远程服务器的终端，进而直接使用远程服务器的资源和服务。

利用远程登录，用户可以实时使用远程服务器中对外开放的全部资源，可以查询数据库、检索资料，或利用远程计算完成只有巨型机才能做的工作。

过去，很多高校都有 BBS（Bulletin Board System）系统，用于各类信息的交流。早期的 BBS 都是通过 Telnet 来访问的，随着浏览器功能的增强，大家开始通过浏览器来访问 BBS，而且 BBS 的功能也变得越来越多，并冠名为"论坛"或"社区"，BBS 这个称谓已经几近成为历史。

远程登录是一种纯文本形式的交互，因此流量小、速度快。一方面由于其只支持命令不支持鼠标，另一方面浏览器的功能越来越强，因此 Telnet 的应用越来越少，逐渐被市场淘汰。

5.6 计算机网络安全基础

5.6.1 计算机网络安全概述

互联网是对全世界都开放的网络，任何单位或个人都可以在网上方便地传输和获取各种信息。然而，互联网的这种开放性、共享性、国际性的特点对计算机网络安全提出了严峻挑战。网络这个开放的平台，在给人们带来了方便的同时，也带来一些不安全的因素。

计算机网络安全是指利用网络管理控制和技术措施，保证在一个网络环境里，数据的保密性、完整性及可使用性受到保护。计算机网络安全包括两个方面：物理安全和逻辑安全。

物理安全指系统设备及相关设施受到物理保护，免于破坏和丢失等。物理安全涉及的问题主要包括防自然灾害（火灾、地震等）、电源保护、静电防护、防电磁波辐射以及操作失误等多方面内容。

逻辑安全包括信息的完整性、保密性和可用性，即确保数据信息不受恶意的破坏、更改、泄露等。

网络安全的主要目标是保护网络上的计算机资源免受自然或人为的毁坏。其中，计算机资源包括计算机设备、存储介质、软件和数据信息等。

5.6.2 网络安全应用

一台计算机只要接入 Internet，就意味着要时刻经受来自网络的各种安全威胁。除了自然灾害之外，人为的破坏需要格外重视。人为的破坏主要包括通过病毒、蠕虫、特洛伊木马、间谍软件等手段的入侵，毁坏数据或设备的行为。针对这些五花八门的入侵行为，需要采取相应的防护和对策，以保护网络数据和设备免遭毁坏。

毫无疑问，“防患于未然”道出了保护计算机网络安全“防重于治”的真理。因此，在日常使用计算机中一定要做好防护措施。一般，通过采用防火墙、反间谍软件、反病毒软件等措施来保护计算机的安全。

1．防病毒软件

从 1983 年第一个计算机病毒诞生起，病毒就伴随着计算机网络技术的发展而不断进化。时至今日，已发布的病毒成千上万种，每天都有新的病毒在发布，每天都有计算机被感染，这些危害网络安全的恶意程序给人类带来了巨大的损失。

当一台计算机的操作系统安装完毕后，接下来首先应该安装的就是防病毒软件，至少在接入网络之前，应该安装好防病毒软件，否则就是将自己的系统暴露在各种病毒的威胁中，中毒变得在所难免了。

通常，防病毒软件通过查找病毒的特征码，即一组已知的病毒程序代码序列，来找出病毒并做相应的清除。由于每天都有新的病毒发布，因此防病毒软件公司会定期更新病毒特征库，用户也需要定期升级病毒库，以保证用最新的病毒特征库来扫描系统，尽可能做到防患于未然。

防病毒软件与生俱来具有滞后性，永远是病毒发布在前，收集病毒特征并发现病毒在后，因此，现在的主流防病毒软件都具有实时扫描、主动防御的功能，以解决病毒库更新滞后的问题。现在流行的防病毒软件包括 360 安全套装、腾讯电脑管家、金山毒霸等，这些软件在国际评测中排名很靠前，主动防御和防病毒措施都做得非常好。

无论用户多么小心，由于系统漏洞、病毒的复杂性等原因，都不能保证计算机是绝对安全的，因此明智的计算机用户也应该做到以下几点：

- 绝不轻易打开来源不熟悉的电子邮件的附件。研究表明，70%的病毒是通过电子邮件传输的。
- 不要随意从网上下载软件。下载软件前，应该确认软件的可靠性。
- 不要轻易响应弹出的广告。很多广告内置了病毒，一旦单击，病毒就会感染用户的计算机。

2. 反间谍软件

间谍软件是可以自行安装的软件，或者未提供足够通知、同意或控制就在计算机中运行的软件。当连接到 Internet 时，间谍软件可能会在用户不知道的情况下安装到用户的计算机中，或者当用户使用 CD、DVD 或其他可移动媒体安装某些程序时，间谍软件可能会感染用户的计算机。

间谍软件在感染计算机后可能不显示任何症状，但许多间谍软件都可以影响计算机的运行方式。例如，间谍软件可以监视在线行为，或者收集有关用户的信息（包括个人标识或其他敏感信息），更改计算机设置或者降低计算机的运行速度。

如何知道计算机中有无间谍软件？遇到如下情况，计算机上可能有某种形式的间谍软件：

- 自动添加到 Web 浏览器的新工具栏，或添加到收藏夹中的新链接；
- 默认的主页、鼠标指针或搜索程序被更改；
- 输入特定网站（如搜索引擎）的地址，但未予通知即转到另一网站；
- 即使未连接到互联网，依然看到弹出式广告；
- 计算机突然重新启动或运行缓慢。

即使未发现任何症状，计算机中也可能有间谍软件。实时运行反间谍软件，可有助于发现和删除此类软件。

反间谍软件是一种专门用来识别和清除 Web 臭虫、广告服务 Cookie 以及其他间谍软件的安全软件。例如，Spy Sweeper、SpywareBlaster 以及 Windows Defender 之类的反间谍软件能够针对浏览器寄生虫和其他间谍程序提供不同级别的保护。不管怎样，要防止响应或下载弹出广告中的间谍软件。

Windows Defender 提供以下两种方法帮助防止间谍软件感染计算机。

（1）实时保护。Windows Defender 会在间谍软件尝试将自己安装到计算机中并运行时向用户发出警告。如果程序试图更改重要的 Windows 设置，它也会发出警报。

（2）扫描选项。可以使用 Windows Defender 扫描可能已安装到计算机中的间谍软件。定期计划扫描，还可以自动删除扫描过程中检测到的任何恶意软件。

使用 Windows Defender 时，更新“定义”非常重要。定义是一些文件，它们就像一本不断更新的有关潜在软件威胁的百科全书。Windows Defender 在确定检测到的软件是间谍软件或其他可能不需要的软件时，使用这些定义来警告用户潜在的风险。为了保持定义为最新，可将 Windows Defender 与 Windows Update 一起运行，以便在发布新定义时自动进行安装。还可将 Windows Defender 设置为在扫描之前联机检查更新的定义。有关 Windows Defender 的详细用法可参考 Windows 的系统帮助。

3. 防火墙

防火墙是一种安全软件，或者是由软件和硬件共同实现的一种设备，主要目的是保护计算机或网络不受来自网络的非法侵入。防火墙通常设置于企业的内部局域网与 Internet 之间，限制 Internet 用户对内部网络的访问以及管理内部用户访问外界的权限。防火墙是一种被动的技术，因为它假设了网络边界的存在，它对内部的非法访问难以有效地控制。

防火墙安全功能的实现主要采用以下两种措施。

（1）应用层防火墙

应用层防火墙也称为代理服务器，通常是基于软件实现的。这种方式的内部网络与 Internet 不直接通信，防火墙内外的计算机之间的通信是通过代理服务器来中转实现的。这样便成功地实现了防火墙内外计算机系统的隔离，能够有效地阻止外界直接非法入侵。代理服务器通常由性能好、处理速度快、容量大的计算机来实现，在功能上作为内部网络与 Internet 的连接者。它对于内部网络来说是一台真正的服务器，而对于 Internet 上的服务器来说，它又是一台客户机。当代理服务器接收到用户的请求以后，会检查用户请求的站点是否符合设定要求，如果允许用户访问该站点，代理服务器就会和这个站点连接，以取回所需信息再转发给用户。另外，代理服务器还能提供更为安全的选项，例如，它可以实施较强的数据流监控、过滤、记录和报告功能，还可以提供极好的访问控制、登录以及地址转换功能。但是，这种防火墙措施，在内部网络终端机很多的情况下，效率必然会受到影响。

（2）网络层防火墙

网络层防火墙也称为分组过滤器，通常由软件和硬件共同实现，如图 5.6.1 所示。这种结构由路由器和过滤器共同完成对外界计算机访问内部网络的限制，也可以指定或限制内部网络访问 Internet。路由器只对过滤器的特定端口上的数据通信加以路由，过滤器的主要功能就是在网络层中对数据包实施选择性通过，以 IP 包信息为基础，根据 IP 源地址、IP 目标地址、封装协议端口号，确定是否允许该数据包通过。这种防火墙措施最大的优点是，它对于用户来说是透明的，也就是说不需要用户输入账号和密码来登录，因此速度上要比代理服务器快，且不容易出现瓶颈现象。然而，其缺点也是很明显的，就是没有用户的使用记录，这样就不能从访问记录中发现非法入侵的攻击记录。

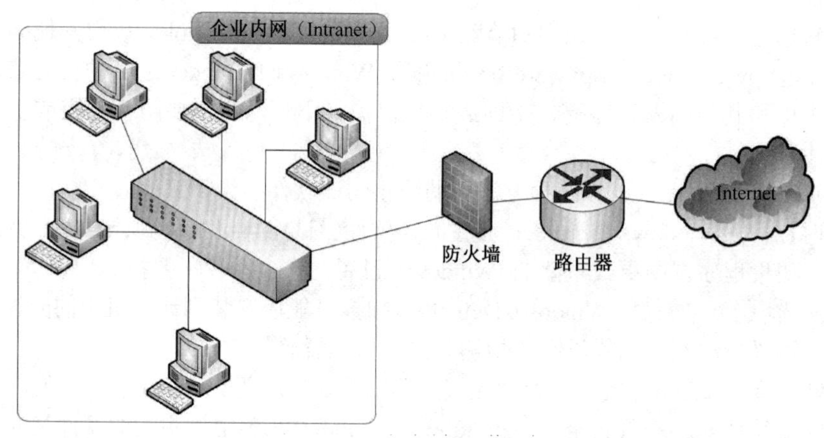

图 5.6.1　防火墙工作原理

目前，市场上的防火墙产品主要分为软件防火墙和硬件防火墙两类。

软件防火墙是直接安装在计算机中的软件安全防护产品。很多操作系统都内置了防火墙软件，如 Windows、UNIX 操作系统，还有一些第三方产品，如 360 防火墙、瑞星防火墙。如果安装了 360 安全套装，就能发现该软件提供了防火墙功能。还有 CheckPoint、 FireWall-1 这样的专业级防火墙，主要用于对企业的局域网进行保护，通常安装在配有多块网卡的服务器中。

硬件防火墙是将防火墙软件与计算机硬件高度集中的专用网络设备，运行在自己专用的操作系统中，作为一个网络设备来使用，无须再额外安装软件，可通过 Web 界面进行管理。

由于硬件防火墙成本较高，通常用于企业网络的防护。对于个人而言，建议将操作系统的防火墙和第三方防火墙，如 360 防火墙都启用，尽可能让自己的系统处于多重保护状态下。

4．及时安装补丁

通常，软件的漏洞数量和其功能成正比，没有完美无缺、无漏洞的软件。因此，在软件发行之后，开发者会对软件漏洞和功能进行完善，然后发布补丁文件，给用户安装。对于大型软件系统（如 Windows 操作系统）在使用过程中暴露的问题（一般由黑客或病毒设计者发现）往往更多，需要不断地发布补丁来完善。

随着病毒的增多，要经常打补丁以避免病毒利用补丁漏洞对计算机进行攻击。如果使用 Windows 操作系统，建议打开 Windows Update，该软件可以根据用户的设置及时安装补丁软件，有效地保障系统的安全。此外，很多反病毒软件，如 360 安全卫士，也有修复系统程序和应用程序漏洞的功能，建议用户定期扫描系统，及时升级修复相关软件。

5.7 计算机网络相关新技术

5.7.1 IPv6 技术

现行 Internet 主要基于 IPv4(Internet Protocol version 4)协议，这一协议的成功促成了 Internet 的迅速发展。但是，随着 Internet 用户数量不断增长以及对 Internet 应用要求的不断提高，IPv4 的不足逐渐凸显出来，其中最尖锐的问题就是不断增长的对 Internet 资源的巨大需求与 IPv4 地址空间不足的矛盾。

IPv4 地址是按照网络规模的大小来分类的，它的编址方案使用“类”的概念。A、B、C 分类 IP 地址的定义很容易理解，也很容易划分，但是在实际网络规划中，它们并不利于有效分配有限的地址空间。对于 A、B 类的地址，很少有这么大规模的公司能够使用，而 C 类地址所容纳的主机数又相对太少，所以有类别的 IP 地址会导致地址空间的浪费，不利于网络规划。

由于 IPv4 地址设计不合理，目前可用的 IPv4 地址已经几近枯竭，很多 IP 地址不足的国家，如我国都是采用了各种各样的方法来解决地址不足的问题，如动态 IP 地址分配、多级子网划分等技术，通过牺牲网速来换取更多机器连入 Internet。另外，由于 IPv4 地址方案不能很好地支持地址汇聚，现有的 Internet 正面临路由表不断膨胀的压力，成为了限制网速的瓶颈。此外，对服务质量、移动性和安全性等方面的需求，都迫切要求开发新一代 IP 协议。

为了彻底解决 Internet 的地址危机和后续发展的各种问题，IETF（Internet Engineering Task Force，互联网工程任务组）早在 20 世纪 90 年代中期就提出了拥有 128 位地址的 IPv6（Internet Protocol version 6）互联网协议，并在 1998 年进行了进一步的标准化工作。除了对地址空间的扩展以外，还对 IPv6 地址的结构重新做了定义，并提供了自动配置以及对移动性和安全性的更好支持等，诸多新的特性。

总之，IPv6 主要在以下方面解决 IPv4 目前存在的问题：

- 扩展寻址和路由选择能力；
- 包头格式的简化；
- 服务功能的质量；
- 安全性和保密性；
- IP 的可移动性；
- 主机地址自动配置。

IPv6 与 IPv4 最引人注目的区别是：寻址空间从 32 位增加到了 128 位。这使得 Internet 的 IP 地址增加了 2^{96} 倍，这个数目足够为地球上的每粒沙子提供一个独立的 IP 地址，在可预见的很长时期内，它能够为所有可以想象出的网络设备提供一个全球唯一的地址，从根本上解决了 IP 地址的分配问题。

IPv6 地址有 128 位，通常的写法是 8 组的整数，每组由 4 位十六进制数组成，分组之间用冒号分隔，如 68DA:8909:3A22:FECA:68DA:8909:3122:1111。最初应用时不可能用满 128 位，可以把一些位设置为 0。例如，68DA:0000:0000:0000:68DA:8909:8909:3A22，这种地址可以简写为 68DA:0:0:0:68DA:8909: 8909:3A22 或 68DA::68DA:8909:8909:3A22。在 IPv4 向 IPv6 过渡时，IPv6 兼容 IPv4，依然可将 IP 地址表示为：202.204.25.10。

在移动互联网高速发展的今天，IPv6 对移动数据业务的较强支持能力是所有运营商非常看重的。移动 IP 需要为每个设备提供一个全球唯一的 IP 地址。IPv4 没有足够的地址空间可以为在 Internet 上运行的每个移动终端分配一个这样的地址，而移动 IPv6 能够通过简单的扩展，满足大规模移动用户的需求。这样，就能在全球范围内解决有关网络和访问技术之间的移动性问题。3GPP 是移动网络的一个标准化组织，IPv6 已经被该组织所采纳，其发布的第 5 版文件中规定，在 IP 多媒体核心网中将采用 IPv6 协议。这个核心网将处理所有 3G 网络中的多媒体数据包。

目前，IPv6 的主要协议都已经成熟并形成了 RFC 文本，其作为 IPv4 唯一取代者的地位已经得到了世界的一致认可。国外各大通信设备厂商都在 IPv6 的应用与研究方面投入了大量的资源，并开发出了相应的软硬件。

IPv6 拥有众多优势，解决了目前 IPv4 中已知的问题，并且解决了 IP 协议未来需要的功能。正如第二代 Internet 正在发展一样，IPv6 也与之相配合，正在逐步替代 IPv4。新一代 IP 协议提供了分阶段实现的方法，客户工作站、服务器、路由器可以逐步升级，而且互相只有最小的影响。已经升级到 IPv6 的设备采用双栈协议，即同时运行 IPv6 和 IPv4 协议，这就使得它们可以同那些没有被升级的设备进行通信，而且 IPv4 可以被“嵌入”到 IPv6 所提供的巨大寻址空间中。

尽管 IPv6 拥有众多优势，但由于目前的 IPv4 网络中已经汇集了人类大量的投资，所以现在仍处于 IPv4 网络“海洋”包围 IPv6 网络“孤岛”的阶段，IPv4 退出历史舞台将是一个漫长的过程。

5.7.2 云计算

20 世纪 90 年代之后，计算机领域出现了许多新名词，如网格计算（Grid Computing）、普适计算（Pervasive Computing/Ubiquitous Computing）等，前者最初被用来描述适用于科学和工程的分布式计算的基础设施，后者则强调和环境融为一体的计算，也就是无处不在的计算。

近两年市场研究最热的是云计算（Cloud Computing），这里的云，就是指 Internet。它是网格计算、分布式计算、并行计算、效用计算（Utility Computing）、网络存储（Network Storage）、虚拟化（Virtualization）、负载均衡（Load Balance）等传统计算机和网络技术发展融合的产物。

效用计算是 IT 资源的一种打包和计费方式，很像电网通过计算用电量来收费的使用方式，这也是普适计算的概念。实际上，云计算依赖于集群技术和并行计算，但是其结构、方式、目标有所不同，如图 5.7.1 所示。

20 世纪 80 年代之后，由于网络开始发展，传统的主机模式被基于网络的 C/S 模式取代。今天，同样是因为 Internet，云计算将逐步取代主流的 C/S 应用模式。这是一种可以随时获取、按需使用、随时扩展、按使用付费的计算资源。云的基本应用是，通过网络将庞大的计算处理程序自动分拆成无数个较小的子程序，再由多部服务器所组成的庞大系统搜索、计算、分析之后将处理结果回传给用户。

云资源包括软件、网络存储、数据库、网络服务器、电子商务、网上商店等各种资源，任何一个 Internet 用户都可以通过网络以按需、易扩展的方式获得所需的资源。例如，某 Internet 用户需要建一个在线服务系统，可以申请获取云服务主机，将其应用程序放置到主机中，使用由云计算提供的数据库，这样系统的建设成本大大降低，且任何终端设备可以在任何地方登录

Internet，并随时访问该系统。从 2009 年开始至今，许多新建企业通过这种模式节省运行成本（获取云端在线服务器设备、办公软件、操作系统等），以提升企业的竞争力。

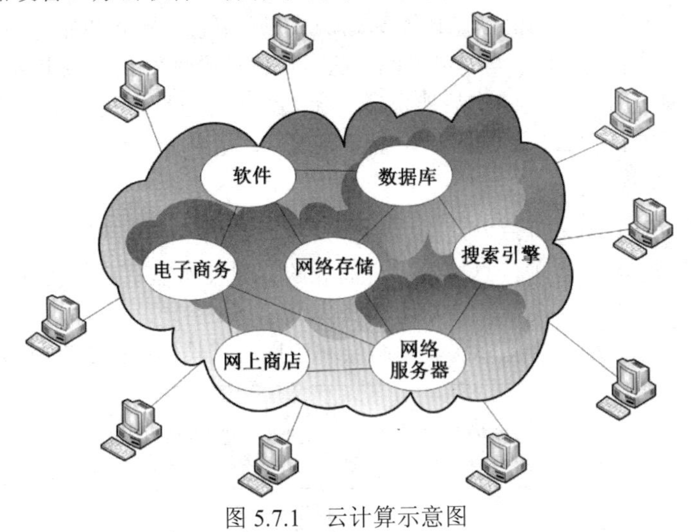

图 5.7.1　云计算示意图

现在已经将云计算提升到产业的高度，它是指云软件、云平台和云设备。云软件（Software as a Service，SaaS）的参与者可以是任何 Internet 用户，无须购买软件，只需使用云端提供的软件即可，这就使得大厂商垄断软件的局面被打破；在云平台上，为开发者打造网络编程和开发的服务平台，参与者为专业的开发公司；云设备处于底层，将集成各种设备，提供给各个用户使用，参与者为计算机设备制造企业和网络服务企业。

云计算从概念的提出到目前被 IT 业界高度参与，有希望成为 Internet 未来发展的新动力。云计算的倡导者之一的 Google 认为，Web 3.0 就是云计算：应用在“云”中某处运行，但实际上用户无须了解、也不用担心应用运行的具体位置。云的计算能力非常强大，例如 Google 的云服务器有 100 多万台，Yahoo 和 Amazon 也拥有几十万台服务器。

总之，未来基于软件、硬件的各种应用的趋势就是云端化。对于终端用户而言，无须购买独立计算机、软件、存储设备等所有为个人拥有的软硬件资源，只需要购买云端的应用服务即可拥有全部想要的功能。当然，这样的前提条件是，网络无处不在，网络无时不在，且网络的速度能够有保证。因此，云计算的普遍应用将需要依赖 IPv6 网络的发展而发展。

5.7.3　物联网

1．物联网的概念

“物联网”的概念于 1999 年由麻省理工学院的 Auto-ID 实验室提出，将书籍、鞋、汽车部件等物体装上微小的识别装置，就可以随时知道物体的位置、状态等信息，实现智能管理。Auto-ID 的概念以无线传感器网络和射频识别技术为支撑。1999 年，在美国召开的移动计算和网络国际会议 MobiCom 1999 上提出了传感网（智能尘埃）是下一个世纪人类面临的又一个发展机遇。同年，麻省理工学院的 Gershenfeld Nell 教授撰写了“When Things Start to Think”一书，以这些为标志开始了物联网的发展。

物联网发展至今，什么是物联网呢？目前，国际通用的物联网概念是，通过射频识别（RFID）、红外感应器、全球定位系统、激光扫描器等信息传感设备，按约定的协议，把任何物品与互联网连接起来，进行信息交换和通信，以实现智能化识别、定位、跟踪、监控和管理的一种网络。如果说互联网实现了人与人之间的交流，那么物联网可以实现人与物体的沟通和对话，也可以实现物体与物体互相间的连接和交互。

物联网的英文名称是 Internet of Things，即“物物相连的网络”。人们既可以把它看作传统互联网的自然延伸，因为物联网的信息传输基础仍然是互联网；也可以把它看作一种新型网络，因为其用户端延伸和扩展到了物品与物品之间，这与互联网那种“计算机相连的网络”大不一样。

物联网的本质就是让地球上的物品能说话，让人们能通过网络智能地听见物品说话、看见物品的行为，同时又能让物品智能地听话、智能地动作，达到让物质世界与人智能对话的目的。

2．物联网的技术体系结构

物联网被称为继计算机、互联网之后，世界信息产业的第三次浪潮，目前多个国家都在花巨资进行深入研究。它是由多项信息技术融合而成的新型技术体系，其关键技术包括：射频识别技术、传感技术、智能嵌入技术、云计算和 IPv6 等技术。

物联网的技术体系结构分为感知层、网络层和应用层，具体如图 5.7.2 所示。

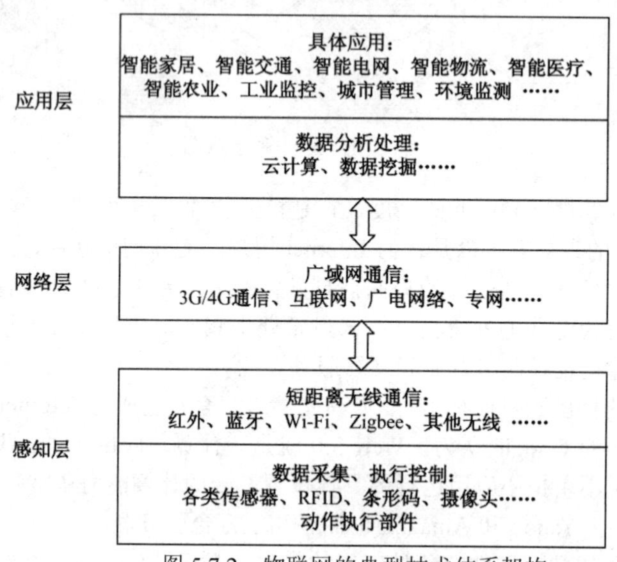

图 5.7.2　物联网的典型技术体系架构

感知层是让物品说话的先决条件，主要用于采集物理世界中发生的物理事件和数据，包括各类物理量身份标识、位置信息、音频、视频数据等。物联网的数据采集涉及传感器、RFID、多媒体信息采集、二维码和实时定位等技术。

感知层又分为数据采集与执行、短距离无线通信两部分。数据采集与执行主要是指运用智能传感器、身份识别以及其他信息采集技术，对物品进行基础信息采集，同时接收上层网络送来的控制信息，完成相应执行动作。短距离无线通信完成小范围内的多个物品的信息集中与互通功能，相当于物品的“脚”。

网络层完成大范围的信息沟通，主要借助于已有的广域网通信系统（如 PSTN 网络、3G /4G 移动网络、互联网等），把感知层感知到的信息快速、可靠、安全地传送到地球的各个地方，使物品能够进行远距离、大范围的通信，以实现在地球范围内的控制。

应用层完成物品与人的最终交互，前面两层将物品的信息大范围地收集起来，汇总在应用层进行统一分析、决策，用于支撑跨行业、跨应用、跨系统之间的信息协同、共享、互通，提高信息的综合利用度，最大程度为人类服务。例如，智能交通、智能医疗、智能家居、智能物流、智能电力等。

物联网把新一代 IT 技术充分运用在各行各业之中，具体地说，就是把感应器嵌入和装备到电网、铁路、桥梁、隧道、公路、建筑、供水系统、大坝、油气管道等各种物体中，然后将“物联网”与现有的互联网整合起来，实现人类社会与物理系统的整合。在这个整合的网络当中，需要能力超级强大的中心计算机群，能够对整合网络内的人员、机器、设备和基础设施进行实时的管理和控制，在此基础上，人类可以以更加精细和动态的方式管理生产和生活，达到“智慧”状态，提高资源利用率和生产力水平，改善人与自然间的关系。

物联网的基本特点如下。

- 全面感知：利用 RFID、传感器、二维码及其他感知设备随时随地采集各种动态对象，全面感知世界。
- 可靠的传送：利用以太网、无线网、移动网将感知的信息进行实时的传送。
- 智能控制：对物体实现智能化的控制和管理，真正达到人与物的沟通。

尽管物联网前景光明，但物联网的发展过程中也面临着很多问题。在物联网中，有浩如星海的物体，每个物体都需要一个 IP 地址，现行的 IPv4 存在地址不足、对移动性支持不够等诸多缺陷，需要大力发展 IPv6 技术，它是实现物联网的基础保证。此外，物联网中的信息种类、数量都成倍增加，其需要分析的数据量则成指数增加，同时还涉及多个系统之间各种信息数据的融合问题，如何从海量数据中挖掘隐藏信息等问题，这些都给数据计算带来了巨大挑战，云计算是当前能够看到的一个解决方案之一。

3．物联网的未来

物联网将给人们的生活带来重大改变。生活中的物品变得“聪明”、“善解人意”，通过芯片自动读取信息，并通过互联网进行传递，这使得信息的获取、处理和传递的整个过程有机地联系在一起，是对人类生产力又一次重大解放。

2008 年，IBM 提出“智慧地球”的概念，即“互联网+物联网=智慧地球”，人们就在基础建设的执行中，植入了“智慧”的理念，并部分实现了相对智能的基础设施平台。

智慧的道路是减少交通拥堵的关键，首先需要了解行人、车辆、货物和商品在市内的具体移动状况。因此，获取数据是重要的第一步。通过随处都安置的传感器，人们可以实时获取路况信息，帮助监控和控制交通流量。

智能医疗可以帮助人们更好地了解自己的健康状况。在人身上可以安装传感器或穿戴装有传感器的服饰，对人的健康参数进行监控，并且实时传送到相关的医疗保健中心。如果参数有异常，保健中心会通过手机，提醒用户去医院检查身体。

国际电信联盟曾描绘“物联网”时代的图景：当司机出现操作失误时，汽车会自动报警；公文包会提醒主人忘带了什么东西；衣服会“告诉”洗衣机对水温的要求等。

目前，经国家标准化管理委员会批准，全国信息技术标准化委员会组建了传感器网络标准工作组，标准工作组现在聚集了中国科学院、中国移动通信集团公司等国内传感网主要的技术研究和应用单位。

未来几年，我国的物联网也将迎来发展高峰：

- 未来几年是中国物联网相关产业以及应用迅猛发展的时期。以物联网为代表的信息网络产业成为七大新兴战略性产业之一，成为推动产业升级、迈向信息社会的“发动机”。
- 到 2020 年，全球物物互联的业务与现有的人人互联业务之比将达到 30:1，物联网大规模普及，成为一个万亿美元级产业。
- 构建网络无所不在的信息社会已成为全球趋势，当前世界各国正经历由“e”社会过渡到“u”社会，即无所不在的网络社会（UNS）的阶段，构建“u”社会已上升为国家的信息化战略，例如美国的“智慧地球”以及中国的“感知中国”。“u”战略是在已有的信息基础设施之上重点发展多样的服务与应用，是完成“e”战略后新一轮国家信息化战略。

物联网的发展将从虚拟走向现实，从局部走向泛在。伴随着技术的进步，物联网的应用将逐渐拓展到人们生活的方方面面，这将使得计算无处不在、随处可得，并达到其终极目标“平静计算，不再扰人”。

5.7.4 4G 技术

前面介绍的 Wi-Fi 无线局域网具有接入 Internet 的功能，但是，这必须是计算机处于某个 Wi-Fi 的热点之中。由于一个热点的覆盖范围只有 10～100m 的直径，而且现在很多地方没有开通 Wi-Fi 热点，因此要想在任何时间地点都能接入 Internet，仅靠 Wi-Fi 无线局域网是不行的。

蜂窝移动通信网是比 Wi-Fi 覆盖范围更大的无线通信网。随着我国三网合一工程的实施，电信网、互联网和有线电视网络互连互通成为了现实。三种网络互连互通之后，其中任何一种网络都可以实现其他两种网络的功能，例如，现在可以用智能电视打电话、上网，也可以用智能手机上网、看电视。三网合一工程促进了无线网络的发展，也促进了各种终端设备的功能融合。

蜂窝移动通信网的发展经历了多次的更新换代。第一代（1Generation，1G）蜂窝移动通信是为语音通信设计的模拟系统。第二代（2G）蜂窝移动通信提供低速数字通信（短信服务）。2G 蜂窝很快就演变成能够支持数据服务的 2.5G，可提供接入 Internet 服务。3G 移动通信网络和计算机网络的关系非常密切，因为它使用了 IP 体系结构和混合的交换机制（电路交换和分组交换），能够提供移动宽带多媒体业务（语音、数据、视频等），可以收发电子邮件、浏览网页、举行视频会议等。3G 现有 3 个国际标准，即美国提出的 CDMA2000（中国电信采用），欧洲提出的 WCDMA（中国联通采用）和中国提出的 TD-SCDMA（中国移动采用），多种通信标准的出现是不同厂商为各自利益竞争的结果。

随着智能手机的普及，人们对移动网络的服务需求越来越高。由于智能手机和计算机一样有独立的操作系统，并且可以按照用户的意愿自由地安装和卸载各种应用软件，因此智能手机为移动办公和生活带来了更多的便利，也促进了移动网络的快速发展。目前，国内的 4G 移动通信网络的营业执照已经颁发给相应的企业，如中国移动、中国电信等公司。中国移动公司已经可以提供 4G 的服务，只要购买了支持 4G 的智能手机，用户就可以享受更优质的 4G 服务。有人把 4G 称为 MAGIC（Mobile multimedia，Anytime/any-where，Global mobility support，Integrated wireless and Customized personal service），意思是支持在全球任何时间/地点、多媒体移动、综合无线和定制的个人服务。

现在，人们普遍认为，4G 是一个比 3G 更加完美的多媒体移动通信系统。4G 提供更快速、质量更好的通信服务，其下载速度可达 100Mbps，相当于 3G 的 50 倍，可流畅地观看高清质量的视频节目，上传的速率也可达 20Mbps。很明显，4G 有着不可比拟的优越性。4G 通信将给人们带来真正的沟通自由，并彻底改变人们的生活方式甚至社会形态。

现有市场是 2G、3G 和 4G 共存的局面。由于 4G 技术最新，使用费用很高，因此用户也最少，处于宣传推广阶段。现在使用最多的依然是 2G 和 3G 移动通信系统。2G 通信系统虽然提供的服务有限，但在很长一段时间内不会被完全淘汰出市场。主要原因是：第一，3G 手机的月租费用目前还较高；第二，3G 系统的覆盖面还不够大。在偏远地区，如果没有 3G 信号，手机会自动切换到 2G 系统。

技术的进步没有止境。很多人已经开始研究 5G 技术了，相信未来的无线通信服务将更加完善。

本章小结

本章主要介绍计算机网络的基础理论和知识，包括计算机网络组成、体系结构和重要的协议，以及 Internet 的 IP 地址和域名的约定等理论知识。在理论介绍的基础上，也详细介绍了当今流行的无线网络的组成和多种接入方式。此外，还简单介绍了当今互联网相关的新技术，包括 IPv6、云计算、物联网和 4G 技术。通过新技术的介绍，可以看出，随着互联网新技术的发展，互联网的未来将以 IPv6 和云计算为基础迎来物联网发展的高峰，这也将使得整个网络朝着移动化、去计算机中心化以及应用和服务云端化的方向进一步发展。

第 6 章　网页制作基础

学习要点：

- 掌握网页制作相关基础知识；
- 掌握 Dreamweaver 网页制作软件的使用；
- 掌握 HTML 和 CSS 基础知识；
- 掌握网页页面设计的常见方法；
- 了解网站的发布与维护方法。

建议学时：上课 6 学时，上机 6 学时。

6.1　网页制作基本知识

6.1.1　网页相关概念

在访问一个网站时，首先要在浏览器的地址栏中输入一个网址，然后回车确认即可浏览想要访问的网页。完成浏览器端用户指定网址的请求以及服务器做出相应的响应，整个过程需要用到域名、DNS、IP 地址、浏览器、Web 服务器、HTTP 协议等的支持。其中，域名、IP 地址等内容在第 5 章中已介绍过，下面介绍与网页制作相关的知识。

1．网站

网站（Website）是指在 Internet 上，根据一定的规则，使用 HTML、CSS 等语言制作的用于展示特定内容的相关网页的集合。网站通常存储在 WWW 服务器中，为互联网上信息浏览服务提供最重要的支持。

网站的种类很多，不同的分类标准可以把网站分为多种类型，根据功能网站可以分为以下几种类型。

（1）综合信息门户型网站

综合信息门户型网站是指提供多种互联网信息服务的应用系统。现在，门户网站主要提供新闻、搜索引擎、电子信箱、影音资讯、电子商务、网络社区、网络游戏等服务。在我国，典型的门户网站有新浪、网易和搜狐等。

（2）电子商务型网站

电子商务通常是指在全球各地广泛的商业贸易活动中，在 Internet 开放的网络环境下，基于浏览器-服务器应用方式，买卖双方不谋面地进行各种商贸活动，实现消费者的网上购物、商户之间的网上交易和在线电子支付，以及各种商务活动、交易活动和相关的综合服务的一种新型的商业运营模式。以从事电子商务服务为主的网站称为电子商务网站，要求安全性高、稳定性好。国内比较有名的电子商务网站有阿里巴巴、淘宝网、拍拍网、卓越亚马逊、京东商城等。

（3）企业网站

企业网站，是指企业在互联网上进行产品推广和形象宣传的平台。企业网站就相当于一个企业的网络名片，不但对企业的形象是一个良好的宣传，同时可以辅助企业的销售和品牌的建立，甚至可以通过网络直接实现产品的销售。这是一个网络时代，几乎每个企业都建立了自己的企业网站。

（4）政府网站

政府网站是指某一级政府在各部门的信息化建设基础之上，建立起跨部门的、综合的业务应用系统，使公民、企业与政府工作人员都能快速便捷地接入所有相关政府部门的政务信息与业务应用，使合适的人能够在恰当的时间获得恰当的服务。

（5）个人网站

个人网站包括博客、个人论坛、个人主页等，网络的发展将从以服务器的信息为中心逐渐转向以个人信息为主的“去中心化”时代。个人网站可以发布个人信息及相关内容。个人网站不一定是自己做的网站，但强调的是以个人信息为中心。

（6）内容型网站

内容型网站是指以展示某类内容为目的设计的网站，如展示音乐、视频、美术、文学等内容的网站。

2．网页和主页

网页（Web Page）是构成网站的文件，是承载各种网站应用的基本单位，通常为 HTML 格式（文件扩展名为.html 或.htm），或者混合使用了动态技术设计的文件（文件扩展名为.asp、.aspx、.php、.jsp 等）。

网页是一个纯文本文件，采用 HTML、CSS、XML 等多种技术来描述组成页面的各种元素，包括文字、图像、音频、视频等，并通过客户端浏览器进行解析，从而向浏览者呈现网页的各种内容。

一个网站由若干个网页组成，其中一个特殊的网页文件被称为主页。主页是网站的起始页，即输入网站域名后看到的第一个页面，大多数主页的文件名是 index、default 或 main 加上扩展名。主页也被称为首页，首页应该设计为易于了解该网站提供的信息，并提供清晰的导航，引导用户浏览网站各个部分的内容。

3．网页的基本元素

一个网页的基本元素主要包括文本、图像和超链接，其他元素包括声音、动画、视频、表格、导航栏、表单等。

（1）文本。文本是网页上最重要的信息载体与交流工具，网页中的主要信息一般都以文本形式为主。与图像相比，文字虽然并不如图像那样容易被浏览者注意，但却能包含更多的信息，并能更准确地表达信息的含义。

（2）图像。图像在网页中具有提供信息并展示直观形象的作用。用户可以在网页中使用 GIF、JPEG 和 PNG 等多种文件格式的图像。

（3）超链接。超链接是网页的灵魂，是从一个网页指向另一个目标对象的链接。超链接的目标对象可以是网页，也可以是图片、电子邮件地址、文件和程序等。当用户单击页面中某个超链接时，将根据目标对象的类型以不同的方式打开。

（4）Flash 动画。动画在网页中可以更有效地吸引访问者的注意。Flash 动画以尺寸小、易于实现等特点，在网页中被广泛使用。

（5）声音。声音是多媒体和视频网页重要的组成部分。用户在为网页添加声音效果时，应充分考虑其格式、文件大小、品质等因素。另外，不同的浏览器对声音文件的处理方法也有所不同，彼此之间有可能并不兼容，因此在使用该类元素时尽可能采用主流标准。常见的声音文件的格式为 MP3、MIDI 等。

（6）视频。对视频文件的支持使得网页效果更加精彩且富有动感。常见的视频文件格式包括 RM、MPEG 和 AVI 等。

（7）表格和 div 元素。表格在网页中用来控制页面信息的显示方式。其作用主要分为两个方面：一是使用行和列的形式显示文本和图像以及其他列表化的数据；二是精确控制网页中各种元素的显示位置，即实现网页布局。div 元素是目前网页布局采用的主要对象，它以灵活、代码简捷等因素而著称。

（8）导航栏。导航栏在网页中是一组超链接，其链接的目标对象是网站中重要的页面。在网站中设置导航栏可以使访问者方便、快捷地浏览站点中的各个分类栏目。

（9）表单。表单的作用是收集用户在浏览器中输入的个人信息、请求信息、反馈意见及登录信息等，它是用户和服务器交互的接口。

（10）其他网页元素。网页中除了上面介绍的各种元素之外还包括悬停按钮、Java 特效、ActiveX 等各种特效。用户在制作网页时可以使用它们来点缀网页效果，使页面更加生动。

4. 超文本与超媒体

超文本（Hypertext）是指非线性的文本。与标准文本按顺序定位不同，Web 文档的连接方式突破了线性局限，因此称为超文本。超文本的基本特征就是可以超链接到其他位置，该位置可以是在当前的文档中、局域网中的其他文档，也可以是在 Internet 上任何位置的文档中。

超媒体（Hypermedia）是超级媒体的简称，是多媒体在网络浏览环境下的一种应用，包括文本、图像、声音、视频、动画等媒体形式。超文本是超媒体的子集。

5. Cookie

访问某些 Web 服务器后，在本地计算机的硬盘中会生成一个文本文件，里面记录着少量被加密的数据，称为 Cookie。当再次登录相应的服务器，服务器会自动维护这些 Cookie。

Cookie 常见的作用是记录用户个人信息、查看的页面等，方便服务器针对用户提供个性化的服务。尽管 Cookie 会给用户带来一些方便，但显然它是一个不安全的因素，可以通过浏览器的选项设置取消服务器在本机中保存 Cookie。

6. 牵引和推送技术

这是 Web 使用的两项具有特色的技术。牵引技术需要向服务器发送请求，通过请求把服务器中的信息“牵引”过来。推送技术也叫网络广播方式。推送技术自动地把服务器中的某些信息发送给客户端，例如，播放滚动新闻、通过一个活动小窗口定时发送天气预报等信息。

推送技术被许多软件公司用来为用户自动升级软件，当有新版本上线或补丁程序发布（或新版病毒库发布）时，就会自动进行更新。

6.1.2 网页浏览原理

当用户要浏览一个网页时，通常的流程是打开浏览器，在地址栏中输入网址，然后按回车键确认，等待服务器的响应。这个简单的操作过程可以帮助我们理解网页浏览的原理。

当用户请求 Web 服务时，首先客户机的 Web 浏览器与 WWW 服务器建立连接，然后向 WWW 服务器提交信息请求，指明要访问文件的位置和文件名。WWW 服务器接到请求后，根据请求进行相应的事务处理，并把处理结果通过网络传送给客户机的 Web 浏览器，Web 浏览器对接收到的网页进行解析并显示相应内容。整个访问过程如图 6.1.1 所示。

6.1.3 网页分类

网页主要分为两类：静态网页和动态网页。

1. 静态网页

在网站设计中，使用 HTML 语言编写的纯粹 HTML 格式的网页通常被称为“静态网页”，早期的网站一般都是由静态网页组成的。静态网页是相对于动态网页而言的，是指没有后台数据库支持、不含程序命令且不可交互的网页。页面编辑好什么内容就显示什么内容，不会有任何改变。静态网页更新起来比较麻烦，一般适用于更新较少的展示型网站。静态网页通常使用.htm、.html、.shtml 等为文件扩展名。

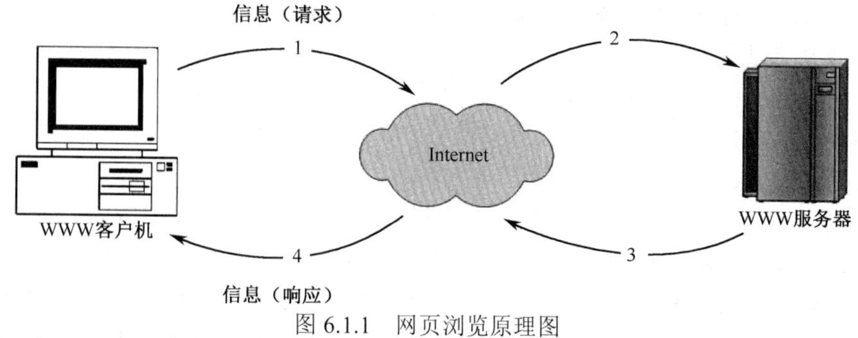

图 6.1.1　网页浏览原理图

需要说明的是，在 HTML 格式的网页中，也可以出现各种动态的效果，如 GIF 格式的动画、Flash 动画、滚动字幕、视频等内容。

浏览器如果请求访问的网页是静态网页，则 Web 服务器处理流程比较简单，只需要查找到请求页面直接发送到请求的浏览器即可。

2．动态网页

随着网络和电子商务的快速发展，产生了许多动态网页技术，例如 ASP.NET、JSP 等技术，采用这些技术编写的网页文档被称为动态网页，这些网页拥有更好的交互性、安全性和灵活性。

动态网页文件的扩展名不再是.htm、.html 等，而是.aspx、.jsp、.php、.perl 或.cgi 等。动态网页在服务器端通常需要数据库支持，其显示内容随着数据库中数据的变化而变化。

从网站浏览者的角度来看，无论是动态网页还是静态网页，都可以展示基本的文字和图片信息，但从网站开发、管理和维护的角度来看就有很大的差别。

如果请求访问的网页是动态网页，则 Web 服务器处理流程比较复杂。Web 服务器需要将控制权转交给应用程序服务器，应用程序服务器解释执行网页中包含的服务器端脚本代码，并根据脚本代码的要求访问数据库等服务器端资源，最后将计算结果转变为标准的 HTML 文件代码，由 Web 服务器将文件发送回浏览器。

由于动态网页具有很强的灵活性、交互性以及易维护性等特点，现在大多数的网站都是以动态网页为主的。目前动态网页开发的 3 种主流技术是 ASP.NET、PHP 和 JSP，它们各有所长，都需要把脚本语言嵌入到 HTML 文档中。

6.1.4　网页制作工具

通常，网页有多种媒体元素组成，因此其制作也需要用到多种技术，往往需要制作者身兼数职。静态网页包括 HTML 页面的制作、美工的处理、动画的制作等；如果是动态网页，则需要在前端网页的基础上，实现其后台的数据库连接功能。使用的软件主要分为两类：网页制作工具和网页美工工具。

1．网页制作工具

“工欲善其事，必先利其器”，网页制作的第一件事就是选择一种网页制作工具。网页制作工具主要有两类。

第一类工具是文本编辑器。任何文本编辑器都可以编写 HTML 代码，因此就可以作为网页制作工具，如记事本、写字板、Word 等，但保存的时候必须保存为.html 或.htm 格式。

还有一些文本编辑器专门提供网页制作及程序设计等许多有用的功能，支持 HTML、CSS、PHP、ASP、JavaScript 等多种语法的着色显示，如 EmEditor、EditPlus、UltraEdit 等。但初学者使用文本编辑软件制作网页有一定的困难，且效率也很低。

第二类工具是专业网页制作软件，常用的有 Dreamweaver、Sharepoint Designer 等。这类软件最大的特点是可以像 Word 一样，可视化编辑文档，即可以在软件中直接添加文字、插入图像、声音等元素，软件后台帮助用户生成 HTML 代码，甚至服务器端执行的复杂程序代码。这类软件易用性强，非常适合初学网页设计的人员使用。Dreamweaver 的用法将在后面介绍。

2. 网页美工软件

网页设计除了制作网页之外，还涉及网页的美化工作，使用美化工具对网页中的页面元素进行加工处理，可以增加网页的吸引力。常用的网页美化工具有 Photoshop、Fireworks、Flash 等。

Photoshop 是 Adobe 公司旗下最为出色的图像处理软件之一，它集图像制作、编辑修改、图像输入与输出于一体，深受广大平面设计人员和美术爱好者的喜爱。该软件的应用领域很广泛，涉及图像、图形、文字、视频、出版各方面。

Fireworks 是 Adobe 推出的一款网络图形设计的图形编辑软件，软件可以加速 Web 设计与开发。它大大简化了网络图形设计的工作难度，是一款创建与优化 Web 图像和快速构建网站与 Web 界面原型的理想工具。使用 Fireworks 不仅可以轻松地制作出十分动感的 GIF 动画，还可以轻易地完成大图切割、动态按钮、动态翻转图等。

Flash 被大量应用于网页的矢量动画设计。网页设计者使用 Flash 可以创作出既漂亮又可改变尺寸的导航界面以及其他奇特的效果。Flash 文件中可以包含简单的动画、视频、复杂演示文稿和应用程序以及介于它们之间的任何内容。

关于各种美化工具的具体使用方法，本章不做详细介绍。

3. Dreamweaver CS6 简介

（1）Dreamweaver CS6 的功能和特点

Dreamweaver CS6 是美国 Adobe 公司开发的集网页设计、代码开发、网站创建和管理于一体的软件。利用其可视化的编辑功能，可以快速地创建网页而无须编写任何代码。Dreamweaver CS6 还可以生成支持数据库的各类服务器语言（如 ASP、JSP、PHP 等）的 Web 应用程序。因此，Dreamweaver CS6 不仅可以轻松设计网站前台的页面，而且也可以方便地实现网站后台的各种复杂功能。

Dreamweaver CS6 新增的功能如下。

- Dreamweaver CS6 支持最新的 CSS3 和 HTML5 规范。CSS 面板支持使用 CSS3 创建样式，设计视图，代码提示以及实时预览均支持 HTML5。
- 流体网格布局与多屏浏览。流体网格布局和“多屏预览”功能能够协助用户设计能在台式机、平板电脑、智能手机等各种设备的不同大小屏幕上显示的自适应网页。
- 提供 jQuery Mobile 和 PhoneGap 支持。用户借助 jQuery Mobile 功能可以实现针对手机的快速设计。借助 PhoneGap 框架，可将现有 HTML 页面转换为手机应用程序，并且可以利用模拟器测试版面。
- 提供 Business Catalyst 集成环境。Dreamweaver CS6 通过集成 Business Catalyst 电子商务解决方案创建免费使用网站，以建立在线商务。
- 支持 W3C 联机验证服务。Dreamweaver CS6 提供 W3C 联机验证服务，以确保用户设计出精确的标准网页。

- 提供 Adobe Browser Lab 在线服务。该服务为浏览器兼容性测试提供了快速准确的方案。可以使用多种查看和比较工具预览网页，生成不同浏览器下的网页快照，从而方便测试网站的兼容性。
- 简化的站点设置。Dreamweaver CS6 改进了站点设置，原来需要通过多个步骤或多个窗口才能设置的内容，现在在一个对话框中就能统一完成，提高了站点设置的效率。

（2）Dreamweaver CS6 的工作界面

启动 Dreamweaver CS6 后，可以看到该软件的主界面，如图 6.1.2 所示。Dreamweaver CS6 的主界面由欢迎页面、菜单栏、属性面板及插入、文件等浮动面板组成。

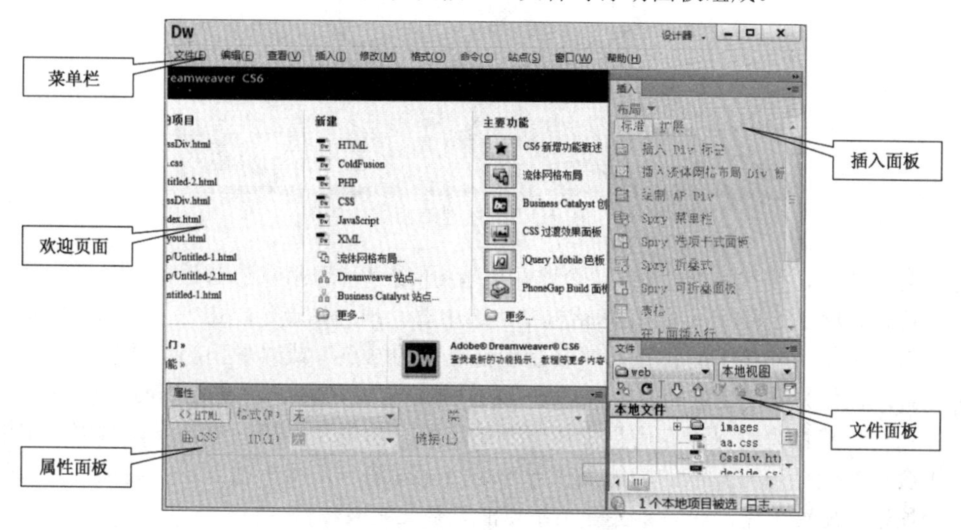

图 6.1.2　Dreamweaver CS6 主界面

菜单栏：菜单栏中提供的命令通常是最全的，通过执行菜单栏中的命令几乎可以完成所有操作。

欢迎页面：欢迎页面集合了 Dreamweaver CS6 启动后的常用功能，如新建文件、打开最近使用的文件等。如果不喜欢欢迎页面，可以通过“编辑｜首选参数”命令激活的首选参数对话框中取消其显示。

属性面板：显示文档中当前所选元素的属性，并允许用户在面板中直接重新设置属性。选中的元素不同，属性面板中的参数也不同。由于该面板使用频率很高，因此没有和其他面板一样放在窗口的右侧，而是单独显示在窗口下方。

浮动面板：Dreamweaver CS6 以功能全面的工具集著称，如文件、插入、CSS 等浮动工具面板。为了有效利用空间，这些工具面板都可以成组地放在窗口的右侧。用户可以在窗口菜单中选择打开或关闭某个工具面板。

（3）Dreamweaver CS6 的站点管理

无论制作的网页多么简单，首先应该建立站点，站点是网页和其素材的集合。通过建立站点，可以把网页和所有的素材文件有机地组织在一个文件夹下，既方便管理文件，又可以减少由于路径出错导致的无效链接等。Dreamweaver CS6 提供了很全面的站点管理功能，包括站点的新建、编辑、复制等功能，以及站点内文件和文件夹的管理功能。

依次单击“站点|新建站点”，弹出如图 6.1.3 所示的对话框。在本地开发期间，只需要设置“站点名称”和“本地站点文件夹”即可。在开发完成后，需要发布前，应设置“服务器”的相关信息，主要包括服务器名称、Web URL 等远程服务器信息。设置好远程服务器信息后，就可

以通过 Dreamweaver CS6 提供的整站上传功能，将网站的全部文件上传到远程服务器中，供用户访问。

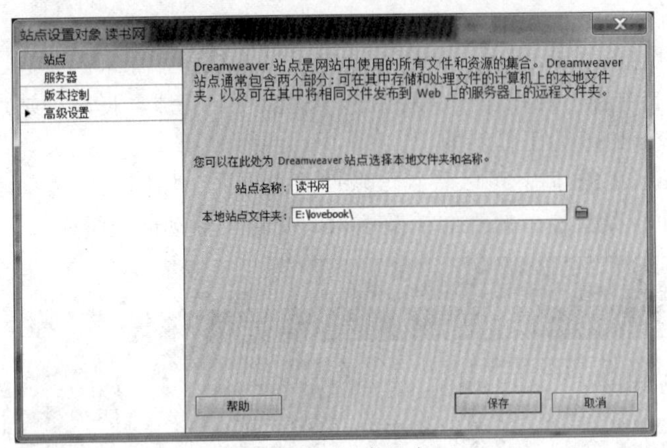

图 6.1.3　新建站点

建立好站点后，依次单击“站点|管理站点”，弹出“管理站点”对话框，可以对站点进行进一步的管理，如图 6.1.4 所示。在对话框中，选中要管理的站点，单击左下角的“删除当前选中的站点”、“编辑当前选中的站点”、“复制当前选中的站点”或“导出当前选中的站点”按钮完成相应管理操作。需要注意的是，删除站点的功能，仅仅是将站点脱离 Dreamweaver 的管理，而整个站点文件夹将完整保留在硬盘中；复制站点的功能是仅复制站点信息，对应的本地站点文件夹不会被复制；导出站点的功能是仅导出站点配置信息，用于站点迁移后重新导入配置信息，减少烦琐的配置工作，而并不会导出站点的完整文件夹。

图 6.1.4　“管理站点”对话框

建立好站点后，利用文件面板可以方便地管理站点中的资源。在文件面板中右击，在弹出的快捷菜单中有文件和文件夹管理的常用命令，如新建、打开以及删除、重命名等各种编辑命令，通过这些命令可以方便地管理站点中的文件和文件夹资源。需要注意的是，如果要在某文件夹中创建文件或文件夹，需要先选中该文件夹后再执行相应的命令。关于文件和文件夹的管理操作与操作系统平台下的操作很类似，在这里不再详述。

（4）Dreamweaver CS6 的视图

新建或打开一个文件后，就可以在文档工具栏中看到几个视图按钮，包括“代码”、“拆分”、“设计”和“实时视图”，如图 6.1.5 所示。

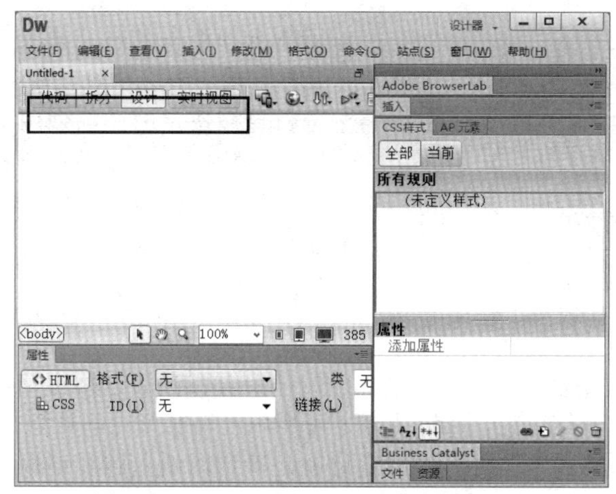

图 6.1.5　Dreamweaver CS6 的视图按钮

在代码视图下，系统提供友好的代码提示功能，可以方便地查看、修改和编写网页代码，该视图适合有编程经验的网页设计用户。

在设计视图下，用户可以以可视化的形式编辑网页，软件自动生成 HTML 或 CSS 等代码，为用户的设计提供友好易用的界面。

在拆分视图下，将文档窗口分成两部分：一部分是代码窗格，用于显示代码；另一部分是设计窗格，用于显示网页元素及其在网页中的布局效果。在拆分视图中，当用户在设计窗格中单击某网页元素后，可以快速地定位到该网页元素代码在代码窗格中的位置，方便对代码进行查看或修改。

在实时视图下，看到的页面与用浏览器查看的效果基本一样，通过该视图可以实现快速预览。这种视图是不能编辑文档的。

6.1.5　网站的规划与准备

网站的开发往往是团队合作的结果。当一个公司组织开发一个网站时，参与网站开发的除了主导网站开发的单位和客户外，还有美术设计人员、程序设计师和维护人员等。为了能让网站开发工作有效地进行，集体之间的合作不出现差错，一般在开发网站时，开发人员都必须遵循网站的开发流程，一直到该网站的发布乃至以后的维护，都要按合理的顺序进行。只有遵循合理的顺序才能协调分配整个制作过程的资源与进度。网站的开发工作主要如下。

（1）确定主题：在制作网页之前，必须首先明确网站的用途。

（2）收集与加工网页制作素材：搜集与加工制作网页所需要的各种图片、文字、动画等素材。

（3）规划网站结构和设计页面版式：在进行页面版式设计的过程中，需要安排网页中包括文本、图像、导航条、动画等各种元素在页面中显示的位置以及具体数量。

（4）编辑网页内容：具体实施设计结果，按照设计的方案制作网页。应用 Dreamweaver 等网页编辑工具软件，在具体的页面中添加实际内容。

（5）测试并发布网页：在完成网页的制作工作之后，需要对网页效果充分进行测试，以保证页面中各元素都能正常显示。测试工作完成后，可以将整个网站发布。

（6）维护网站文件和其他资源，实时更新网站内容。

通常，把一个网站开发过程分 3 个阶段：① 规划与准备阶段；② 网页制作阶段；③ 网站的测试发布与维护阶段，也称为后续工作，如图 6.1.6 所示。

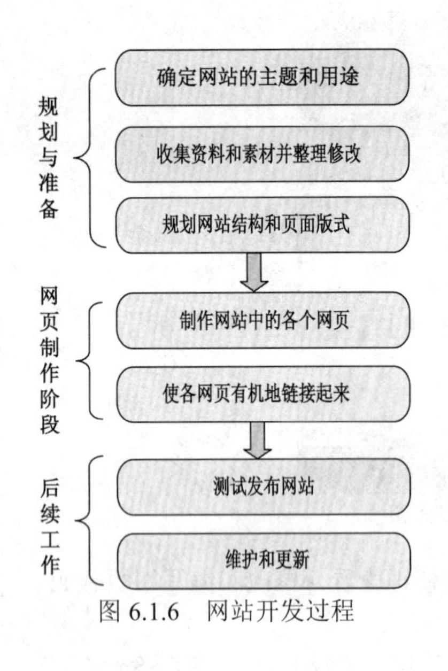

图 6.1.6　网站开发过程

网站的规划与准备是网站开发的第一个阶段，这是一个非常重要的阶段。在这个阶段需要完成网站的需求分析。由于需求分析直接决定网站的使用效果，并影响后期的开发工作，因此该阶段的工作必须要扎实、充分地完成，才可开展后续工作，否则容易导致后续开发的反复。由于需求分析的重要性，因此这个阶段在整个开发过程中占用的时间比较长。

1．网站定位

一个网站要有明确的目标定位，只有定位准确、目标鲜明，才可能做出切实可行的计划，按部就班地进行设计。网站定位就是确定网站主题和用途，包括网站的特征、使用场合及其使用群体等，即网站在网络上的独特位置，它的核心概念、目标用户群、核心作用等。这突出表现在网站的题材和内容选择上，网站的题材和内容要紧扣主题，而不能漫无边际。网站域名和网站名字的确定也不容忽视，网站域名和网站的名字应该有特点并容易记忆。除此之外，网站色彩要突出，网站的标志 LOGO 要有特点。

2．网站的风格

网站风格是指网站的整体形象给浏览者的综合感受，包括整体色彩、版面布局、交互性和字体等诸多因素。网站要体现自己的特色，独树一帜。通过网站的某一点，如文字、色彩、技术等，能让浏览者明确分辨出这部分就是该网站所独有的。网站的风格设计没有严格的规则可遵循，需要设计者根据各种分析来自己决定。

一般来说，适合网页标准色的颜色有三大系：蓝色、黄/橙色、黑/灰/白色。不同的色彩搭配会产生不同的效果，并可能影响用户的情绪。网站色彩要结合网站目标来确定，例如，如果是政府网站，要大方、庄重、严谨，切不可花哨；如果是个人网站，则可以采用较鲜明的颜色，设计要简单有个性。

3．网页布局

网页布局能决定网页是否美观并符合人类的视觉习惯。合理的布局可以将页面中的文字、图像等内容完美、直观地展现给浏览者，同时合理安排网页空间可以优化网页的页面效果和下载速度。在对网页进行布局设计时，应遵循平衡、对比、凝视、疏密度和留白等原则。常见的网页布局形式包括：“国”字布局、T 形布局、“三”字布局、“川”字布局等。

4．网站文件的物理目录结构

网站的规划与准备阶段要搜集与网站相关的素材文件，后期网页制作也要创建很多网页文件，对这些文件要合理规划其存储与管理。网站是由若干文件组成的文件集合，大型网站文件的个数更是数以万计，因此为了网站管理人员便于维护，也为了浏览者快速浏览网页，需要对文件物理存储的目录结构进行合理规划。

网站文件的物理目录结构是指建立网站时创建的存储文件的文件夹结构。主要的设计原则包括：不要将所有的文件都保存在网站根文件夹下；网页图形、图像文件很多，为了方便管理要在每个主栏目文件夹下都建立独立的 images 文件夹；网站栏目文件也要分类，按栏目内容建立子文件夹；尤其注意网站文件名，为了便于 Web 服务器管理，不要使用中文命名；文件夹的层次也不要太深。如图 6.1.7 所示为某网站文件的物理目录结构。

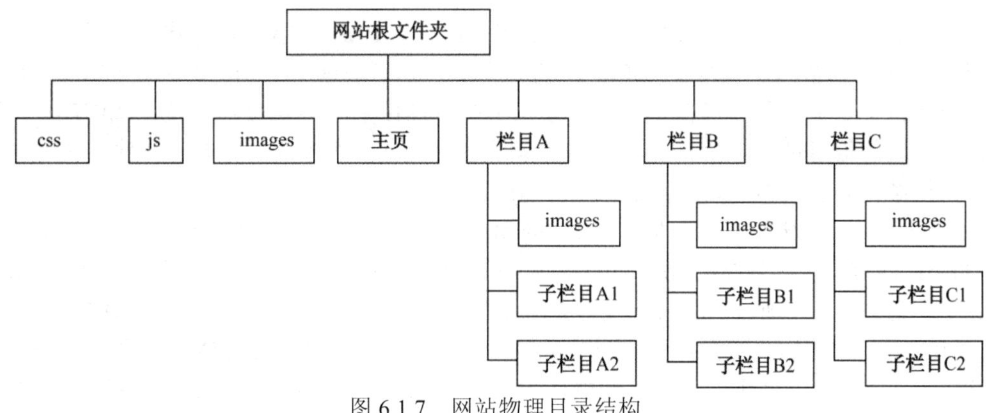

图 6.1.7　网站物理目录结构

5．网页文件的逻辑结构

与网站文件的物理目录结构不同，网页内部链接形成了网页之间的逻辑结构。通常，所有网页文件直接或间接的链接到主页。对于一个拥有上万网页的大型网站，能让用户方便地找到想要浏览的网页，非常不易。因此，合理、精心地设计网页文件之间的链接结构非常重要。常见的链接结构有树状结构（见图 6.1.8）和网状结构（见图 6.1.9）。

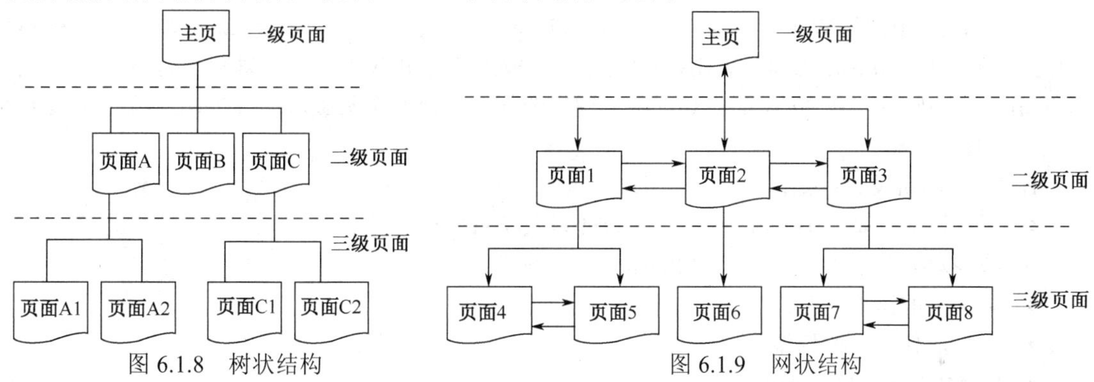

图 6.1.8　树状结构　　　　图 6.1.9　网状结构

6.2　HTML 和 CSS 基础

学习网页设计，首先需要掌握的就是 HTML（Hypertext Markup Language）和 CSS（Cascading Style Sheet）的语法，它们是制作网页所应掌握的最基础的技术。通常，HTML 用于描述页面显示的内容，而 CSS 负责格式化网页的外观。

6.2.1　HTML 简介

什么是 HTML？HTML 是用来描述网页的一种通用语言。它不是一种编程语言，因此不具备计算和数据处理的功能，只是一种控制网页元素显示的标记语言。

该语言自诞生以来，历经了多次版本修订，从 HTML 的早期版本到 HTML 4.0，再到后来的 XHTML，以及现在最新的 HTML5，随着版本的升级而逐步更新和完善。

第一个正式发布的 HTML 标准是 HTML 2.0，它于 1996 年由 Internet 工程工作小组的 HTML 工作组发布。受当时网络技术的影响，该标准中支持的标签很少，因此很快便退出了历史舞台。随后，由 W3C（World Wide Web Consortium）发布的 HTML 3.0 添加了很多被广泛运用的特性，如表格、Applets、上标和下标等，同时也加入了 font 标签和 color 属性这些用于控制网页样式的内容。这也使得 HTML 开始成为开发者的一场噩梦，用户不得不将文字格式添加到每个网页的每个文字元素中，其开发过程最终变成了漫长、昂贵和极其痛苦的过程。于 1998 年发布的 HTML 4.0，其最重要的特性是引入了样式表（CSS），停止了在 HTML 标签内部使用表现样式的属性，所有呈现网页外观的信息都可以从 HTML 文件中剥离，并植入一个独立的样式表文件，从此 HTML 走向了文档结构和表现相分离的健康发展的道路。

W3C 于 2000 年发布的 XHTML（eXtensible Hypertext Markup Language）是更加严格纯净的 HTML 语言，它是 HTML 与 XML（eXtensible Markup Language）相结合的产物。XML 是一种标记化语言，其中所有的内容都要被正确地标记，以产生结构良好的文档。XHTML 就是借鉴了 XML 这种优良特性，可以进一步将网页的内容和呈现相分离。XHTML 主要负责内容的描述，这样的实现，也方便了运行在移动电话和手持设备中的浏览器对网页的友好解析。XHTML 与 HTML 最主要的不同，包括：

- XHTML 元素必须被正确地嵌套；
- XHTML 元素必须被关闭；
- 标签名必须用小写字母；
- XHTML 文档必须拥有根元素<html>，所有的 XHTML 元素必须被嵌套于<html>根元素中，其余的元素均可有子元素，子元素必须是成对的，且被嵌套在其父元素之中。

最新的 HTML5 是 W3C 与 WHATWG（Web Hypertext Application Technology Working Group）合作的结果。HTML5 诞生前，WHATWG 致力于 Web 表单和应用程序的研发，而 W3C 专注于 XHTML 2.0 的研发。在 2006 年，双方决定进行合作，创建一个新版本的 HTML，随后在 2010 年发布了 HTML5。

HTML5 的研发目标是：

- 新特性应该基于 HTML、CSS、DOM 以及 JavaScript；
- 减少对外部插件的需求（如 Flash）；
- 更优秀的错误处理；
- 更多取代脚本的标签；
- HTML5 应该独立于设备；
- 开发进程应对公众透明。

HTML5 中扩充的新特性主要包括：

- 用于绘画的 canvas 元素；
- 用于播放音频和视频文件的 video 和 audio 元素；
- 对本地离线存储更好地支持；
- 新的特殊内容元素，如 article、footer、header、nav、section 等；
- 新的表单控件，如 calendar、date、time、email、url、search 等。

如上所述，HTML5 中扩充了很多新的元素，因此，支持 HTML5 新特性的好处包括：浏览器不用安装插件就可以播放音频、视频文件；网页文档的结构可以更清晰；实现元素丰富的表单可以更方便等。同时也需要注意，为了使文档结构化得更好，HTML5 对以往版本中有关外观呈现的标签和属性不再支持，例如 font、center、u、strike、frame 等元素，以及 align、width、bgcolor 等属性。

HTML5 仍处于完善之中。然而，最新版本的 Safari、Chrome、Firefox、Opera 以及 IE 9 都已经支持某些 HTML5 特性。

随着网络技术的发展，该语言由最初的相对混乱的约定，逐渐变得清晰和成熟。未来，随着网络技术的进一步发展，HTML 也将不断更新和完善。

注：从 W3C 的官方网站 http://www.w3.org 可获得最新的 HTML 规范。

6.2.2　HTML 文档的基本结构

HTML 文档的基本结构包括头部（Head）、主体（Body）两大部分，其中头部描述浏览器解析网页所需的信息，而主体则包含所要给浏览者展示的内容，如图 6.2.1 所示。

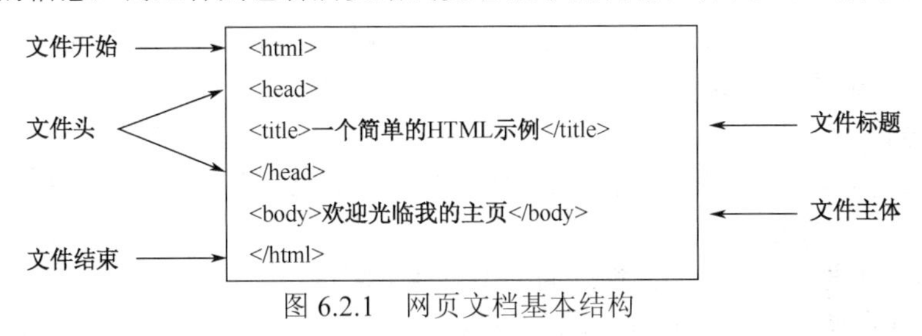

图 6.2.1　网页文档基本结构

文档中，<html>、<head>、<body>等带有尖括号的对象称为标签，或标记符、标记。

文档中的第一个标签是<html>，它告诉浏览器这是 HTML 文档的开始，文档的最后一个标签是</html>，它告诉浏览器这是 HTML 文档的终止。

<head>是文件的头标签，用来说明文档的整体信息，包括文档的标题、编码方式、作者信息等。在浏览器窗口中，头信息是不显示在浏览区中的，即通常的地址栏下方。

<title>标签之间是文档的标题，该标签位于<head>中，因此其元素不会出现在地址栏下方的浏览区中，而是显示在浏览器窗口的标题栏或选项卡上。网页标题也可被浏览器用作书签和收藏清单。除了<title>之外，<meta>也是位于<head>中较重要的标签，通常用于约定网页使用的字符集，如：<meta http-equiv="Content-Type" content="text/html; charset=utf-8" />，表示使用 utf-8 作为网页使用的字符集。

<body>标签之间的文本是网页正文，将被显示在浏览器中。使用浏览器打开图 6.2.1 所示 HTML 文档的预览效果如图 6.2.2 所示。

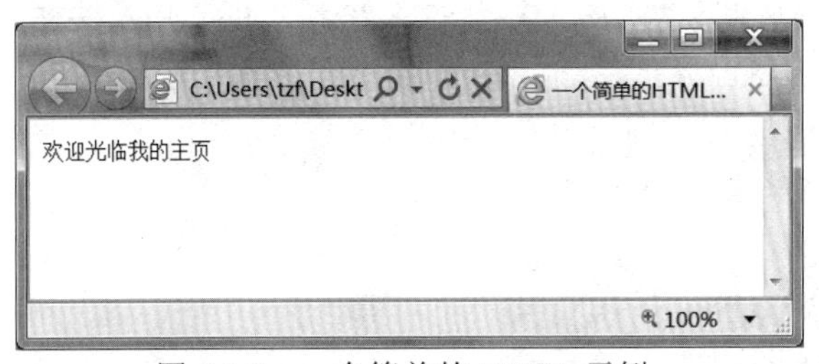

图 6.2.2　一个简单的 HTML 示例

6.2.3　HTML 的标签和元素

一个 HTML 文件是由一系列元素构成的，元素是 HTML 文件组成的单位。具体地说，元素是指一对标签和其包含的内容共同组成的对象。例如，title（文件标题）、img（图像）、div（层）等都为元素。

由 HTML 文件的基本结构可知，元素可以嵌套，即一个元素中可以包含另一个元素。最外层的元素是由<html>标签建立的。在<html>标签内所建立的元素中，包含两个主要的子元素，即<head>与<body>标签各自建立的元素。<head>标签所建立的元素内又可以包含<title>、<meta>等标签建立的元素。<body>标签所建立的元素内又可以包含各种希望展示给用户的元素，如图像、动画、表单等。元素可以逐级嵌套，没有限制。

HTML 用标签规定元素的类别和它在文件中的位置。多数标签是成对出现的，也有少量可单独使用的标签。

1．标签格式和约定

标签的基本语法格式如下：

<元素名称>要控制的元素内容</元素名称>

其中，<元素名称>是元素的开始标签，</元素名称>是元素的结束标签，它们用于界定元素的范围。

在标签中可以设置一些属性，用于控制标签所建立的元素。这些属性应放在开始标签中，因此标签的完整语法格式如下：

<元素名称 属性 1="属性值 1" 属性 2="属性值 2"…>要控制的元素内容</元素名称>

还需要注意以下约定：

- 标签和属性之间以及不同属性之间要用空格分隔；
- 属性值放在属性之后，用等号分隔；
- 属性值应该被包含在引号中，双引号是最常用的，但是单引号也可以使用（注意，引号都是半角字符）；
- 标签名和属性名都必须用小写字母；
- 关闭所有的标签，使用空格和斜线关闭空标签或称为单独标签，如
。

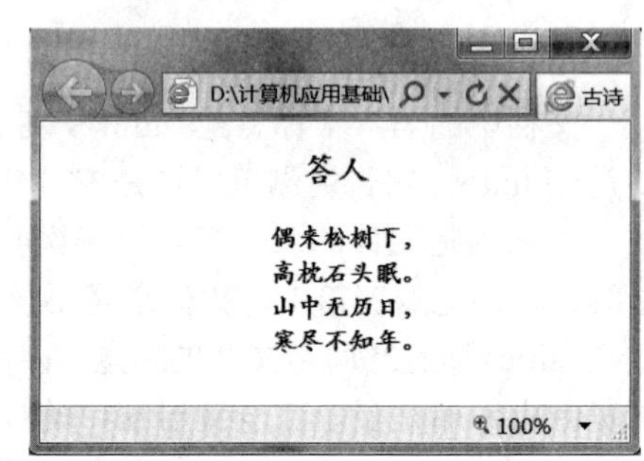

图 6.2.3　网页预览效果

如图 6.2.3 所示是一个 HTML 文档的浏览器预览效果，使用浏览器的快捷菜单的“查看源文件”命令可以打开 HTML 源文件。

以下是图 6.2.3 对应的 HTML 源代码：

```
<html>
<head>
<meta http-equiv="Content-Type" content="text/html; charset=utf-8" />
<title>古诗</title>
<style type="text/css">
body {
    font-family: "华文楷体";
    text-align: center;
}
</style>
</head>
<body>
<div id="main">
  <h2>答人</h2>
  <h3>
      偶来松树下，<br />
      高枕石头眠。<br />
      山中无历日，<br />
      寒尽不知年。<br />
  </h3>
</div>
</body>
</html>
```

源代码中的<style>元素是 CSS 样式，用于控制某些元素的外观。这部分内容在 6.2.4 节中详细介绍。

2．常用标签

常用标签和其含义见表 6.2.1。

表 6.2.1　常用标签表

标　　签	描　　述
<html></html>	文件的开始和结束
<head></head>	文件的头部
<title></title>	文件的标题，在<head>文件头中
<body></body>	文件的主体
<hn></h*n*>	标题级样式（其中 *n* 取值 1～6）
<strong></strong>	粗体（注：在 HTML5 中用来定义重要文本）
<em></em>	斜体
<p></p>	段落标签
 	换行标签
<ul><li>…</li></ul>	无序列表
<ol><li>…</li></ol>	有序列表
<img />	图像标签
<tale><tr><td></td></tr></table>	表格标签
<form></form>	表单标签
<div></div>	层标签
<font></font>	字体标签
<center></center>	居中标签

注：最后两行灰底色的标签在 XHTML 1.0 Strict DTD 及 HTML5 中不被支持。

对于初学者，通常使用专业的网页制作软件，如 Dreamweaver CS6 进行可视化编辑和设计网页，这些标签相关的代码都可以由软件自动生成，不需要在初学时完全记住它们，只需要在制作过程中，切换到代码视图（或拆分视图）下查看每步生成的相应代码，很快便会理解各标签的功能和用法。

6.2.4　层叠样式表 CSS

CSS（Cascading Style Sheets，层叠样式表）是一种用来表现 HTML 或 XML 等文件呈现样式的描述性语言，目前最新版本为 CSS 3.0。它是一种能够真正做到网页表现与内容分离的样式设计语言。相对于传统 HTML 的表现而言，CSS 能够对网页中对象的位置排版进行像素级的精确控制，支持几乎所有的字体字号样式，并能够进行初步交互设计，是目前基于文本展示的最优秀的表现设计语言。

CSS 的优势在其简捷的代码，对于一个大型网站来说，这可以节省大量带宽，并在团队开发中更容易进行分工合作从而减少相互关联性。

Div 和 CSS 结合实现网页布局是现在主流的布局方法，这种布局方法有别于传统的表格（Table）定位方法，可实现页面内容与表现分离，并可以自适应各种设备，包括手机、平板电脑等。

1．CSS 控制页面的方式

CSS 可以用 4 种方式控制页面：行内方式、内嵌方式、链接方式、导入方式

（1）行内方式

行内方式是 4 种样式中最直接最简单的一种，它直接对 HTML 标签使用 style=""实现外观控制，例如：

```
<p style="color:#F00; background:#CCC; font-size:12px;"></p>
```

虽然这种方法比较直接，但在制作页面时需要为很多标签设置 style 属性，所以会使得 HTML

页面不够干净，文件体积过大，不利于搜索蜘蛛爬行，从而导致后期维护成本高，因此，这已经是一种过时的设计，在 HTML5 中已经不支持这种应用形式。

（2）内嵌方式

内嵌方式就是将 CSS 代码写在<head></head>之间，并且用<style></style>进行声明，例如：

```
<html>
  <head>
    <meta http-equiv="Content-Type" content="text/html; charset=gb2312" />
    <title>CSS 内嵌</title>
    <style type="text/css">
      <!--
      #div1{width:64px; height:64px; float:left;}
      #div1 img{width:64px; height:64px;}
      -->
    </style>
  </head>
  <body>
    <div id="div1">你好，CSS！</div>
  </body>
</html>
```

这种形式的缺陷是，即使有公共的 CSS 代码，也需要在每个页面中重复定义。如果一个网站有很多页面，每个文件的尺寸都会变大，后期重复维护的工作量也很大；如果文件很少，CSS 代码也不多，这种方式可以作为一种选择。

（3）链接方式

链接方式是使用频率最高、最实用的方式，只需要在<head></head>之间加上如下代码：

```
<link href="style.css" type="text/css" rel="stylesheet" />
```

就可以将独立的 CSS 文件中的样式应用到当前文档中。这种方式将 HTML 文件和 CSS 文件彻底分成两个或者多个文件，实现了页面内容的 HTML 代码与 CSS 代码的完全分离，使得前期制作和后期维护都十分方便。这种方式，既可以使文件的总体尺寸变小，又易于升级维护。如果需要改变网站风格，只需要修改公共的 CSS 文件就可以了，非常方便。

（4）导入方式

导入样式和链接样式比较相似，采用 import 方式导入 CSS 样式表，在 HTML 初始化时，会被导入到 HTML 文件中，成为文件的一部分，类似第二种内嵌方式。

如果上述 4 种方式同时用于同一个页面，就有可能会出现优先级的问题，优先级从高至低的是：行内方式、内嵌方式、链接方式、导入方式。

2. CSS 语法格式和选择器

如果要让样式对 HTML 页面中的元素实现一对一、一对多或者多对一的控制，就需要用到 CSS 选择器，HTML 页面中的元素就是通过 CSS 选择器进行控制的。

CSS 的语法格式：

```
selector{
  属性：属性值；
  …
  属性：属性值；
}
```

其中 selector 为 CSS 的选择器，用于说明样式针对哪些元素起作用。选择器共有 4 种：标签选择器、id 选择器、类选择器和复合选择器。

（1）标签选择器

一个完整的 HTML 页面是由很多不同的标签组成的，而标签选择器，则决定标签采用什么 CSS 样式。

在 style.css 文件中对 p 标签的样式声明如下：

```
p{
  font-size:12px;
  background:#900;
  color:#090;
}
```

则页面中所有 p 标签对应元素的背景都是#900（红色），文字大小均为 12px，文字颜色为#090（绿色），实现了一对多的控制。在后期维护中，如果想改变整个网站中 p 标签背景的颜色，只需要修改 background 属性就可以了。需要注意，网页中的颜色使用“#”开头的 6 个十六进制数表示，其中每两个数对应一种颜色。如果两个颜色值相同，则可以简写，因此“#900”等价于“#990000”，其中 99 对应红色的值，中间的 00 对应绿色的值，最后两位 00 对应蓝色的值。

（2）id 选择器

通常，id 选择器在某个 HTML 页面中只能使用一次。

例如，为某个 HTML 页面中的 p 标签加上 id，代码如下：

```
<p id="title">此处为 p 标签内的文字</p>
```

在 CSS 中定义 id 为 title 的元素的样式，就需要用到“#”，代码如下：

```
#title{
  font-size:12px;
  background:#900;
  color:#090;
}
```

这样，页面中 id 为 title 的 p 标签对应的元素就会被应用上面定义的样式，而其他 p 标签对应的元素则不会应用该样式。通常，id 就像身份证号一样，在页面内具有唯一性。由此可见，id 选择器对应的样式具有很强的针对性，通常用于实现一对一的控制。

（3）类选择器

类选择器可以使页面中的某些标签具有相同的样式，因此类选择器和标签选择器一样可以实现一对多的控制。但和标签选择器不同的是，类选择器可以针对不同的标签应用同一个样式。其语法和 id 选择器的用法类似，把 id 改为 class 即可，代码如下：

```
<p class="title">此处为 p 标签内的文字</p>
```

如果还想让 div 标签也具有相同的样式，怎么办呢？加上同样的 class 属性就可以了，代码如下：

```
<div class="title">此处为 div 标签内的文字</div>
```

这样，页面中凡加上 class="title"属性的标签，样式都是一样的。定义类选择器和 id 选择器类似，但需要把“#”换成“.”（点号），代码如下：

```
.title{
    font-size:12px;
    background:#900;
    color:#090;
}
```

一个标签可以有多个类选择器的值，不同的值用空格分开，如：

<div class="title home leftStyle ">此处为 div 标签内的文字</div>

这样，可以将多个样式用到同一个标签中。当然，也可以 id 和 class 一起用，例如：

<div id="nav" class=" title home leftStyle ">此处为 div 标签内的文字 </div>

（4）复合选择器

复合选择器是指嵌套在一起的选择器。CSS 允许上面的 3 种选择器做任意嵌套进行样式定义。例如：

```
#title p a{color:#900;}
```

这个样式定义在 id 是 title 的 p 标签内的链接 a 标签的文字颜色为红色。这样定义的好处是，不需要再为 id 是 title 的 p 标签内的 a 标签单独定义 class 选择器或者 id 选择器，可以起到减少代码的作用。

3. 在 Dreamweaver CS6 中使用 CSS

在 Dreamweaver CS6 中，依次单击“文件|新建”，在弹出的“新建文档”对话框中，从左到右依次选择“示例中的页|CSS 样式表|示例页中的某一项”，如“完整设计：Arial，蓝色/绿色/灰色”，可以创建一个 CSS 的示例文件。用户可以参考其中的代码设计样式。

CSS 样式面板功能很多，如图 6.2.4 所示。

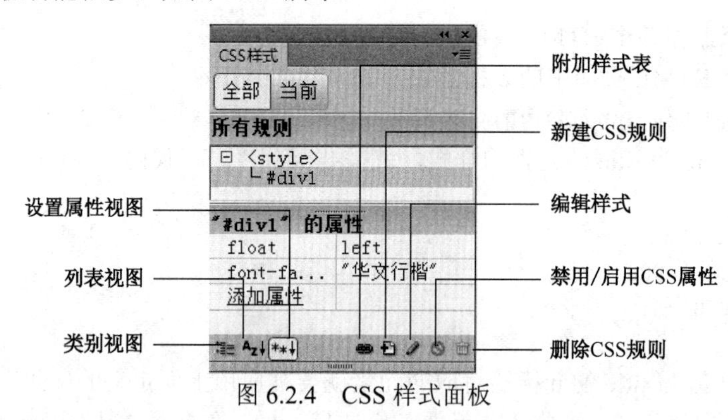

图 6.2.4　CSS 样式面板

使用模式切换按钮：在“全部”模式下，CSS 面板显示应用到当前文档的所有 CSS 规则；在“当前”模式下，CSS 面板显示当前所选内容的属性摘要。

各种视图按钮：“类别视图”将软件支持的所有属性分为 8 类显示；“列表视图”按字母顺序显示软件支持的所有属性；“设置属性视图”只显示已经设置的属性。

另外还有“附加样式表”、“新建 CSS 规则”、“编辑样式、“删除 CSS 规则”等命令按钮。

借助 CSS 样式面板的引导，可以方便地实现各种有关样式的操作，初学者应充分利用它。

6.3　网页页面设计

6.3.1　网页元素的处理

本节重点介绍在 Dreamweaver CS6 的设计视图中输入和编辑各网页元素的方法。Dreamweaver CS6 的设计视图和 Word 一样，是所见即所得的编辑环境，因此，操作方法易学易用。一般的对象既可以用菜单插入，也可以用插入栏完成。由于菜单的文字标识更为清楚，因此，这里介绍应用菜单实现插入对象的方法，实际上使用插入栏更加方便，只需要注意鼠标指针悬停在按钮上时系统给出的提示，即可明白各按钮的功能。

1. 文本

（1）文本的输入和编辑

先将光标置于文本所在位置，然后启动输入法输入即可。Dreamweaver CS6 会自动换行，可以按回车键换段，或者按 Shift+Enter 组合键换行而不换段。注意，Dreamweaver CS6 不支持即点即输，因此，元素位置的控制通常要借助布局手段，有关布局的内容，后面逐步介绍。

关于常用的“特殊字符”，如版权符号“©”、注册商标“®”、空格等字符的输入，可以依次单击“插入 | HTML | 特殊字符”选择相应的选项即可。

对于已经输入的文本的复制、删除、修改等编辑操作和 Word 中一样，不再赘述。

（2）文本的格式设置

对文本的字体、字号、字形、颜色等属性，可以先选中文本，然后在文本属性面板中进行设置即可。如图 6.3.1 所示，单击“CSS”按钮将会弹出“新建 CSS 规则”对话框，并以 CSS 样式的形式将属性应用到元素上。推荐使用这样的形式，以减少在 HTML 代码中混入样式呈现的代码，增强 HTML 文件的可读性。此外，可以把创建好的 CSS 样式应用在多个元素上，以增强代码的复用性，并减少整体的代码量。

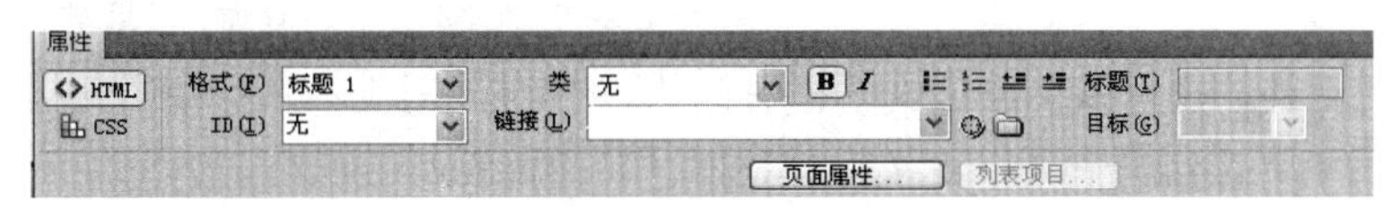

图 6.3.1　文本属性面板

2. 图像

网页上常用的图像格式有 GIF、JPEG 和 PNG 格式。

GIF（Graphics Interchange Format）：采用无损压缩，只支持 256 种颜色，适用于线条图以及大块纯色的图片。此外，该格式支持透明色和简单动画。

JPEG（Joint Photographic Experts Group）：采用有损压缩，支持上百万种颜色，适用于使用真彩色或色彩丰富的照片和图片。

PNG（Portable Networks Graphics）：一种替代 GIF 格式的无专利权限制的格式，适用于任何类型、任何颜色深度的图片。它支持索引色、灰度、真彩色图像以及 Alpha 通道，可以保留所有原始层、矢量、颜色和效果信息（如阴影），并且在任何时候都是完全可编辑的。Fireworks 生成的文件默认就是 PNG 格式的，这种图像受到 W3C 组织的大力推荐，在网上广泛使用。

（1）图像的添加

图像的添加方法：将光标插入到需要添加图像的位置，然后依次单击“插入 | 图像”，打开“选择图像源文件”对话框，选择要插入的图像文件，确定即可插入。

（2）图像属性的设置

添加图像之后，可以通过属性面板设置图像的大小、超链接、原始文件等。图像属性面板如图 6.3.2 所示，“替换”项可以为不能看到网页的特殊人群提供浏览器阅读服务；“原始”项可以提供低品质高速度的图像，减少用户等待时间；“地图”项可以提供“热点”超链接，将一个图像切分为多个区域，不同的区域对应不同的超链接目标。

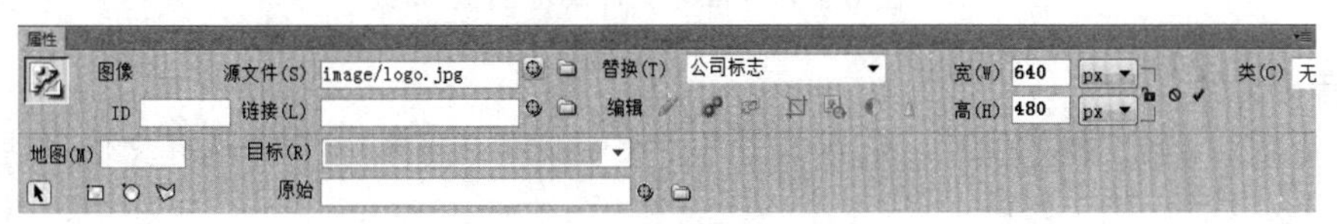

图 6.3.2　图像属性面板

3. 超链接

超链接是网页中最重要、最根本的元素。它是网页的灵魂，因为有超链接的存在，任何网页都可以连接在一起形成一个有机的整体。

超链接目标可以是一张图片、当前网页上的不同位置、另一个网页、一个电子邮件地址、一个文件，甚至是一个应用程序等。

按照使用对象的不同，网页中的链接又可以分为：文本超链接、图像超链接、E-mail 链接、锚点链接、图像热点超链接、空链接等。

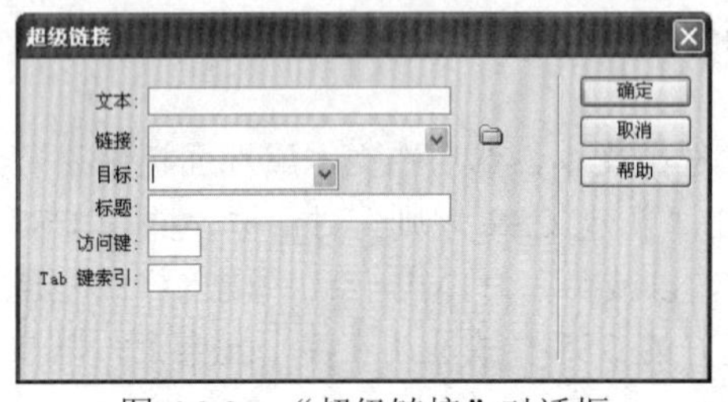

图 6.3.3 “超级链接”对话框

使用 Dreamweaver CS6 创建超链接的方法很简单。首先选中要创建超链接的页面元素，然后依次单击“插入｜超级链接”，打开“超级链接”对话框，如图 6.3.3 所示。

“文本”：在该文本框中输入链接在页面中显示的源文字，如果已经选择了要创建页面链接的源文字，则在该文本框中会自动显示。

“链接”：在该文本框中输入要链接的 URL 地址，如果是站点内的文件，则可以单击该文本框右侧的按钮，浏览本站点中的目标文件。

“目标”：在该下拉列表中可以定义打开目标页面的位置。

- _blank：在新的浏览器窗口中打开页面；
- _parent：在当前父窗口中打开页面；
- _self：在当前窗口中打开页面；
- _top：在当前框架的上级窗口中打开页面。

注：鉴于框架具有不便于被搜索引擎搜索到的弊端，并且 HTML5 已经不支持框架，因此，上面针对框架的选项“_parent”、“_top”将会随着软件的升级最终被淘汰。

“标题”：在该文本框中输入超链接的标题。

“访问键”：在该文本框中输入键盘等价键（一个字母）以便在浏览器中选择该超链接。

以上参数设置完毕后，单击“确定”按钮，即可完成超链接的创建。右击建有链接的源对象，在快捷菜单中选择相应的命令，可以完成超链接的删除、编辑等操作。

4. Flash 文件

Flash 动画也是网页中常见的元素，其添加方法是：首先将光标插入到需要添加对象的位置，然后依次单击“插入｜媒体｜SWF”，打开选择文件对话框，选择要插入的 Flash 文件，确定即可。

插入 Flash 文件后，选中该文件可以使用属性面板设置其属性。其中，可以设置播放文件的宽和高、是否自动播放等，如图 6.3.4 所示。

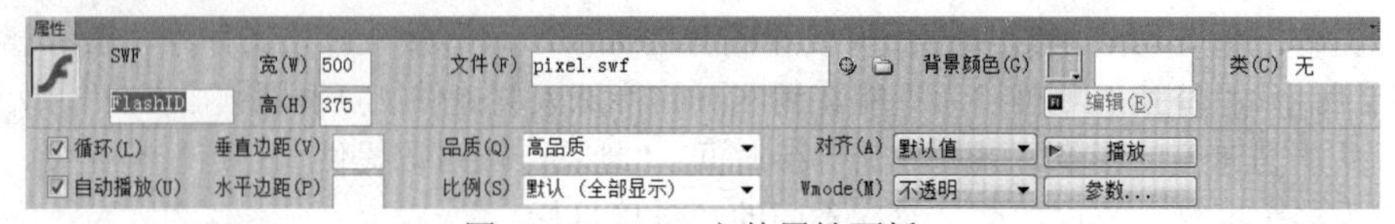

图 6.3.4 Flash 文件属性面板

5. 音频文件

指定要插入音频文件的位置，依次单击“插入｜媒体｜插件”，打开选择文件对话框，选择要插入的音频文件，确定即可。

同样，在选中插入文件之后，可在相应的属性面板中设置其属性，如“宽”、“高”、“边框”等。网页中支持的常见音频文件格式包括 MP3、MIDI 等。

6. FLV 视频文件

FLV 视频文件是 Flash 视频，而非 Flash 动画。Flash 视频采用帧间压缩方法，可以有效地缩小文件大小，并保证视频质量。FLV 文件支持跨平台，具有流媒体的特性；文件体积小，清晰的 1 分钟视频文件大小为 1MB 左右，是普通视频文件大小的 1/3；此外，该类文件 CPU 占有率低，视频质量好。由于 FLV 文件具有众多优点，使其在网络上盛行。目前网上几家著名的视频网站均采用 FLV 格式来提供视频。

要插入 FLV 文件，首先指定插入视频文件的位置，然后依次单击“插入 | 媒体 | FLV”，打开选择文件对话框，选择要插入的视频文件，确定即可。

同样，在选中插入文件之后，可在相应的属性面板中设置其属性。

除 FLV 格式的视频文件外，网页中常见的 AVI、RM 等格式视频文件的插入方法和上面音频文件的插入方法一样，都是通过媒体的插件方式插入的。

7. 表单

表单是用于实现网页浏览者与服务器之间信息交互的一种页面元素，被广泛用于各种信息的搜集和反馈。表单使网页具有更强的交互功能，因此可以实现诸如在线调查、在线报名、商品订购、用户注册等功能。

例如，网易的免费电子邮件系统需要注册账户，在注册页面要使用表单填写个人信息，申请成为合法用户，然后使用已经注册好的用户名和密码登录系统，才可以使用网易电子信箱提供的用户服务。在注册和登录过程中，用户用于输入个人信息的对象，即为表单。

表单由两部分构成：表单标签和表单域。表单标签是<form>，用于定义采集数据的范围，也就是说，开始标签<form>和结束标签</form>里面包含的数据将被提交给服务器。表单域包含了文本框、多行文本框、密码框、隐藏域、复选框、单选按钮和下拉列表框等各类控件。

在 Dreamweaver CS6 中，对表单的操作主要包括表单的创建和表单属性的设置。

创建表单分为以下两步。

Step1 创建表单标签。依次单击“插入 | 表单 | 表单”，即可创建表单标签。这时，在编辑区域会出现一个红色虚线的矩形区域，这就是表单标签<form>标记的表单控件区域，如图 6.3.5 所示。

图 6.3.5 表单控件区域

Step2 添加表单控件并设置属性。依次单击“插入 | 表单 | 文本域（或文本区域、按钮、图像域）”，可以添加各种表单控件。

通常，为了使表单看上去更加整齐规范，一般会借助表格布局表单页面中的表单控件。下面介绍一些常用的表单控件。

文本字段：用于在表单中插入单行文本框。文本字段可接收任何类型的字母或数字，输入的文本显示为单行。如果在属性面板中将文本字段的类型设置为“密码”，则输入时对外显示为圆点或星号，用于密码保护。

文本区域：和类型为“多行”的文本字段一样，用于在表单中插入多行文本框。文本区域可以接收任何类型的字母数字项，输入的文本显示为多行，常用于字数比较多的信息项，例如个人简介。

单选钮：用于互相排斥的选择，一组单选钮只能选择一个。一个表单中的多个单选钮，只要设置为相同的名称，就可以具有互斥的功能。

复选框：用于在表单中插入复选框。在实际应用中可以实现多项选择的功能，例如用户爱好的选择，可以使用复选框实现。

文件域：用于在表单中插入空白文件区域和“浏览”按钮。用户使用文件域可以浏览本机中的文件，并将这些文件作为表单数据上传。

列表/菜单：用于在表单中插入列表或者菜单。“列表”选项在列表框中显示选项值，并可以设置为允许用户在列表中选择多个选项。“菜单”选项在弹出式菜单中显示选项值，而且只允许用户有一个选择。

按钮：用于在表单中插入文本按钮。按钮在单击时执行任务，如提交或重置表单。

图像域：用于在表单中插入一幅图像。可以使用图像域替换“提交”按钮，以生成漂亮的图形化按钮。

图 6.3.6 是一个常见的表单，其中使用了表格布局页面中的表单元素。通常，使用两列布局的表格，左侧一列输入控件名，右侧一列输入控件。

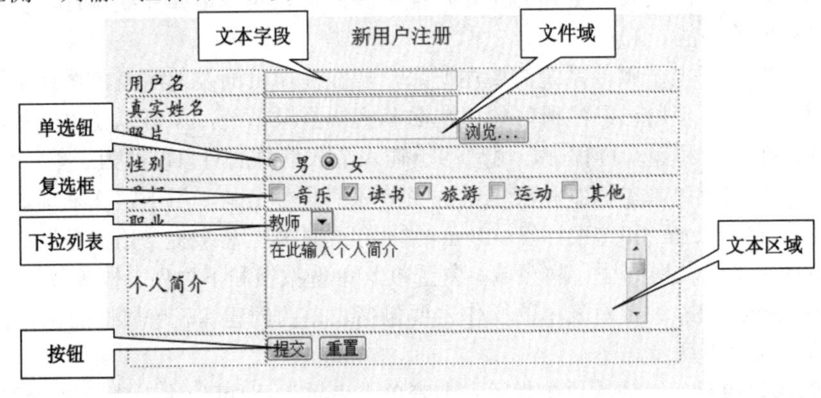

图 6.3.6　用户注册表单

6.3.2　表格布局

表格是网页设计中常用的页面元素，表格除了可以整齐、有序地排列数据之外，还可以用来布局网页，即精确定位网页元素，如文本、图片，视频等的位置。因为表格的易用性，早期的网页多数是使用表格布局实现的。

1．表格的创建

利用 Dreamweaver CS6 创建表格时，可以通过下列 3 种方式之一创建表格：

（1）在“插入”功能区的“常用”选项卡中，单击“表格”按钮。

（2）依次单击“插入｜表格”。

（3）在“插入”功能区的“常用”选项卡中，拖动“表格”按钮到主窗口的工作区中。

以上操作，都将打开“表格”对话框，可以在其中对要创建的表格设置相应的属性值，如图 6.3.7 所示。

2．表格的编辑

表格编辑包括选择表格（选中整个表格、选择一个单元格、选择多个单元格），添加/删除行列，修改表格大小，合并/拆分单元格等。通过编辑表格，使表格的布局能够达到网页布局的要求。这些操作与 Office 中的表格编辑方法非常相似，通常在右键快捷菜单中都可以找到相应的命令来完成各种操作，因此不再详细介绍。

3. 表格属性设置

表格的属性包括表格的边框有无、边框线的粗细、表格的宽度、水平对齐方式等，其属性面板如图 6.3.8 所示。单元格的属性包括单元格中内容水平或垂直对齐方式、宽度、高度、背景颜色等，其属性面板如图 6.3.9 所示。首先选中表格或单元格，然后使用表格或单元格属性面板设置属性值，可以对表格样式进行精确设置，以达到目标效果。对于表格的选中，可以用状态栏的标签选择器，非常方便；对于单元格的选中，可以直接单击目标单元格或拖动鼠标选中多个单元格。

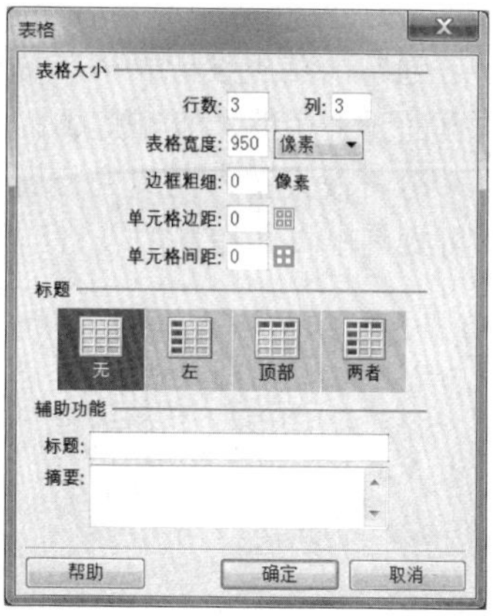

图 6.3.7 “表格”对话框

4. 表格中元素的添加

表格的每个单元格可以看作一个小的独立编辑区域，向表格中添加页面元素与前面介绍的在普通页面添加元素的操作方法类似：对于文本对象，可以直接输入；而对于非文本对象，使用“插入”菜单下的命令，根据系统的提示操作，即可添加相应的元素。

图 6.3.8 表格属性面板

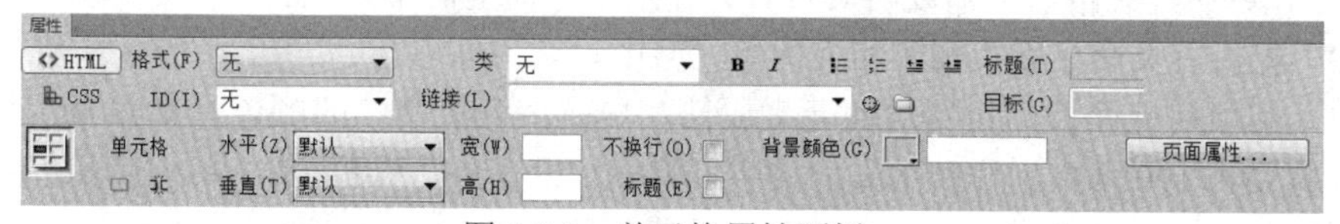

图 6.3.9 单元格属性面板

需要注意的是，添加元素之前，建议首先保存页面，这样可以确保非文字对象的路径都是相对路径，而非绝对路径。相对路径是指相对当前页面的目标对象所在的路径，形如：image/logo.jpg；绝对路径是指从协议开始的完整路径，形如：http://www.cuc.edu.cn。绝对路径不利于网站的移植，应尽可能少用绝对路径。例如，利用表格布局，实现如图 6.3.10 所示的网页。

图 6.3.10 网页效果图

通常，首先设计表格布局结构和表格样式，然后把页面元素添加到相应的单元格，最后设置页面元素属性，即可完成页面实现。

分析效果图，元素的位置需要用单元格来控制，因此，将不同的元素对应不同的单元格，即可规划出页面布局的表格结构，如图 6.3.11 所示。

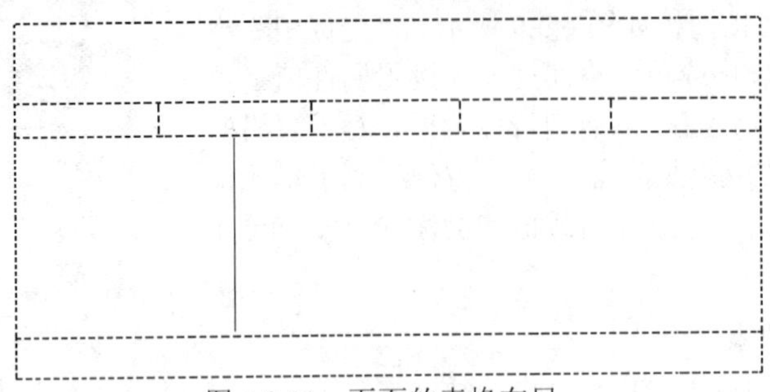

图 6.3.11　页面的表格布局

具体实现步骤如下。

Step1　实现布局表格。该布局表格使用了嵌套的表格。首先插入一个 4 行 1 列的外层表格，其宽度设计为 950 像素，边框线的宽度为 0 像素。然后，在第 2 行的单元格中插入一个 1 行 5 列的内嵌表格，其宽度和边框线同外层表格一样。使用内嵌表格的好处是内嵌表格的格式可以独立于外层的表格，例如，内嵌表格单元格的列宽可以不受外层表格的影响，且可以有不同于外层表格的边框线样式等。最后，将第 3 行的单元格拆分为 2 列，这样就会有如图 6.3.11 所示的效果。制作好布局表格后，需要将其设置为在水平方向上居中。

Step2　把所有页面元素添加到相应的单元格中。

Step3　利用属性面板，设置页面元素属性。导航部分：文字的颜色是“#900”；背景色是“#CCC”；宽度为 190 像素。导航下方的文字：第一行设置为“标题 1”，余下各行设置为“项目列表”。最下面的版权信息设置为水平居中，且背景色为“#CCC”。设置好如上内容，即可完成整个页面的实现。

当然，关于各元素属性设置的顺序，没有严格的顺序，读者可以根据情况自由设计。

6.3.3　CSS 布局

早期的网页由于受技术的限制，大多用表格实现页面布局，但使用表格布局会带来很多问题，例如：

- 把布局和格式代码混合在内容中。这使得文件的尺寸变大，用户在访问每个页面时都必须下载一次这样的格式信息，访问速度慢且浪费流量。
- 重新布局已有站点的内容时，其工作量很大。由于格式代码的重复，不得不重复修改。
- 保持整个站点的风格一致性很难。这也是由于格式代码冗余，容易导致更新不一致。
- 基于表格的页面还大大降低了兼容手机或 PDA 等移动设备的能力。表格布局受其行列分隔的限制，不能根据显示设备的尺寸，自动调整布局。

随着技术的发展，现在市场上主要使用 CSS 进行网页布局，它能解决表格布局中遇到的所有问题，其主要的优点如下。

- 内容和形式可以彻底分离。网页前台只需要负责显示内容，形式上的布局和美工由 CSS 来处理。这样，生成的 HTML 文件代码简捷，文件尺寸更小，打开更快。
- 改版网站更简单容易。例如，要重新布局页面，不需要重新设计排版网页，甚至于不用改动原网页的任何 HTML，只需要改动 CSS 文件就可以完成所有布局的改版，使得改版就像换件衣服一样简单、容易。

- 搜索引擎更友好，排名更容易靠前。不会因为大量的格式代码，影响搜索引擎对页面内容的分析。
- 能够很好地兼容手机、PDA 等各类电子设备。CSS 布局使页面具有很好的自适应性，可以根据设备的尺寸自动调整显示的布局。

从一般使用者的角度来看，基于表格和基于 CSS 的这两种布局，除了页面载入速度的差别外，没有其他的差别。但是如果使用者查看页面源代码，两者所表现出来的差异就非常大。基于良好重构理念设计的 CSS 布局页面源码，能让没有网页开发经验的使用者快速读懂内容。从这个角度来说，基于 CSS 布局的网页能够更好地将网页结构化。

要使用 CSS 进行布局，首先需要掌握 CSS 布局页面中很重要的两个概念：盒子模型、块级元素与内联元素。

1．盒子模型

盒子模型也称为盒模型，它是 CSS 页面布局中的核心，是设计中排版定位的关键，所有元素都遵循盒模型规范，例如 div、p、a 等。盒模型包含外边距（Margin）、内边距（Padding）、内容（Content）、边框（Border）这些属性，如图 6.3.12 所示。

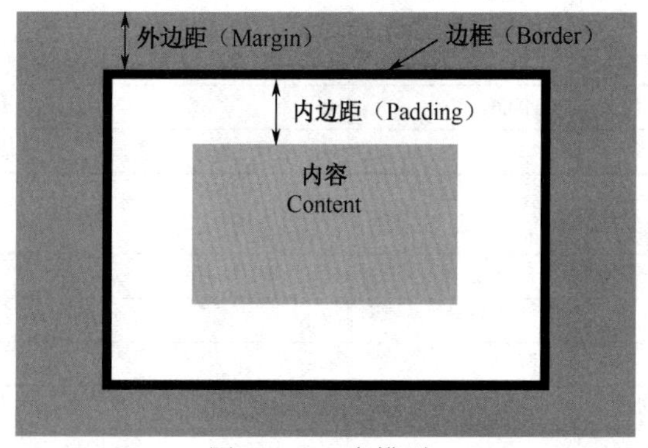

图 6.3.12　盒模型

这些属性如何理解？可以用日常生活中的盒子或箱子来类比，日常生活中所见的盒子也具有这些属性，所以叫它盒模型。“内容”就是盒子里装的东西；“边框”就是盒子本身；而“内边距”也称为“填充”，是指盒子里的东西到盒子边框之间的距离；“外边距”也称为“边界”，指盒子摆放在一起时，彼此之间的距离。

在网页设计上，“内容”常指文字、图片等元素，也可以是小盒子（即盒子支持嵌套）。与现实生活中的盒子不同的是，现实生活中的东西一般不能大于盒子，否则盒子会被撑坏，而 CSS 的盒子具有弹性，里面的东西大过盒子本身会把它撑大，但它不会损坏。“内边距”只有宽度属性，可以理解为生活中盒子里的抗震泡沫等辅料的厚度。而“边框”具有大小和颜色两个细分属性，这个可以理解为生活中所见盒子的厚度以及这个盒子是用什么颜色的材料做成的。“外边框”就是该盒子与其他盒子之间要保留多大距离。

CSS 布局就是对一个个网页元素遵循盒模型设置其属性，将它们有序排放，形成任何想要的显示效果。

2．块级元素与内联元素

在 CSS 中，使用 display 属性来定义盒子的类型。总体来说，CSS 中的盒子分为两类：块类型（Block）和内联类型（Inline），即所有的元素分为块级元素和内联元素。

块级元素（Block Element），又称为块元素，通常是其他元素的容器。它可以容纳内联元素和其他块元素，常见的块元素包括 div、p、table 等。如果没有 CSS 的作用，浏览器的默认处理是将块元素顺序以每个另起一行的方式自上而下排列。而设置 CSS 之后，可以改变这种默认显示模式，把块元素摆放到任何想要的位置。

内联元素（Inline Element）又称为行内元素，一般都是基于语义的基本元素。内联元素只能容纳文本或者其他内联元素，常见内联元素如 a、span、img。内联元素与块元素相反，在默认显示状态下，允许下一个对象与它本身在一行中显示。

总之，块元素和内联元素的基本差异是，块元素一般都是从新行开始显示。而当加入了 CSS 控制以后，块元素和内联元素的这种属性差异就可以消除，它们之间可以相互转换。例如，可以给内联元素加上“display:block;”这样的属性，让它也有每次都从新行开始的块元素的特征；同样，也可以给块元素加上“display:inline;”这样的属性，让它具有多个可放在一行的不“霸道”的内联元素的特征。常见的块元素见表 6.3.1，常见的内联元素见表 6.3.2。

表 6.3.1　常见块元素

标　签	含　义	标　签	含　义
div	层	ol	有序列表
p	段落	ul	项目列表
form	表单	li	列表项
table	表格	blockquote	块引用
hn	6 级标题（h1-h6）	dl	定义列表
hr	水平分隔线	dir	目录列表

表 6.3.2　常见内联元素

标　签	含　义	标　签	含　义
a	锚点	sub	下标
span	定义文本内区块	sup	上标
img	图像	textarea	多行文本输入框
label	表格标签	br	换行
input	输入框	select	项目选择
strong	强调	q	短引用

3. CSS 布局

CSS 布局有两种方式：浮动（Float）和定位（Position）。

浮动布局具有良好的灵活性和自适应性等优点，使用更为普遍，更受市场推崇。如前所述，如果没有 CSS 的控制，网页中的元素将按照它们在 HTML 结构中的顺序以及元素类型在浏览器中显示，并且每行只允许容纳一个块类型的元素，但是可以并列容纳多个内联类型的元素。例如，默认处理每个 div 元素将“霸占”一整行，多个 Span 元素会布局在同一行中。这种排版定位的方式也被称为常规流定位。浮动定位可以打破默认的常规流定位，使得元素从常规流中脱离出来，浮动在常规流之上，从而实现灵活的布局效果。

一个元素可以被设置为向左或向右浮动，其浮动的原则是：被设置为浮动的元素根据设置向左或向右浮动，直到它的外边缘碰到包围元素或父元素的边缘或其他浮动元素的边缘为止。下面用一个例子详细介绍浮动布局的用法。

例如，用 CSS 浮动布局的方法，实现如图 6.3.13 所示的页面。前面曾经用表格布局实现过该网页，接下来用 CSS 浮动布局重新实现该页面，方便大家对比两种技术，理解其各自的优缺点。

整个页面的实现分为 3 步：整体布局、插入页面元素、设置元素样式。

图 6.3.13　网页效果图

（1）整体布局

如果用 CSS 浮动布局，通常使用常见的 div 元素作为最外层的整体布局，布局如图 6.3.14 所示。

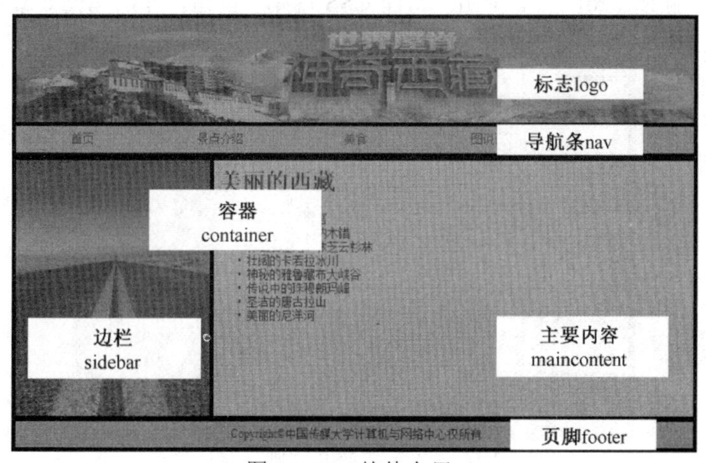

图 6.3.14　整体布局

如图 6.3.14 所示的整体布局自上而下需要 6 个 div 元素：最上面的一个 div 元素用于存放标志（logo）；在标志的下方，放置一个 div 元素用于存放导航条（nav）；中间区域需要使用嵌套的 div 元素，在导航条的下方先放置一个 div 元素，用于存放容器（container），然后在其内部设置两个 div 元素，分别存放边栏（sidebar）和主要内容（maincontent）；最下方设置一个 div 元素，用于存放页脚（footer）。

页面布局使用 div 元素，将文字、图片等内容规则、有序地排列在一起。在布局过程中重点考虑合理设置 float 属性以解决一行只能放一个盒子的问题。在实现本例中的布局时，就需要处理将 sidebar 和 maincontent 放置在同一行的问题，为此需要将 sidebar 元素的 float 属性设置为 left，否则该 div 元素将独占一行，导致 maincontent 元素只能处于其下方，而不是右侧。受 sidebar 元素的影响，maincontent 元素的 float 属性也需要设置为 left，根据浮动原则，它将向左浮动，直到碰到 sidebar 的边缘停下，即浮动在 sidebar 右侧；否则，其依然处于常规流中，就会沉落于 sidebar 下方，两者重叠在一起。同样的道理，页脚 footer 元素由于处于常规流中，因此，会沉落在 sidebar 下方，并发生重叠。为此，我们需要消除 footer 前面元素的浮动对其造成的影响，通过在 container 内部，在 maincontent 的下方插入一个 div 元素，并将其设置一个 clear="both" 的属性，即可消除 maincontent 浮动对 footer 造成的影响，使得 footer 显示在页面最下方。整体布局的实现主要分为两步：首先插入 div 元素；然后设置浮动属性，达到目标效果。接下来详细说明实现步骤和方法。

Step1　插入布局 div 元素。

在 Dreamweaver CS6 中，使用拆分视图实现整个设计非常方便。首先建立一个站点，并将图片等资源复制到站点内，然后新建一个 HTML 文件并保存。单击拆分视图的设计窗格，将插入点置入设计窗格中，然后在插入面板的“布局”选项卡中单击“插入 Div 标签”按钮，打开如图 6.3.15 所示的对话框。

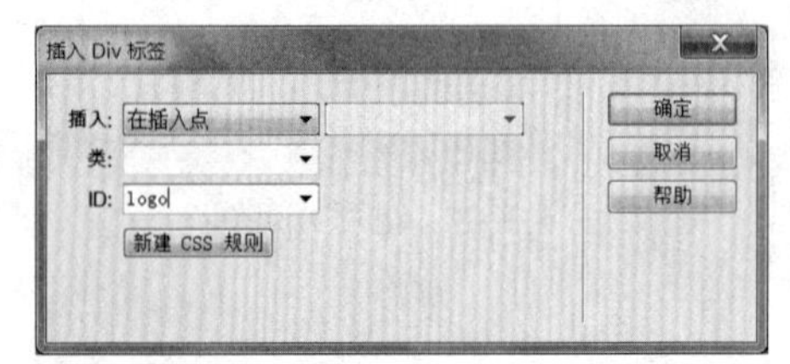

图 6.3.15　“插入 Div 标签”对话框

在“ID”框中输入 logo，然后单击“新建 CSS 规则”按钮，弹出如图 6.3.16 所示的对话框。

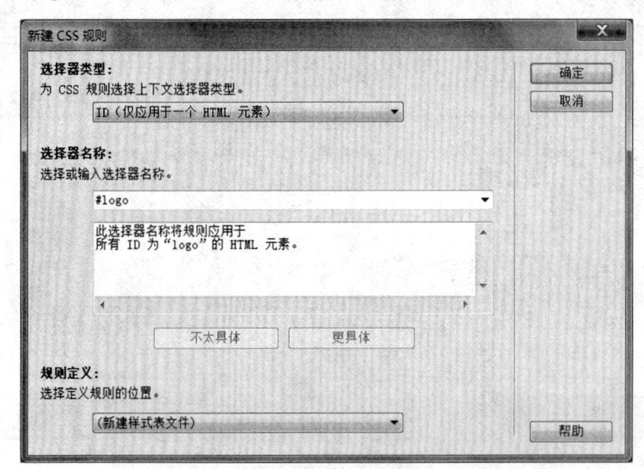

图 6.3.16　“新建 CSS 规则”对话框

“选择器类型”栏和“选择器名称”栏一般使用系统默认设置，不需要修改。在“规则定义”栏的下拉列表中选择“(新建样式表文件)”项，然后单击“确定”按钮。弹出“将样式表文件另存为”对话框，设置 CSS 文件名（如 tibet.css）和位置（站点根目录中），单击“保存”按钮。弹出如图 6.3.17 所示的 CSS 规则定义对话框。在“分类”框中选择“方框”项，设置 Width 属性为 950 像素，单击“确定”按钮，在视图窗格中将插入一个 div 元素。

按照上面的步骤依次插入如图 6.3.14 所示的导航条 nav、容器 container（其中内嵌边栏 sidebar 和主要内容 maincontent）和页脚 footer 对应的 5 个 div 元素。

需要注意以下事项。

① 在设计视图中，插入点的位置不是很好控制，因此每次插入新 div 元素前，一定要确认插入点当前的位置。建议在拆分视图的代码窗格中设置插入点，先将光标置于前一个 div 元素的结束标签之后，再插入后续元素；在插入 sidebar 和 maincontent 元素前，需要将光标放置在 container 对应的 div 中，先插入 sidebar 元素，然后插入与 sidebar 同级的 maincontent 元素。所有 div 元素的 CSS 规则都定义在前面新建的 **tibet.css** 文件中。

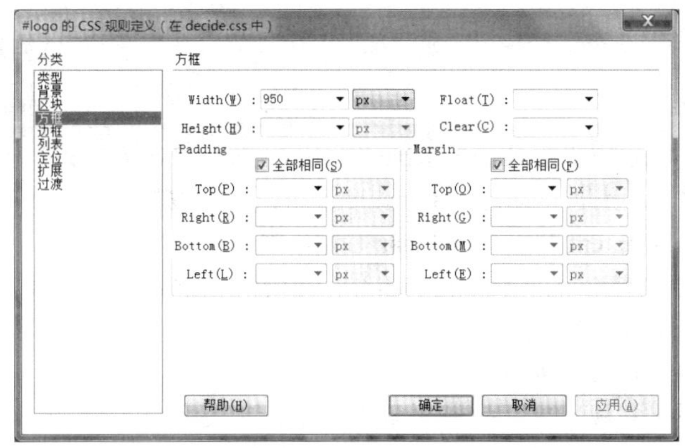

图 6.3.17　logo 的 CSS 规则定义对话框

② 各 div 元素的属性设置如下：

```
#logo {
  width: 950px;
}
#nav {
  width: 950px;
}
#container {
  width: 950px;
}
#sidebar {
  width: 275px;
}
#maincontent {
  width: 675px;
}
#footer {
  width: 950px;
}
```

通常，每个元素只设置宽度，不设置高度，高度根据其内容的多少自动调整。当 6 个 div 元素全部按如上要求插入后，网页整体布局如图 6.3.18 所示。

此处显示 id "logo" 的内容
此处显示 id "nav" 的内容
此处显示 id "sidebar" 的内容
此处显示 id "maincontent" 的内容
此处显示 id "footer" 的内容

图 6.3.18　网页整体布局

对应的布局 div 元素的代码如下：

```
<body>
  <div id="logo">此处显示　id "logo"　的内容</div>
  <div id="nav">此处显示　id "nav"　的内容</div>
  <div id="container">
    <div id="sidebar">此处显示　id "sidebar"　的内容</div>
    <div id="maincontent">此处显示　id "maincontent"　的内容</div>
  </div>
```

<div id="footer">此处显示 id "footer" 的内容</div>
</body>

Step2 设置浮动。

根据前面的分析，我们知道 id 为 sidebar 的 div 元素是块级元素，默认是独占一行的，因此，id 为 maincontent 的元素会被挤到它的下方。为了让 maincontent 显示在 sidebar 右侧，需要将 sidebar 设置为向左浮动。双击 CSS 样式面板中的“#sidebar”项，如图 6.3.19 所示。在弹出的 CSS 规则定义对话框中，在“分类”框中选择“方框”项，在右侧设置 Float 属性为 left，如图 6.3.20 所示。但是，由于 maincontent 依然属于常规流，因此，它会被 sidebar 所覆盖，单击 maincontent 元素的边框或设置其背景色后，就会发现这个问题，如图 6.3.21 所示。

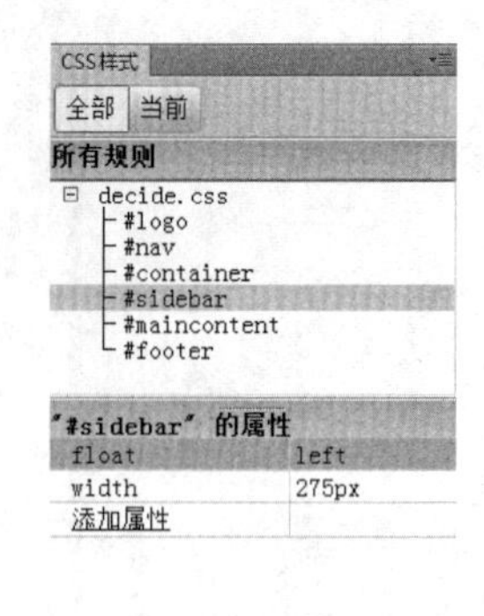

图 6.3.19 CSS 样式面板

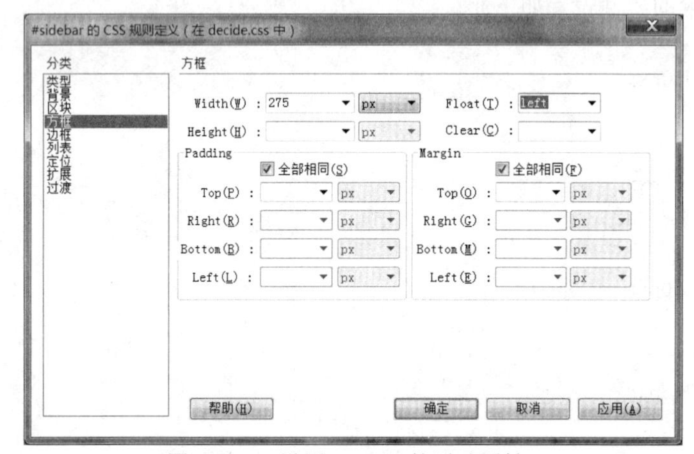

图 6.3.20 设置 sidebar 的浮动属性

此处显示 id "logo" 的内容
此处显示 id "nav" 的内容
此处显示 id "sidebar" 的内容 此处显示 id "maincontent" 的内容
此处显示 id "footer" 的内容

图 6.3.21 sidebar 浮动后，maincontent 的位置

同样的方法，需要将 maincontent 也设置为向左浮动，这样 maincontent 元素就会浮动到 sidebar 的右侧。然后单击 footer 元素的边框或设置其背景色后，会发现仍然处于常规流中的 footer “跑”到了 sidebar 和 maincontent 的下方。尽管文字的显示暂时没有问题，但当随着 div 中内容的增多，就会发现元素显示的位置不能达到预期的效果。这是因为 sidebar 和 maincontent 设置为浮动后，其父层元素 container 的高度变为了 0，使得 footer 显示在 sidebar 和 maincontent 的下方。

如何将 footer 显示在 sidebar 的下方？这需要消除 footer 前面的元素浮动对其的影响，即 maincontent 浮动对 footer 的影响。常用的方法有两种。

① 可以在 container 中增加一个 div 元素，并对其应用如下 class 样式：

```
.clear{
  clear:both;
}
```

对应的 HTML 代码为：<div class="clear"></div>。

② 针对 container 元素，设置一个伪类，代码如下：

```
.clearfix:after{
  content:".";
  display:block;
  height:0;
  visibility:hidden;
  clear:both;
}
```

对应的 HTML 代码为：<div id="container" class="clearfix">。

使用如上任何一种方法即可消除 maincontent 浮动对 footer 的影响，然后单击 footer 元素的边框，就可发现它的位置处于 sidebar 下方，正是我们希望它出现的位置。这样，页面的整体布局就完成了。

（2）插入全部元素内容

在每个 div 元素中添加相应的图片和文字内容后，预览效果如图 6.3.22 所示。

图 6.3.22　插入元素内容后的效果图

（3）内容样式设置

① 水平居中

在插入元素内容后，预览可见，所有 div 元素都是默认的左对齐，没有水平居中。接下来需要将 div 元素设置为水平居中：在如图 6.3.23 所示的 CSS 样式面板中，分别双击#logo、#nav、#container 和#footer 选择器，在激活的 CSS 规则定义对话框中，设置“方框”类别中的 Margin 项，将其 Right 和 Left 属性值都设置为 auto，即左、右外边距都为 auto，这样可以实现所有 div 元素在页面内水平居中的效果。

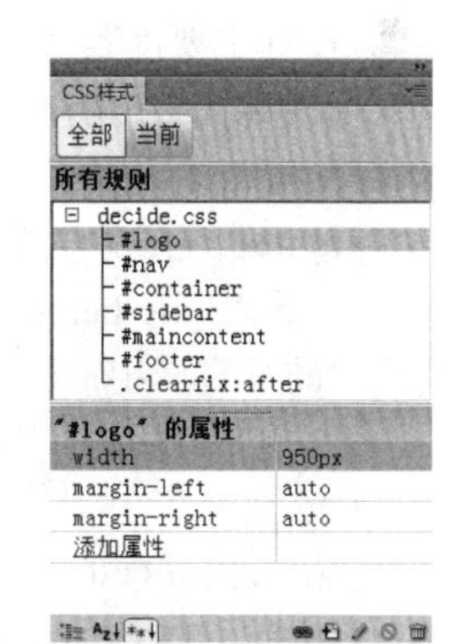

图 6.3.23　设置水平居中对齐

② 设置导航样式

为了方便设置导航中文字的间隔，通常为文字添加无序列表或项目列表。因此，首先在需要分割的文字后输入回车，将文字生成多段，然后选中所有文字，为其设置无序列表，如图 6.3.24 所示。

在拆分视图的源代码窗格中，单击 ul 标签将光标置入其中，然后单击 CSS 样式面板右下角的“新建 CSS 规则”按钮，在弹出的对话框中创建名为“#nav ul”的复合内容样式（系统自动设置选择器名称和类型分别为“#nav ul”和“复合内容”）。将“方框”类别中的 Width 属性设置为 950 像素，并将所有的 Margin 和 Padding 的值设置为 0，否则默认的内外边距值会导致文字不能显示在 nav 中间，这一点也尤为重要。为了消除浏览器对各元素默认边距值的处理，通常将所有用到的元素的内外边距值都设置为 0。

图 6.3.24　设置为无序列表的导航文字

由于 li 元素也是块元素，因此也具有行上独占性的特点，依然需要通过 float 属性将多个 li 元素显示在一行内。同样，在拆分视图的源代码窗格中，将光标置于 li 标签中，然后单击 CSS 样式面板右下角的“新建 CSS 规则”按钮，在弹出的对话框中创建名为“#nav ul li”的复合内容样式。将“方框”类别中的 float 属性设置为 left，并将其 Width 和 Height 属性分别设置为 190 像素和 38 像素。并将“列表”中的 list-style-type 属性设置为 none，去掉前面默认的小圆点。然后，将“类型”中的 Line-height 行高属性设置为与 li 元素一样的高度：38 像素，可以实现文字内容的垂直居中显示；并将“区块”中的 text-align 属性设置为 center，实现水平居中对齐。最后，分别在“类型”和“背景”分类中分别设置 li 元素的文字颜色为“#900”，背景颜色为“#CCC”。这样整个导航文字的样式就设置好了。

③ 设置主要内容（maincontent）样式

利用属性面板，将#maincontent 中的第一行文字设置为“标题 1”，其余各行设置项目列表。

④ 设置 footer 样式

将#footer 的文字设置为水平居中，只需要将“区块”中的 text-align 设置为 center 即可；将“类型”中的“Line-height”行高和 footer 元素的高度都设置为 38 像素，可以实现文字内容在指定高度中的垂直居中；最后将其背景色设置为“#CCC”。

至此，整个网页实现完成，在浏览器中的最终显示效果和表格布局的效果是一样的，效果如图 6.3.25 所示。

Dreamweaver CS6 自动生成的 HTML 文件代码如下：

```
<!DOCTYPE html PUBLIC "-//W3C//DTD XHTML 1.0 Transitional//EN"
    "http://www.w3.org/TR/xhtml1/DTD/xhtml1-transitional.dtd">
<html xmlns="http://www.w3.org/1999/xhtml">
<head>
<meta http-equiv="Content-Type" content="text/html; charset=utf-8" />
<title>无标题文档</title>
<link href="decide.css" rel="stylesheet" type="text/css" />
</head>
```

图 6.3.25　最终效果图

```
<body>
<div id="logo"><img src="images/top.jpg" width="950" height="150" /></div>
<div id="nav">
  <ul>
    <li>首页</li>
    <li>景点介绍</li>
    <li>美食</li>
    <li>图说西藏</li>
    <li>视频</li>
  </ul>
</div>
<div id="container" class="clearfix">
  <div id="sidebar"><img src="images/left.jpg" width="275" height="363" /></div>
  <div id="maincontent">
    <h1>美丽的西藏</h1>
    <ul>
      <li>雄伟的布达拉宫</li>
      <li>女神的眼泪：纳木错</li>
      <li>神仙居住地：林芝云杉林</li>
      <li>壮阔的卡若拉冰川</li>
      <li>神秘的雅鲁藏布大峡谷</li>
      <li>传说中的珠穆朗玛峰</li>
      <li>圣洁的唐古拉山</li>
      <li>美丽的尼洋河</li>
    </ul>
  </div>
</div>
<div id="footer">Copyright&copy; 中国传媒大学计算机与网络中心版权所有</div>
</body>
</html>
```

Dreamweaver CS6 自动生成的 CSS 文件（tibet.css）代码如下：

```
#logo {
	width: 950px;
	margin-right: auto;
	margin-left: auto;
}
#nav {
	width: 950px;
	margin-right: auto;
	margin-left: auto;
}
#container {
	width: 950px;
	margin-right: auto;
	margin-left: auto;
}
#sidebar {
	width: 275px;
	float: left;
}
#maincontent {
	width: 675px;
	float: left;
}
#footer {
	width: 950px;
	margin-right: auto;
	margin-left: auto;
	text-align: center;
	background-color: #CCC;
	height: 38px;
	line-height: 38px;
}
#nav ul {
	margin: 0px;
	padding: 0px;
	width: 950px;
}
#nav ul li {
	float: left;
	width: 190px;
	list-style-type: none;
	text-align: center;
	height: 38px;
	line-height: 38px;
	color: #900;
	background-color: #ccc;
}
.clearfix:after{
```

```
        content:".";
        display:block;
        height:0;
        visibility:hidden;
        clear:both;
    }
```

对于初学者来说，CSS 布局相比表格布局实现起来更为复杂，但仔细阅读 HTML 代码和 CSS 代码，能够发现两者的结构都非常良好、易读。HTML 代码中只负责描述内容，CSS 代码只负责布局和样式的说明。CSS 布局有很多优点，只有熟练掌握了相关技术，才能深入理解其带来的各种好处。

除了可以用浮动布局实现灵活的网页布局之外，还可以使用定位方法实现网页布局。定位布局主要使用 position 属性来完成，读者可以自己尝试针对布局元素，设置不同的 position 属性值来理解其应用，这里不再详述。

此外，初学者也可以利用“新建”页面中的各种布局模板来实现网页的制作。Dreamweaver 提供了多种主流布局的自动生成，也很方便。但是，只有熟练掌握了各种布局的相关技术，才能随心所欲地制作出专业的各类网页。

6.4 网站的发布与维护

6.4.1 网页的优化

为了提高网页页面的浏览速度，提高页面的自适应性，同时加深浏览者对网站的印象，需要对网页进行优化。网页优化可以从两方面进行：一是技术方面的优化；二是人文优化。

技术方面的优化主要是对网页代码和目录结构的优化。代码的优化主要使用表现和内容相分离的原则，尽可能提高代码重用的效率，例如，风格一致的网页尽可能用同一个 CSS 文件来控制，减少冗余代码的产生。无论是表格还是 div 元素，尽可能减少嵌套的层次，以提高网页下载的速度。对于图像文件，在不影响质量的前提下，尽可能采用尺寸小的格式。此外，还需要注意，可视化的编辑环境很容易产生冗余代码，尤其是反复修改的操作，更容易留下垃圾代码。因此，如果想制作出高质量的网页，还是需要熟练掌握 HTML、CSS 等语言，这样才可以人为将代码优化到最简捷、最专业的程度。

对于网站的目录结构，应按照合理的原则组织和管理网站文件。通常，文件的目录层次不宜太少也不宜太深太复杂，否则会影响网页下载的速度。技术方面的优化也可以借助工具来完成，如网页优化大师，以提高代码优化的效率。

人文方面的优化比较难，主要是针对用户使用习惯方面进行优化，提高网页的交互性、易用性及亲和力等。这方面的优化涉及的学科比较多，如美学、心理学等，需要制作者提高人文素养和专业素养。

6.4.2 网站的测试

网站在发布之前需要进行测试，测试内容一般包括浏览器的兼容性、不同屏幕分辨率的显示效果、用户功能的实现情况、网页中的所有链接是否有效、网页下载的速度等。

测试不仅要在本地对网站进行，最重要的是在远程进行。因为只有远程浏览才更接近于真实情况。测试不能仅限于网站开发人员，如果有条件的话，应该请用户单位的不同年龄、不同岗位的人员使用不同的计算机来测试，以得到比较客观、全面的评价。

此外，有条件时，还应该让多个用户同时浏览同一网页，尤其对交互式网页，这种测试能够检验数据的同步性和协同性。

利用 Dreamweaver CS6 的站点管理器可以方便地对网站进行发布前的测试，主要包括浏览器兼容性的检查、查找断掉的链接、查找未使用的孤立文件等。依次单击“站点｜检查站点范围的链接”，在弹出的“结果”对话框中，可以完成如上所述的各种检查，结果如图 6.4.1 所示。

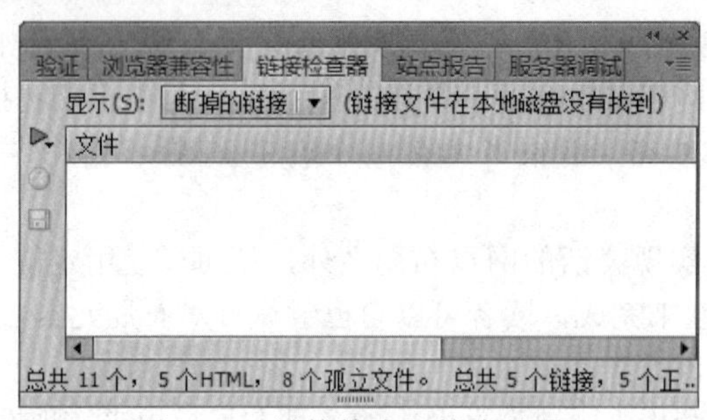

图 6.4.1　链接检查器检查结果

对于外部链接，检查器不能判断正确与否，只是列出网站中用到的全部外部链接，需要开发人员自行核对。断掉的链接是指链接的目标文件在本地磁盘中没有找到。孤立的文件是指这些文件在设计的网页中没有使用，却仍然存放在网站文件夹中，上传后它会占据有效空间，通常应该清除掉。

6.4.3　网站的发布

网站制作完毕后，并且进行了必要的测试工作之后，就可以把网站正式上传到 Internet 上。这样，互联网上的用户都可以访问到该网站。在上传网站前，应先在 Internet 上申请一个网站空间，这样才能把所做的网页放到 WWW 服务器中，让所有网民访问。当前网站空间可分为自建与租用两种。

1．自建网站服务器

如果是大型企业，通常可以组建自己的网站开发和维护团队，并建立自己的服务器机房。由于网站存储在单位内部的服务器上，因此网站的升级和维护更为方便、灵活。

2．租用服务器空间

对于中小型企业，如果想节约成本，则可以租用服务器主机或空间，目前提供收费空间的网站托管机构很多，如中国万网（http://ww w.net.cn）、网易、各省的电信等。例如中国万网除了提供空间服务外，还提供域名服务。

3．注册域名

无论是企业、政府、非政府组织等机构还是个人，在申请好空间之后，为了方便用户浏览并记住网站的访问方法，需要给网站注册一个域名。例如，中国传媒大学的域名是：www.cuc.edu.cn，新浪网的域名是：www.sina.com。

在注册之前，注意先要确认所申请的域名是否已经被其他用户注册过，可以到万网（http://www.net.cn）或者其他提供域名服务的网站上查询。

4．上传文件

在 Dreamweaver CS6 中配置好服务器信息，包括服务器名称、Web URL、根目录等信息后，就可以将本地站点上传到远程服务器中供别人浏览了。可以通过 Dreamweaver 的“文件”面板方便地实现本地和远程服务器之间的文件传输。如果选中站点的本地根文件夹，将上传整个站点；如果用户只想上传某些文件，则选中需要文件即可，然后单击“向‘远程服务器’上传文件”按钮即可将文件上传。上传之后在 Dreamweaver 的文件面板中选择“远程服务器”视图，可以查看上传结果。

除了使用 Dreamweaver CS6 上传网站外，还可以使用浏览器，在地址栏中输入网站空间的 FTP 地址，通过管理员授权的用户名和密码登录后，实现对网站的上下传文件的管理功能。此外，也可以借助一些专业的 FTP 软件，如 LeapFTP、CuteFTP 等软件，实现网站的上传和下载功能。

6.4.4 网站的维护

网站发布之后，并不意味着针对网站的所有任务都结束了，而是新任务的开始。网站的后期维护工作是决定一个网站能否生存下来的重要环节。维护工作主要包括以下内容。

- 在维护时，可以合理地采纳用户的反馈信息，关注用户的留言，注意查收邮件。定时升级服务器的操作系统和更新网站内容，以增加网站的生机和活力。
- 完善组织结构和导航：根据用户的反馈和访问情况完善组织结构和导航，如添加必要的导航信息并通过设置网络选项修改相关文字。
- 网络监控：设置保留服务器工作的必要信息，并经常阅读日志文件，识别中断的脚本。监控磁盘和内存的使用情况，提供安全保障，确保服务器的正常工作。
- 网页的内容更改：替换过时的文件，删除不需要的网页。
- 备份资料：对修改前和修改后的网站内容进行及时备份，防止数据丢失，以确保数据安全。

本章小结

本章主要介绍网页制作的相关理论和应用，包括最新的语言标准和技术。通过本章的学习，读者可以详细了解网页服务器的工作原理、网站制作的流程，以及网页制作的具体方法。本章最重要的内容就是网页的布局和网页元素的处理。通过表格和 CSS 布局的学习，读者应深入理解 CSS 布局的优点，并最终掌握网页的常用布局手段，尤其是 CSS 布局的使用方法。

第 7 章　多媒体应用基础

学习要点：

- 了解多媒体的基本概念以及多媒体信息的类型与特点；
- 了解多媒体技术及其特征；
- 了解数字音频及 MIDI 音乐；
- 了解位图及矢量图；
- 了解数字视频及视频压缩标准；
- 掌握 Photoshop CS6 中图像文件的操作；
- 掌握 Photoshop CS6 中图像处理工具的使用方法；
- 了解 Photoshop CS6 中文字的创建和编辑方法；
- 掌握 Photoshop CS6 中图像色彩调整的基本方法；
- 掌握 Photoshop CS6 中图层的基本操作方法；
- 了解 Photoshop CS6 中滤镜的基本使用方法。

建议学时：上课 6 学时，上机 4 学时。

7.1　多媒体技术概述

多媒体技术在 20 世纪 80 年代开始兴起并得到了迅速发展，它把文本、图形、图像、动画、音频和视频等集成到计算机系统中，使人们能够更加自然、更加方便地使用多种媒体信息。经过几十年的发展，多媒体技术已成为科技界和产业界广泛关注的热点之一，多媒体技术的应用也已渗透到各行各业，它给人们的工作、学习、娱乐和生活带来了深刻的变化。

7.1.1　多媒体的基本概念

1．多媒体

媒体（Media）包括媒质和媒介两重含义。其中，媒质是指存储信息的实体，如磁盘、光盘、磁带、半导体存储器等；媒介是指传递信息的载体，如数字、文字、声音、图形等。

多媒体（Multimedia）可以理解为“多种媒体的综合”。多媒体是多种媒体信息的载体，信息借助这些载体得以交流传播。在信息领域中，多媒体是指将多种媒体形式和计算机融合在一起形成的信息媒体，其含义是运用存储与获取技术得到的计算机中的数字信息。

2．媒体类型

按照国际电信联盟（ITU，International Telecommunications Union）电信标准部的 ITU-TI.347 建议，将媒体定义为五大类。

（1）感觉媒体（Perception Medium）

感觉媒体是指直接作用于人的感官，使人产生直接感觉的一类媒体，如视觉、听觉、触觉、嗅觉和味觉等。

（2）表示媒体（Representation Medium）

表示媒体是为了有效地表示感觉媒体而人为研究和创建出来的媒体，它以编码的形式反映不同的感觉媒体，表示媒体能更有效地存储或传送感觉媒体，如文本编码、图像编码、视频编码等。

（3）显示媒体（Presentation Medium）

显示媒体是指用于存取和表现感觉媒体的输入、输出设备，包括输入显示媒体和输出显示媒体，如键盘、鼠标、显示器、打印机等。

（4）存储媒体（Storage Medium）

存储媒体是指用于存储表示媒体数据的物理设备，如计算机的存储介质，即：磁带、磁盘、光盘等。

（5）传输媒体（Transmission Medium）

传输媒体是指将表示媒体从一个地方传播到另一个地方的传输介质，如双绞线、同轴电缆、光纤和无线传输介质等。

3．多媒体技术

多媒体技术（Multimedia Technology）是指利用计算机对文本、图形、图像、声音、动画、视频等多种信息进行数字化采集、编码/解码、存储、传输、处理和再现等操作，使多种媒体信息建立逻辑关系和人机交互作用的技术。

4．多媒体个人计算机

多媒体个人计算机（Multimedia Personal Computer，MPC）是指能够对声音、图像、视频等多媒体信息进行综合处理的计算机。多媒体计算机一般由 4 个部分构成：多媒体硬件平台、多媒体操作系统（MPCOS）、多媒体创作/开发系统和应用系统。

7.1.2　媒体元素

媒体元素是指多媒体应用中可显示给用户的媒体组成形式。常用的媒体元素包括文本、图形、图像、声音、动画、视频等。

1．文本（Text）

文本是以文字和各种专用符号表达信息的一种形式，它是现实生活中使用得最多的一种信息存储和传递方式。文本文件分为非格式化文本文件和格式化文本文件。非格式化文本文件：只有文本信息没有其他任何有关格式信息的文件，又称为纯文本文件，如.txt 文件。格式化文本文件：带有各种文本排版信息等格式信息的文本文件，如.docx 文件。

超文本（Hypertext）是用超链接的方法，将各种不同空间的文字信息组织在一起的网状文本。超文本的格式有很多，目前最常使用的是超文本置标语言（Hyper Text Markup Language，HTML）。

2．图形（Graphic）

图形一般指用计算机绘制的画面，如直线、圆、圆弧、矩形、任意曲线和图表等。图形的格式是一组描述点、线、面等几何图形的大小、形状及其位置、维数的指令集合。在图形文件中只记录生成图的算法和图上的某些特征点，因此也称矢量图。矢量图主要用于线形的图画、美术字、工程制图等。图形的最大优点在于，可以分别控制处理图中的各个部分，例如，在屏幕上移动、旋转、放大、缩小、扭曲而不失真，不同的部分还可在屏幕上重叠并保持各自的特性。由于图形只保存算法和特征点，因此占用的存储空间很小。但显示时需要经过重新计算，因而显示速度相对慢些。

微机中常用的矢量图形文件格式有：Windows 图元文件格式（.wmf）、Windows 增强性图元文件格式（.emf）、CorelDRAW 制作生成的文件（.cdr）、Illustrator 软件生成的矢量文件格式（.ai）等。

3．图像（Image）

图像是多媒体软件中最重要的信息表现形式之一，它是决定一个多媒体软件视觉效果的关键因素。图像是由输入设备捕捉的实际场景画面，或以数字化形式存储的任意画面。图像也称为位图（bit-mapped picture），静止的图像可用矩阵来表示，阵列中的数字由图像中各个像素点的强度与颜色的数位集合组成。位图图像适合表现比较细致、层次和色彩比较丰富、包含大量细节的图像。

常用的图像文件格式有：BMP 图像文件格式（.bmp），几乎所有 Windows 环境下的图像软件都支持这种格式；JPEG 图像文件格式（.jpg），采用的是较先进的压缩算法，目前应用范围非常广泛；标记图像文件格式（.tiff），用于在应用程序之间和计算机平台之间交换数据等。

4．声音（Audio）

声音主要分为波形声音、语音和音乐 3 种形式。波形声音用一种连续波形表示，它包含了所有的声音形式；语音指人们讲话的声音；音乐则是一种最常见的声音形式，它是符号化了的声音。

计算机音频技术主要包括声音的采集、数字化、压缩/解压缩以及声音的播放。影响数字声音波形的质量主要因素有：采样频率、量化位数和声道数。

采样频率（Sampling Frequency）：指将模拟声音波形转换为离散信号时，每秒所抽取声波幅度样本的次数，单位是 Hz（赫兹）。

量化位数：也称量化级，指每个采样点用多少二进制位表示数据范围，经常采用的有 8 位、16 位和 32 位等。

声道数：记录数据的通道数。如果每次生成一个声道数据，则称为单声道；如果每次生成两个声波数据，则称为立体声（双声道）。

未经压缩的数字音频的存储量（以字节为单位）可以用下面的公式计算：

$$存储量 = 采样频率 \times 量化位数 \times 声道数 \times 时间 \div 8$$

常用的音频文件有：波形声音文件格式（.wav），它是通过对声音数字化生成的，WAV 文件作为经典的 Windows 多媒体音频格式，应用非常广泛；MIDI 声音文件格式（.mid），MIDI（乐器数字接口）是一个电子音乐设备和计算机的通信标准，MIDI 数据不是声音，而是以数字形式存储的指令；MP3 是一种以 MPEG-1 Layer 3 标准压缩编码的音频文件格式（.mp3），MPEG-1 编码具有较高的压缩率，其音色和音质还可以保持较好的品质。

声音制作的一般方法是：使用麦克风或录音机输入，再由声卡上的 WAVE 合成器（模数转换器）对模拟音频采样后，量化编码为一定字长的二进制位序列，并在计算机内传输和存储。在数字音频回放时，再由数字到模拟的转化器（数模转换器）解码，将二进制编码恢复成原始的声音信号，通过音响设备输出。

用户通过计算机处理音频文件的基本操作过程是：新建或打开音频文件，进行录音，编辑处理音频文件，为文件添加音频特效，制作音频混合效果，根据需要导出最终的音频文件。

5．动画（Animation）

动画是指利用人的视觉暂留特性，快速播放一系列连续运动变化的画面，也包括画面的缩放、旋转、变换、淡入淡出等特殊效果。所以，动画是运动的图画，其实质是一幅幅静态图像的连续播放。

计算机动画设计方法有两种：帧动画和造型动画。帧动画展现的正是动画制作的原理，它将每帧的画面按顺序组织好，然后逐帧播放。利用人眼视觉停留的原理，将静态的图片连续播放形成运动的效果。帧动画是由一幅幅位图组成的连续的画面，就如电影胶片或视频画面一样，要分别设计每屏显示的画面。造型动画对每个运动的物体分别进行设计，赋予每个对象一些特征，然后用这些对象构成完整的帧画面。造型动画中，每帧由各种不同的造型元素组成，控制每帧中图元表演和行为的内容放在脚本中。

动画制作分为二维动画与三维动画技术，大家熟知的 Flash 动画属于二维动画，三维动画的真实感更强，如一些动画电影的制作等。

常用的动画文件格式有：Flash 源文件存放格式（.flc）、Flash 动画文件格式（.swf）、二维动画格式 GIF 格式（.gif）。

6．视频（Video）

视频由连续的自然景物的动态图像画面组成。视频一般分为模拟视频和数字视频，传统电视、录像带是模拟视频信息。当图像以每秒 24 帧以上的速度播放时，由于人眼的视觉暂留作用，我们看到的就是连续的视频。视频影像具有时序性与丰富的信息内涵，常用于描述事物的发展过程。

计算机通过视频卡采集来自输入设备的视频信号，并完成由模拟量到数字量的转换、压缩，以数字化形式存入计算机中。常用的视频文件格式有：AVI 格式（.avi），是 Microsoft 公司开发的一种伴音与视频交叉记录的视频文件格式，在 AVI 文件中，伴音与视频数据交织存储，播放时可以获得连续的信息；DVD 视频文件存储格式（.vob）；VCD 视频文件存储格式（.dat）；MPEG 编码视频文件（.mpeg）；Real 格式的多媒体文件（.rm、.ra、.ram），又称为实媒体或流格式文件，在多媒体网页的制作中，已成为一种重要的多媒体文件格式；Apple 公司推出的应用视频文件格式（.mov）。

用户通过计算机处理视频文件的基本操作过程：新建或打开视频文件；采集或导入素材；组合和编辑素材；为视频文件添加字幕；添加转场和视频特效；为作品添加音乐或配音等效果；影片编辑完后，可以输出到多种媒介上，如磁带、光盘等，或对视频文件进行不同格式的编码输出。

7.1.3 多媒体技术概述及特点

多媒体技术是指利用计算机综合处理声、文、图、像等信息的技术，其具有集成性、实时性、交互性以及多样性等特点。

1．多媒体技术概述

（1）多媒体数据压缩技术

在多媒体计算系统中，要表示、传输和处理大量的多媒体信息。数字化的声音、图片、视频信息等，数据量是非常大的。例如，一幅具有中等分辨率（640×480 像素）真彩色图像（24 位/像素），它的数据量约为每帧 7.37Mb（640×480 像素×3 基色/像素×8b/基色=7.3728Mb）。若要达到每秒 25 帧的全动态显示要求，则每秒所需的数据量为 184Mb。如果不进行处理，计算机系统对它进行存取和交换都十分困难。因此，在多媒体计算机系统中，为了达到令人满意的图像、视频画面质量和听觉效果，必须解决视频、图像、音频信号数据的大容量存储和实时传输问题。数据压缩技术（包括实现视频及音频压缩算法、国际标准化、专用芯片等）的发展，使得实时存储、传输大容量的多媒体数据成为可能。

多媒体数据表示中存在着大量的冗余，多媒体数据压缩技术就是利用多媒体数据的冗余性来减少多媒体数据量的方法。压缩处理一般包括两个过程：一是编码过程，即将原始数据经过编码进行压缩，以便存储与传输；二是解码过程，此过程对编码数据进行解码，还原为可以使用的数据。按数据失真度不同，常用的压缩编码可以分为两大类：一类是无损压缩法，也称冗余压缩法或熵编码；另一类是有损压缩法，也称熵压缩法。衡量数据压缩技术好坏的标准主要有 3 点：一是压缩比要大；二是实现压缩的算法要简单，压缩、解压速度快；三是恢复效果要好。

常见的数据压缩标准见 7.3.4 节和 7.5.2 节。

（2）多媒体网络技术

多媒体网络技术既包括文件传输、电子邮件、远程登录、网络新闻和电子商务等以文本为主的数据通信技术，又包括以声音和电视图像为主的通信技术。

（3）多媒体存储技术

它包括多媒体数据库技术和海量数据存储技术。多媒体数据库的特点是数据类型复杂、信息量大，而近年来光盘技术的发展，大大带动了多媒体数据库技术及大容量数据存储技术的进步。此外多媒体数据中的声音和视频图像都是与时间有关的信息，在很多场合都要求实时处理（压缩、传输、解压缩），同时多媒体数据的查询、编辑、显示和播放等都向多媒体数据库技术提出了更高的要求。

（4）多媒体计算机专用芯片技术

多媒体计算机专用芯片一般分为两种类型：一种是具有固定功能的芯片，另一种是可编程的处理器。具有固定功能的芯片，主要用于图像数据的压缩处理。可编程的处理器比较复杂，它不仅需要快速、实时地完成视频和音频信息的压缩和解压缩，还要完成图像的特技效果（如淡入淡出、马赛克、改变比例等）、图像处理（图像的生成和绘制）、音频信息处理（滤波和抑制噪声）等各项功能。

（5）多媒体输入/输出技术

它包括媒体转换技术、识别技术、媒体理解技术和综合技术。媒体转换技术是指改变媒体的表现形式，如当前广泛使用的视频卡、音频卡都属于媒体转换设备。媒体识别技术是对信息进行一对一的映像过程。媒体理解技术是对信息进行更进一步的分析处理以理解信息内容，如自然语言理解、图像理解、模式识别等。媒体综合技术是把低维信息映像成高维的模式空间的过程。

（6）多媒体系统软件技术

它主要包括多媒体操作系统、多媒体数据库管理技术等。当前的操作系统都包括对多媒体的支持，可以方便地利用媒体控制接口（MCI）和底层应用程序接口（API）进行应用开发，而不必关心物理设备。

（7）虚拟现实技术

虚拟现实技术（简称 VR），又称灵境技术，它融合了数字图像处理、计算机图形学、多媒体技术、传感器技术、人工智能等多个信息技术分支，从而大大推进了计算机技术的发展。虚拟现实的定义可归纳为：利用计算机生成的一种模拟环境（如飞机驾驶、分子结构世界等），通过多种传感设备使用户“投入”到该环境中，以实现用户与该环境直接进行自然交互的技术。

虚拟现实技术具有多感知性、临场感、交互性以及构想性等特征。多感知性，就是指除了一般计算机技术所具有的视觉感知之外，还有听觉感知、力度感知、触觉感知、运动感知，甚至包括味觉感知、嗅觉感知等。临场感或存在感，指用户感到作为主角存在于模拟环境中的真实程度。交互性指用户对模拟环境内物体的可操作程度和从环境得到反馈的自然程度。构想性又称为自主性，强调虚拟现实技术应具有广阔的可想象空间，可拓宽人类认知范围，不仅可再现真实存在的环境，也可以随意构想客观不存在的甚至是不可能发生的环境。

2. 多媒体技术特点

多媒体技术具有以下特性。

（1）信息载体的多样性：多媒体就是要把计算机处理的信息多样化或多维化，从而改变计算机信息处理的单一模式，以便能交互地处理多种信息。

（2）多媒体的交互性：是指用户可以与计算机提供的多种信息媒体进行交互操作，从而为用户提供了更加有效地控制和使用信息的手段。

（3）集成性：是指以计算机为中心综合处理多种信息媒体，它包括信息媒体的集成和处理这些媒体的设备的集成。

（4）数字化：媒体以数字形式存在。

（5）实时性：声音、动态图像（视频）随时间变化。

7.2　数字音频

7.2.1　数字音频基础知识

声音是人们用来传递信息最直接和方便的媒体。任何语言都离不开声音，从婴儿的啼哭到妈妈的叮咛。声音能给我们带来倾听的愉悦，从美妙的音乐到动人的鸟鸣。声音也是多媒体系统中重要的一员。在多媒体系统中，声音是指人耳能识别的音频信息，它与人类的听觉和社会文化艺术密切相关，同时还涉及声音的物理特性和信号处理技术。计算机具有音频处理的功能是人们对多媒体技术的基本应用。因为音频卡或声卡的出现，计算机不再是个聪明智慧的哑巴。我们可以通过声卡直接录制和传递声音，或者制造声音效果以及演奏音乐。

1. 声音

声音是由物体的振动产生的。由于振动产生的声波通过空气扩散，当到达人的耳朵时引起耳膜的振动，这就是声音。声音是一种随时间变化的连续波，一是时间上的连续性，二是幅度上的连续性。声波可以用波形表示，如图 7.2.1 所示，有 3 个重要指标。

① 振幅：振幅表示声音的大小，振幅越大，声音音量越大；

② 周期：周期是两个相邻波峰之间的时间长度，即完成一次振动过程所需要的时间，单位为秒；

③ 频率：频率是每秒钟波形出现的个数，它是周期的倒数。频率的单位为 Hz。

声音按频率可分为 3 种：次声波、可听声波和超声波。人类听觉的声音频率范围为 20Hz～20kHz，低于 20Hz 的为次声波，高于 20kHz 为超声波。人说话的声音信号频率通常为 300Hz～3kHz，在这个频率范围内的声音称为语音信号。

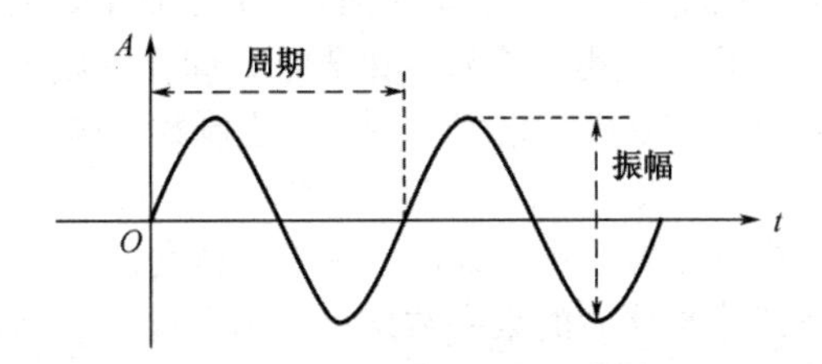

图 7.2.1　声音是连续的波

声音的质量用声音信号的频率范围来衡量，频率范围又叫“频带”或“带宽”。不同的声源其频带也不同。一般来说，声源的频带越宽，表现力越好，层次越丰富。例如，调频（FM）广播的声音就比调幅（AM）广播好。声音的质量一般可分为 4 级：电话质量、调幅广播、调频广播和数字激光唱盘（CD-DA），对应的频率范围如图 7.2.2 所示。

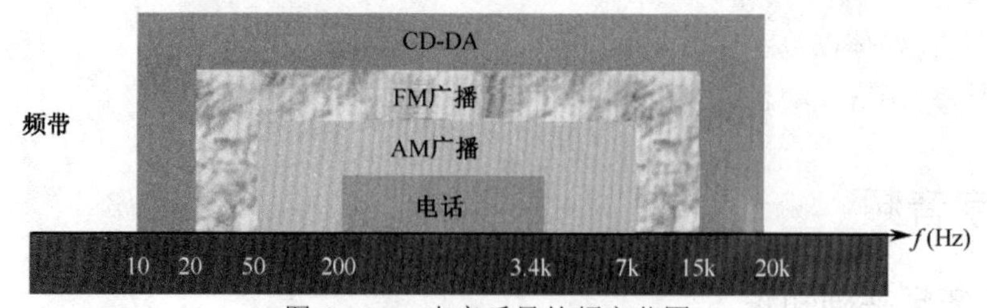

图 7.2.2　声音质量的频率范围

2. 声音的数字化

声音是具有一定的振幅和频率且随时间变化的声波，通过话筒等设备可以将其变成相应的电信号。但这种信号是模拟信号，计算机无法直接处理，必须先对其进行数字化，即将模拟的声音信号经过模数转换器（ADC）变换成数字信号，再由计算机存储、编辑和输出。在数字声音回放时，再由数模转换器（DAC）将数字声音信号转换为模拟的声波信号，经放大后由扬声器播放。

把模拟的声音信号转换为数字声音信号的过程称为声音的数字化，它是通过对声音信号进行采样、量化和编码实现的，如图 7.2.3 所示。

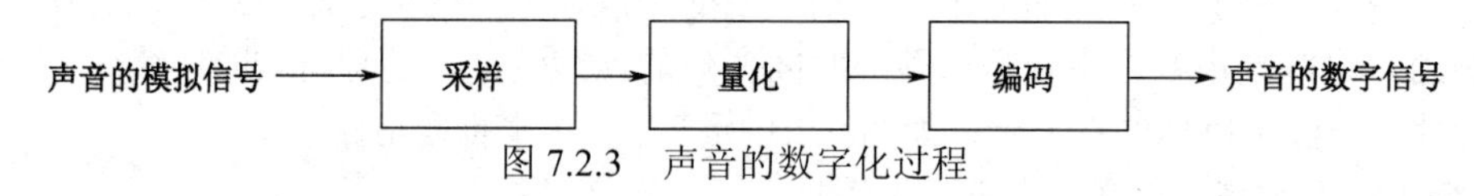

图 7.2.3　声音的数字化过程

在声音的数字化过程中，最重要的就是采样，通过采样实现连续时间的离散化。所谓的采样，就是每隔一个时间段测量一次模拟音频信号的样本值（幅度），采样的时间间隔越短，所获取的样本值就越能准确地反映原始信号。经过采样后，得到的一系列样本值就成为时间上的离散信号。采样的时间间隔称为采样周期，其倒数就称为采样频率。根据奈奎斯特（Nyquist）采样定理，只要采样频率高于信号中最高频率的两倍，就可以从采样中完全恢复原始信号的波形。人耳能分辨的声音频率范围为 20Hz～20kHz，在实际采样中，为了获取高品质的音频，就采用 44.1kHz 的采样频率。其他常用的采样频率还有 8kHz、11.025kHz、22.05kHz 和 48 kHz。

量化就是将每个采样点的样本值用一个数字来表示，即在幅度上将连续变化的量用一组规定的数字来表示。这组规定的数字取决于采用多少位二进制数，例如，如果采用 8 位二进制数，那么共有 256（0～255）个数字来表示采样获到的样本值；如果是 16 位，那么有 65536 个数字来表示样本值。这个二进制位数称为量化位数，也叫采样精度。

编码，即按照一定的格式将量化后的数字数据记录到声音文件中。

影响声音数字化质量的主要因素有以下 3 个。

（1）采样频率

采样频率越高，经过离散数字化的声波越接近于其原始的波形，也就意味着声音的保真度越高，声音特征复原得就越好。当然，所需要的信息存储量也越大。

（2）量化位数

量化位数越高，声音还原的层次就越丰富，表现力越强，音质越好，但数据量也越大。

（3）声道数

声道数是指所使用的声音通道的个数，它表示声音记录只产生一个波形（即单音或单声道）还是两个波形（即立体声或双声道）。当然，立体声听起来要比单音丰满优美，更能反映人的听觉感受，但需要两倍于单音的存储空间。

声音数字化后数据量也与上述 3 个因素有关：

声音数字化的数据量=采样频率（Hz）×量化位数（b）×声道数/8（B/s）。

根据上述公式，可以计算出不同采样频率、量化位数和声道数的各种组合下的数据量，见表 7.2.1。

表 7.2.1 采样频率、量化位数和声道数与声音数据量的关系

采样频率（kHz）	数据位数（b）	声道形式	数据量（kB/s）	音频质量
8	8	单声道	8	一般质量
	8	立体声	16	
	16	单声道	16	
	16	立体声	31	
11.025	8	单声道	11	电话质量
	8	立体声	22	
	16	单声道	22	
	16	立体声	43	
22.05	8	单声道	22	语音质量
	8	立体声	43	
	16	单声道	43	
	16	立体声	86	
44.1	8	单声道	43	
	8	立体声	86	
	16	单声道	86	
	16	立体声	172	CD 质量

3. 数字音频文件格式

数字音频数据以文件的形式保存在计算机中。数字音频的文件格式主要有 WAV、MP3、WMA、MIDI 等。专业数字音乐工作者一般使用非压缩的 WAVE 格式进行操作，而普通用户更乐于使用压缩率高、文件容量相对较小的 MP3 或 WMA 格式。

（1）WAV 格式

这是 Microsoft 和 IBM 共同开发的 PC 标准声音格式。由于没有采用压缩算法，因此无论进行多少次修改和剪辑都不会失真，而且处理速度也相对较快。这类文件最典型的代表就是 PC 机上的 Windows PCM 格式文件，它是 Windows 操作系统专用的数字音频文件格式，扩展名为“.wav”，即波形文件。

标准的 Windows PCM 波形文件包含 PCM 编码数据，这是一种未经压缩的脉冲编码调制数据，是对声波信号数字化的直接表示形式，主要用于自然声音的保存与重放。其特点是：声音层次丰富、还原性好、表现力强，如果使用足够高的采样频率，则音质极佳。它对波形文件的支持是迄今为止最为广泛的，几乎所有的播放器都能播放 WAV 格式的音频文件，而且幻灯片、各种算法语言、多媒体工具软件都能直接使用。Windows 录音机录制的声音就是这种格式。但是，波形文件的数据量比较大，其数据量的大小直接与采样频率、量化位数和声道数成正比。

（2）MP3 格式

MP3（MPEG-1 Audio Layer 3）文件是按 MPEG-1 标准的音频压缩技术制作的数字音频文件，它是一种有损压缩。MP3 利用人耳对高频声音信号不敏感的特性，将时域波形信号转换成频域信号，并划分成多个频段，对不同的频段使用不同的压缩率，对高频加大压缩比（甚至忽略信号），对低频信号使用小压缩比，保证信号不失真。这样就相当于抛弃人耳基本听不到的高频声音，只保留能听到的低频部分，从而将声音用 1∶10 甚至 1∶12 的压缩率压缩。这种压缩方式的全称叫 MPEG-1 Audio Layer3，简称为 MP3。用 MP3 形式存储的音乐称为 MP3 音乐，能播放

MP3 音乐的机器称为 MP3 播放器。MP3Pro 是 MP3 编码格式的升级版本，在保持相同的音质下可以把声音文件的文件量压缩到原有 MP3 格式的一半大小，它能够在用较低的比特率压缩音频文件的情况下，最大程度保持压缩前的音质。

（3）WMA 格式

WMA 文件是 Windows Media 格式中的一个子集，而 Windows Media 格式是由 Microsoft Windows Media 技术使用的格式，包括音频、视频或脚本数据文件，可用于创作、存储、编辑、分发、流式处理或播放基于时间线的内容。WMA 是 Windows Media Audio 的缩写，表示 Windows Media 音频格式。WMA 文件可以在保证只有 MP3 文件一半大小的前提下，保持相同的音质。现在的大多数 MP3 播放器都支持 WMA 文件。

（4）MIDI 格式

严格地说，MIDI 与上面提到的声音格式不是同一族，因为它不是真正的数字化声音，而是一种计算机数字音乐接口生成的数字描述音频文件，扩展名是.mid。该格式文件本身并不记载声音的波形数据，而是将声音的特征用数字形式记录下来，是一系列指令。MIDI 音频文件主要用于计算机声音的重放和处理，其特点是数据量小。

（5）RA 格式

RA 格式是 Real Audio 的简称，是 Real Network 推出的一种音频压缩格式，它的压缩比可达 96:1，其最大特点是可以采用流媒体的方式实现网上实时播放，因此在网上比较流行。另外，RA 文件可以随网络带宽的不同而改变声音质量，适合在网络传输速率较低的互联网上使用。

（6）CD 格式

CD 格式是当今音质较好的音频格式，其文件后缀为.cda。标准 CD 格式也就是 44.1kHz 的采样频率，数据传输速率 88.2kbps，16 位量化位数。因为 CD 音轨可以说是近似无损的，因此它的声音基本上是忠于原声的，CD 光盘可以在 CD 唱机中播放，也能用计算机中的各种播放软件来重放。CD 音频文件只是一个索引信息，并不是包含真正的声音信息，所以不论 CD 音乐的长短，在计算机中看到的“*.cda 文件”都是 44B 长的。

（7）AIF/AIFF 格式

AIF/AIFF 是音频交换文件格式（Audio Interchange File Format）的英文缩写，是 Apple 公司开发的一种声音文件格式，被 Macintosh 平台及其应用程序所支持。AIFF 是 Apple 计算机使用的标准音频格式，属于 QuickTime 技术的一部分。AIFF 格式和 WAV 格式很相像，也被许多音频编辑软件支持。

（8）OGG 格式

OGG 全称是 OGG Vorbis，是一种新的音频压缩格式，类似于 MP3 等格式。但不同之处的是，它是完全免费、开放和没有专利限制的。OGG Vorbis 有一个特点是支持多声道，随着它的流行，以后用随身听来听 DTS（Digital Theatre System）编码的多声道作品将不会是梦想。

7.2.2 便携式音频播放器

便携式音频（音乐）播放器是指一种袖珍、电池供电、能够存储数字音乐的设备。用户可以把许多数字音乐曲目从计算机的硬盘中传送到便携式音频（音乐）播放器中，这样无论走到哪里都可以欣赏自己收藏的音乐。

便携式音频（音乐）播放器也称为 MP3 播放器或数字音乐播放器。

可以用便携式音频（音乐）播放器中播放的数字音频文件格式有许多，最流行的是 MP3 格式的文件。一首 32MB 的 CD 歌曲，转换为 MP3 格式后可以减小到 3MB 左右。

虽然 MP3 仍是流行的音频文件格式，但已有新的标准可以提供更好的压缩和音质。例如，

Apple 公司正在推广的 AAC（Advanced Audio Coding，高级音频编码）格式，出现于 1997 年，基于 MPEG-2 的音频编码技术。它由 Fraunhofer IIS、杜比实验室、AT&T、Sony 等公司共同开发，目的是取代 MP3 格式。它采用全新的算法进行编码，更加高效，具有更高的“性价比”。相对于 MP3，AAC 格式的音质更佳，文件更小。iPod、诺基亚手机也支持 AAC 格式的音频文件。

不同的便携式音频（音乐）播放器可以支持的数字音乐格式种类可能有所不同。例如，iPod 能支持多种文件格式，如 AAC、MP3、WAV 和 AIFF 等，但是不支持 WMA 格式。在购买时，应认真阅读说明书，了解是否包括自己常用的音频格式。

作为数字设备一体化的一个实例，便携式音乐播放器也被赋予了更多的功能。它不仅可以用来存储大量的音乐，其大容量的硬盘还可以作为移动存储设备使用，用来存储文档、照片和视频等，还可以把它当作录音机或记事本。

伴随着便携式音频播放器的流行，新的型号不断出现。如图 7.2.4 所示是 Apple iPod nano 7。

图 7.2.4　Apple iPod nano 7

7.2.3　MIDI 音乐

1. MIDI

MIDI（Music Instrument Digital Interface，乐器数字接口）是为了把电子乐器和计算机连接起来而制定的规范，是数字化音乐的一种国际标准。

MIDI 是一种音乐乐谱系统，它允许计算机与音乐合成器交换信息。计算机能将弹奏的音乐编码成 MIDI 序列（消息），然后把它存储为以.cmf、.mid 或.rol 为扩展名的文件。MIDI 序列类似于演奏者的曲谱，里面包含了敲击键盘的信息，例如，演奏了哪个音调，还包含音调的音高、起始点、结束点、音量和演奏的设备。

2. MIDI 合成方式

MIDI 合成器接收到 MIDI 命令后按要求合成不同的声音，合成声音的质量是由合成方式决定的。目前，MIDI 合成方式主要是调频合成法和波形合成法。

（1）调频合成法

调频合成法又称 FM（Frequency Modulation）合成法，它是早期的电子合成器所采用的发音方式，后来由 Yamaha 公司将它应用到 PC 机的声卡中。调频合成的理论基础是傅里叶级数，MIDI 合成器接收到 MIDI 音乐信息后，利用傅里叶级数原理将其分解为若干个不同频率的正弦波，然后生成 MIDI 音乐信息化中指定乐器的各个正弦波分量，最后将这些分量合成起来送至扬声器播放。调频合成法的特点是开销较少，声音听起来比较清脆，但音色少，音质差。

（2）波形表合成法

波形表合成法又称 WT（Wave Table）合成法，其原理是在 MIDI 合成器的 ROM 中预先存有各种实际乐器的声音样本。在进行音乐合成时，合成器以查表的方式调用这些样本，使其与 MIDI 音乐信息的要求完全相配，然后合成器将这些分段合成的样本送至扬声器播放。由于波形表合成法采用的是真实的声音样本，因此它的音乐听起来比调频合成的音乐真实感强，音色更加自然。

波形表合成法有软硬之分，它们都采用真实的声音样本进行回放。硬波形表的音色库存放在声卡的 ROM 或 RAM 中，而软波形表的音色库则以文件的形式存放在硬盘里，需要时再通过 CPU 调用。由于软波形表是通过 CPU 的实时运算来回放 MIDI 音效的，因此软波形表对计算机系统的要求较高。

3．计算机上 MIDI 音乐的产生过程

MIDI 电子乐器通过声卡的 MIDI 接口与计算机相连。这样，计算机可通过音序器软件来采集 MIDI 电子乐器发出的一系列指令。这一系列指令将记录到以.mid 为扩展名的 MIDI 文件中。在计算机中，使用音序器可对 MIDI 文件进行编辑和修改。最后，将 MIDI 指令送往音乐合成器，由合成器对 MIDI 指令符号进行解释并产生波形，然后通过声音发生器送往扬声器播放出来。图 7.2.5 说明了 MIDI 音乐产生的过程。

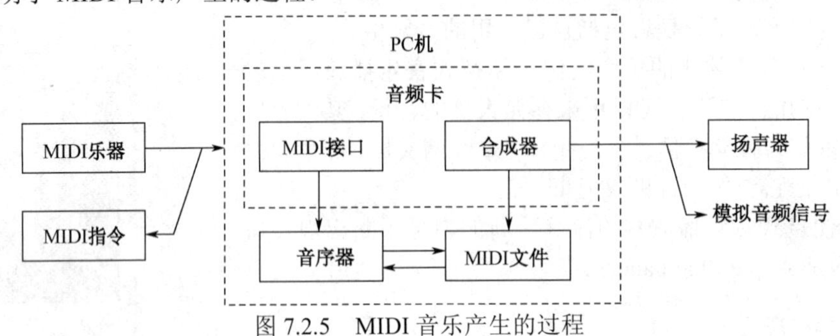

图 7.2.5　MIDI 音乐产生的过程

4．两种音频文件的比较

WAV 文件和 MIDI 文件是目前计算机中最常用的两种音频数据文件，通过实例比较，可以看出它们各有不同的特点和用途，见表 7.2.2。

表 7.2.2　WAV 和 MIDI 音乐的比较

	MIDI	WAV
文件内容	MIDI 指令	数字音频数据
音源	MIDI 乐器	麦克风，CD 光盘
容量	小	与音质成正比
效果	与声卡质量有关	与编码指标有关
适用性	易编辑、声源受限、数据量小	不易编辑、声源不限、数据量大

7.2.4　语音合成和语音识别

语音合成（Speech Synthesis）和语音识别（Speech Recognition）技术是实现人机语音通信，建立一个有听、讲能力的口语系统所必需的两项关键技术。让计算机等机器能听懂人的讲话并能与人自由地交谈，是语音合成和语音识别技术要实现的重要目标，也是当今时代信息产业的重要竞争市场。随着计算机及相关技术的不断发展，人与机器用自然语言对话已逐步成为现实，并可预见，在未来将会有更广泛的应用。

1．语音合成

由计算机直接生成人类语音的技术就是计算机语音合成技术。

一般来说，实现计算机语音输出有两种方法：一是录音/重放，二是文字—语音转换。第二种方法基于声音合成技术，可用于语音合成。文字—语音转换能把计算机中的文字转换成连续、自然的语音流。采用这种方法输出语音，必须先建立语音参数数据库、发音规则库等。当需要输出语音时，先合成语音单元，再按语音学规则连接成自然的语音流。

计算机语音合成输出按其实现的功能可分成两个档次。

① 有限词汇的计算机语音输出。它采用录音/回放技术，或针对有限词汇采用某种合成技术，对语言理解没有要求，可用于语音报时、汽车/地铁报站等。

② 基于语音合成技术的文字—语音输出。它能将任意文字信息实时转化为标准流畅的语音

朗读出来。它不只是由文字到语音的简单映射，还包括了对文字的理解和对语音的韵律处理。

语音合成可分为以下 3 种类型。

① 波形合成法。波形合成发是一种相对简单的语音合成技术。它把人发音的语音波形直接存储起来或者进行波形编码后存储，然后根据需要编辑组合输出。这种系统中语音合成器只有语音存储和重放器件。但由于语音的存储量很大，因此词汇量不可能做到很大。如果使用较大的语音单元作为基本存储单元，例如词组和句子，能够合成出较高质量的语句，同样也需要较大的存储空间。这种方法一般在自动报号、报时、报站及报警中应用较多。

② 参数合成法。为了节约存储空间，必须对存储的语音波形进行压缩。首先对语音信号进行分析，提取出语音参数，以减少存储量。常用的方法是提取偏自相关系数、线性预测系数和共振峰系数。由于这种方法在提取参数或编码时就存在逼近误差，所以合成语音质量比波形合成法要差。

③ 规则合成法。规则合成法通过语音学规则产生语音。事先不确定合成的词汇表，系统中存储的是最小的语音单位（如音素和音节）的声学参数，以及由音素组成音节、由音节组成词、由词组成句子和控制音调、轻重等韵律的各种规则。在给出待合成的字母或文字后，合成系统利用规则自动将它们转换成连续的语音声波。这种方法可以合成无限词汇的语句，存储量比参数合成法更小，音质也难以得到保证。

2．语音识别

语音识别技术就是让机器通过识别和理解过程把语音信号转变为相应的文本或命令的技术。语音识别技术主要包括特征提取技术、模式匹配准则及模型训练技术 3 个方面。

根据识别的对象不同，语音识别任务大体可分为 3 类，即孤立词识别（isolated word recognition）、关键词识别（或称关键词检出，keyword spotting）和连续语音识别。其中，孤立词识别的任务是识别事先已知的孤立的词，如“开机”、“关机”等。连续语音识别的任务是识别任意的连续语音，如一个句子或一段话。关键词识别针对的是连续语音，但它并不识别全部文字，而只是检测已知的若干个关键词在何处出现，例如，在一段话中检测“计算机”、“世界”这两个词。

根据针对的发音人，可以把语音识别技术分为特定人语音识别和非特定人语音识别，前者只能识别一个或几个人的语音，而后者则可以被任何人使用。显然，非特定人语音识别系统更符合实际需要，但它要比针对特定人的识别困难得多。

另外，根据语音设备和通道，可以分为桌面（PC 机）语音识别、电话语音识别和嵌入式设备（手机、PDA 等）语音识别。不同的采集通道会使人的发音的声学特性发生变形，因此需要构造各自的识别系统。

语音识别软件可以集成到文字处理软件中，这样对着麦克风说话就可以输入文字了。比文字处理功能更强的是，语音识别软件还可以用来激活 Windows 控件，而不必使用鼠标。Windows 7 语音识别功能可以使用声音命令指挥你的计算机，实现更方便的人机交互。通过声音控制窗口操作、启动程序、使用菜单和单击按钮等。

语音识别的应用领域非常广泛，常见的应用系统有：语音输入系统，相对于键盘输入方法，它更符合人的日常习惯，也更自然、更高效；语音控制系统，即用语音来控制设备的运行，相对于手动控制来说更加快捷、方便，可以用在诸如工业控制、语音拨号系统、智能家电、声控智能玩具等许多领域；智能对话查询系统，根据客户的语音进行操作，为用户提供自然、友好的数据库检索服务，例如家庭服务、宾馆服务、旅行社服务系统、订票系统、医疗服务、银行服务、股票查询服务等。

7.3 位图图像

7.3.1 位图基础知识

图像又称点阵图像或位图图像，简称位图（Bit-mapped Image）。一幅图像由多个像素点组成，像素是能独立地赋予色度和亮度的最小单位。用不同色度与亮度的值表示该像素点的灰度或色度的等级。位图中每个像素都具有一个特定的位置和色度值。像素的色度等级越大，则图像越逼真。

位图中的每个像素点的色度值可以用二进制数来记录，根据量化的色度值不同，位图又分为黑白图像、灰度图像和彩色图像。

（1）黑白图像。图像中只有黑白两种颜色，计算机中常用一位二进制数表示，1 和 0 两种状态分别表示白和黑。一幅 640×480 的黑白图像需要占用 37.5KB 的存储空间。

（2）灰度图像。图像中把灰度分成若干等级，每个像素用若干位二进制数表示。常用 8 位二进制数来表示 256 种灰度等级。如图 7.3.1 所示的一幅 640×480 的灰度图像需要占用 300KB 的存储空间。

（3）彩色图像。彩色图像有多种描述方法。例如，在计算机中使用较多的 RGB 色彩空间，每个像素点的颜色值由 R（红）、G（绿）、B（蓝）3 种颜色合成，如图 7.3.2（a）所示。若 R、G、B 分别由 8 位二进制数表示，则最多可以表示 16 777 216 种颜色（真彩色）。一幅 640×480 的真彩色图像需占用 921KB 的存储空间。

位图与分辨率有关，当在屏幕上以较大的倍数放大显示时，位图会出现锯齿边缘问题，且会遗漏细节，如图 7.3.2（b）所示。

图 7.3.1　灰度图像

（a）原图　　（b）放大 6 倍效果

图 7.3.2　位图放大效果

位图图像通常用于创建实际的图像（如照片），例如，动画片、计算机游戏中的图像常使用位图，数码相机和可拍照的手机也可将照片存储为位图，扫描仪产生的图像也是位图，大部分网页中的照片也是位图。位图的格式包括 RAW、PNG、GIF、PCX、BMP、JPEG 和 TIFF 格式。

可以使用图像处理软件从零开始创建位图图像，比较常见的有 Adobe Photoshop、Microsoft Paint（Windows 附件中的“画图”程序），还可以通过扫描仪和数码相机等图像采集设备获得。

7.3.2 扫描仪和数码相机

1．扫描仪

（1）扫描仪概述

扫描仪是一种可将静态图像输入计算机里的图像输入设备。如果配上文字识别（OCR）软件，用扫描仪可以快速方便地把各种文稿录入计算机中，大大加快计算机文字录入的过程。目前，在多媒体计算机中使用最多的是平板扫描仪。

扫描仪内部具有一套光电转换系统，可以把各种图片信息转换成计算机图像数据，并传送给计算机，再由计算机进行图像处理、编辑、存储、打印输出或传送给其他设备。

（2）扫描仪的主要性能指标

① 分辨率。它是衡量扫描仪的关键指标之一，表明系统能够达到的最大输入分辨率，以每英寸扫描点数（dpi）表示。制造商常用“水平分辨率×垂直分辨率”的表达式作为扫描仪的标称。其中水平分辨率又称“光学分辨率”，垂直分辨率又称“机械分辨率”。光学分辨率是由扫描仪的传感器及传感器中的单元数量决定的。机械分辨率是步进电动机在平板上移动时所走的步数。光学分辨率越高，扫描仪解析图像细节的能力越强，扫描的图像越清晰。

② 颜色深度。它是影响扫描仪性能的另一个重要因素。颜色深度越大，所能得到的色彩动态范围越大，也就是说，对颜色的区分更加细腻。例如，一般扫描仪至少有 30 位颜色深度，也就是能表达 2^{30} 种颜色（大约 10 亿种颜色），好一点的扫描仪拥有 36 位颜色深度，大约能表达 687 亿种颜色。

③ 灰度。指图像亮度的层次范围。灰度级数越多，图像层次越丰富。目前扫描仪可达 256 级灰度。

④ 扫描速度。在指定分辨率和图像尺寸下的扫描时间。

⑤ 幅面。扫描仪支持的幅面大小，如 A4、A3、A1 和 A0。

2．数码相机

数码相机是一种光、电、机一体化的产品，随着科学技术的快速发展，数码相机已得到广泛应用。无论是专业摄影人士还是普通人，都可以用它拍出精美的图片。同时，它作为与计算机配套使用的输入设备，其强大功能得到了充分的发挥。数码相机在外观和使用方法上与普通的全自动照相机相似，两者之间最大的区别在于，前者在存储器中存储图像数据，后者通过胶片曝光来保存图像。

（1）数码相机的工作原理

数码相机的“心脏”是电荷耦合器件（CCD）。使用数码照相机时，只要对着被摄物体按动按钮，图像便会被分成红、绿、蓝 3 种光线，然后投影在电耦合器件上，CCD 把光线转换成电荷，其强度随被捕捉影像上反射的光线强度变化而改变，然后 CCD 把这些电荷送到模数转换器，对电信号数据进行编码，再存储到存储装置中。在软件支持下，可在屏幕上显示照片，还可进行放大、修饰处理。照片可用彩色喷墨打印机或彩色激光打印机输出，其效果与保存性是光学相机所无法比拟的。

（2）数码相机的性能指标

数码相机的性能指标可分为两部分：一部分指标是数码相机特有的，而另一部分指标与传统相机的指标类似，如镜头形式、快门速度、光圈大小以及闪光灯工作模式等。下面简单介绍数码相机特有的性能指标。

① 分辨率。它是数码相机最重要的性能指标。虽然数码相机的工作原理与扫描仪类似，但其分辨率的衡量标准却与扫描仪不同。扫描仪与打印机类似，使用 dpi 作为衡量标准，而数码相机的分辨率标准却与显示器类似，使用图像的绝对像素数来衡量。数码照片大多在显示器上观看，它拍摄的照片的绝对像素数取决于相机内 CCD 芯片上光敏元件的数量，数量越多则分辨率越高，所拍图像的质量也就越高，当然相机的价格也会大致成正比地增加。

② 存储能力及存储介质。在数码相机中，感光与保存图像信息是由两个部件完成的。虽然它们都可反复使用，但在一个拍摄周期内，相机可保存的数据却是有限的，它决定了在未下载信息之前相机可拍摄照片的数目。故数码相机内存的存储能力及是否具有扩充功能，是重要的指标。

③ 数据输出方式。指数码相机提供哪种数据输出接口。目前几乎所有的数码相机都提供USB数据输出接口，高档相机还提供更先进的IEEE-1394高速接口。通过这些接口和电缆，可将数码相机中的影像数据传递到计算机中保存或处理。对于使用扩充卡的相机来说，如果向台式机下载数据，则需要有特殊的读卡器，而具有PCMCIA卡插槽的笔记本计算机，可将这种扩充卡直接插入。除以上向计算机输出的形式外，许多相机提供TV接口（NTSC制式的较多，PAL制式的也有），可在电机上观看照片。

④ 连续拍摄。对于数码相机来说，连续拍摄不是它的强项。由于“电子胶卷”从感光到将数据记录到内存整个过程进行得并不是太快，故拍完一张照片之后，不能立即拍摄下一张照片。两张照片之间需要等待的时间间隔就成了数码相机的另一个重要指标。越是高级的相机，间隔时间越短，也就是说，连续拍摄的能力越强。

7.3.3 图像数字化特征

模拟图像只有经过数字化后才能成为计算机处理的位图。表征图像数字化质量的主要特征有：图像分辨率和颜色深度等。

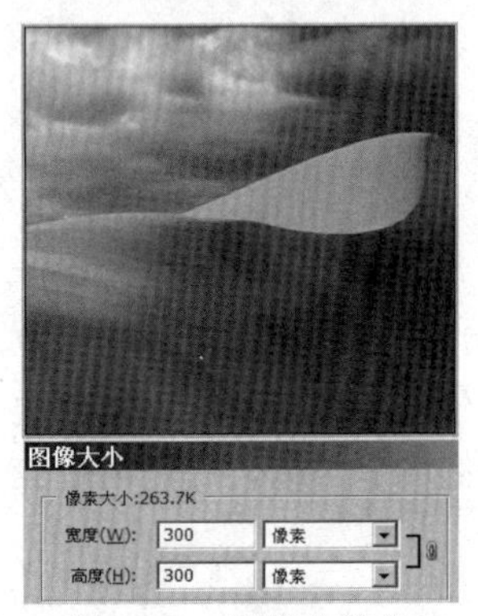

图7.3.3 图像分辨率

1．图像分辨率

图像分辨率是指每英寸图像内的像素数目，单位为ppi（pixels per inch）。对同样大小的一幅原图，如果数字化时图像分辨率高，则组成该图的像素点数目越多，看起来就越逼真。图像分辨率在图像输入/输出时起作用，它决定图像的点阵数。而且，不同的分辨率会呈现不同的图像清晰度，如图7.3.3所示。

2．颜色深度

颜色或图像深度是指位图中记录每个像素点所占的二进制位数，它决定了彩色图像中可出现的最多颜色数，或者灰度图像中的最大灰度等级数。图像的色彩需要用三维空间来表示，如RGB色彩空间，而色彩空间表示法又不是唯一的，所以每个像素点的颜色深度的分配还与图像所用的色彩空间有关。以最常用的RGB色彩空间为例，颜色深度与色彩的映射关系主要有真彩色、伪彩色和调配色。

真彩色是指图像中的每个像素值都分成R、G、B这3个基色分量，每个基色分量用8位二进制数来记录其色彩强度，3个基色分量共可记录2^{24}=16M种色彩。这样得到的色彩可以反映原图的真实色彩，故称为真彩色。

伪彩色图像的每个像素值实际上是一个索引值或代码，该代码值作为色彩查找表中某一项的入口地址，根据该地址可查找出包含实际R、G、B的强度值。这种用查找映射的方法产生的色彩称为伪彩色。

调配色是指通过每个像素点的R、G、B分量分别作为单独的索引值进行变换，经相应的色彩变换表找出各自的基色强度，用变换后的R、G、B强度值产生色彩。调配色的效果一般比伪彩色好，但显然达不到真彩色的效果。

3．图像的数据量

在扫描生成一幅图像时，实际上是按一定的图像分辨率和一定的图像深度对模拟图片或照片进行采样和量化，从而生成一幅数字化的图像。图像的分辨率越高、图像深度越深，则数字化后的图像效果越逼真，图像数据量也越大。如果按照像素点及其颜色深度进行映射，图像数据量可用下面的公式来计算：

图像数据量=图像的总像素×颜色深度/8（B）

一幅 640×480 真彩色图像，其文件大小约为：

640×480×24/8=900KB

通过以上分析可知，如果要确定一幅图像的参数，要考虑两个因素：一是图像的分辨率，二是图像输出的效果。在多媒体应用中，更应考虑图像容量与效果的关系。由于图像数据量很大，因此数据压缩就成为图像处理的重要内容之一。

7.3.4 图像的压缩标准

数字图像的数据量很大，为了节省存储空间，适应网络带宽，一般对数字图像要进行压缩，然后再存储和传输。JPEG（Joint Photographic Experts Group）是指国际标准化组织（ISO）和国际电报电话咨询委员会（CCITT）联合成立的“联合图像专家组”所制定的适用于连续色调、多级灰度、彩色或单色静止图像数据压缩的国际标准。这个方案的问世，对多媒体技术的发展起到了非常重要的作用。

1．静态图像压缩标准 JPEG

1991 年 3 月提出的 JPEG 标准——多灰度静止图像的数字压缩编码，包含两部分：第一部分是无损压缩，即基于空间线性预测技术的无失真压缩算法，它的压缩比很低；第二部分是有损压缩，一种采用离散余弦变换（Discrete Cosine Transform，DCT）和霍夫曼编码的有损压缩算法，它是目前主要应用的一种算法。后一种算法进行图像压缩时，虽然有损失，但压缩比可以很大。例如压缩比在 25:1 时，压缩后还原得到的图像与原图像相比，基本上看不出失真，因此得到广泛应用。JPEG 图像压缩标准的目标是：

- 编码器应该可由用户设置参数，以便用户在压缩比和图像质量之间权衡折中。
- 标准适用于任意连续色调的数字静止图像，不限制图像的影像内容。
- 计算复杂度适中，对 CPU 的性能没有太高要求，易于实现。
- 定义了两种基本压缩编码算法和 4 种编码模式。

JPEG 算法主要存储颜色变化，尤其是亮度变化，因为人眼对亮度变化要比对颜色变化更为敏感。只要压缩后重建的图像与原图像在亮度和颜色上相似，在人眼看来就是相同的图像。因此，JPEG 的压缩原理是不重建原始画面，丢掉那些未被注意的颜色，生成与原始画面类似的图像。

随着多媒体应用领域的扩大，传统的 JPEG 压缩技术越来越显现出许多不足，无法满足人们对多媒体图像质量的更高要求。由于离散余弦变换算法依靠丢弃频率信息实现压缩，因此，图像的压缩率越高，高频信息被丢弃的越多，细节保留越少。在极端情况下，JPEG 图像只保留了反映图像外貌的基本信息，精细的图像细节都消失了。

2．静态图像压缩标准 JPEG 2000

为了在保证图像质量的前提下进一步提高压缩比，1997 年 3 月，JPEG 又开始着手制定新的方案，该方案采用以小波变换（Wavelet Transform）算法为主的多解析率编码技术，该技术的时频和频域局部化技术在信号分析中优势明显，并且它对高频信号采用由粗到细的渐进采样间隔，从而可以放大图像的任意细节。该方案于 1999 年 11 月公布为国际标准，并被命名为 JPEG 2000。与传统的 JPEG 相比，JPEG 2000 的特点如下。

① 高压缩率。JPEG 2000 的图像压缩比与传统的 JPEG 相比提高了 10%～30%，而且压缩后的图像更加细腻平滑。

② 无损压缩。JPEG 2000 同时支持有损和无损压缩。预测法作为对图像进行无损压缩的成熟算法被集成到 JPEG 2000 中，因此 JPEG 2000 能实现无损压缩。传统 JPEG 标准虽然也包含了无失真压缩，但实际中较少提供这方面的支持。

③ 渐进传输。现在网络上按传统的 JPEG 标准下载图像是按块传输的，只能一行一行地显示，而 JPEG 2000 格式的图像支持渐进传输。所谓渐进传输，就是先传输图像的轮廓数据，然后再传输其他数据，可不断提高图像质量（不断地向图像中填充像素，使图像的分辨率越来越高），这样有助于快速浏览和选择大量图片。

④ 可以指定感兴趣区域（ROI，Region Of Interest）。在这些区域，可以在压缩时指定特定的压缩质量，或在恢复时指定特定的解压缩要求，这给用户带来了极大的方便。在有些情况下，图像中只有一小块区域对用户是有用的，对这些区域，采用低压缩比，而感兴趣区域之外采用高压缩比，在保证不丢失重要信息的同时，又能有效地压缩数据量，这就是基于感兴趣区域的编码方案所采取的压缩策略。该方法的优点在于，它结合了接收方对压缩的主观需求，实现了交互式压缩。而接收方随着观察的深入，常常会有新的要求，可能对新的区域感兴趣，也可能希望某一区域更清晰些。

当然，JPEG 2000 的改进还不只这些，它考虑了人的视觉特性，增加了视觉权重和掩模，在不损害视觉效果的情况下大大提高了压缩效率；人们可以为一个 JPEG 文件加上加密的版权信息，这种经过加密的版权信息在图像编辑过程（放大、复制）中将没有损失，比目前的“水印”技术更为先进；JPEG 2000 对 CMYK、RGB 等多种色彩空间都有很好的兼容性，这为用户按照自己的需求在不同显示器、打印机等外设上进行色彩管理带来了便利。

7.3.5 图像文件的保存格式

图像格式是指图像信息在计算机中表示和存储的格式。在计算机中，图像文件有多种存储格式，常用的有 BMP、JPEG、TIFF、PSD、GIF、PNG 等。

1. BMP 格式

BMP 是 Windows 操作系统的标准图像文件格式，能够得到多种 Windows 应用程序的支持。其特点是，包含的图像信息丰富，不进行压缩，但文件占用较大的存储空间。

2. JPEG 格式

JPEG 既是一种文件格式，又是一种压缩技术。它作为一种灵活的格式，具有调节图像质量的功能，允许用不同的压缩比对文件进行压缩。作为较先进的压缩技术，它用有损压缩方式去除图像的冗余数据，在获取极高的压缩率的同时能展现丰富生动的图像。JPEG 应用广泛，大多数图像处理软件均支持此格式。目前，各类浏览器也都支持 JPEG 格式，其文件尺寸较小，下载速度快，使 Web 网页可以在较短的时间下载大量精美的图像。

3. JPEG 2000 格式

JPEG 2000 与 JPEG 相比，能达到更高的压缩比和图像质量，并支持渐进传输和感兴趣区域。JPEG 2000 存在版权和专利的风险。这也许是目前 JPEG 2000 技术没有得到广泛应用的原因之一。采用 JPEG 2000 的图像文件格式扩展名一般为.jpf、.jpx、.jp2 等。

4. TIFF 格式

TIFF（Tag Image File Format）是由 Aldus 公司为 Macintosh 机开发的一种图像文件格式。其最早流行于 Macintosh 机，现在 Windows 下主流的图像应用程序都支持该格式。它是使用最广泛的位图格式，其特点是图像格式复杂，存储细微层次的信息较多，有利于原稿的复制，但占用的存储空间也非常大。

5. PSD 格式

它是图像处理软件 Photoshop 的专用格式。PSD（Photoshop Document）格式文件其实是 Photoshop 进行平面设计的一张“源图”，里面包含有各种图层、通道等多种设计的样稿，以便于下次打开文件时可以修改上一次的设计。但目前除 Photoshop 以外，只有很少的几种图像处理软件能够读取此格式。

6. PSB 格式

大型文档格式（PSB）支持宽度或高度最大为 300 000 像素的超大图像文档。PSB 格式支持所有 Photoshop 功能（如图层、效果和滤镜）。目前，以 PSB 格式存储的文档，只能在 Photoshop 中打开。

7. GIF 格式

GIF（Graphics Interchange Format）是 CompuServe 公司开发的图像文件格式，GIF 文件的数据，是一种基于 LZW 算法的连续色调的无损压缩格式。其压缩率一般在 50%左右，它不属于任何应用程序。目前几乎所有相关软件都支持它，公共领域有大量的软件在使用 GIF 图像文件。GIF 格式的另一个特点是其在一个 GIF 文件中可以存多幅彩色图像，如果把存于一个文件中的多幅图像数据逐幅读出并显示到屏幕上，就可构成一种最简单的动画。

8. PNG 格式

PNG（Portable Network Graphics）是 Macromedia 公司的 Fireworks 软件的默认格式。它是目前保证最不失真的格式，它汲取了 GIF 和 JPEG 二者的优点，存储形式丰富，兼有 GIF 和 JPEG 的色彩模式，其图像质量远胜过 GIF。PNG 用来存储彩色图像时，其颜色深度可达 48 位，存储灰度图像时可达 16 位，并且具有很高的显示速度，所以也是一种新兴的网络图像格式。与 GIF 不同的是，PNG 图像格式不支持动画。

图像文件格式之间可以互相转化，转换的方法主要有两种：一是利用图像编辑软件的“另存为”功能；二是利用专用的图像格式转换软件。

7.4　矢量图形

7.4.1　矢量图形基础

矢量图形（Vector-based Graphic）简称矢量图，与通过把图像分成网格而创建出来的位图不同，矢量图形由一组可以重建图片的指令构成。矢量图形并不保存每个像素的颜色值，而是包含了计算机为图像中的每个对象创建形状、大小、位置和颜色等的指令。如图 7.4.1 所示风景就是矢量图形，矢量图形的各个部分都是独立的对象，它们可以分开处理。

图 7.4.1　矢量图形：由云彩草地、花等对象构成

计算机中常用的矢量图形文件类型有 MAX（用 3ds max 生成三维造型）、DXF（用于 CAD）、WMF（用于桌面出版）、C3D（用于三维文字）、CDR（CorelDRAW 矢量文件）等。图形技术的

关键是图形的描述、制作和再现，图形只保存算法和特征点。相对于图像的大数据量来说，它占用的存储空间较小，但每次在屏幕上显示时，都需要重新计算。另外，在打印输出和放大时，图形的质量较高。

矢量图形与位图图像的比较如下。

矢量图用一系列计算机指令来描述和记录一幅图，这幅图可分解为一系列子图，如点、线、面等的组合。位图用像素点来描述或映射的图，即位映射图。位图在内存中是一组计算机内存地址，这些地址指向的单元定义了图像中每个像素点的颜色和亮度。由于矢量图和位图的表达方式和产生方式不同，因而具有不同的特点。

① 矢量图效果不如位图好。如果绘制的图形比较简单，则矢量图的数据量远远小于位图，但不如位图表现得自然、逼真。

② 矢量图数据量小。在矢量图中，颜色作为绘制图元的参数在命令中给出，所以整个图形拥有的颜色数目与文件的大小无关；而在位图中，每个像素所占用的二进制位数与整个图像所能表达的颜色数目有关。颜色数目越多，占用的二进制位数越多，一幅位图图像的数据量也会随之迅速增大。例如，一幅 256 种颜色的位图，每个像素占 1B；而一幅真彩色位图，每个像素占 3B，它所占用的存储空间远远大于 256 色的位图图像。

③ 矢量图变换不失真。矢量图在放大、缩小、旋转等变换后不会产生失真。而位图会出现失真现象，特别是放大若干倍后，图像会出现严重的颗粒状，缩小后会丢掉部分像素点的内容。

总之，矢量图和位图是表现客观事物的两种不同形式。在制作一些标志性的内容简单或真实感要求不强的图形时，可以选择矢量图形的表现手法。矢量图形通常用于线条图、美术字、工程设计图、复杂的几何图形和动画，这些图形（如徽标）在缩放到不同大小时必须保持清晰的线条，它是文字（尤其是小字）和粗图形的最佳选择。另外，制作动画也是以矢量图形为基础的。需要反映自然世界的真实场景时，应该选用位图图像。

7.4.2 Web 上的矢量图形

Web 浏览器最初只支持有限的图像格式——GIF 和 JPEG，这些格式都属于位图。现在已有一些用于 Web 的矢量图形，如 SVG（Scalable Vector Graphics，可缩放矢量图形）。SVG 是一种用 XML 定义的语言，用来描述二维矢量及矢量/栅格图形。SVG 格式的图形在不同屏幕上显示时，可以自动调整大小。

SVG 图形是可交互和动态的，可以在 SVG 文件中嵌入动画元素或通过脚本来定义动画。用户可以直接用代码来描绘图像，可以用任何文字处理工具打开 SVG 图像，通过改变部分代码来使图像具有交互功能，并可以随时插入到 HTML 中通过浏览器来观看。

SVG 图形提供了目前网络流行的 GIF 和 JPEG 格式无法具备的优势：可以任意放大图形显示，但绝不会以牺牲图像质量为代价；可在 SVG 图像中保留可编辑和可搜寻的状态；平均来讲，SVG 文件比 JPEG 和 GIF 格式的文件要小很多，因而下载也很快。可以相信，SVG 的开发将会为 Web 提供新的图像标准。

在 Web 上使用矢量图形具有以下几个优点：

① 一致的画质。网页上的矢量图形在所有的计算机屏幕上显示的画质是一致的。

② 可搜索性。矢量图形的另一个特点是，它包含的任何文本都是以实际文本的形式存储的，这些文本可以由搜索引擎加入索引中，从而可以进行关键字搜索。

③ 文件小。Web 上的矢量图形文件较小。一个比较复杂的图形其文件大小小于 30KB。这些文件只需要很小的存储空间，从 Web 服务器传送到用户的浏览器上也很快。

7.4.3 三维矢量图形

与二维图形相比，计算机三维图形是指通过三维计算机图形学技术、基于数学表达式、应用三维立体形式表现的几何数据。这些数据至少包含一个三维空间的点，在我们熟悉的三维笛卡儿坐标系下，这个点可以由 3 个坐标值定义，通常写为(x,y,z)，其中，x、y、z 分别是基于同一个坐标原点且彼此相互正交的 x 轴、y 轴、z 轴的坐标值。

计算机显示三维图形，就是在二维的计算机屏幕上虚拟显示的三维图形效果，本质上根据人的视觉原理和光学色彩原理实现位置透视关系和凹凸有致的三维效果。如图 7.4.2 所示为在 MATLAB 中绘制球面。

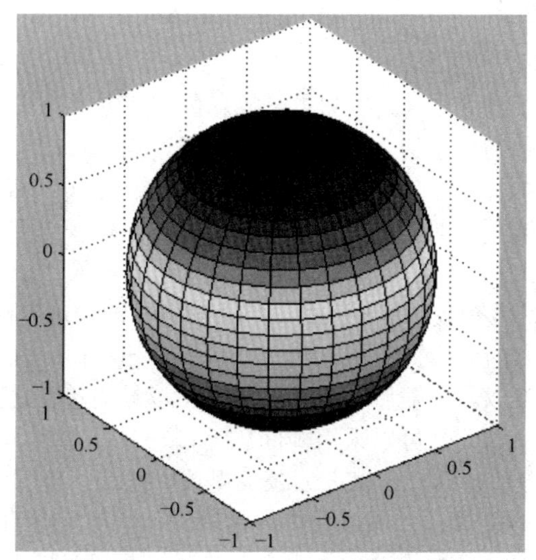

图 7.4.2 在 MATLAB 中绘制的球面

OpenGL 和 Direct 3D 是两个应用最广泛的专业三维图形编程接口，三维计算机图形技术主要基于二维计算机图形学的相应算法，并且进行了功能和性能扩展。

常见的三维矢量图形软件有两类。一类是开源软件，有 Blender 和 Wings 等，前者功能强大，适于专业应用，后者功能简单，适于学习使用。另一类是专有软件，包括 3ds Max、Cinema 4D 和 AutoCAD 等，3ds Max 功能强大，目前在电子游戏、后期特效方面应用广泛；Cinema 4D 处理速度快且渲染功能强，广泛应用于工业设计、影视制作等方面；AutoCAD 是著名的计算机辅助设计软件，广泛应用于建筑装饰、工程制图等诸多领域。

7.5 数字视频

7.5.1 数字视频基础知识

视频是多媒体系统中信息最丰富、表现力最强的媒体。视频是指一组连续变化的图像，也称为运动图像。实际上，人的视觉在观察物体时，会有短暂的停留现象，当多个静止图像以较快的速度从人的眼前经过时，就会感到连续的画面。在视频中，每个单独的图像称为帧（frame），而每秒播放的帧数称为帧率，单位是帧/秒（fps）。典型的帧率有 24fps、25fps 和 30fps（实际是 29.97fps）。通常，伴随视频图像的还有一个或多个音轨，也称为伴音，为视频提供音响效果，如背景音乐或旁白。

我们最常见到的视频是电影和电视。传统的电影和电视以及来自模拟摄像机的视频信号都是模拟信号，可以通过计算机中的视频采集卡将它们转换为数字视频信号后，以文件的形式存入计算机中。数字视频使用二进制数表示视频信号，除了将模拟视频信号经过数字化处理转变为数字视频信号外，还可以用数字摄制设备直接获取，如数字摄像机或数码相机。与模拟视频信号相比，数字视频信号具有很多优点：不论复制多少次，都可以保证画面质量；在计算机中很容易操作，各种不可思议的特效触手可及。

数字视频不仅可以在计算机中创建和播放，还可以嵌入网页，在浏览器中播放；还可以使用 DVD 光盘观看最新大片电影；在移动设备上也可以播放相适应的小格式视频；另外，数字视频在高清电视（HDTV）、医疗设备、视频会议等多个领域得到广泛应用。

7.5.2 数字视频压缩标准

1．视频压缩基本概念

模拟视频数字化后的数据量非常大。如果一幅彩色静态图像的文件大小为 1MB（如果颜色深度为 24，则这样一幅图像的大小约为 600×600 像素），当每秒的帧数为 30 时，1 秒钟的视频数据量为 30MB（相当于数据传输速率为 240Mbps），每分钟约为 1.8GB，每小时就是约 105GB，这对于计算机的传输和存储性能都提出很高要求。由此可见，视频压缩无论在视频通信还是视频存储中都是非常需要的。

研究表明，原始视频信号有较强的相关性，这种相关性既表现在同一帧图像的相邻像素中，也表现在图像序列的相邻帧的对应像素中。当对一帧图像压缩时，仅考虑去除本帧图像的数据冗余，这和静态图像压缩类似。压缩后的视频数据仍可以帧为单位进行编辑。这类压缩也称为帧内压缩。对于相邻帧间的相关性可以采用帧间压缩，它通过比较本帧与相邻帧之间的差异，仅记录本帧与其相邻帧的差值，这样可以大大减少视频数据量。当视频图像内没有运动物体时，只需传送这个景物的第 1 帧图像。如果画面中有运动物体，如走路的人或飞行的鸟，在若干帧内的背景变化非常缓慢，这时只需传送人（或鸟）的图像及其在静止背景上的位置。这一方法就是运动补偿技术，它是运动图像压缩标准中采用的主要压缩技术之一。

2．视频压缩标准

目前制定视频编码标准的国际组织主要有两个：ITU-T（国际电信联盟电信标准化部）和 ISO/IEC（国际标准化组织/国际电工委员会）。由 ITU-T 制定的视频标准通常称为建议（Recommendations），表示为 H.26x，如 H.261 等。ISO/IEC 制定的视频标准表示为 MPEG-x，如 MPEG-1 等。ITU-T 的标准主要用于实时视频通信，如视频会议和可视电话等。而 MPEG 标准主要用于广播电视、VCD、DVD 和视频流媒体。在大多数情况下，这两个标准组织独立制定不同的标准，但 H.262 和 MPEG-2 是例外，是联合制定的。

MPEG 是国际标准化组织和国际电工委员会第一联合技术组（ISO/IEC JTC1）1988 年成立的运动图像专家组（Moving Picture Expert Group）的简称，全称为 ISO/IEC JTC1 第 29 分委会第 11 工作组（ISO/IEC JTC1/SC29/WG11），负责数字视频、音频和其他媒体的压缩、解压缩、处理和表示等国际技术标准的制定工作。从 1988 年开始，MPEG 专家组每年召开 4 次左右的国际会议，主要内容是制定、修订、发展 MPEG 系列多媒体标准，包括：视音频编码标准 MPEG-1（1992）和 MPEG-2（1994）、基于视听媒体对象的多媒体编码标准 MPEG-4（1999）、多媒体内容描述标准 MPEG-7（2001）、多媒体框架标准 MPEG-21。目前，MPEG 系列国际标准已经成为影响最大的多媒体技术标准，对数字电视、视听消费电子产品、多媒体通信等信息产业的重要产品产生了深远影响。

（1）MPEG-1 标准

MPEG-1 标准名称为“动态图像和伴音的编码”，用于数据传输速率在 1.5Mbps 以下的数字存储媒体，主要用于多媒体存储和再现。MPEG-1 标准主要包括 3 个部分：MPEG-1 系统、MPEG-1 视频和 MPEG-1 音频。所以 MPEG-1 涉及视频压缩、音频压缩和多种压缩数据流复合及同步问题。

MPEG-1 视频压缩技术主要有两个：一是基于块的运动补偿，可以减少帧间序列的时间冗余；二是基于 DCT（离散余弦变换）的压缩技术，减少空间冗余。在 MPEG 中，不仅在帧内使用 DCT，对帧间预测误差也进行 DCT，以进一步减少数据量。

MPEG-1 典型的应用是 VCD，作为价格低廉的影像播放设备，得到广泛的应用和普及。MPEG-1 也被用于数字电话网络上的视频传输，如非对称数字用户线路（ADSL），视频点播（VOD），以及教育网络等。

（2）MPEG-2 标准

MPEG-2 标准是由 ISO 的活动图像专家组和 ITU-T 于 1994 年共同制定的。MPEG-2 主要包括 MPEG-2 系统、MPEG-2 视频、MPEG-2 音频和 MPEG-2 一致性测试 4 个部分，是运动图像及其伴音的通用编码国际标准。其中的视频部分即 H.262。

MPEG 标准的基本算法也是运动补偿和带有 DCT 的帧间内变长编码。它与 MPEG-1 的主要区别在于：一是能够有效地支持电视的隔行扫描，二是支持可分级的可调视频编码，适用于需要同时提供多种质量的视频业务情况。根据 MPEG-2 标准，CCIR601 格式（702×576×25 帧）的信号可压缩到 4Mbps～6Mbps，HDTV（高清电视）格式（1280×720×60 帧）的信号可压缩到 20Mbps。由于 MPEG-2 已适应高于 20Mbps 的视频编码，因此原本为高清电视设计的 MPEG-3 就被放弃了。

MPEG-2 的音频编码可提供左、右、中及两个环绕声道，以及一个加重低音声道，还有多达 7 个伴音声道（DVD 可有 8 种语言配音的原因）。由于 MPEG-2 在设计时的巧妙处理，使得大多数 MPEG-2 解码器也可播放 MPEG-1 格式的数据，如 VCD。

MPEG-2 标准的典型应用是 DVD 影视和广播级质量的数字电视。

（3）MPEG-4 标准

MPEG-4 标准于 1999 年 2 月公布了第 1 版，1999 年 12 月公布了第 2 版。它是针对低速率（小于等于 64kbps）的视频压缩编码标准，同时还注重基于视频和音频对象的交互性。

MPEG-4 主要内容包括：系统、视频、音频、一致性测试、软件仿真和多媒体框架。它除支持 MPEG-1、MPEG-2 提供的视频功能外，还支持基于内容的视频功能，即能按视频内容分别编码和重建。例如，某个场景由几个视频对象组成，用户可以对不同视频对象分别解码和重建。音频模块不仅支持自然的声音，还支持基于描述语言的合成声音，同时还支持音频的对象特征，即一个场景中，有人声和背景音乐，它们可以分别独立编码。

MPEG-4 标准的主要应用领域包括：数字电视、实时多媒体监控、低比特率下的移动多媒体通信、基于内容存储和检索多媒体系统等。

（4）H.261/H.263

H.261 是国际电信联盟制定的第一个视频压缩建议，主要用于可视电话和视频会议。该标准于 1990 年 12 月获得批准，其名称为“视听业务速率为 P×64kbps 的视频编译码”，又称为 64kbps 标准（P=1, 2, …, 30）。当 P=1 或 2 时，用于可视电话；当 P≥6 时，用于视频会议。H.261 视频压缩算法的核心是运动预测和 DCT 编码，其许多技术（包括视频数据格式、运动补偿、DCT 变换、量化和熵编码）都被之后的 MPEG-1 和 MPEG-2 采用和借鉴。

H.263 是 ITU-T 制定的视频会议用的低码率视频编码建议，其目的是能在现有的电话网上传输活动图像。H.263 与 H.261 相比采用了半像素的运动补偿，并增加了 4 种有效的压缩编码模式：无限制的运动矢量模式、基于句法的算术编码模式、高级预测模式和 PB 帧模式。

虽然 H.263 标准是为基于电话线路（PSTN）的可视电话和视频会议而设计的，但由于它优异的编解码方法，现已成为一般低比特率视频编码的标准。

7.5.3 视频编辑和视频输出

1. 视频编辑

在视频数字化之前，编辑视频就是把视频片断从一盘录像带录制到另一盘录像带上，这个过程被称为线性编辑，它最少需要两台录像机，一台作为放像机使用，另一台用于录制需要的片断。而现在非线性编辑只需要计算机硬盘和视频编辑软件。非线性编辑的优势在于直接从计算机的硬盘中以文件的方式快速、准确地存取素材进行编辑。素材的长短、顺序可以不按照制作时的长短、顺序进行排列，可以方便地进行素材查找、定位、编辑、设置特技功能等。

当视频素材传输并存入计算机中后，就可以使用视频编辑软件来编辑视频剪辑了。这些软件包括 Adobe Premiere Pro、Apple Final Cut Pro 等。完成的视频项目文件由视频轨道和音频轨道组成，视频轨道包括视频片断、过渡效果、特效等，音频轨道包括声音和音乐。

2. 视频输出

在完成整个视频项目的编辑操作后，便可以将项目内的所用到的各种素材整合在一起输出为一个独立的、可以在播放器上直接播放的视频文件。表 7.5.1 列出了常见的视频文件格式。

表 7.5.1 常见数字视频格式

格　式	扩 展 名	平　台	描述和用途
AVI（Audio Video Interleave，音视频交错）	.avi	PC	主要用在多媒体光盘中
QuickTime Movie	.mov	PC，Mac，UNIX，Linux	最流行的格式
MPEG（Moving Picture Experts Group）	.mpg 或.mpeg	PC，Mac，UNIX，Linux	版本包括 MPEG-1，MPEG-2，MPEG-4
Real Media	.rm	PC，Mac，UNIX，Linux	Real Network 公司产品，流行的 Web 流媒体格式
ASF（Advanced Systems Format，高级系统格式）	.asf 或.wmv	PC	流行的基于 Web 的视频格式，要求使用 Adobe Flash Player
VOB（Video Object，视频对象）	.vob	独立的 DVD 播放器，PC，Mac，Linux	用于 DVD 播放器的行业标准格式
Blu-ray Disc Movie （蓝光光盘电影）	.bdmv	PC，Mac	用来将高清视频剪辑存入蓝光光盘中

如果要将视频存储为 AVI 格式的视频文件，可以使用多种编解码器。编解码器是一种软件，在存储视频时可对视频流进行压缩，而在播放视频时又可解压缩。常见的编解码器有 MPEG-2、Sorenson、DivX 和 Windows Media Video。

每种编解码器都使用了独具特色的压缩算法，并允许指定压缩比或比特率（Bitrate）。压缩比指压缩后的数据与未压缩数据之比。比特率用来表示压缩程度，指显示 1 秒钟视频所需要的比特数。

在播放视频时，必须使用压缩此视频的编解码器来解压缩。最好使用流行的播放器中包含的编解码器。

7.6 Photoshop CS6 基础

Photoshop CS6 是 Adobe 公司推出的著名的图像处理软件。Photoshop 简称为 PS，被广泛地用于图像编辑、图像合成、校色与调色以及制作平面特效等。

7.6.1 Photoshop CS6 的功能

Photoshop 具有十分强大的图像处理功能，具体表现在以下几个方面。

（1）支持多种格式的图像文件，如 PSD、JPEG、BMP、PCX、GIF、TIFF 等多种流行的图像格式，并可进行图像格式之间的转换。

（2）具有多种图像绘制工具，可以创作各种规则和不规则的图形和图像，并可实现许多特殊的图像表现效果。在 Photoshop CS6 中添加了侵蚀效果的画笔笔尖，可以绘制出更加自然逼真的笔触效果。

（3）强大的图像编辑功能。可以对图像进行整体或局部编辑，可以对图像做各种变换，如放大、缩小、旋转、倾斜、镜像、透视等；也可进行复制、去除斑点、修补、修饰图像的残损等操作；在 Photoshop CS6 中提供了全新的裁剪工具和内容感知移动工具等，进一步增强了图像编辑功能。

（4）图像合成功能。Photoshop 具有强大的多图层功能，可以用各种形式合成图像，产生内容丰富、色彩绚丽、具有艺术感染力的图像作品。将它应用于广告制作、美术创作、影视产品制作中，都有不俗的效果。

（5）出色的图像校色调色功能。可方便快捷地对图像的颜色进行明暗、色偏的调整和校正，也可在不同颜色之间进行切换以满足图像在不同领域（如网页设计、印刷、多媒体等）的应用。在 Photoshop CS6 中新增了处理 HDR 图像的处理工具，可以精确地创建照片般真实或超现实的 HDR 图像。

（6）图像特效制作。Photoshop 具有完善的通道和蒙版功能，并提供了近 100 种内置滤镜，还可使用多种外接滤镜，大大增强了图像处理能力。油画、浮雕、石膏画、素描等常用的传统美术技巧都可使用 Photoshop 特效完成。

（7）图像处理的自动化功能。对需要相同处理的图像可由 Photoshop 自动完成，例如，统一的图像格式转换。

（8）3D 和视频处理。在 Photoshop 中可以创建和编辑 3D 文件，也可以对视频帧进行处理。Photoshop CS6 在 3D 和视频处理方面更加优秀，可以直观地创建 3D 图形甚至整部电影。

7.6.2 Photoshop CS6 的界面环境

启动 Photoshop CS6，打开 Photoshop CS6 的工作界面，如图 7.6.1 所示。它主要包括标题栏、菜单栏、工具选项栏、工具箱、图像窗口、各种控制面板和状态栏等。

图 7.6.1　Photoshop CS6 工作界面

1．菜单栏

菜单栏中包含 Photoshop CS6 中所有的操作命令，有 11 个主菜单项，它们分别是：“文件”、“编辑”、“图像”、“图层”、“文字”、“选择”、“滤镜”、“3D”、“视窗”、“窗口”及“帮助”菜单。

2．工具选项栏

工具选项栏用来描述或设置当前所使用工具的一些属性和参数。

3．工具箱

为了方便用户快捷地使用某些常用操作，Photoshop CS6 将常用的工具组织在工具箱中。工具按钮右下方若有一个黑色小三角，则表示该工具为复合工具组，功能相同的工具被合成一组。单击工具按钮或在按钮上右击将弹出整个工具组。

4．图像窗口

图像窗口用于显示要编辑的图像内容以及要处理图像的区域。当同时打开多个图像文件时，各个图像窗口的标题栏顺序排列在图像窗口的顶部。

5．控制面板

单击“窗口”菜单，可以打开或关闭 Photoshop CS6 提供的 20 余种控制面板（也可称为调板）。控制面板既可以成组地放在一起，也可以单个显示，还可以由用户自己定义面板显示方式。

6．状态栏

状态栏位于 Photoshop CS6 程序窗口的最下方，用于显示目前处理的图像文件的大小、图像显示的百分比等信息。

7.6.3　图像文件的操作

Photoshop CS6 中对图像文件的操作主要包括文件的创建、打开和存储图像等内容。

1．创建文件

依次单击“文件|新建”，将弹出“新建”对话框，如图 7.6.2 所示。

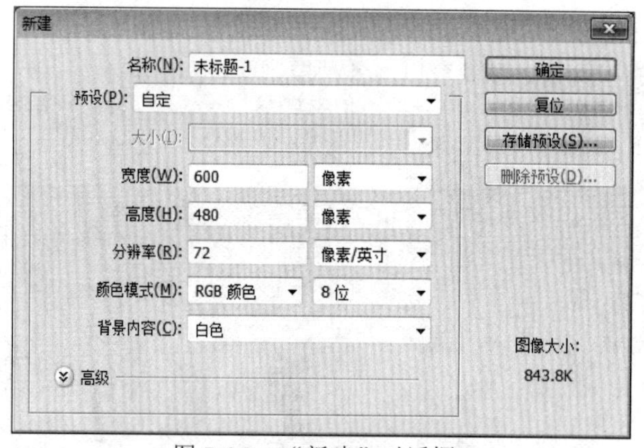

图 7.6.2　“新建”对话框

在“名称”框中输入图像的名称；在“预设”下拉列表中选择文档大小；在“大小”下拉列表中选择或在“宽度”和“高度”文本框中输入值，设置图像的宽度和高度值；还可以设置分辨率、颜色模式、位深度以及背景内容的颜色；单击“高级”按钮将显示更多的选项内容。完成设置后，单击“存储预设”按钮，将这些设置存储为预设，或单击“确定”按钮以打开新文件。

2．打开文件

依次单击“文件|打开”，选择要打开的文件的名称，可以选中单个文件也可以选中多个文件将它们全部打开。

依次单击“文件|最近打开文件”，可以从级联菜单中选择一个最近打开过的文件。

依次单击“文件|在 Mini Bridge 中浏览”，将打开 Mini Bridge 界面，保持 Mini Bridge 媒体管理器为开启状态，就能通过它轻松直观地浏览和使用计算机中保存的图片与视频。这是对常用文件打开功能的一个很好补充，可以有效减少文件打开操作。Mini Bridge 面板如图 7.6.3 所示。

图 7.6.3 Mini Bridge 面板

3．存储文件

Photoshop CS6 支持多种文件格式的输出需求。

依次单击“文件|存储”，存储对当前文件所做的更改。依次单击“文件|存储为”，重新设置文件存储路径、文件名和文件格式，存储为一个新图像文件。在“存储为”对话框的“文件格式”下拉列表中有多种文件格式供用户选择。

在 Web 或其他联机介质中使用的图像，通常需要在图像显示品质和图像文件大小之间进行合理的取舍。依次单击“文件|存储为 Web 和设备所用格式”，可以选择优化选项以及预览优化的图像内容，如图 7.6.4 所示。

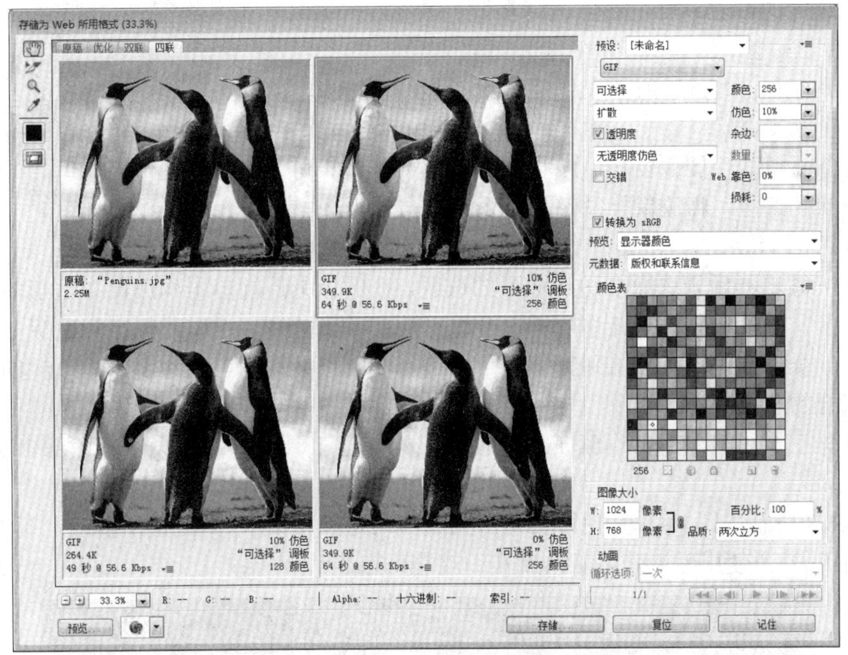

图 7.6.4 存储为 Web 和设备所用格式

7.6.4 工具箱中的常用工具

Photoshop CS6 将常用的一些工具放置在工具箱中，这里介绍几个常用工具组的使用方法。

1. 选框工具组

制作选区是为了在图像中指定一个或多个编辑区域，以便对区域内的图像进行编辑。使用选区，还可以方便地将指定区域中的图像粘贴到其他图像中完成图像的合成。在 Photoshop CS6 中，可以创建规则选区和不规则选区。

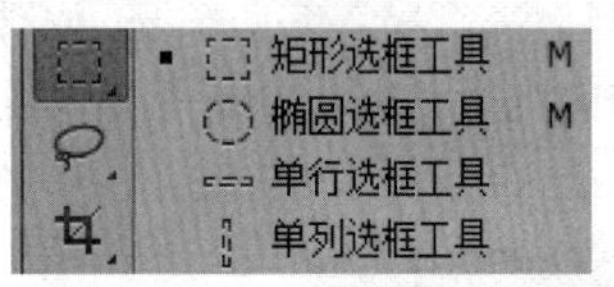

图 7.6.5　选框工具组

（1）创建规则选区

选框工具组如图 7.6.5 所示。使用选框工具组中的工具可以创建矩形选区、椭圆形选区以及宽度为 1 像素的单行和单列选区。

创建选区的方法是：单击工具箱中的矩形选框工具，在图像窗口中单击并拖动，拖放出一个矩形选区。若拖动时按住 Shift 键，可创建正方形选区。椭圆形选框工具的使用方法与矩形选框工具相同。按 Ctrl+D 组合键可以取消选区。

单击某个选区工具后，在工具选项栏中可以设置有关选区的多项参数，这里以矩形选框工具为例，来说明工具选项栏参数的设置。如图 7.6.6 所示为矩形选框工具选项栏。

图 7.6.6　矩形选框工具选项栏

工具选项栏的左端有 4 个选区运算按钮，分别为：新建选区、添加到选区、从选区中减、与选区交。在"羽化"框中可以输入数字，它用来设置选区边缘柔和、模糊的程度。羽化数值越大，选区的边缘越柔和。"消除锯齿"复选框用于消除锯齿现象。"样式"下拉列表中可以设置 3 种选区样式：正常、固定长宽比和固定大小。

（2）创建不规则选区

非规则选区的创建，可以通过"套索"工具组和"魔棒"工具组等来实现。

① 套索工具组

套索工具组如图 7.6.7 所示，包括套索工具、多边形套索工具和磁性套索工具。

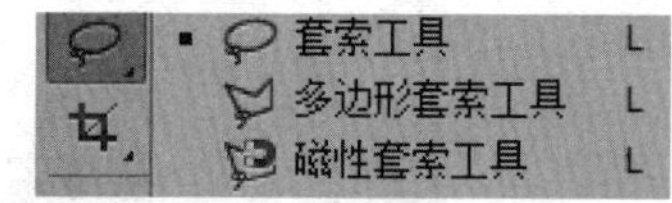

图 7.6.7　"套索"工具组

单击套索工具，在图像窗口中按住鼠标左键并拖动，可以选择任意形状的选区，释放鼠标左键后，系统会自动形成封闭的选择区域。

多边形套索工具用于选取多边形边界的选区。在图像上连续单击构成此多边形的若干顶点。若要闭合选区，可以将鼠标指针移向所选多边形的起始点位置，这时鼠标指针变成小圆圈形状，表示形成了一个封闭区域，单击则得到一个多边形闭合选区；也可以在要结束选区的位置双击，自动形成闭合的选区。

磁性套索工具是较精确的套索工具，使用磁性套索工具时，边界会对齐图像中定义区域的边缘。

如图 7.6.8 所示，图（a）是使用套索工具制作的选区，图（b）是使用多边形套索工具制作的选区，图（c）是使用磁性套索工具制作的较精确选区。

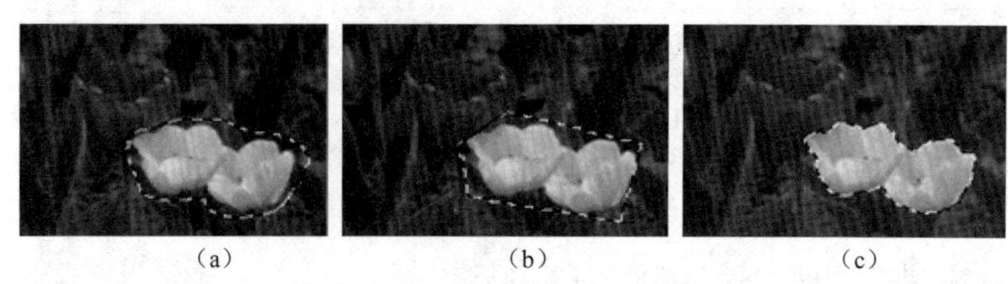

（a）　（b）　（c）

图 7.6.8　"套索"工具组制作选区

② 魔棒工具组

魔棒工具组中包括：快速选择工具和魔棒工具，如图 7.6.9 所示。

图 7.6.9　魔棒工具组

快速选择工具利用可调整的圆形画笔笔尖快速“绘制”选区。方法是：单击并移动鼠标，选区会向外扩展并自动查找和跟随图像中定义的边缘。

使用魔棒工具可以选取图像中颜色相同或相近的图像区域。魔棒工具的选项栏如图 7.6.10 所示。

图 7.6.10　魔棒工具的选项栏

“容差”值范围为 0～255，用以表示颜色的近似程度。容差值越大，选取的范围就越大。选中“连续”复选框，表示只选取与单击处相连续的区域。选中“对所有图层取样”复选框，表示选取所有可见图层中色彩相近的区域；否则，只选取当前图层中的区域。

（3）选区的存储与载入

选区的存储与载入是为了再次使用已经制作好的选区。选区可以保存在通道面板中，需要时载入。

① 选区的存储

先制作选区，然后依次单击“选择|存储选区”，进行设置；或者单击通道面板中的“将选区存储为通道”按钮，默认通道名称是“Alpha1”。这两种方法都会将选区保存在通道调板中，以便需要时载入。如图 7.6.11 所示，将选区存储为通道。

② 选区的载入

依次单击“选择|载入选区”，打开“载入选区”对话框，进行相应设置；或者选择一个保存有选区的通道，单击通道面板中的“将通道作为选区载入”按钮。也可按下 Ctrl 键，单击选区通道的缩略图，完成选区的载入。

2. 画笔工作组

画笔工具组如图 7.6.12 所示，包括画笔工具、铅笔工具和颜色替换工具，它们是 Photoshop 中重要的绘图与修图工具。这里重点介绍画笔工具。

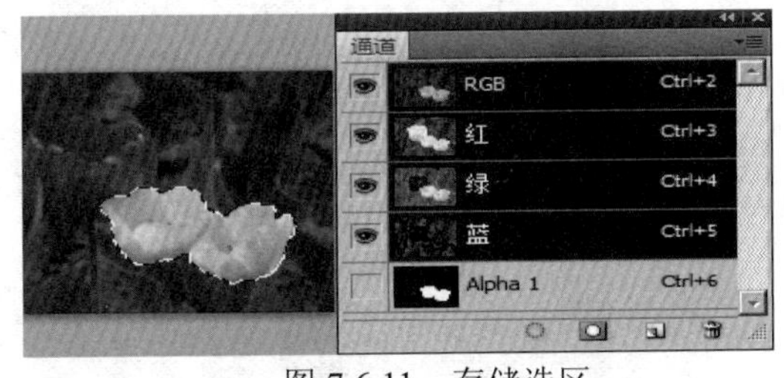

图 7.6.11　存储选区

图 7.6.12　画笔工具组

画笔工具的选项栏如图 7.6.13 所示。

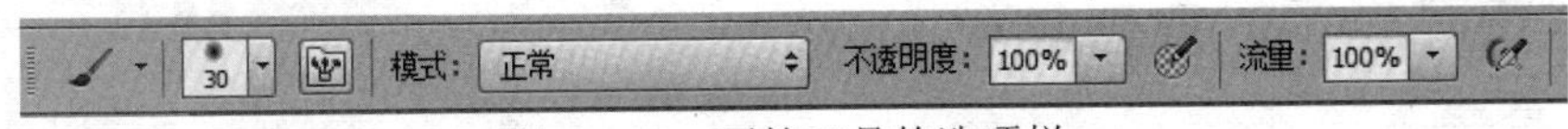

图 7.6.13　画笔工具的选项栏

在选项栏中单击“画笔”，弹出预设画笔管理器，如图 7.6.14 所示，可在其中指定画笔笔触的大小和硬度，并选择画笔的类型。

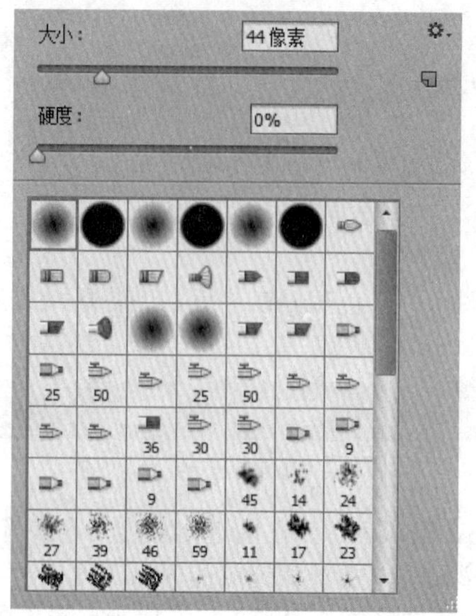

图 7.6.14　预设画笔管理器

在“模式”下拉列表中提供了各种不同的混合模式，这些混合模式用于控制图像中的基色如何受画笔前景色像素内容以及“混合模式”算法的影响。“不透明度”用于设置画笔所绘制线条的不透明度。“流量”决定画笔和喷枪颜色作用的力度。“喷枪”决定是否开启喷枪功能。

在 Photoshop 中使用画笔进行绘图要用到画笔面板，打开画笔面板的方法有很多，可以按 F5 键或单击按钮，还可以依次单击“窗口|画笔”。画笔面板如图 7.6.15 所示，单击“画笔预设”按钮，在右侧将看到 Photoshop 已经预制好的画笔笔尖；左侧的“画笔笔尖形状”等选项，用于为已选择的画笔设置参数值；在画笔面板的右上角有一个下拉按钮，在下拉列表中提供了与画笔操作有关的命令。

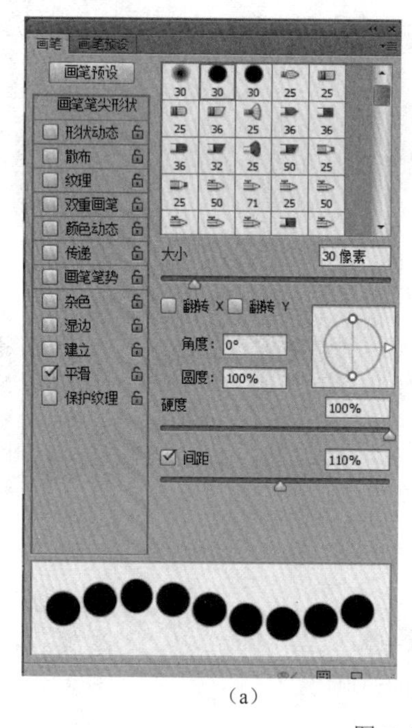

（a）

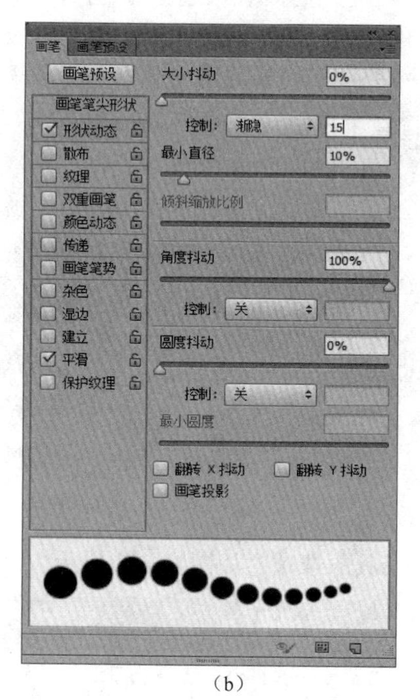

（b）

图 7.6.15　画笔面板

在 Photoshop 中，用户还可以自定义画笔内容。在图像中使用任意的选区工具选择要定义为画笔内容的部分，然后依次单击“编辑|定义画笔预设”，将选区定义为画笔笔尖的内容。在画笔面板的预制画笔中将出现刚定义好的画笔。

3. 污点修复工具组

污点修复工具组如图 7.6.16 所示，主要用于校正图像上的瑕疵和其他不理想部分，改善画面质量。

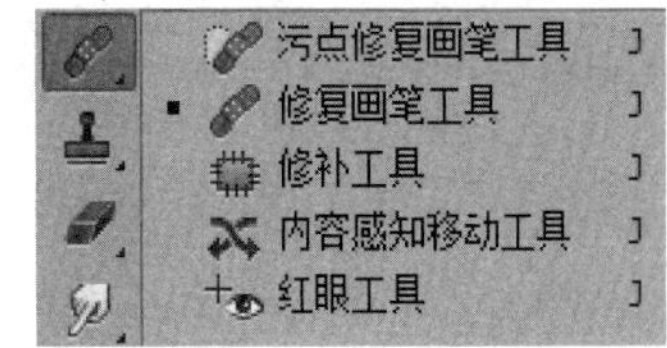

图 7.6.16　污点修复工具组

（1）污点修复画笔工具

污点修复画笔工具可以快速移去图像中的噪点，它使用图像中的样本像素进行绘画，并将样本像素的纹理、光照、透明度和阴影与所修复的像素相匹配。污点修复画笔自动从所修饰区域的周围取样。污点修复画笔工具的选项栏如图 7.6.17 所示。

图 7.6.17　污点修复画笔工具的选项栏

单击工具箱中的污点修复画笔工具，在选项栏中选取一种比要修复的区域稍大一些的画笔，从“模式”下拉列表中选取混合模式，然后选取一种“类型”选项：“近似匹配”使用选区边缘周围的像素来查找用于修补选定区域的图像区域；“创建纹理”使用选区中的像素来创建一个修复该区域的纹理；“内容识别”使用选区周围的像素进行修复。若选中“对所有图层取样”复选框，则从所有可见图层中对数据进行取样；否则只从当前图层中取样。单击要修复的区域，或单击并拖动以修复较大区域中的不理想部分。如图 7.6.18 所示为污点修复画笔工具的修复效果。

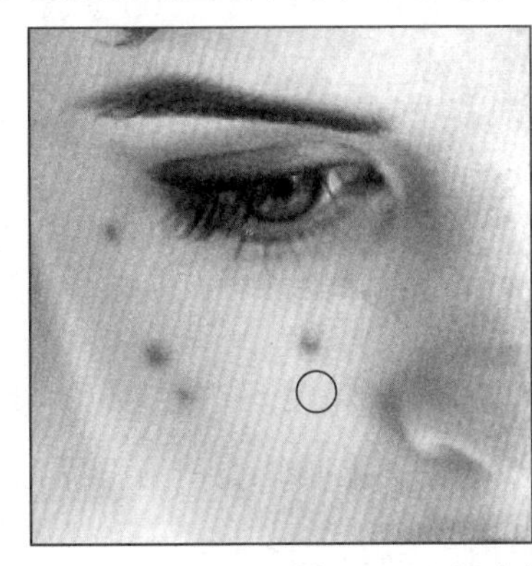
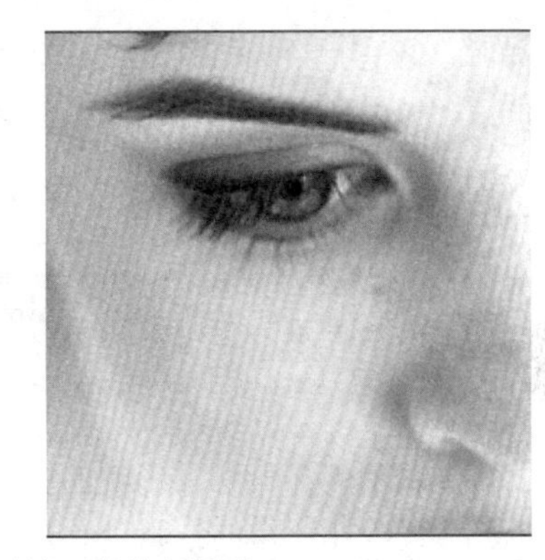

图 7.6.18　污点修复画笔工具修复图像

（2）修复画笔工具

修复画笔工具不仅可以利用图像或图案中的样本像素来绘制，同时还可将样本像素的纹理、光照、透明度和阴影与所修复的像素进行匹配，从而使修复后的部分与图像的其余部分自然融合。与污点修复画笔不同，修复画笔工具使用时要求用户指定采样的样本点。修复画笔工具的选项栏如图 7.6.19 所示。

图 7.6.19　修复画笔工具的选项栏

选择修复画笔工具，在选项栏中选择画笔样式，指定混合模式。“源”栏用于指定修复像素的源，选择“取样”，可以使用当前图像的像素，选择“图案”，则可以使用某个图案的像素。

选中“对齐”复选框，可以连续对像素进行取样，即使释放鼠标按钮，也不会丢失当前取样点；若不选则会在每次停止时重新开始绘制初始取样点中的样本像素。

修复画笔工具的操作方法是：按 Alt 键进行取样，在要进行修补的地方单击。若拖动鼠标则复制取样的内容。

（3）修补工具

修补工具可以用图像的一个区域或图案来修补另一个区域，可以把大面积的图像指定为选区，然后自然地粘贴到源图像中。修补工具的选项栏如图 7.6.20 所示。

图 7.6.20　修补工具的选项栏

单击修补工具，选择“源”单选钮，在图片中有瑕疵的地方拖动进行选取，如图 7.6.21（a）所示。移动鼠标指针至选区内，按住鼠标左键拖动该选区到皮肤质感好的区域，如图 7.6.21（b）所示。释放鼠标，效果如图 7.6.21（c）所示。

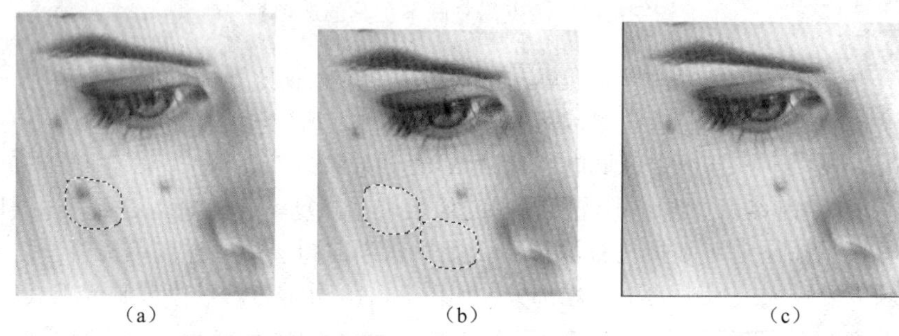

（a）　（b）　（c）

图 7.6.21　修补工具修复图片

（4）红眼工具

红眼工具用于移去用闪光灯拍摄的人像或动物照片中的红眼。红眼工具的选项栏如图 7.6.22 所示。

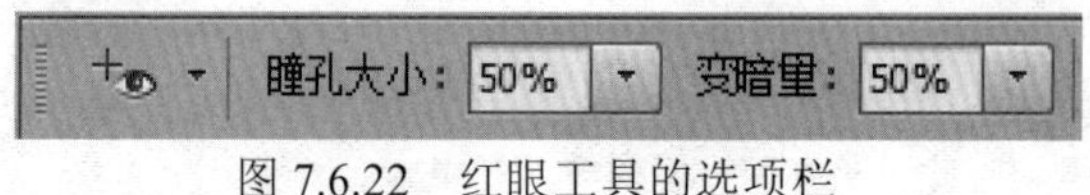

图 7.6.22　红眼工具的选项栏

“瞳孔大小”值表示受红眼工具影响的区域大小，“变暗量”用来指定校正的暗度。

选择“红眼工具”，在图像的红眼处单击。

7.7　Photoshop 中的文字处理

Photoshop CS6 提供了 4 种制作文本或文本选区的工具，可以输入横向或竖向的文字，还可以制作文字形状的选区。

7.7.1　编辑文字

在工具箱中单击文字工具组，如图 7.7.1 所示。当使用横排文字工具和直排文字工具创建文字时，在图层面板中都会添加一个新的文字图层。

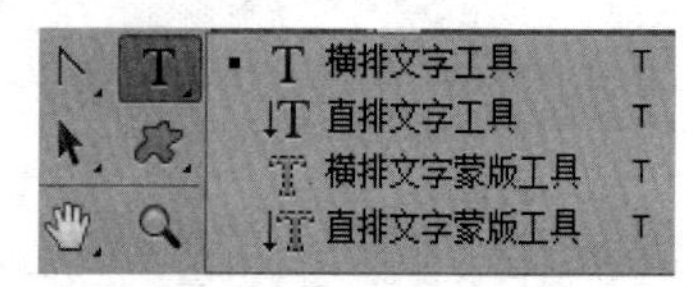

图 7.7.1　文字工具组

在工具箱中单击文字工具，文字工具的选项栏如图 7.7.2 所示。

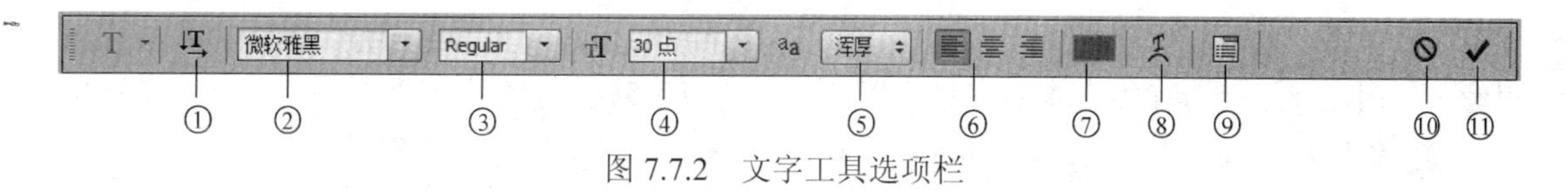

图 7.7.2　文字工具选项栏

说明如下：①用于将输入文字进行水平和垂直方向的转换；②用于设置输入文字的字体；③用于设置文字样式；④用于设置文字的字号；⑤用于设置文字的锯齿处理方式，包括无、锐利、犀利、浑厚及平滑 5 种；⑥用于设置文字对齐方式，包括文字左对齐、文字居中对齐和文字右对齐 3 种；⑦用于设置文字的颜色；⑧用于设置变形字体，单击此按钮打开“文字变形”对话框；⑨用于打开或关闭字符面板与段落面板；⑩取消当前所有操作；⑪ 提交当前所有操作。

Photoshop 可以创建普通文字或段落文字。选择横排文字工具或直排文字工具，在图像中单击，设置文字插入点。在文字工具选项栏、字符面板或段落面板中设置文字选项。输入文字内容，按回车键可以开始新的一行。输入或编辑完文字后，单击选项栏中的“提交”按钮或者按 Ctrl+Enter 组合键结束文字的输入。要输入段落文字，选择横排文字工具或直排文字工具后，在图像上沿对角线方向拖动，为文字定义一个段落外框，然后输入段落文字内容。

如图 7.7.3 所示，图（a）是使用横排文字工具输入的文本效果图，图（b）是使用直排文字工具输入的文字效果图，图（c）是使用直排文字工具输入的段落文字内容。

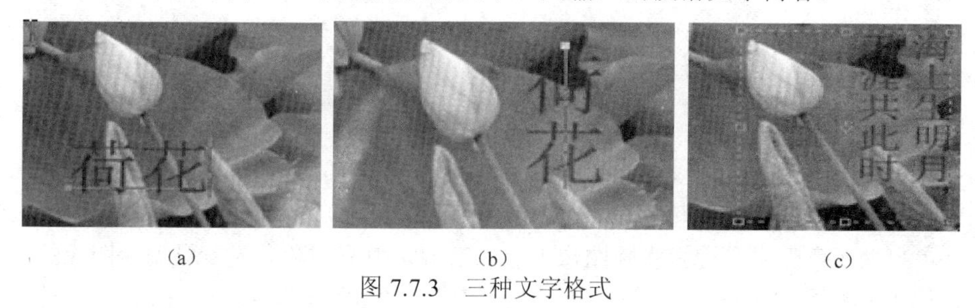

（a）　（b）　（c）

图 7.7.3　三种文字格式

输入文字内容后，单击文字工具选项栏中的“变形文字”按钮，可以设置变形文字效果。如图 7.7.4 所示为旗帜样式的变形文字效果。

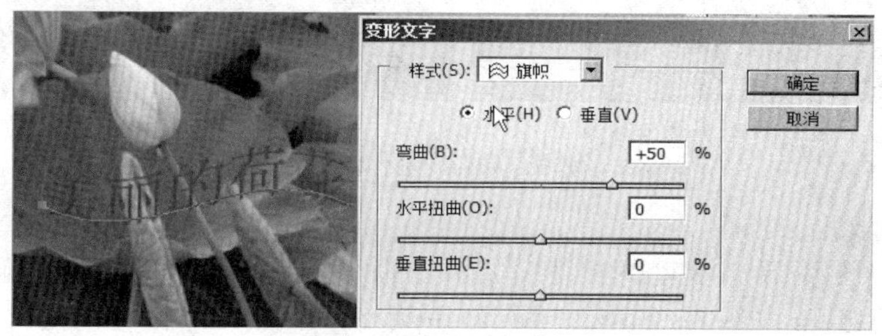

图 7.7.4　变形文字

若要再次修改文字图层中的内容，可以在图层面板中双击文字图层缩略图，然后在图像窗口中进行修改。

7.7.2　栅格化文字图层

Photoshop CS6 中的文字是由基于矢量的文字轮廓组成的，所以某些基于像素的命令和工具（如滤镜效果和绘画工具）不可用于文字图层。要对文字图层使用这些命令或工具，就必须栅格化文字。

依次单击“图层|栅格化|文字”，栅格化后将文字图层转换成为普通图层，其内容只能作为图像来使用，而不能再作为文本内容进行编辑。如图 7.7.5 所示，图（a）是栅格化前文字图层在图层面板中的显示，图（b）是栅格化后的显示。

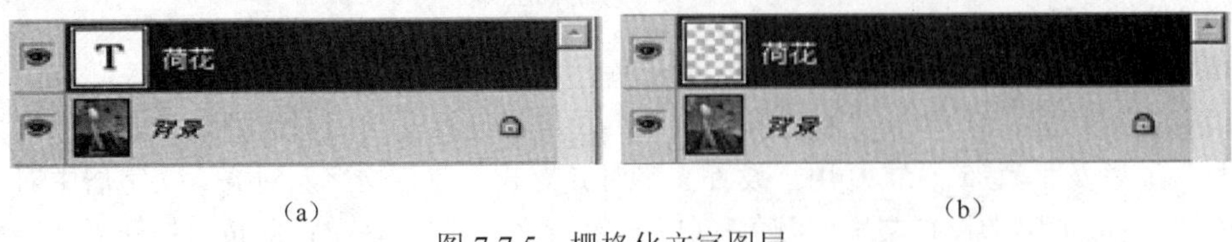

（a）　　（b）

图 7.7.5　栅格化文字图层

7.8　Photoshop 中的图像色彩调整

在 Photoshop CS6 的图像菜单中包含了大量色彩调整命令，使用这些命令既可以完成色彩的快速调整，也可以非常精确、细致地进行调色和校色操作。这些命令对于增强、修复和校正图像中的色彩信息十分重要。

7.8.1　快速色彩调整

快速色彩调整命令，是指不需要用户设置过多的参数值，系统将快速、自动地完成图像中色彩值的调整。

1．自动色调、自动对比度和自动颜色

在 Photoshop CS6 的“图像”菜单中包含了 3 个自动命令：自动色调、自动对比度和自动颜色。“自动色调”用于自动校正图像的色调范围；“自动对比度”用于自动调整图像中颜色的总体对比度；“自动颜色”通过搜索实际图像来标识暗调、中间调和高光，以调整图像的对比度和颜色。如图 7.8.1 所示，图（a）为原图，图（b）使用“自动色调”，图（c）使用“自动对比度”，图（d）使用“自动颜色”。

（a）　　（b）　　（c）　　（d）

图 7.8.1　使用自动命令进行快速色彩调整

2．亮度/对比度

依次单击“图像|调整|亮度/对比度”，在弹出的“亮度/对比度”对话框中拖动滑块来调整图像的亮度和对比度。如图 7.8.2 所示，图（a）是调整前的效果图，图（b）是调整后的效果图，图（c）是“亮度/对比度”对话框中的参数设置情况。

（a）　　（b）　　（c）

图 7.8.2　使用“亮度/对比度”对话框调整色彩

7.8.2　精确色彩调整

依次单击“图像|调整”，在打开的子菜单中还包含了大量用于精确色彩调整的命令，这些命令需要用户设置精确的参数值来完成色彩调整。

1．色阶

“色阶”用于调整图像的阴影、中间调和高光的强度级别，从而校正图像的色调范围和色彩平衡。依次单击“图像|调整|色阶”，打开“色阶”对话框，如图 7.8.3 所示。

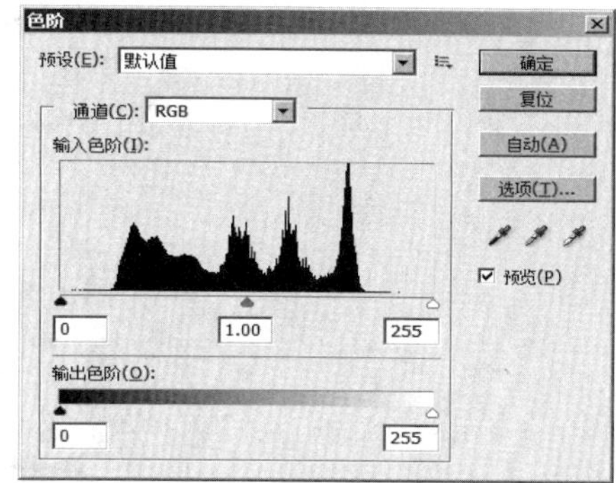

图 7.8.3　“色阶”对话框

拖动“输入色阶”滑块（直方图的左侧），使它与直方图中最左侧的像素群对齐，此操作将使图像中最暗的像素映射为黑色。拖动白色的“输入色阶”滑块，使它与直方图最右侧的像素群对齐，此操作将使图像中最亮的像素映射为白色。将灰色的“输入色阶”滑块向左拖动使图像整体变亮，或向右拖动使图像整体变暗。

在“色阶”对话框中，通过使用吸管工具来设置白场和黑场：选择“设置黑场”吸管工具或者“设置白场”吸管工具；然后，在希望设置黑场或白场的图像中单击；单击“自动”按钮，系统将自动调整色阶。拖动“输出色阶”滑块，设定修改后希望的白场和黑场所在位置。

如图 7.8.4 所示，从色阶图上可以看到这张图片缺少亮部区域和暗部区域。

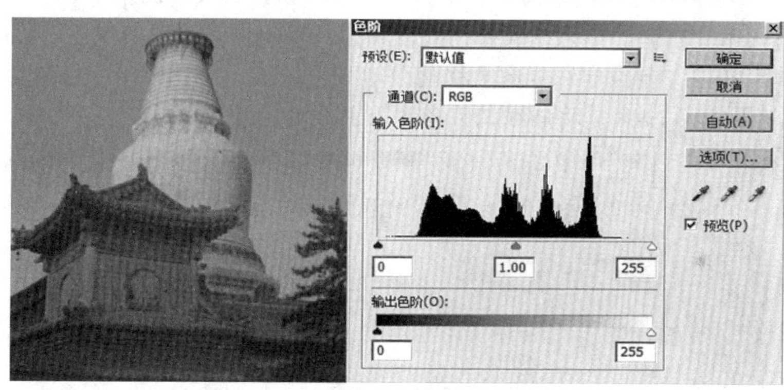

图 7.8.4　图片和“色阶”对话框

调整色阶后的效果图和对话框设置如图 7.8.5 所示。

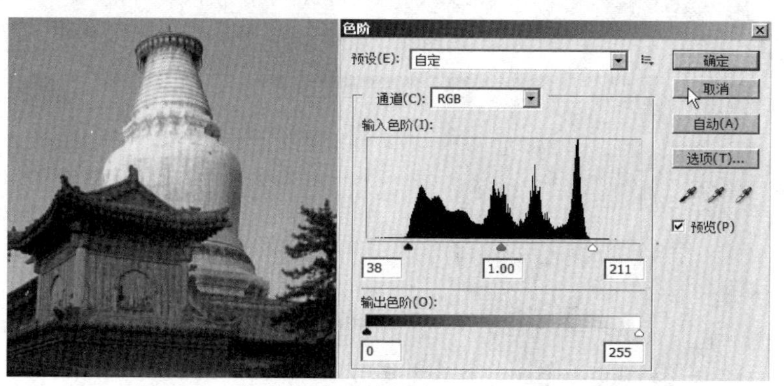

图 7.8.5　调整色阶后的图片和“色阶”对话框

2. 曲线

“曲线”命令通过调整曲线的形状来修改整个图像的颜色和色调范围。依次单击“图像|调整|曲线”，打开“曲线”对话框，如图 7.8.6 所示。

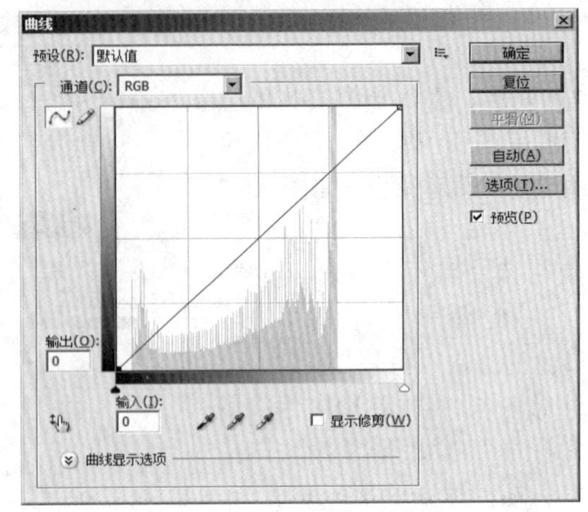

图 7.8.6 “曲线”对话框

对话框的中心是一条成 45° 角的斜线，可以拖动这条曲线上的控制点来调整图像的色阶。最多可以向曲线中添加 14 个控制点。要移去控制点，可以将其从图形中拖出，或者选中该控制点后按 Delete 键。也可以选择调整曲线右上方的铅笔按钮，直接在网格中画出一条曲线。曲线调整区左下方有两个文本框，输入框表示曲线横轴值，输出框是改变图像色阶后的值,可在其中直接输入调整值。按住控制点向左或向上移动会增大色调值，向右或向下移动会减小色调值。图 7.8.7 是原图效果，图 7.8.8 是将曲线调整为 S 形曲线后的效果图。

图 7.8.7 原图和“曲线”对话框

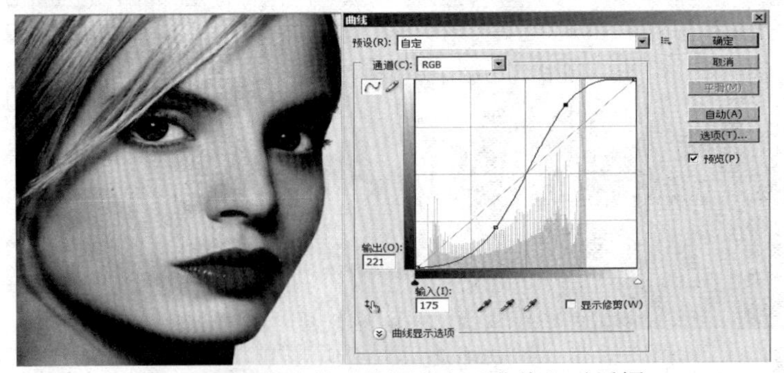

图 7.8.8 调整曲线后的图片和“曲线”对话框

3. 色相/饱和度

依次单击“图像丨调整|色相/饱和度”，弹出“色相/饱和度”对话框，如图 7.8.9 所示。可以对图像的色相、饱和度和亮度值进行设置，选中“着色”复选框则图像显示为单色图像。

图 7.8.9 “色相/饱和度”对话框

如图 7.8.10 所示为设置不同的色相、饱和度与亮度值后得到的效果。

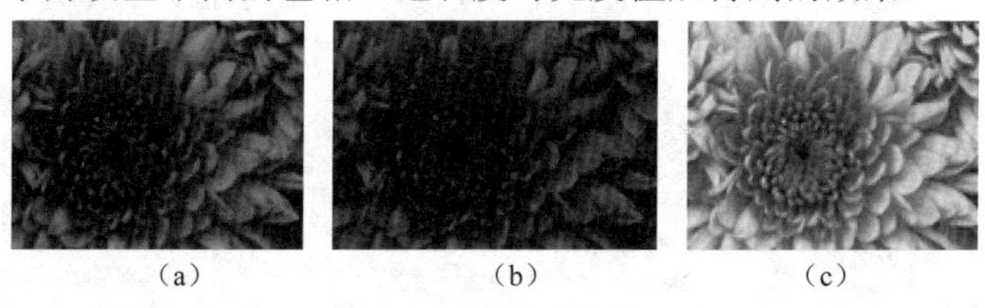

（a） （b） （c）

图 7.8.10 图片效果

7.9 Photoshop 中的图层

Photoshop CS6 具有强大的图层功能，不同的图像放在不同的图层中进行独立操作，便于制作和修改，也方便团队合作，创造出更加绚丽的作品。一个文件的所有图层都具有相同的分辨率、通道数和图像模式。

7.9.1 图层基本操作

要查看图层的内容，就要打开图层面板。依次单击“窗口|图层”或单击 F7 键，可以打开图层面板。

（1）选择当前图层：在图层面板中单击该图层，即可将它选择为当前图层，当前图层显示为蓝色。

（2）新建图层：单击图层面板底部的“创建新图层”按钮，或者单击图层面板右上方的小三角按钮，从下拉菜单中选择“新建图层”项，或者依次单击“图层|新建|图层”。

（3）复制图层：将选中的图层拖动到图层面板底部的“创建新图层”按钮上，或者在要复制的图层上右击，在弹出的快捷菜单中选择“复制图层”命令。

（4）排列图层：在图层面板中用鼠标拖动要改变位置的图层进行上下位置的移动。背景图层不能移动。

（5）链接图层：先按住 Ctrl 或 Shift 键的同时选取要链接的多个图层，然后单击图层面板底部的“链接图层”图标，图层前出现链接的图标，即表示这些图层已互相链接了。链接的图层可以同时移动或编辑。再次单击链接图标，图层间的链接关系被取消。

（6）图层间的对齐与分布：将需要对齐的图层全部选择或链接在一起，然后依次单击“图层|对齐”。

（7）合并图层：依次单击“图层|合并图层”，可以将某个图层和它下面的一层合并。依次单击“图层|合并可见层”，可以将所有的可见层压缩到背景层或目标层中。依次单击“图层|拼合图层”可以将所有图层都合并到背景中，这样做可以减小文件大小。拼合图像后将扔掉所有隐藏的图层。

（8）创建图层组：图层组可以理解为有多个图层的文件夹，便于多个图层的管理。单击图层面板的“创建新组”按钮，或在图层面板下拉菜单中选择“新图层组”命令，将建立一个新的图层组。也可以直接将图层面板中的图层拖动到组内存放。

7.9.2 图层样式

Photoshop 提供了一系列专为图层设计的特殊效果，称为图层样式。

1. 添加图层样式

在图层面板中选中一个图层，依次单击“图层|图层样式”，在其子菜单中提供了多种不同的图层样式。也可以单击图层面板的“图层样式”按钮 fx，在下拉列表中选择图层样式。还可以在图层面板中双击某图层，弹出“图层样式”对话框，如图 7.9.1 所示。

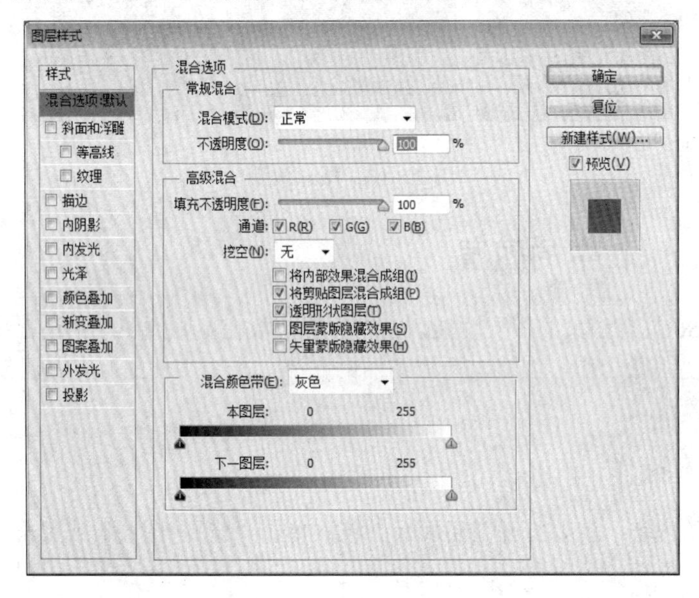

图 7.9.1 图层样式对话框

在“图层样式”对话框中，单击效果前面的复选框可应用当前设置的默认样式，而不显示效果的选项；单击效果名称可显示效果选项，并设置效果的各参数值。几种主要效果说明如下。

投影：为图像增加阴影效果。内阴影：在图像内侧边缘增加阴影。内（外）发光：在图像的内（外）侧产生发光效果。斜面与浮雕：对图层添加高光与阴影的各种组合，使图像产生许多不同的浮雕效果。光泽：应用光泽效果。描边：为图层内容增加描边效果。

当图层具有样式时，在图层面板中该图层名称右边会出现“fx”图标。如图 7.9.2 所示，为文字图层“Happy Beach”添加了“斜面和浮雕”、“渐变叠加”和“投影”等多个效果。

2. 显示/隐藏图层样式

依次单击“图层|图层样式|隐藏所有效果”或“显示所有效果”，或者在图层面板中单击“效

果”前的眼睛图标，将显示或隐藏该图层的所有样式；单击“效果”下方的某个具体样式名前的眼睛图标，将显示或隐藏该样式效果。

图 7.9.2　添加图层样式后的图片效果及其图层面板

3. 复制图层样式

Photoshop 可以在图层之间复制图层样式。在图层面板中，选择包含要复制的样式的图层，依次单击“图层|图层样式|复制图层样式”；然后选择目标图层，依次单击“图层|图层样式|粘贴图层样式”。

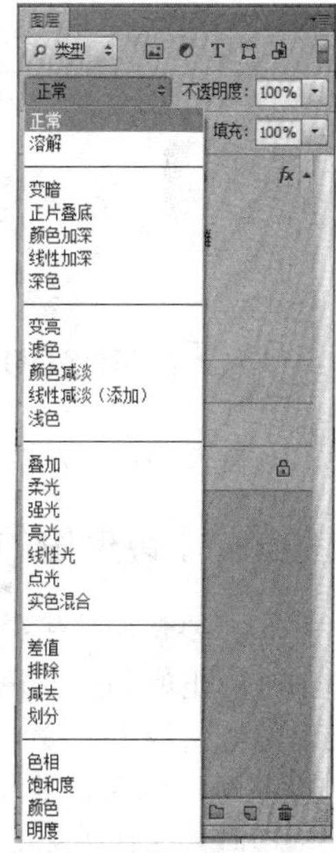

图 7.9.3　图层混合模式

7.9.3　图层的混合模式

图层的混合模式决定本图层像素如何与其下一图层的像素进行作用。使用混合模式可以创建特殊的图像叠加效果。在图层面板中包含了大量的图层混合模式，如图 7.9.3 所示。

部分模式说明如下。

“溶解”模式：将使图层间产生融合作用，结果像素由上、下图层的像素随机决定。当透明度和填充值小于 100%时，出现零散的图像效果。“正片叠底”模式：均匀地混合两幅图像使之变得较暗，相当于透过灯光观看两张叠在一起的透明胶片的效果。“滤色”模式：均匀地混合两幅图像使之变得明亮，它与“正片叠底”模式相反，呈现出一种较亮灯光透过两张透明胶片在屏幕上投影的效果。

如图 7.9.4 所示为两个图层使用“正常”模式的效果图，如图 7.9.5 所示为两个图层使用“正片叠底”模式后的效果图，如图 7.9.6 所示为两个图层使用“减去”模式后的效果图。

图 7.9.4　使用“正常”模式的效果图

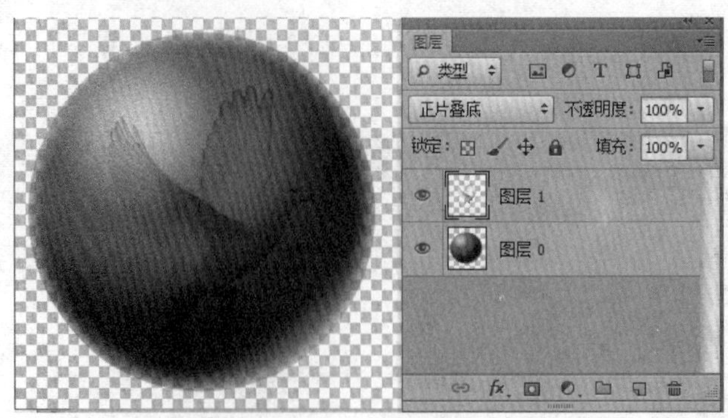

图 7.9.5　使用“正片叠底”模式的效果图

图 7.9.6　使用“减去”模式的效果图

7.10　Photoshop 中的滤镜

滤镜专门用于对图像进行各种特殊效果的处理。Photoshop 提供的滤镜显示在“滤镜”菜单中。

7.10.1　滤镜使用的基本方法

选择要使用滤镜效果的图像、图层、通道和选区，在“滤镜”菜单中选择所需要的滤镜命令，在弹出的相应滤镜对话框中设置参数，可以预览图像效果，满意后，单击“确定”按钮。在滤镜对话框中，按 Alt 键，可使“取消”按钮变成“复位”按钮，以方便恢复原来的状态。

滤镜的处理效果以像素为单位，因此滤镜的处理效果与图像分辨率有关。当滤镜应用于局部图像时，可对选区范围设定羽化值，使处理的区域能自然地与原图像融合。在“位图”和“索引颜色”模式下不可使用滤镜命令。

7.10.2　滤镜组

用户除了可以使用内置的滤镜功能外，还可以使用第三方开发商提供的某些滤镜，将这些外挂滤镜正确安装后可以作为增效工具使用。这些外挂滤镜将出现在“滤镜”菜单的底部。这里介绍一些常用的内置滤镜组。

1．风格化滤镜组

风格化滤镜通过置换像素和查找以增加图像的对比度，使作品产生艺术效果。风格化滤镜有 9 种，这里只简单介绍几种常用的风格化滤镜的效果。

- 查找边缘：自动搜索图像中颜色对比度变化强烈的边界，勾画出图像的边界轮廓。
- 浮雕效果：通过勾绘图像边缘和降低周围色值来产生浮雕效果。

- 拼贴：将图像分解为一系列拼贴图片，使选区偏离其原来的位置。
- 照亮边缘：描绘图的轮廓，加强过渡像素，从而产生轮廓发光的效果。

如图 7.10.1 所示，图（a）为原图，图（b）为使用“查找边缘”滤镜的效果图，图（c）为使用“浮雕效果”滤镜的效果图，图（d）为使用“拼贴”滤镜的效果图。

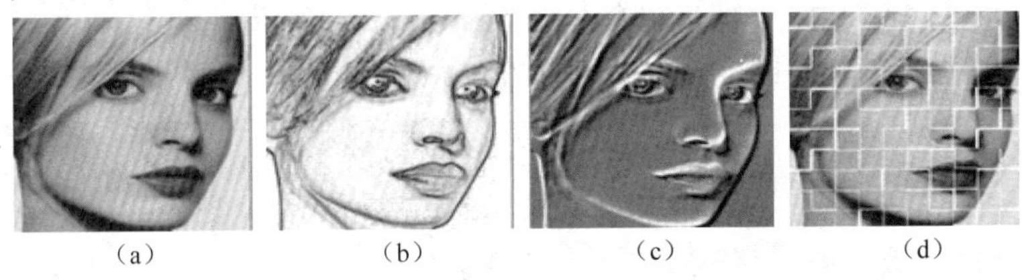

（a）　（b）　（c）　（d）

图 7.10.1　风格化滤镜组中的部分效果

2. 模糊滤镜组

模糊滤镜通过平衡图像中已定义的线条和遮蔽区域的清晰边缘旁边的像素，使图像变得柔和或者模糊。

- 动感模糊：利用像素在某一方向上的线性移动，来产生物体沿某一方向运动的模糊效果。
- 高斯模糊：使用可调整量的快速模糊选区。高斯是指钟形高斯曲线。用户可自由控制模糊程度，应用广泛。
- 镜头模糊：向图像中添加模糊以产生更窄的景深效果，以便使图像中的一些对象在焦点内，而使另一些区域变模糊。

如图 7.10.2 所示，图（a）为原图，图（b）为使用“高斯模糊”的效果图，图（c）为使用“动感模糊”的效果图。

（a）　（b）　（c）

图 7.10.2　模糊滤镜组中的部分效果

3. 锐化滤镜组

锐化滤镜组通过增加像素的对比度，提高图像的清晰度。

锐化和进一步锐化：系统自动进行锐化处理，提高图像的清晰度。进一步锐化滤镜比锐化滤镜的锐化效果更强。

锐化边缘：只锐化图像的边缘，同时保留总体的平滑度。

USM 锐化：调整边缘细节的对比度，可设置的参数有：“半径”锐化像素的对比范围；“阈值”定义锐化的临界值。

如图 7.10.3 所示，图（a）为原图，图（b）为使用“USM 锐化”的效果图。

（a）　（b）

图 7.10.3　使用 USM 锐化的效果图

7.11 综合实例

制作创意图像作品“欢乐的海滩”，具体步骤如下。

Step1　在 Photoshop CS6 中打开图像文件“海滩.jpg”，使用“亮度/对比度”对话框对图像进行色彩调整，增加亮度和对比度，效果如图 7.11.1 所示。

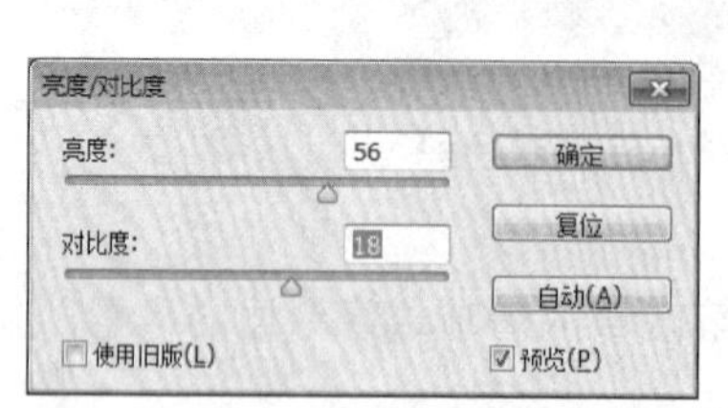

图 7.11.1　调整亮度/对比度

Step2　打开图像文件“儿童.jpg”，使用磁性套索工具选取两个小孩的轮廓，依次单击“选择|修改|羽化”，打开“羽化选区”对话框，设置羽化半径为 2 像素，如图 7.11.2 所示。

图 7.11.2　选取图像和设置羽化值

Step3　将羽化后的图像复制到“海滩”图像文件中，成为图层 1；按快捷键 Ctrl+T，调整图像大小，按 Enter 键确认后移动到合适的位置，效果如图 7.11.3 所示。

图 7.11.3　复制图像并变换

Step4　使用魔棒工具或快速选择工具选取“海鸥”，将其复制到“海滩”图像文件中，调整其大小，移动到合适的位置。

Step5　对“海鸥”图像应用动感模糊滤镜：依次单击“滤镜|模糊|动感模糊”，打开“动感模糊”对话框，调整距离和角度，如图 7.11.4 所示。

图 7.11.4　应用“动感模糊”滤镜

Step6　选择横排文字工具，输入文字“Happy Beach”，设置字体、大小和颜色。

Step7　为文字添加投影、斜面和浮雕图层样式，调整相关参数，如图 7.11.5 所示。

图 7.11.5　完成后的图像文件

Step8　将最终图像文件命名为“快乐的海滩.psd”并保存。

本章小结

通过本章的学习，读者对多媒体的基本概念、基本媒体元素、多媒体技术及其特点、数字音频、数字视频、位图和矢量图等内容有了较清晰的认识。学习本章，应重点掌握 Photoshop CS6 的各种编辑处理方法。Photoshop CS6 在处理位图的同时也可以处理矢量图形、视频等其他媒体元素。通过本章的学习为以后学习其他媒体元素的编辑与处理打下良好的基础。

第 8 章　数据库应用基础

学习要点：

- 了解数据库的基本概念；
- 掌握数据库、表、字段、记录等；
- 掌握使用 Access 2010 建立数据库的方法；
- 掌握创建数据表、查询、窗体和报表的方法；
- 了解数据的导入和导出的方法；
- 了解数据库的备份、修复。

建议学时：上课 6 学时，上机 4 学时。

以数据库技术为核心和基础的计算机信息管理已经广泛应用于各行各业，它不仅提供了全面和准确的信息资源，而且成为人们进行科学决策的依据。

数据库应用已遍及生活中的各个角落，例如，学校的教学管理系统、图书馆的图书借阅系统、铁路及航空公司的售票系统、电信局的计费系统、超市售货系统、银行的业务系统、工厂管理信息系统等。在互联网上，使用搜索引擎、在线购物甚至是访问网站都与数据库有关。

数据库技术是计算机科学的重要分支，虽然从产生至今只有 40 多年的历史，但已经得到了迅猛的发展，并日益成熟，同时数据库技术与网络通信、分布处理、并行计算、人工智能以及面向对象设计等技术相结合，使数据库的应用范围得到了迅速扩大，数据库系统已经成为计算机应用中不可缺少的部分。

数据库技术已经成为先进信息技术的重要组成部分，是现代计算机信息系统和计算机应用系统的基础和核心。因此，掌握数据库技术是全面认识计算机系统的重要环节，也是适应信息化时代的重要基础。

8.1　数据库系统概述

8.1.1　数据库管理技术的发展历史

数据库管理技术的发展是与计算机软硬件技术和应用技术的发展紧密联系在一起的，经历了人工管理、文件系统和数据库系统 3 个阶段。

1．人工管理阶段

20 世纪 50 年代中期以前为人工管理阶段，是计算机数据管理的初级阶段。

这一阶段计算机主要用于科学计算，硬件中的外存只有卡片、纸带、磁带，没有磁盘等直接存取设备；软件只有汇编语言，没有操作系统，更无统一的管理数据的软件；对数据的管理完全在程序中进行，数据处理的方式基本上是批处理。程序员编写应用程序时，要考虑具体的数据物理存储细节，即每个应用程序中还要包括数据的存储结构、存取方法、输入方式、地址分配等。如果数据的类型、格式或输入/输出方式等逻辑结构或物理结构发生变化，则必须用程序做出相应的修改，因此程序员负担很重。另外，数据是面向程序的，一组数据只能对应一个程序，很难实现多个应用程序共享数据资源，因此程序之间有大量的重复数据。

2．文件系统阶段

20 世纪 50 年代后期至 60 年代中期，随着计算机软硬件技术的发展，在硬件方面出现了大容量的外存，软件方面有了操作系统，用户可以把相关数据组织成一个文件存放在计算机中，由文件系统对数据的存取进行管理。这使得计算机的应用范围扩大，不仅用于科学计算和自动控制，也用于数据处理。

在这个阶段，通过操作系统的文件系统，数据可以用统一的格式以文件的形式长期保存在计算机中，系统可以按照文件的名称对其进行访问，对文件中的记录进行存取，并可以实现对数据文件的修改、插入和删除。由于程序是通过操作系统的文件系统和数据文件进行联系的，因此，一个应用程序可以使用多个文件中的数据，不同的应用程序也可以使用同一个文件中的数据。

文件系统对数据的管理有了很大的进步，但随着数据规模不断增大，文件系统对数据的管理仍存在很大的问题，还不能满足将大量的数据集中存储、统一控制以及数据共享的需求。

3．数据库系统阶段

20 世纪 60 年代后期，计算机技术有了较大发展，出现了大容量的直接存取设备，操作系统也日益成熟，为数据库技术的发展提供了良好的基础。随着数据处理的规模越来越大，用户对数据的管理提出了更高的要求。

数据库系统具有以下三个特点。

（1）数据结构化。数据结构化是数据库与文件系统的根本区别。在数据库系统中的数据彼此不是孤立的，数据与数据之间相互关联，在数据库中不仅要能够表示数据本身，还要能够表示数据与数据之间的联系，这就要求按照某种数据模型，将各种数据组织到一个结构化的数据库中。

（2）数据具有独立性。数据的独立性有两方面的含义，一是数据与程序的逻辑独立性，二是数据与程序的物理独立性。

数据与程序的逻辑独立性是指，当数据的总体逻辑结构改变时，数据的局部逻辑结构不变，由于应用程序是依据数据的局部逻辑结构编写的，因此不必修改应用程序，从而保证了数据与程序间的逻辑独立性。

数据与程序的物理独立性是指，当数据的存储结构改变时，数据的逻辑结构不变，从而应用程序也不必改变。

在数据库系统阶段，有较高的数据与程序的物理独立性和一定程度的数据与程序的逻辑独立性。数据的组织和存储方法与应用程序互不依赖、彼此独立的特性可降低应用程序的开发代价和维护代价，大大减轻程序员和数据库管理员的负担。

（3）数据共享性高，冗余度小

数据库系统从整体角度看待和描述数据，数据不再面向某个应用程序而是面向整个系统，所有用户可以同时存取数据库中的数据，使得数据共享性提高，数据共享减少了不必要的数据冗余，节约了存储空间，同时也避免了数据之间的不相容性与不一致性。

8.1.2 数据模型

数据库中的数据是按照一定的逻辑结构存放的，这种结构用数据模型来表示，一种数据库管理系统一般基于一种数据模型。数据模型是现实世界的模拟，是对现实世界的数据抽象。

数据库领域常用的数据模型有 3 种，分别是层次模型、网状模型和关系模型。

1．与数据模型描述有关的概念

（1）实体（Entity）。客观存在并可相互区别的事物称为实体。实体可以是具体的人、事和物，也可以是抽象的概念和联系。例如，一个学生、学生的一次选课、教师与课程的关系等。

（2）属性（Attribute）。实体所具有的某一特性称为属性。一个实体可以由若干个属性来描述。例如，学生实体可以由学号、姓名、性别、出生日期、所在院系、入学时间等属性描述。

（3）实体型（Entity Type）。具有相同属性的实体必然具有共同的特征。用实体名及属性集合来描述同类实体，称为实体型。例如，学生（学号，姓名，性别，出生日期，所在院系，入学时间）就是一个实体型，而（2011001001，李峰，男，1992/2/6，外语系，2011）就是学生实体型中的一个实体。

（4）实体集（Entity Set）。同型实体的集合称为实体集。例如，全体学生构成实体集。

（5）联系（Relationship）。在现实世界中，事物内部及事物之间是有联系的，这些联系在信息世界中反映为实体内部的联系和实体之间的联系。实体的内部联系通常是指组成实体的属性之间的联系，实体之间的联系通常是指不同实体集之间的联系。

2. 层次模型

层次模型是数据库系统中最早出现的数据模型。层次模型用树状结构来表示实体以及实体间的联系。这种结构方式在现实世界中很常见，如家族结构、行政组织结构等。

在层次模型中，树状结构的每个节点是一个记录型（实体型），每个记录型包含若干个字段（属性）。记录之间的联系用节点之间的连线（有向边）表示，上层节点称为父节点，下层节点称为子节点。

建立数据的层次模型要满足以下两个条件：

① 有且只有一个节点没有父节点，这个节点称为根节点；

② 非根节点有且只有一个父节点。

3. 网状模型

网状模型是一种更具普遍性的结构，在数据库中，满足以下条件的数据模型称为网状模型：

① 允许节点有多于一个的父节点；

② 有一个以上的节点无父节点；

③ 允许两个节点之间有一种或两种以上的联系。

网状模型中每个节点表示一个记录型（实体型），每个记录型可包含若干个字段（属性），节点间的连线表示记录型间的父子关系。

4. 关系模型

关系模型是目前最常用的一种数据模型。关系模型与层次模型和网状模型的不同之处体现在如何表示实体间的联系上，层次模型和网状模型用链接指针实现存储和体现联系，而关系模型中，实体和实体间的联系用关系表示。一个关系模型的逻辑结构就是一张二维表，它由一些行和列组成，共同构成该关系的全部内容。

8.1.3 关系数据库

关系数据库是支持关系数据模型的数据库系统，是最常用的数据库类型。

1. 关系模型概述

关系模型由关系模型的结构、关系模型的数据操作和关系的完整性约束组成。

（1）关系模型的结构。关系模型用关系（即规范的二维表）来表示各实体及实体间的联系。表 8.1.1 到表 8.1.3 所给的范例是用关系模型表示的学生、课程和选课 3 个实体及它们之间的关系。

表 8.1.1　学生

学号	姓名	性别	出生日期	专业	入学成绩
2011001002	李静	女	1992/4/8	法律	611
2011003004	冯程	男	1992/8/12	数学	618

表 8.1.2　课程

课程编号	课程名称
001	政治
002	英语

表 8.1.3　选课

学号	课程编号	成绩
2011001002	001	90
2011003004	002	88

关系模型要求关系必须是规范化的，即要求必须满足一定的规范条件，其中最基本的一条就是“关系的每个分量是不可再分的数据项”。

（2）关系模型的基本概念

① 关系（Relation）。即通常所说的二维表。

② 元组（Tuple）。表格中的一行，也称为记录，代表众多具有相同属性的对象中的一个。

③ 属性（Attribute）。表格中的一列，也称为字段。每个属性都有一个名字，称为属性名或字段名。

④ 码（Key）。可唯一标识元组的属性或属性集，也称为关键字。例如，学生表中“学号”可唯一确定一个学生，所以“学号”是学生表的码。

⑤ 域（Domain）。属性的取值范围。例如，学生表中“性别”只能取值“男”或“女”。

⑥ 分量（Component）。每行对应列的属性值。

⑦ 关系模式(Relation Schema)。对关系的描述一般表示为：关系名(属性值 1，属性值 2，…)，例如，学生的关系模式可表示为：学生（学号，姓名，性别，出生日期，所在院系，入学成绩）。

（3）关系模型的数据操作

关系模型的数据操作一般包括查询、插入、删除和修改。

① 数据查询，数据库的核心操作，包括单表查询和多表查询。

② 数据插入，在指定的关系中插入一个或多个元组。

③ 数据删除，将满足条件的元组从数据表中删除。

④ 数据修改，也可称为数据更新。

（4）关系的完整性约束

关系模型定义 3 种数据约束条件：实体完整性约束条件、参照完整性约束条件和用户定义的完整性约束条件。

① 实体完整性约束条件是指关系的主属性不能为空。在实际存储数据的基本表中，主关键字不能取空值。

② 参照完整性约束条件是对关系间引用数据的一种限制，即在关系中，外键的值不允许参照不存在的表的主键的值，或者外键为空值。

③ 用户定义完整性约束条件是用户根据具体要求，利用数据库管理系统提供的定义和检查这类完整性规则的机制。用户完整性规则通常定义关系中除主键和外键之外的其他属性的取值范围。

2．常见的关系模型数据库

目前，商品化、技术成熟的数据库管理系统以关系型数据库为主导产品，如 Oracle、SQL Server、Informix 和 Sybase 等，常用的小型数据库管理系统有 Access 和 FoxPro 等。

（1）Access 是微软公司开发的关系型数据库产品，它可以有效地组织、管理和共享数据，把数据库信息和 Web 结合起来，为在局域网和 Internet 共享数据库信息奠定了基础。Access 简单易学、功能完备，特别适合于数据库技术的初学者使用。Access 是一个桌面的数据库系统，适合于数据量较少的应用。

（2）微软公司的 Visual FoxPro 是从 Dbase、Foxbase、FoxPro 演化过来的一个相对简单的数据库管理系统。它的主要特点是自带编程工具，在 Visual FoxPro 中可以编写应用程序。

（3）Oracle 是 Oracle 公司的产品，在数据库领域占据重要地位。Oracle 是以高级结构化查询语言 SQL 为基础的大型关系型数据库，是目前最流行的客户-服务器体系结构的数据库之一。

（4）Microsoft SQL Server 是微软公司的产品，它是在 Sybase SQL Server 的基础上发展起来的，适用于网络环境的数据库产品。它为用户的 Internet 应用提供了完善的数据库管理、事务管理、数据仓库、电子商务和数据分析解决方案。

8.1.4 XML 数据库

1．XML 简介

XML（Extensible Markup Language，可扩展的标记语言）是 W3C（World Wide Web Consortium）在 1998 年制定的一个标准，用于网上交换数据。它是标准通用标记语言的一个子集，用来标记数据、定义数据类型，是一种允许用户对自己的标记语言进行定义的源语言。它非常适合万维网传输，提供统一的方法来描述和交换独立于应用程序的结构化数据。

与 HTML 相比，XML 主要特点有如下。

① XML 侧重对于文档内容的描述，而不是文档的显示。

② XML 允许用户定义标签和属性，可以有各种定制的数据格式。

③ XML 文档包含对数据的描述和数据本身，使数据具有很好的灵活性。

④ 在同样的 XML 数据上可以定义多种显示形式。

XML 的这些特点使得越来越多的应用（如电子商务、数字图书馆、信息服务等）采用 XML 作为数据表现形式，也有许多网站采用 XML 作为信息发布的形式。

2．XML 数据库

XML 数据库是一种支持对 XML 格式文档进行存储和查询等操作的数据管理系统。XML 数据灵活性很大，既可以是不规范的，包含大量文本的文档，也可以是规范的格式化数据，所以 XML 数据存储面临的挑战是要有足够的灵活性来有效地支持任何形式的 XML 数据。

目前已有大量的 XML 存储的方案及其实现，依据存储方式不同可分为 3 种。

（1）平面文件数据库

平面文件是最简单的存储方案，就是在一个文件中存储整个 XML 文档。其优点是实现简单，但存在两个缺陷：快速访问和索引。

（2）XML 使能数据库（XML-Enabled DBMS，XED）

在对象、关系数据库管理系统之上的 XML 使能系统是现存的使用最广泛的 XML 文档的存储方式。通常，XML 数据按一定的映射方法转变为对象型数据或关系型数据，这样就可以使用现存的比较完善的 RDBMS（关系数据库管理系统）或 OODBMS（对象数据库管理系统）来存储 XML 数据。

这种存储方案的优点是：效率高，查询方便，有大量的支持工具。但也存在一些缺点：将树状结构的 XML 数据转换成关系数据库的二维表形式时，可能面临信息丢失问题；XML 查询等不能在关系数据库上执行，需要转换成 SQL 查询；关系表形式的查询结果必须还原为树状形式的 XML 数据。

（3）专门的 XML 数据库（Native XML DBMS，NXD）

专门的 XML 数据库的特点是以自身的方式处理 XML 数据，以 XML 文档作为基本的逻辑存储单位，针对 XML 的数据存储和查询特点专门设计适用的数据模型和处理方法。

8.2 Access 2010 的基本操作

8.2.1 Access 2010 简介

1．Access 2010 的主要功能和特点

Access 2010 是微软公司新推出的 Access 版本，是微软办公软件包 Office 2010 的一部分。Access 2010 是一个关系型数据库管理系统，拥有一套功能强大的开发工具，它提供了表生成器、查询生成器、宏生成器、报表设计器等可视化的操作工具，以及数据库向导、表向导、查询向导、窗体向导、报表向导等多种向导，可以使用户很方便地构建一个功能完善的数据库系统。Access 还为开发者提供了 VBA 编程功能，使高级用户可以开发功能更加完善的数据库系统。

2．Access 2010 的界面

（1）启动 Access 2010。依次单击“开始 | 所有程序 | Microsoft Office | Microsoft Access 2010”，直接进入如图 8.2.1 所示的 Backstage 视图的“新建”页面。可以在其中选择已有的数据库，也可以选择已有的模板来启动 Access，打开或创建数据库。

打开 Backstage 视图的“新建”页面的方法是：在工作界面中，单击左上角的“文件”标签，打开 Backstage 视图，在左侧列表中单击“新建”项，在右侧将显示相应的页面。

图 8.2.1　Backstage 视图的“新建”页面

（2）Access 2010 的工作界面。最新的 Access 2010 是微软公司力推的、运行于 Windows 7 上的数据库管理系统。Access 2010 采用了一种全新的用户界面，这种用户界面是微软公司重新设计的，可以帮助用户提高工作效率。Access 2010 工作界面如图 8.2.2 所示，主要包括快速访问工具栏、导航窗格、选项卡和功能区、选项卡式文档、状态栏等。

① 快速访问工具栏：在默认情况下，快速访问工具栏位于 Access 工作界面的顶部。它为用户提供了一些常用的命令，单击按钮旁的下拉箭头，在弹出式菜单中可以将常用的工具添加到快速访问工具栏中。

② 选项卡和功能区：选择某个选项卡可以打开对应的功能区，功能区有许多功能组，为用户提供常用的命令按钮或列表框。在 Access 2010 的功能区中有 4 个初始选项卡，分别为“开始”、

“创建”、“外部数据”、“数据库工具”。另外，根据用户正在使用的对象或正在执行的任务会出现上下文命令选项卡，如图 8.2.2 所示的“表格工具”的“字段”和“表”选项卡，即表示文档中打开的数据库对象是数据表。

图 8.2.2　Access 2010 工作界面

③ 导航窗格：位于窗口的左侧，用以显示当前数据库的各种数据库对象。

④ 选项卡式文档：在 Access 2010 中，默认将数据表、查询、窗体、报表、宏和模块等数据库对象都显示为选项卡式文档。也可以更改这种设置，将各种数据库对象显示为重叠式窗口。方法是：单击“文件”标签，打开 Backstage 视图，选择“选项”项，弹出的“Access 选项”对话框，在左窗格中选择“当前数据库”项，在右窗格的“文档窗口选项”栏中选中“重叠窗口”单选钮，单击“确定”按钮即可，如图 8.2.3 所示。

图 8.2.3　“Access 选项”对话框

⑤ 状态栏：位于窗口的底部，用于显示状态信息。状态栏中还包含用于切换视图的按钮。

3. 退出 Access 2010

① 单击“文件”标签，在 Backstage 视图中选择“退出”项。

② 单击窗口右上角的“关闭”按钮。

③ 按 Alt+F4 组合键。

8.2.2　数据库文件的操作

Access 中的数据库就是存放信息的容器，它把各种信息集中起来，然后再通过对数据库中对象的管理，实现对数据的集中处理。Access 数据库中有 6 个数据库对象，分别是数据表、查询、窗体、报表、宏和模块。

在 Access 2010 中，可以用多种方法建立数据库，既可以利用模板建立数据库，也可以直接建立一个空数据库。数据库的扩展名为.accdb。

1. 创建一个空白数据库文件

Step1　在 Access 2010 工作界面中，依次单击“文件”标签 | “新建”选项，在“可用模板”栏中选择“空数据库”项，然后在右下角的“文件名”文本框中指定新建数据库的文件名，可以单击“浏览”按钮设置保存位置，最后单击“创建”按钮，如图 8.2.4 所示。

图 8.2.4　创建空数据库

Step2　创建数据库文件后，在窗口的标题栏中将显示新建数据库文件的名称，并在数据库中自动新建一个名为“表 1”的数据表，在右侧文档区中可以设置“表 1”数据表的字段，然后输入相应的数据，如图 8.2.5 所示。

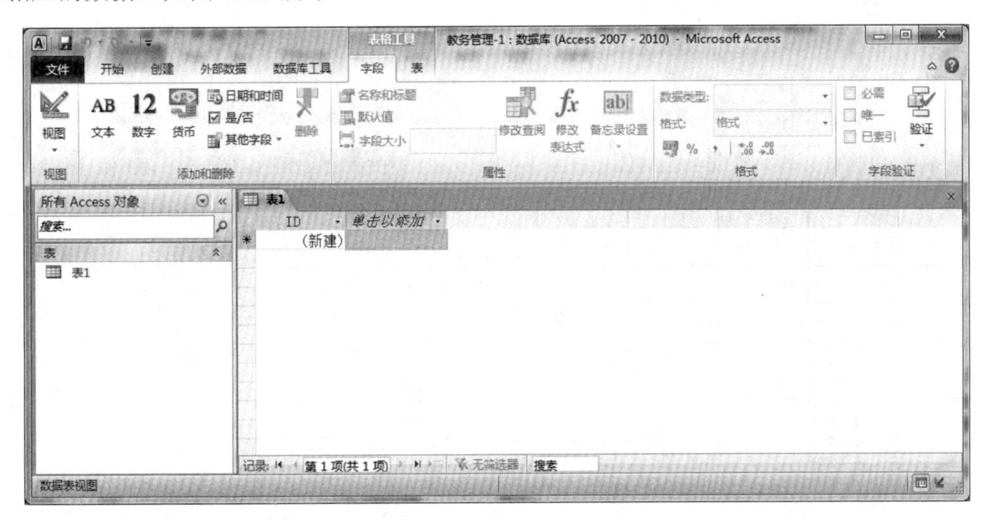

图 8.2.5　新建的空数据库

2．利用模板创建数据库文件

Access 2010 提供了 12 个数据库样本模板。使用样本模板，用户只要进行一些简单的操作，就可以创建一个包含表、查询、窗体和报表等数据库对象的数据库系统。

【例 8-1】 利用 Access 2010 中的模板，创建一个“联系人”数据库。

Step1 在 Access 2010 工作界面中，依次单击“文件”标签 | “新建”选项，在“可用模板”栏中选择“样本模板”项，在“样本模板”页面中，选择“联系人 Web 数据库”项，如图 8.2.6 所示。

Step2 输入新数据库的文件名并选择保存位置，然后单击“创建”按钮，即可利用模板创建“联系人”数据库。

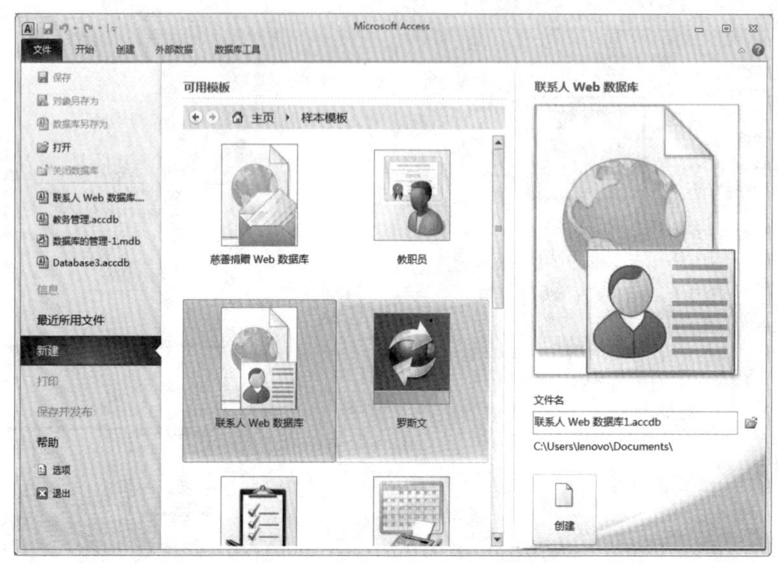

图 8.2.6 利用样本模板创建数据库

Step3 在工作区中，单击“通讯簿”标签，然后单击“新增”项，弹出如图 8.2.7 所示的对话框，即可开始输入新的联系人资料。

图 8.2.7 “联系人”数据库

Step4　通过模板建立的数据库系统可能不太符合要求，可以根据需要进行修改。

3．数据库的基本操作

① 打开数据库。打开数据库的方法有多种：在 Backstage 视图中，选择“打开”项，从弹出的“打开”对话框中选择数据库文件；如果是最近打开过的数据库，也可以选择“最近所用文件”项，在右侧选择需要打开的数据库。

② 保存数据库。在数据库中创建了数据库对象后，都要及时保存，以免数据丢失。在 Backstage 视图中，选择“数据库另存为”项，此时可能会弹出提示框，提示保存数据库前必须关闭所有打开的对象，单击“是”按钮即可。在弹出的“另存为”对话框中，选择文件保存位置，输入文件名，单击“保存”按钮即可。

③ 关闭数据库。在 Backstage 视图中，选择“关闭数据库”项，即可关闭数据库。

在 Backstage 视图的“信息”页面中，显示了有关数据库的基本操作，如图 8.2.8 所示。

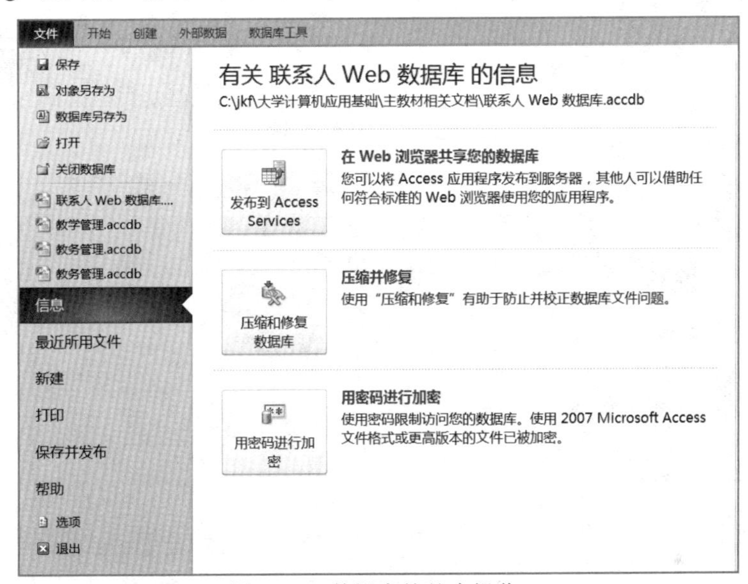

图 8.2.8　数据库的基本操作

4．数据库的管理

在数据库的使用过程中，随着使用的次数越来越多，会产生大量的垃圾数据，使数据库变得异常庞大。为了数据的安全，备份数据库是最好的方法。

（1）备份数据库。对数据库进行备份，是最常用的安全措施。下面以备份“罗斯文.accdb”数据库文件为例。在 Access 2010 中打开“罗斯文.accdb”，在 Backstage 视图中选择“保存并发布”项，在右侧“数据库另存为”栏中选择“备份数据库”项，如图 8.2.9 所示。系统将弹出“另存为”对话框，默认的备份文件名的格式为“数据库名+备份日期”，如图 8.2.10 所示。（注：在 Access 2010 工作界面中，依次单击“文件”标签 | “新建”选项，进入 Backstage 视图，在“可用模板”栏中选择“样本模板”项，在“样本模板”页面中，选择“罗斯文”项，可以创建“罗斯文.accdb”数据库文件。）

（2）查看数据库属性。在 Backstage 视图中，选择“信息”项，如图 8.2.11 所示。选择“查看和编辑数据库属性”项，弹出属性对话框，如图 8.2.12 所示。

（3）压缩并修复数据库。在使用过程中，数据库的体积会越来越大。通过压缩和修复数据库，可以移除数据库中的临时对象，减少数据库的体积，从而提高数据库的打开和运行速度。

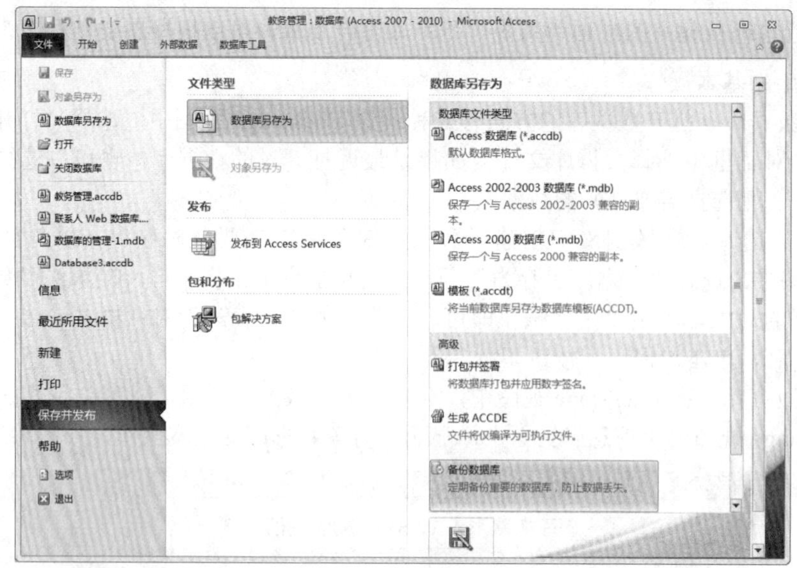

图 8.2.9　备份数据库

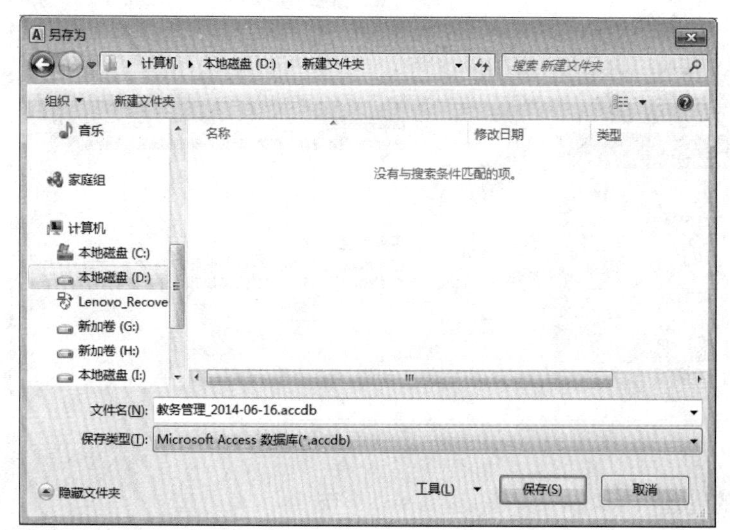

图 8.2.10　“另存为”对话框

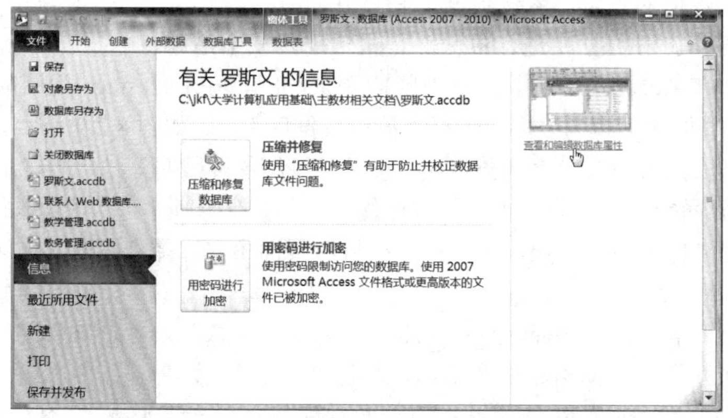

图 8.2.11　压缩并修复数据库、查看数据库属性

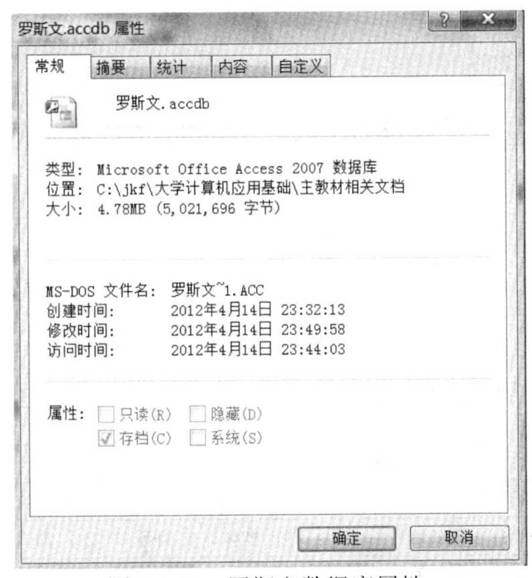

图 8.2.12 罗斯文数据库属性

8.3 数据表的创建与维护

表是数据库的操作对象之一，是数据库用来存放数据的场所，是 Access 数据库中最基本、最重要的部分。其他的数据库对象，如查询、窗体、报表等都是在表的基础上建立的。

8.3.1 创建表

表是存储和管理数据的数据库对象，一个数据库可以包含一个或多个表。表由行和列组成，每行就是一条数据记录，由若干列组成；每列就是一个字段，对应着一个列标题。表通常由表结构和记录两部分组成。创建表时要设计表结构和输入数据。

1. 表的结构

表结构是指表中的每个字段的名称、字段的数据类型、字段的长度等属性；表中的记录是指表中一行的数据。在 Access 中，表的基本形式如图 8.3.1 所示。在“学生”表中，“学号”、“姓名”等为字段名，位于表的顶部，是表的结构；字段名下面的每行都是一条一条的记录，是表的内容。

学生

学号	姓名	性别	出生日期	所在系编号	住址	邮编	联系电话
2009021203201	魏征明	男	91-10-14	001	北京市朝阳区	100021	12246773873
2009021203202	杨业	女	92-01-08	001	北京市西城区	100033	18722323333
2009021204101	陈诚	男	92-03-15	003	北京市丰台区	100110	15418326341
2009021204102	马振兴	男	91-12-11	003	北京市大兴区	100200	13418363484
2009021205101	谢芳	女	92-05-10	002	北京市通州区	100300	18813463343
2009021205102	王建	男	92-04-18	002	北京市崇文区	100013	13154667811
2009021205103	惠风	女	92-03-15	002	北京市东城区	100006	15201218976

图 8.3.1 “学生”表

2. 字段名

字段名是用来标识字段的，字段名可以是大写、小写或大小写混合的英文名称，也可以是中文名称。

为字段命名应遵循如下规则：

- 字段名可以是 1～64 个字符；
- 字段名可以包含字母、数字和空格和其他字符；
- 字段名不能包含句号(.)、感叹号(！)和方括号([ ])；

● 不能以空格为开头。

3．字段数据类型

Access 2010 的常用数据类型有 12 种。这些数据类型的详细说明见表 8.3.1。

表 8.3.1　数据类型

数 据 类 型	数据类型说明	大　　小
文本	用于文字或文字与数字的组合	最多可存储 255 个字符
备注	用于较长的文本或数字	最多可存储 65535 个字符
数字	用于需要进行算术运算的数值数据	1、2、4、8 或 16B
日期/时间	用于存储时间或时间数据	8B
货币	用于数学计算的货币数值与数值数据	8B
自动编号	用于对数据表中的记录进行编号	4B
是/否	用于存储逻辑型数据	1bit
OLE 对象	用于存储来自于 Office 或各种应用程序的图像、文档等	最大可达 1GB
超链接	超链接可以是某个文件的路径、UNC 路径或 URL	最长为 64000B
附件	任何受支持的文件类型以附件形式加入到数据库记录中	
计算	计算的结果	
查阅向导	显示从表或查询中检索到的一组值	4B

4．表的创建

在 Access 2010 中创建表的方法主要有以下 3 种。

（1）使用表模板创建表

对于一些常用的应用，如联系人、资产等信息，运用表模板比较方便和快捷。新建一个空数据库，依次单击“创建”选项卡 | “模板”组 | “应用程序部件”按钮，弹出下拉列表，在“快速入门”栏中选择“联系人”项，如图 8.3.2 所示，这样就创建了一个“联系人”表。

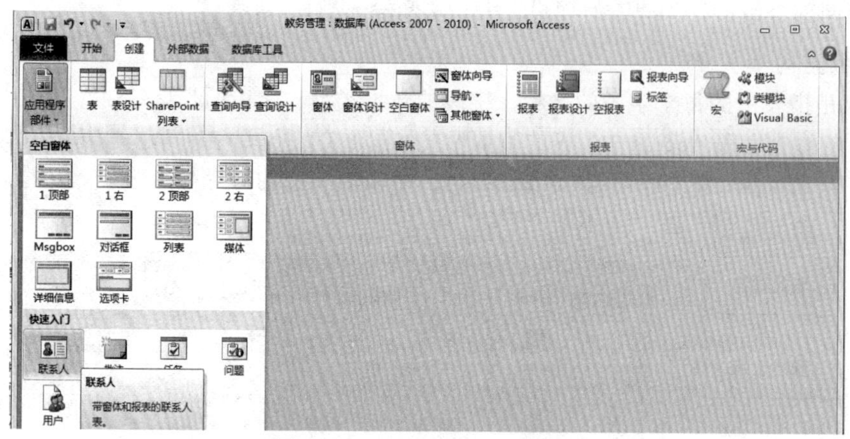

图 8.3.2　“联系人”表模板

双击左侧导航窗格中的“联系人”表，即建立一个数据表，在数据表视图中可以编辑数据记录，如图 8.3.3 所示。

（2）使用字段模板创建表

Access 2010 提供了一种新的创建数据表的方法，即通过 Access 自带的字段模板创建数据表。模板中已经设计好了各种字段属性，可以直接使用该字段模板中的字段。

图 8.3.3 “联系人”表

【例 8-2】 在新建的空数据库中，运用字段模板，建立一个“学生基本信息”表。

Step1 打开或新建数据库，依次单击“创建”选项卡｜“表格”组｜“表”按钮，新建一个空白表，并进入该表的数据表视图。

Step2 依次单击“表格工具｜字段”选项卡｜“添加和删除”组｜“其他字段”下拉按钮，弹出下拉列表，如图 8.3.4 所示。

图 8.3.4 字段模板

Step3 选择所需的字段类型，然后输入字段名，图 8.3.5 所示。

（3）使用表设计器创建表

表模板中提供的模板类型是有限的，而且运用模板也不一定完全符合要求。在多数情况下，要使用“表设计器”，即在表设计视图中完成表的创建和修改。

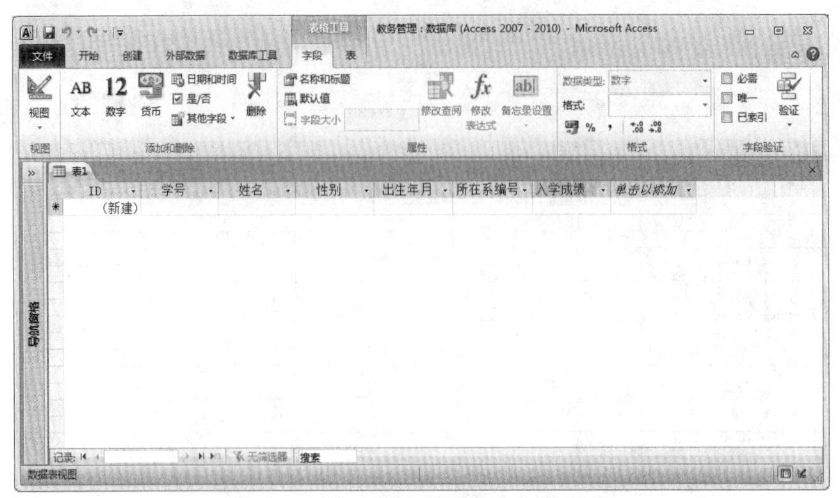

图 8.3.5　运用字段模板建立的数据表

使用表设计视图创建表主要是设置表的各种字段属性。

【例 8-3】　在当前数据库中，使用表设计视图创建“学生信息表”。

Step1　打开或新建数据库，依次单击“创建”选项卡｜“表格”组｜“表”按钮，新建一个空白表。

Step2　依次单击“开始”选项卡｜“视图”组｜“视图”下拉按钮，弹出下拉列表，单击“设计视图”按钮，进入表的设计视图，如图 8.3.6 所示。

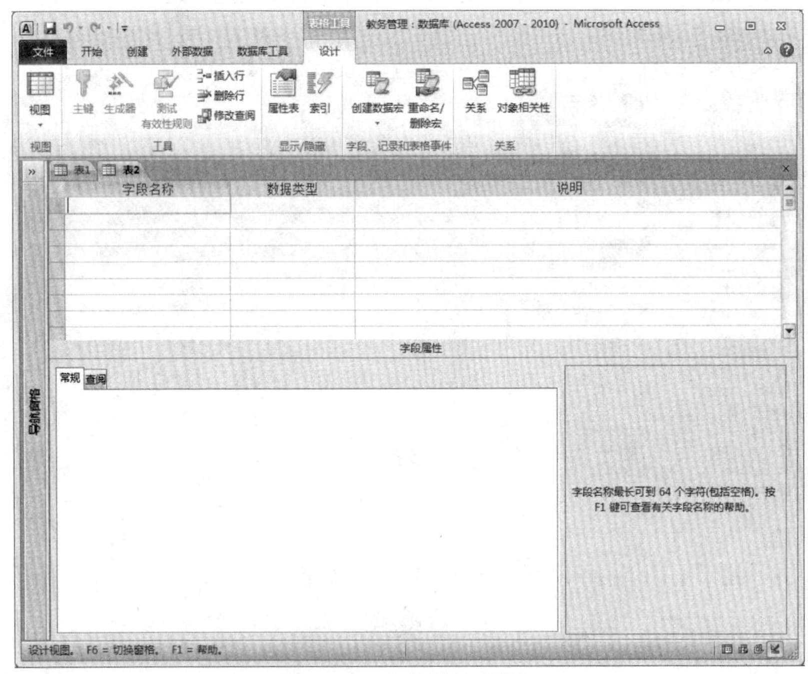

图 8.3.6　表的设计视图

Step3　在“字段名称”列中输入字段的名称“学号”，在“数据类型”下拉列表中选择“文本”。用同样的方法，输入其他字段名称，并设置相应的数据类型，结果如图 8.3.7 所示。

Step4　依次单击“文件”标签｜“保存”选项，弹出“另存为”对话框，在“表名称”文本框中输入“学生信息表”，单击“确定”按钮，如图 8.3.8 所示。

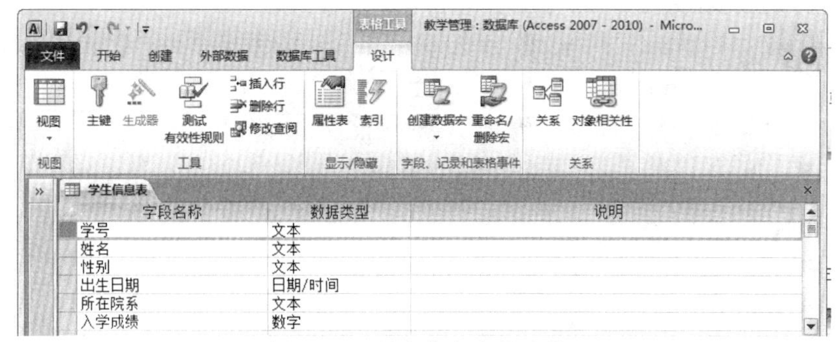

图 8.3.7　学生信息表的结构

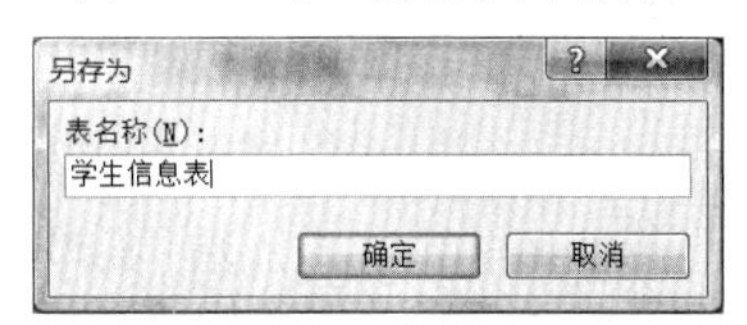

图 8.3.8　保存表

Step5　系统弹出提示框，提示尚未定义主键，单击“否”按钮，暂时不设定主键。如图 8.3.9 所示。

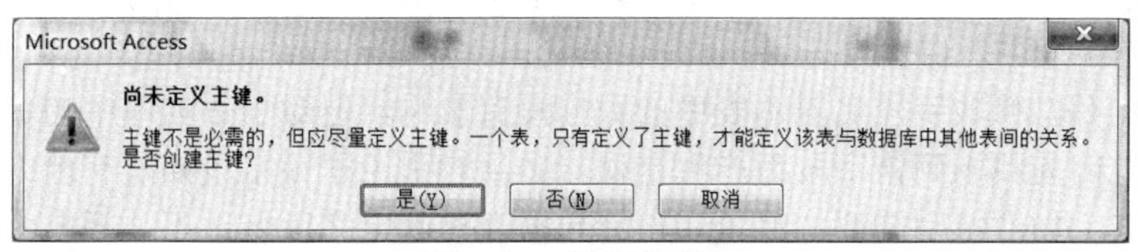

图 8.3.9　提示信息

Step6　依次单击“开始”选项卡｜“视图”组｜“视图”下拉按钮，弹出下拉列表，选择“数据表视图”项，切换到数据表视图下，这样就完成了表的创建，如图 8.3.10 所示。

图 8.3.10　数据表视图下的“学生信息表”

5. 设置主键

在设计视图下，先选中“学号”字段，然后依次单击“表格工具｜设计”选项卡｜“工具”组｜“主键”按钮，将“学号”字段设置为主键，如图 8.3.11 所示。之后，在“学号”字段前就会出现一个主键的标记，如图 8.3.12 所示。

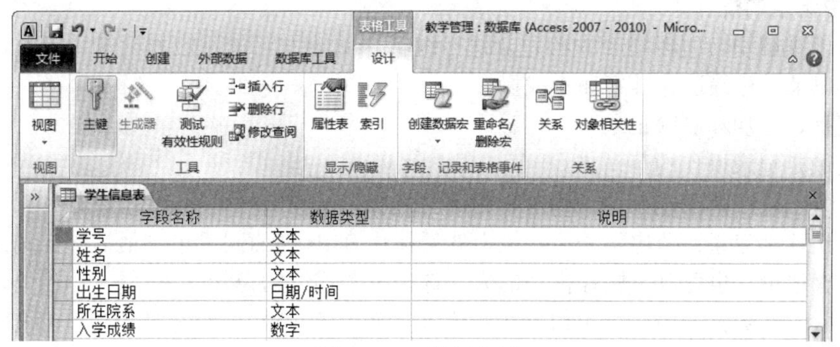

图 8.3.11　设置主键

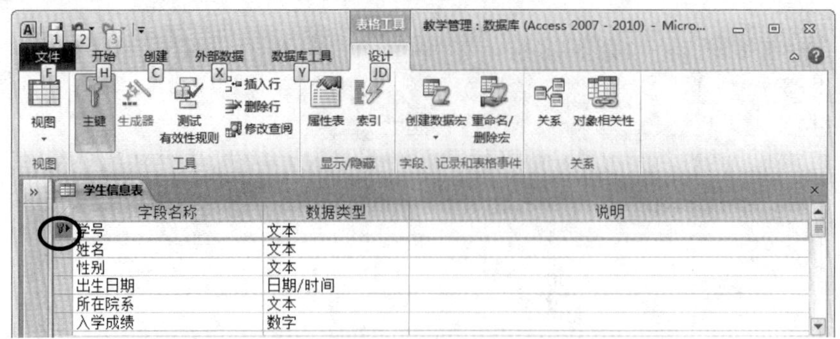

图 8.3.12 “学号”字段前显示主键标记

8.3.2 数据表的操作

1．表结构的修改

在数据库的使用过程中，用户有时需要对表的结构进行修改，如新建字段、删除字段、修改字段名等。

（1）修改字段名、字段数据类型

修改字段名和字段数据类型可以在数据表视图中或表设计视图中进行，双击需要修改的字段名，输入新的字段名，保存表即可。

需要注意的是，修改字段名对本表中的数据没有影响，但对于数据库中的其他对象会有影响，可能会出现因为找不到该字段而产生错误。必须对引用了该字段的所有地方进行修改，更改为新的字段名。如非特别需要，尽量在设计数据表时确定字段名，不要轻易修改，以免产生“没有该字段”的错误。修改字段数据类型也会出现数据丢失的情况。

（2）插入或删除字段

插入或删除字段操作可以在数据表视图中或表设计视图中进行。在数据表视图中，将光标定位到需要操作位置的下一个字段中，右击，在弹出的快捷菜单中选择“插入字段”命令，即可插入一个新字段；在表设计视图中，将光标定位到需要操作位置的下一个字段中，右击，在弹出的快捷菜单中选择“插入行”命令，即可插入一个新字段。

如果需要删除字段，则先选中字段，右击，在弹出的快捷菜单中选择“删除字段”或“删除行”命令。

（3）修改字段属性

修改字段属性需要在表设计视图中进行。在表设计视图中，打开需要修改字段属性的数据表，在字段属性窗口中可以修改字段大小、格式、输入掩码、默认值、有效性规则等。

2．表中记录的操作

在数据表视图中，可以对表中的记录进行编辑，如输入记录、追加记录、修改记录等，另外还可以对记录进行筛选、排序和查找操作。

（1）选择、追加和删除记录

选定记录是记录操作的第一步。

选择单个记录：单击记录左边的空白处即可选择该记录。

选择一组连续记录：选定第一个记录，然后按住 Shift 键的同时单击最后一个记录，即可选择其间的所有记录。也可以用鼠标拖动的方法选择多个连续的记录。

追加记录：在数据表最后的空白行（左边有一个“*”号）中单击即可在当前表中追加一个记录。

删除记录：选择要删除的记录，按 Delete 键或在右键快捷菜单中选择“删除”命令。从数据表中删除记录是无法恢复的，应谨慎操作。

（2）查找记录

在众多的数据记录中查找需要的数据，可以使用 Access 提供的“查找和替换”功能。

在数据表视图中打开数据表，依次单击“开始”选项卡 | “查找”组 | “查找”按钮，在弹出的“查找和替换”对话框中输入查找内容，选择查找范围、匹配方式和搜索范围等。单击“替换”选项卡，输入替换内容和格式等，可以成批替换记录中的数据。

（3）筛选记录

Access 2010 提供了“筛选器”、“按选定内容的筛选”、“按窗体筛选”和“高级筛选”4 种筛选方式，用来选择显示哪些记录。

筛选器：针对某一列进行筛选。将光标置于需要筛选的数据表中，依次单击“开始”选项卡 | “排序和筛选”组 | “筛选器”下拉按钮，在弹出的下拉列表中选择相应的筛选命令。

按选定内容的筛选：选择某一字段中的部分或全部数据内容，依次单击“开始”选项卡 | “排序和筛选”组 | “选择”下拉按钮，在弹出的下拉列表中选择需要的命令。

3. 表间关系

Access 数据库包含多个表，每个表只包含关于一个主题的信息，表和表之间彼此关联。

（1）关系的类型

Access 关系的类型有 3 种：一对一关系、一对多关系和多对多关系。

（2）相关联字段的类型和长度

① 必须有相同的数据类型。

② 当主键是“自动编号”类型时，只能与“数字”类型且“字段大小”属性相同的字段相关联。

③ 如果两个字段都是“数字”类型，则只有“字段大小”属性相同才能建立关联。

（3）关联的建立

Step1　关闭所有的表。

Step2　依次单击“数据库工具”选项卡 | “关系”组 | “关系”按钮，弹出“显示表”对话框，并进入“关系”窗口，添加需要建立关联的数据表，然后关闭该对话框，如图 8.3.13 所示。

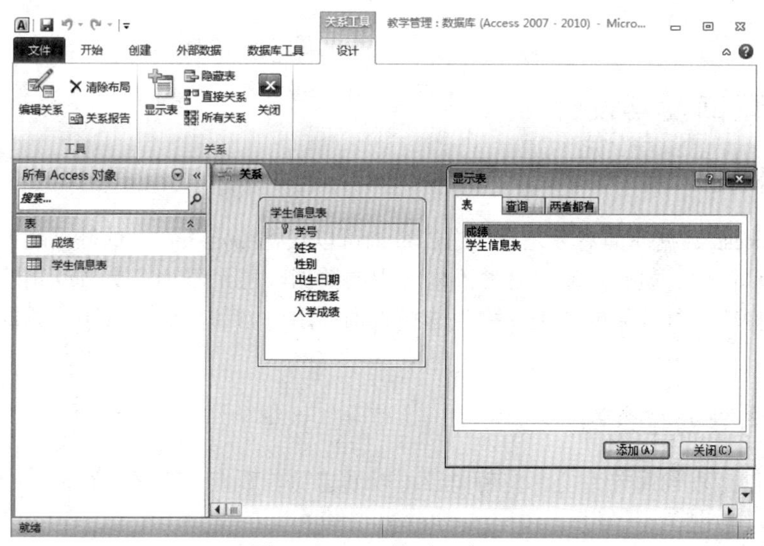

图 8.3.13　“关系”窗口

Step3　将“学生信息表”中的主键“学号”字段拖到“成绩”的外键“学号”字段上，系统将弹出“编辑关系”对话框，如图 8.3.14 所示。

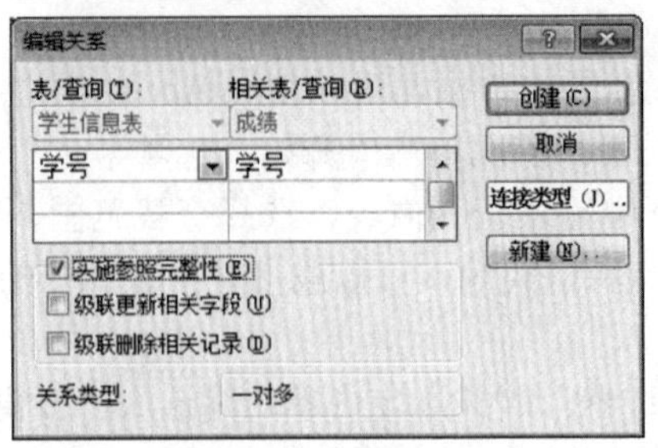

图 8.3.14　“编辑关系”对话框

Step4　根据需要设置关系选项，这里选中“实施参照完整性”和“级联删除相关记录”复选框，单击“确定”按钮，结果如图 8.3.15 所示。

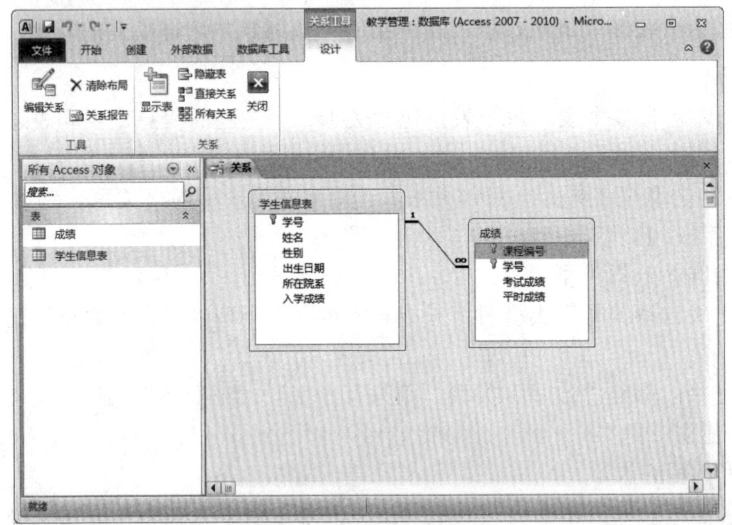

图 8.3.15　表间关系

Step5　保存数据表。

8.4　创建查询及其设计

8.4.1　查询概述

查询是 Access 数据库的对象之一，通过查询可以获得指定条件下的数据动态集合，可以使用查询回答简单问题、执行计算、合并不同表中的数据，甚至添加、更改或删除表数据。用于从表中检索数据或进行计算的查询，称为选择查询；用于添加、更改或删除数据的查询，称为操作查询。

8.4.2　利用向导创建查询

使用向导创建查询简单方便。使用向导可以创建简单查询、交叉表查询、查找重复项查询和查找不匹配项查询。

1．使用向导创建“选择查询”

【例 8-4】 利用查询向导，以数据表“学生”和“成绩”中的字段创建“学生成绩查询”。

Step1 依次单击“创建”选项卡｜“查询”组｜“查询向导”项，弹出“新建查询”对话框，如图 8.4.1 所示。

Step2 选择“简单查询向导”项，单击“确定”按钮，弹出“简单查询向导”对话框，如图 8.4.2 所示。

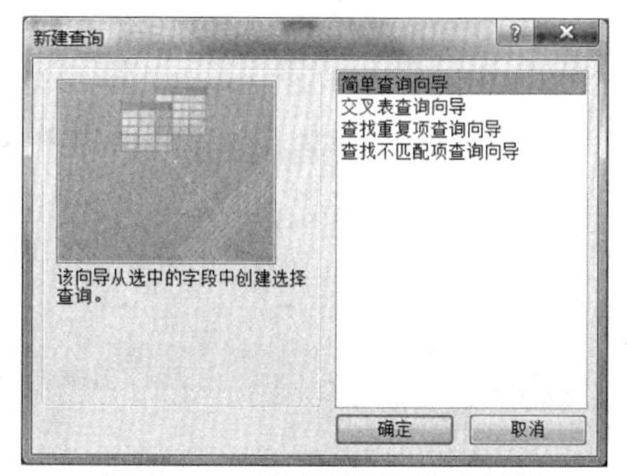

图 8.4.1 “新建查询”对话框

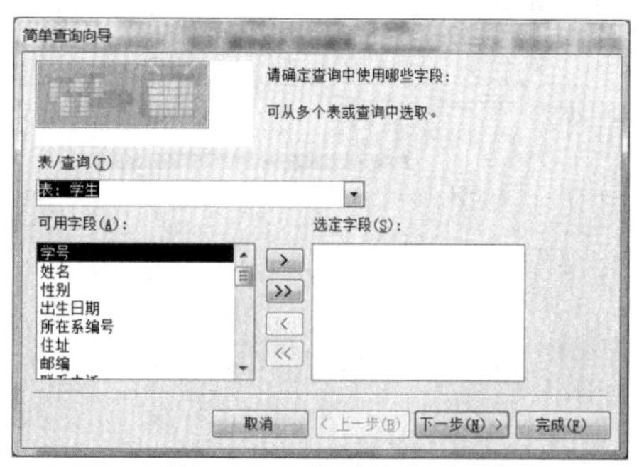

图 8.4.2 简单查询向导

Step3 在“表/查询”下拉列表中选择查询基于哪个表或查询，在“可用字段”列表框中选择要使用的查询字段，将其添加到“选定字段”列表框中，如图 8.4.3 所示。

Step4 单击“下一步”按钮，选择“明细”项，如图 8.4.4 所示（此页面只在查询中有数字类型的字段时才出现）。如果选择“汇总”项，则可以计算字段的总和、平均值等。

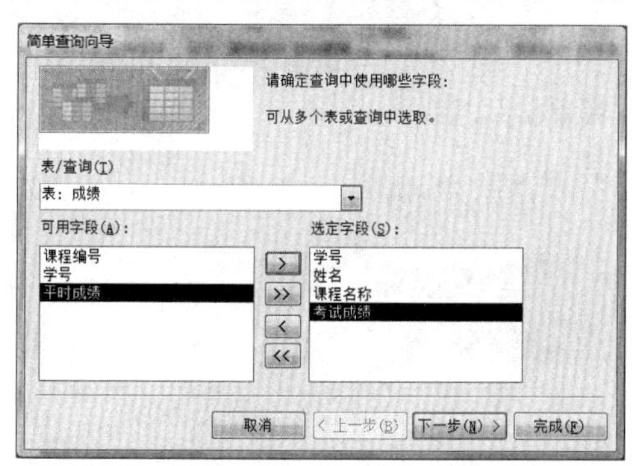

图 8.4.3 选择查询字段

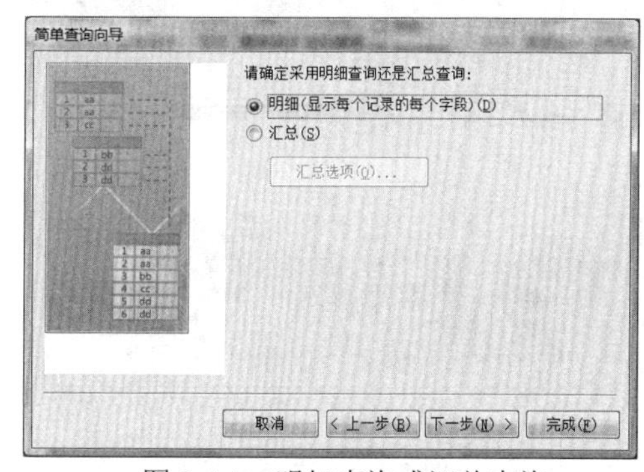

图 8.4.4 明细查询或汇总查询

Step5 单击“下一步”按钮，输入查询标题，如图 8.4.5 所示。

Step6 单击“完成”按钮，查询结果如图 8.4.6 所示。

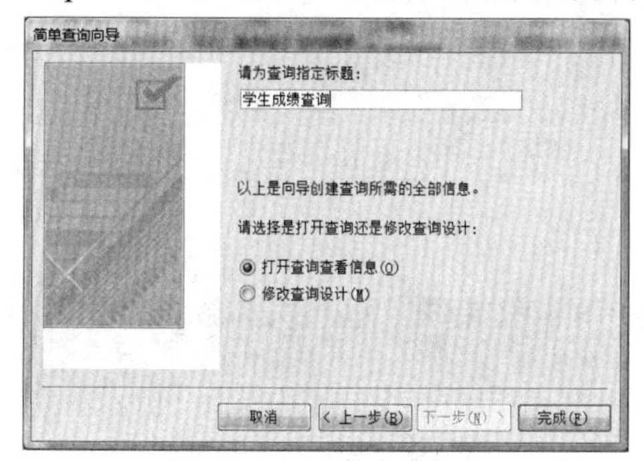

图 8.4.5 输入查询标题

学生成绩-查询

学号	姓名	课程名称	考试成绩
2009021203201	魏征明	计算机基础	85
2009021203202	杨业	计算机基础	78
2009021204101	陈诚	计算机基础	80
2009021204102	马振兴	计算机基础	92
2009021205101	谢芳	计算机基础	99
2009021205102	王建	计算机基础	78
2009021203201	魏征明	程序设计	68
2009021203202	杨业	程序设计	70
2009021203201	魏征明	网站设计	80
2009021203202	杨业	网站设计	87
2009021205101	谢芳	网站设计	82
2009021205102	王建	网站设计	68

图 8.4.6 查询结果

2. 使用向导创建“交叉表查询”

【例 8-5】 利用查询向导创建交叉表查询。

Step1 依次单击“创建”选项卡｜“查询”组｜“查询向导”项，弹出“新建查询”对话框。

Step2 选择“交叉表查询向导”项，单击“确定”按钮，弹出“交叉表查询向导”对话框，选择“表：教师”项，如图 8.4.7 所示。

Step3 单击“下一步”按钮，选择“部门名称”字段作为行标题，如图 8.4.8 所示。

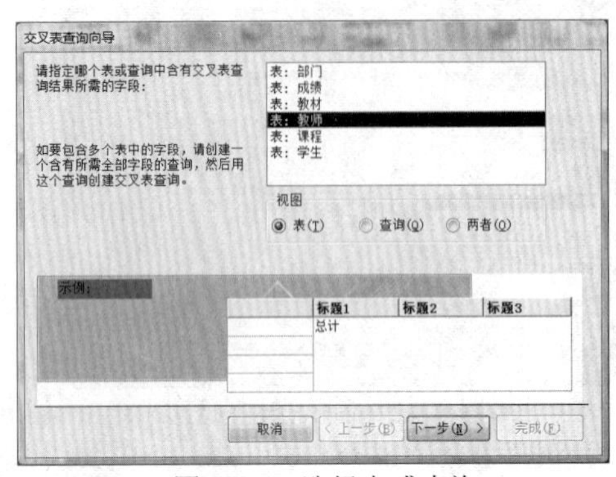

图 8.4.7 选择表或查询

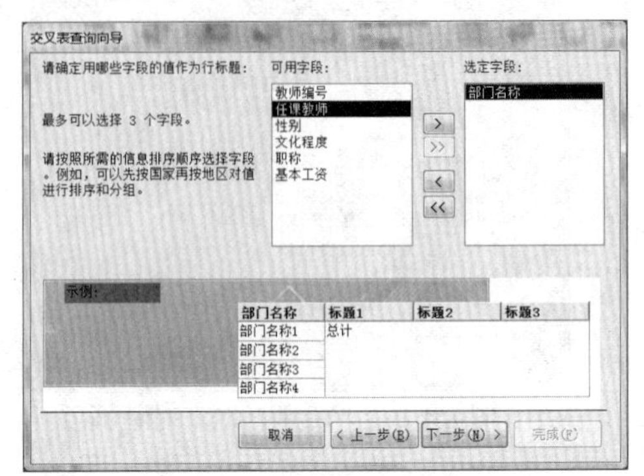

图 8.4.8 选择行标题

Step4 单击“下一步”按钮，选择“职称”字段作为列标题，如图 8.4.9 所示。

Step5 单击“下一步”按钮，设置交叉点统计值，如图 8.4.10 所示。

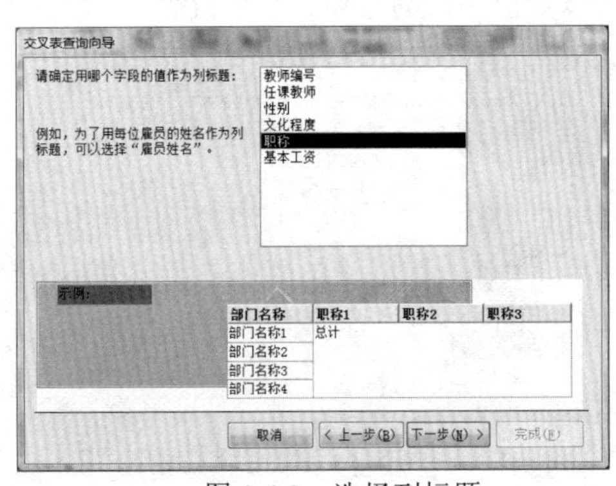

图 8.4.9 选择列标题

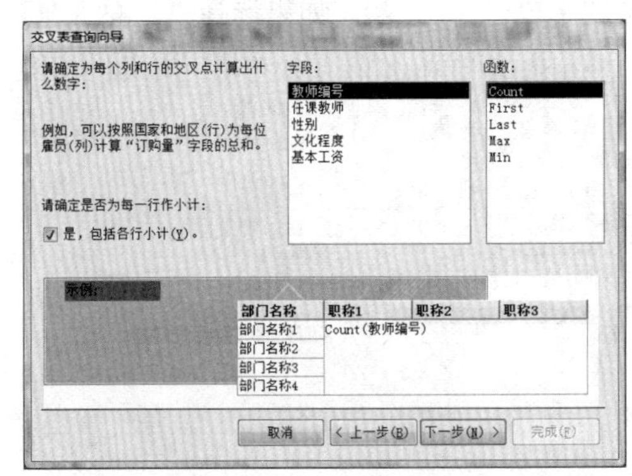

图 8.4.10 设置交叉点统计值

Step6 单击“下一步”按钮，输入查询名称，选择“查看查询”项，如图 8.4.11 所示。

Step7 单击“完成”按钮，查询结果如图 8.4.12 所示。

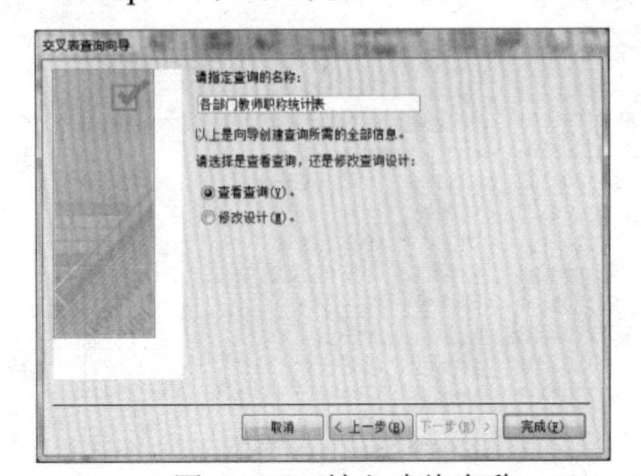

图 8.4.11 输入查询名称

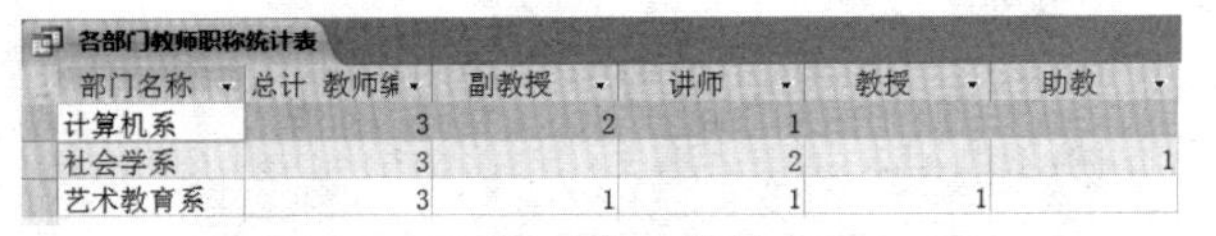

各部门教师职称统计表

部门名称	总计 教师编	副教授	讲师	教授	助教
计算机系	3	2	1		
社会学系	3		2		1
艺术教育系	3	1	1	1	

图 8.4.12 交叉表查询结果

8.4.3 查询设计

1. 参数查询

参数查询是指根据用户提供的数据进行查询。参数查询只能在查询设计视图中创建。

【例 8-6】 使用参数查询显示某系的学生情况。

Step1 依次单击“创建”选项卡 | “查询”组 | “查询设计”项，显示查询的设计视图，并弹出“显示表”对话框，如图 8.4.13 所示。

Step2 选择“学生”表添加到查询设计视图的上框架（字段窗格）中，关闭“显示表”对话框，如图 8.4.14 所示。

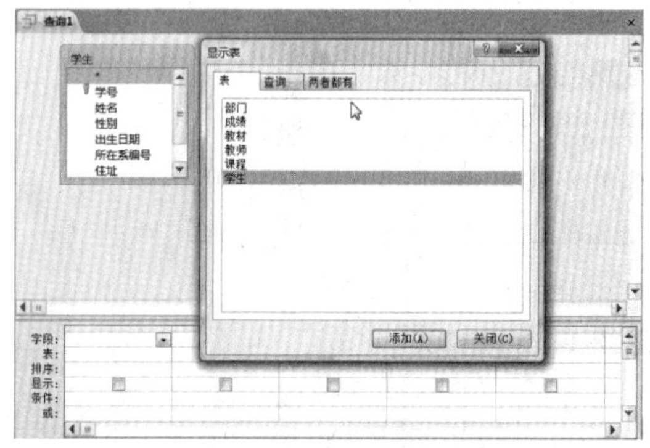

图 8.4.13 查询设计视图

图 8.4.14 将“学生”表添加到查询设计视图中

Step3 将“学号”、“姓名”、“所在系编号”等字段拖到下框架（设计窗格）中，在“所在系编号”列的“条件”行中设置参数条件，如图 8.4.15 所示。

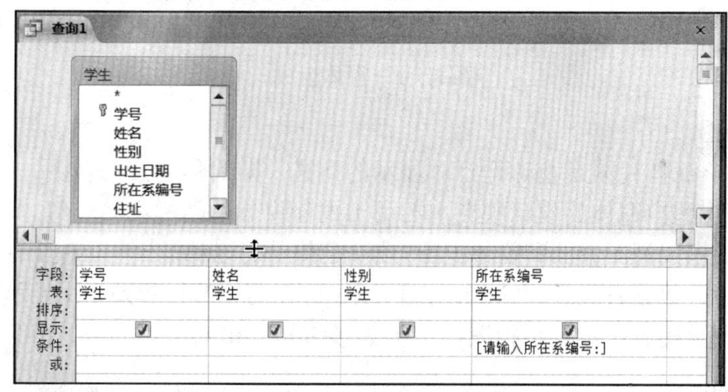

图 8.4.15 设置参数查询条件

Step4 依次单击“查询工具 | 设计”选项卡 | “结果”组 | “运行”按钮，弹出“输入参数值”对话框，输入所在系编号，如图 8.4.16 所示。

Step5 查询结果如图 8.4.17 所示。

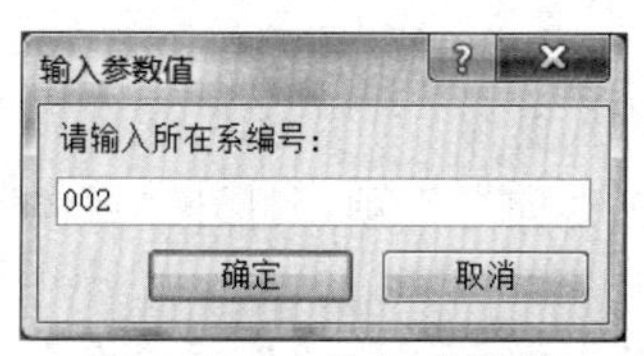

图 8.4.16 输入参数值

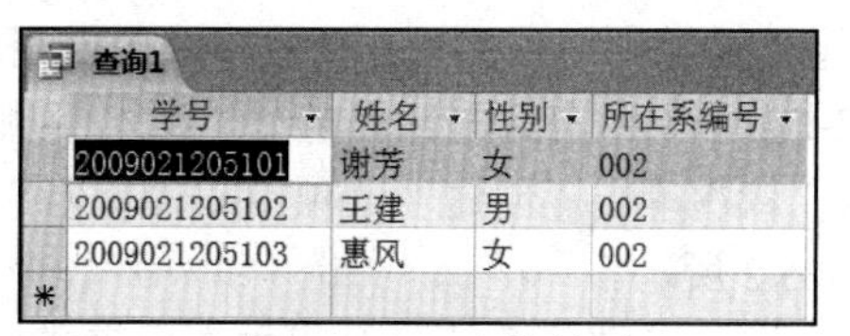

学号	姓名	性别	所在系编号
2009021205101	谢芳	女	002
2009021205102	王建	男	002
2009021205103	惠风	女	002

图 8.4.17 查询结果

8.5 创建窗体及其设计

8.5.1 窗体概述

窗体是一个数据库对象，可用于为数据库应用程序创建用户界面。通过窗体可以向表中输入数据，可以控制用户和系统的交互，还可以接收用户输入并执行相应的操作。其主要功能包括：显示和编辑数据、显示信息、接收数据和控制程序。

1．窗体的组成

Access 数据库的窗体对象包括：窗体页眉、页面页眉、主体、页面页脚、窗体页脚，如图 8.5.1 所示。

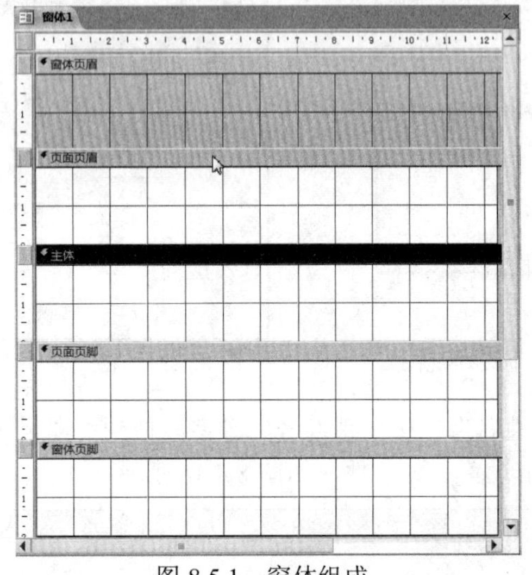

图 8.5.1 窗体组成

2．窗体的视图

① 窗体视图。窗体视图是窗体运行时显示的格式，即窗体的工作视图。

② 窗体设计视图。窗体的设计视图主要用于设计窗体的结构和属性等。

③ 布局视图。布局视图界面和窗体视图一样，但控件可以移动，可以对现有的控件重新布局。

④ 数据表视图。数据表视图和 Excel 表格类似，它以简单的行和列一次显示数据表中的记录。另外还有数据透视表和数据透视图，用于数据的分析和统计。

8.5.2 创建窗体

Access 2010 提供了比低版本 Access 功能更加强大且简便的创建窗体的方式，以及更多智能化的自动创建窗体的方式。

1．使用窗体向导创建窗体

使用窗体向导可创建基于一个或多个表或查询的包含若干个字段的窗体。

【例 8-7】 利用窗体向导创建一个学生信息显示和输入窗体。

Step1 依次单击“创建”选项卡 | “窗体”组 | “窗体向导”项，打开“窗体向导”对话框，如图 8.5.2 所示。

Step2 在“表/查询”下拉列表中选择表或查询，然后从“可用字段”框中将所需字段移到“选定字段”框中。

Step3　单击“下一步”按钮，在对话框中选择窗体使用的布局，如“纵栏表”，如图 8.5.3 所示。

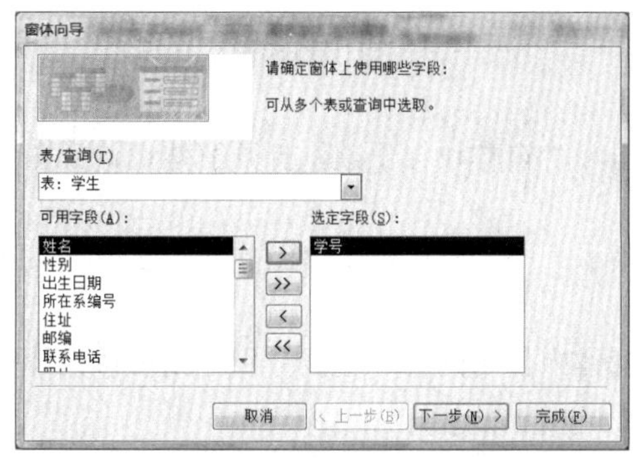

图 8.5.2　窗体向导之选择窗体上需要的字段

图 8.5.3　窗体向导之选择窗体布局形式

Step4　单击“下一步”按钮，在对话框中输入窗体标题，选择是查看窗体（窗体视图）还是修改窗体（设计视图），如图 8.5.4 所示。

Step5　单击“完成”按钮，窗体如图 8.5.5 所示。

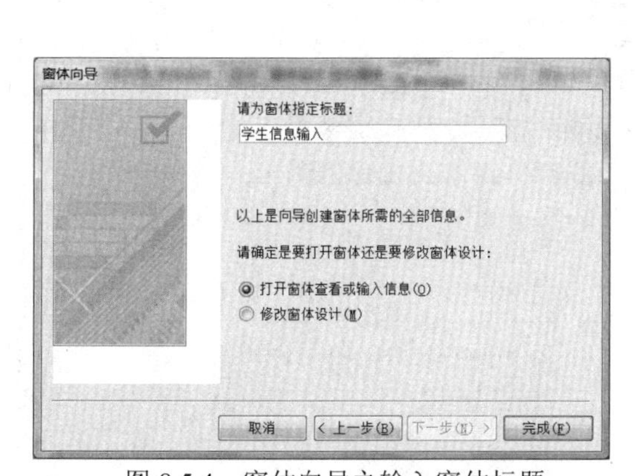

图 8.5.4　窗体向导之输入窗体标题

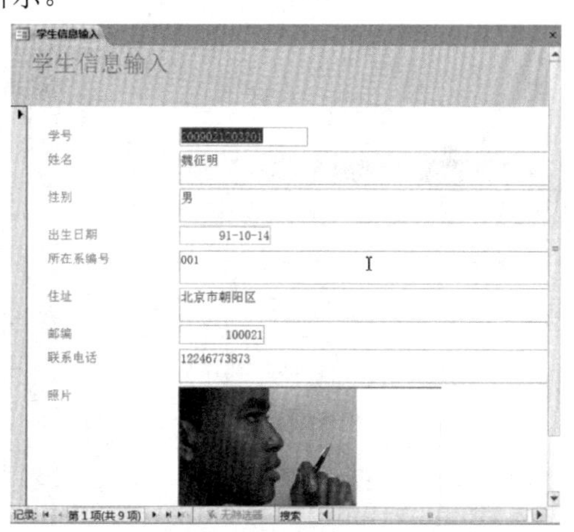

图 8.5.5　窗体

2. 利用当前打开（或选定）的数据表自动创建窗体

【例 8-8】　打开“教师”数据表，依次单击“创建”选项卡｜“窗体”组｜“窗体”按钮，Access 自动创建一个基于“教师”表的窗体，如图 8.5.6 所示。

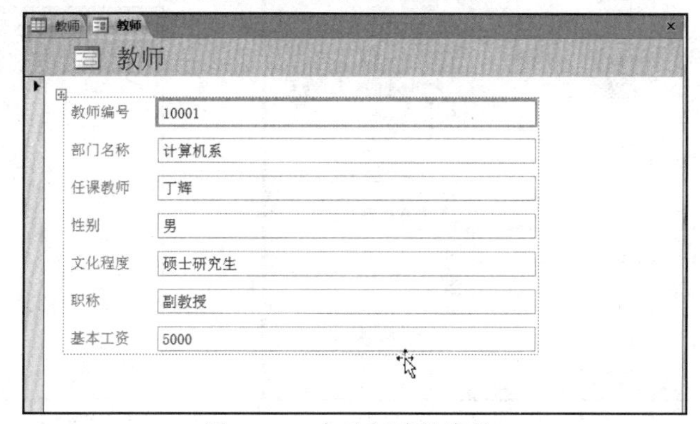

图 8.5.6　自动创建的窗体

8.5.3 窗体设计

使用窗体设计视图可以设计个性化的、美观的窗体，满足复杂的应用程序的需求。

1. 在窗体设计视图创建窗体

Step1 依次单击“创建”选项卡 | “窗体”组 | “窗体设计”项，打开窗体设计视图，如图 8.5.7 所示。

Step2 依次单击“窗体设计工具 | 设计”选项卡 | “工具”组 | “添加现有字段”按钮，如图 8.5.8 所示。

Step3 展开“教材”表中的字段，将需要在窗体中使用的各个字段分别拖到窗体设计视图中，如图 8.5.9 所示。

Step4 调整字段的标签、文本的位置和大小，可以在其属性表中修改各对象的属性。

Step5 在窗体设计视图中右击，从右键快捷菜单中选择“窗体页眉和页脚”命令，显示窗体页眉和窗体页脚。

Step6 在窗体页眉处添加“标签”控件，在其属性表中设置其字体、大小和颜色。

Step7 设计好的窗体如图 8.5.10 所示。

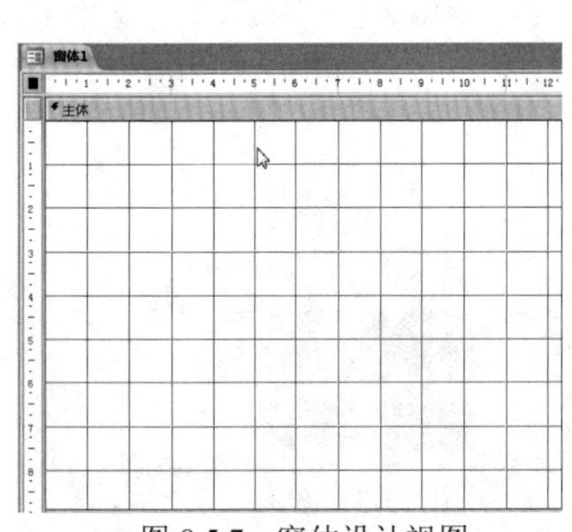

图 8.5.7 窗体设计视图

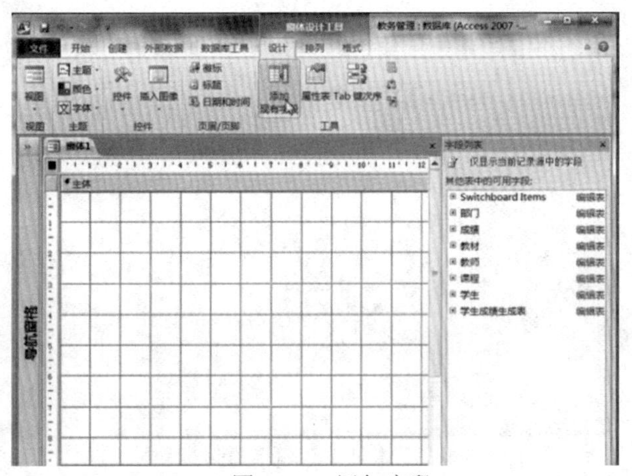

图 8.5.8 添加字段

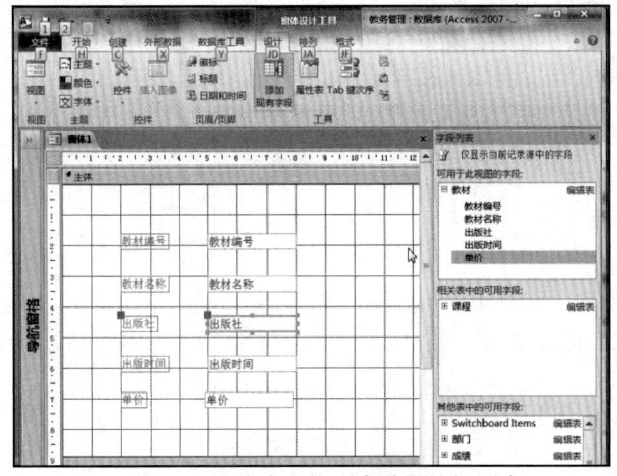

图 8.5.9 将字段拖到窗体设计视图中

图 8.5.10 使用设计视图创建的窗体

8.6 创建报表及其设计

8.6.1 报表概述

报表是数据库的对象之一，其功能是把表、查询和窗体中的数据生成报表，以便打印输出。创建和设计报表与设计窗体对象有相似之处，都要使用控件工具，但它们不同之处是报表只能用来显示和输出记录数据，而不能输入数据。

1．报表的功能

报表主要有以下功能：

- 从多个数据表中提取数据进行比较、汇总和小计；
- 可分组生成数据清单，制作数据标签；
- 生成具有数据分析功能的报表。

2．报表的组成

报表由报表页眉、页面页眉、主体、页面页脚、报表页脚组成。

- 报表页眉：用来在报表的开头显示信息，如标题等。
- 页面页眉：在每页的上方需要显示的信息放置在页面页眉处。
- 主体：显示来自数据表中的信息。
- 页面页脚：在每页的下方需要显示的信息放置在页面页脚处。
- 报表页脚：用来在报表的末尾显示信息，如合计等。

8.6.2 建立报表

1．使用报表工具创建报表

在 Access 2010 中使用报表工具创建报表是最简单的一种方法。只要选定数据表或查询作为数据源，它可以为用户自动创建报表。方法是：在 Access 2010 中打开已有的数据库，打开“学生成绩表”，依次单击“创建”选项卡｜“报表”组｜“报表”按钮，系统将自动创建一个报表，如图 8.6.1 所示。

学生成绩生成表　学生成绩生成表

学生成绩生成表　　2012年4月17日 2:16:02

学号	姓名	所在系编号	课程编号	考试成绩	平时成绩
2009021203201	魏征明	001	C001	85	78
2009021203201	魏征明	001	C002	68	78
2009021203201	魏征明	001	C003	80	72
2009021203202	杨业	001	C001	78	80
2009021203202	杨业	001	C002	70	79
2009021203202	杨业	001	C003	87	73
2009021204101	陈诚	003	C001	80	72
2009021204102	马振兴	003	C001	92	77
2009021205101	谢芳	002	C001	99	88
2009021205101	谢芳	002	C003	82	71
2009021205102	王建	002	C001	78	70
2009021205102	王建	002	C003	68	78

图 8.6.1　自动创建报表

2．使用报表向导创建报表

用户还可以使用报表向导来创建报表。在向导中，可以选择在报表上显示的字段，还可以指定数据的分组和排序方式。具体步骤如下。

Step1　依次单击“创建”选项卡｜“报表”组｜“报表向导”项，弹出“报表向导”对话框，如图 8.6.2 所示。

Step2　在“表/查询”下拉列表中选择数据源，然后将所需字段从“可用字段”框添加到“选定字段”框中，如图 8.6.3 所示。

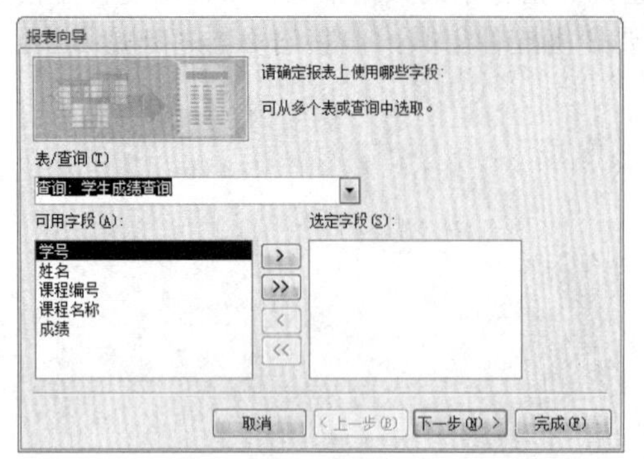

图 8.6.2　“报表向导”对话框

图 8.6.3　选择报表需要的字段

Step3　单击“下一步”按钮，选择查看数据的方式，如图 8.6.4 所示。

Step4　单击“下一步”按钮，设置排序方式，如图 8.6.5 所示。

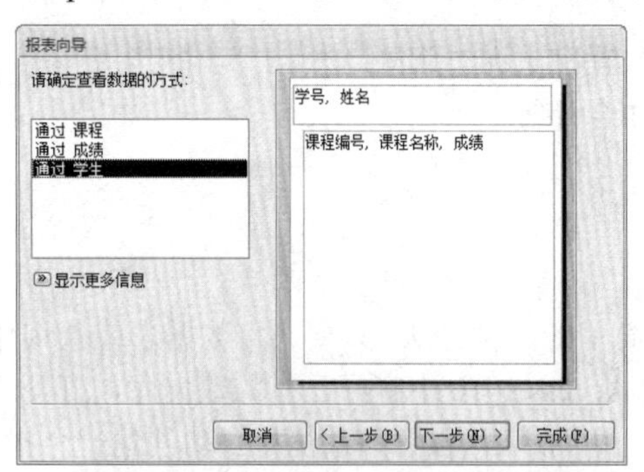

图 8.6.4　设置查看数据的方式

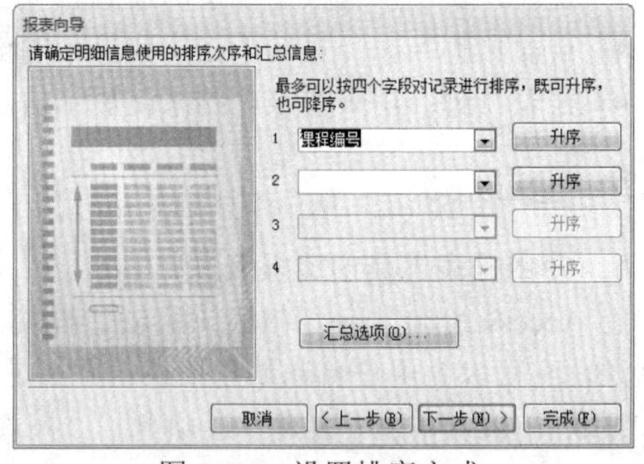

图 8.6.5　设置排序方式

Step5　单击“下一步”按钮，输入报表标题，如图 8.6.6 所示。

Step6　单击“完成”按钮，报表如图 8.6.7 所示。

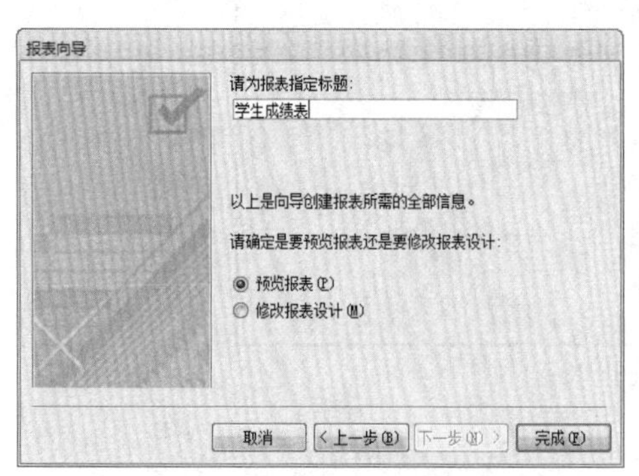

图 8.6.6　输入报表标题

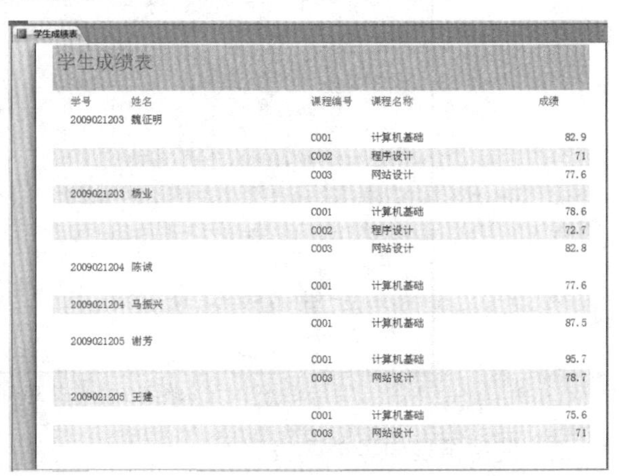
学生成绩表

学生成绩表

学号	姓名	课程编号	课程名称	成绩
2009021203	魏征明			
		C001	计算机基础	82.9
		C002	程序设计	71
		C003	网站设计	77.6
2009021203	杨业			
		C001	计算机基础	78.6
		C002	程序设计	72.7
		C003	网站设计	82.8
2009021204	陈诚			
		C001	计算机基础	77.6
2009021204	马振兴			
		C001	计算机基础	87.5
2009021205	谢芳			
		C001	计算机基础	95.7
		C003	网站设计	78.7
2009021205	王建			
		C001	计算机基础	75.6
		C003	网站设计	71

图 8.6.7　报表

8.7 数据的导入和导出

数据的导入、导出是指 Access 当前数据库与其他数据库或外部数据源之间的数据复制。外部数据库可以是 Excel 表格、文本格式的文件、XML 文件等。数据的导入、导出功能增强了数据的共享程度，提高数据的处理能力。

8.7.1 数据的导入

数据导入就是将外部数据转化为 Access 2010 的数据或数据库对象。导入的数据可以来自数据库，也可以来自电子表格、HTML 文档等其他格式的文件。导入信息时，将在当前数据库的一个新表中创建信息的副本。

【例 8-9】 向数据库中导入 Excel 工作表“学生信息表.xlsx”。

Step1 依次单击“外部数据”选项卡 | “导入并链接”组 | “Excel”按钮，打开“获取外部数据”对话框，如图 8.7.1 所示。选择“将源数据导入当前数据库的新表中”项，单击“确定”按钮。

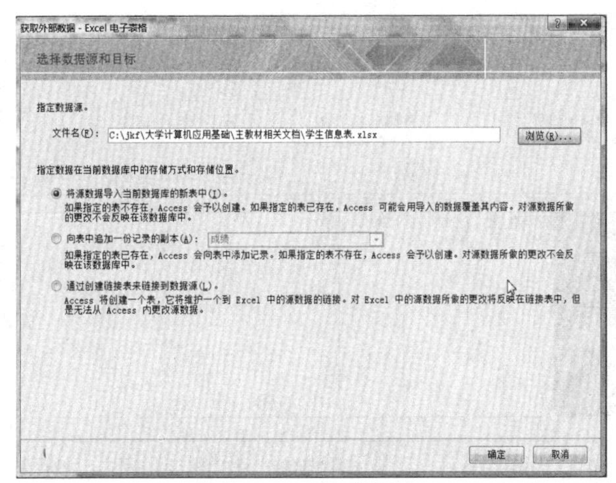

图 8.7.1 选择数据源

Step2 在“导入数据表向导”对话框中选择“显示工作表”项，如图 8.7.2 所示。

Step3 单击“下一步”按钮，选择“第一行包含列标题”项，如图 8.7.3 所示。

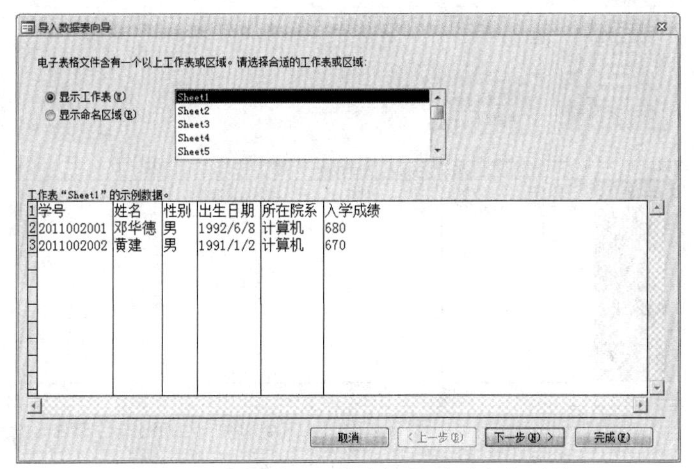

图 8.7.2 选择显示工作表还是显示命名区域

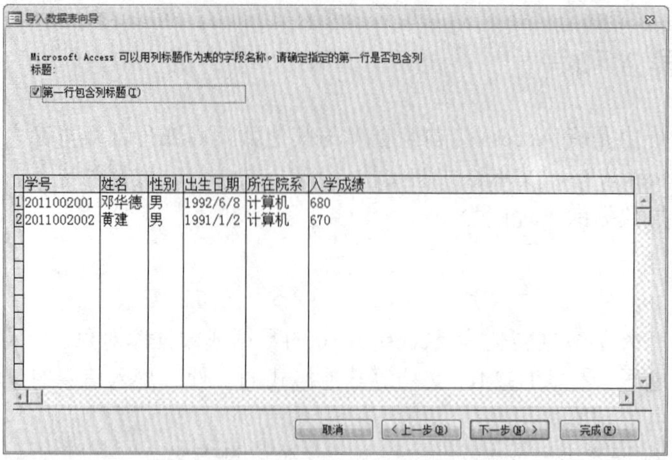

图 8.7.3　选择第一行包含列标题

Step4　单击“下一步”按钮，指定字段信息，如图 8.7.4 所示。

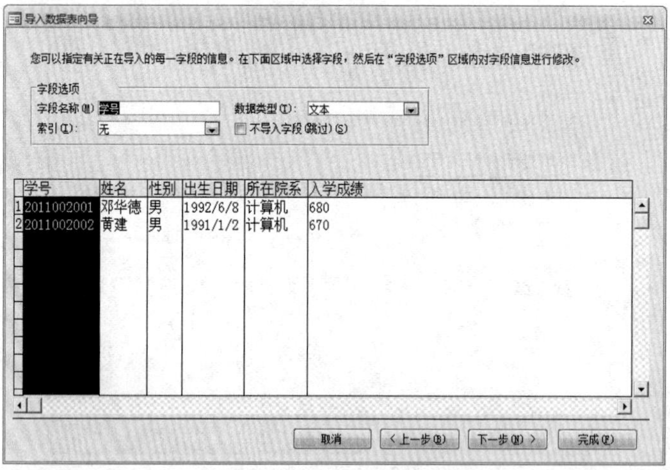

图 8.7.4　设置字段信息

Step5　单击“下一步”按钮，定义主键，如图 8.7.5 所示。

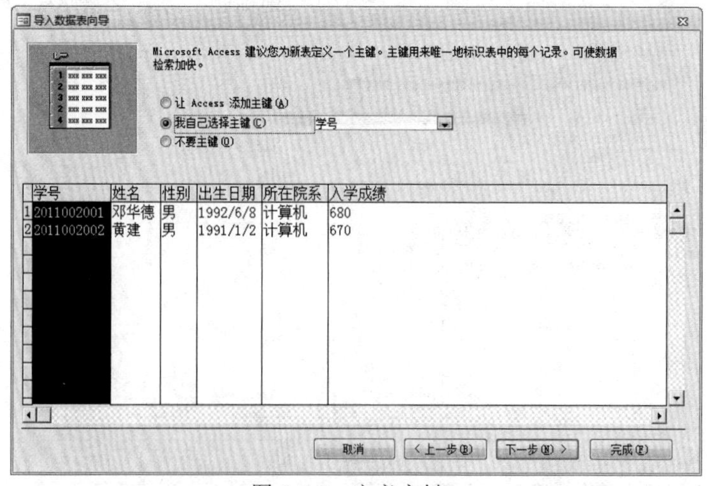

图 8.7.5　定义主键

Step6　单击“下一步”按钮，输入数据表的名称，最后单击“完成”按钮。

8.7.2　数据的导出

导出是指将数据和数据库对象输出至其他数据库、Excel 表格或其他文件格式。

【例 8-10】　将数据表“学生信息表”导出到 Excel 工作簿中。

Step1　在打开的数据库中，选择要导出的表“学生信息表”。

Step2　依次单击“外部数据”选项卡 | “导出”组 | “Excel”按钮，打开“导出 Excel 电子表格”对话框，如图 8.7.6 所示。指定文件名和文件格式，单击“确定”按钮。

Step3　在弹出的对话框中，可以选择是否保存导出步骤，最后单击“关闭”按钮。

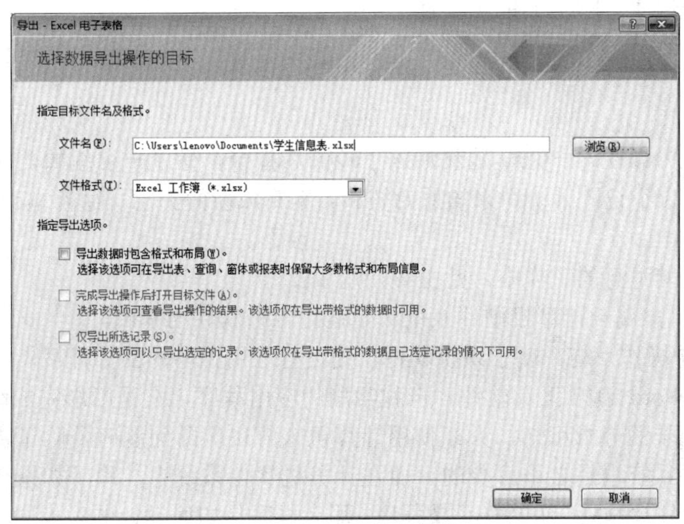

图 8.7.6　指定文件名和格式

本章小结

数据库技术是计算机应用技术中重要的一个分支。在数据库技术的发展过程中，所采用的数据模型有层次模型、网状模型和关系模型。其中广泛应用的是关系数据库管理系统。

本章首先介绍 Access 2010 的主要功能、特点和界面组成，以及创建数据库的方法，进而介绍各种数据库对象，如数据表、查询、窗体和报表，并通过实例讲解它们的创建和设计的方法，最后介绍 Access 数据库如何与外部交换信息。

第9章　程序设计基础

学习要点：

- 算法的概念、表示方法；
- 算法设计的基本方法；
- 程序设计语言；
- 程序设计方法；
- 基于 RAPTOR 的可视化程序设计。

建议学时： 上课 4 学时，上机 4 学时。

9.1　引言

彤彤是一名大一新生，一入学她就加入了校园广播台，做了一名编辑。她的主要工作就是使用计算机将校园台小记者采访得来的原始资料，编辑成新闻消息，存为 Word 文档，最后打印输出。

在彤彤编辑新闻消息的工作中，她主要使用了：

① 一台计算机。属于计算机硬件系统，是运行各种软件的基础。

② Windows 7 操作系统。属于系统软件，是运行应用程序的支撑环境。

③ Microsoft Word 2010 工具软件。一款常用的应用程序，它是彤彤完成编辑工作的核心。

通过对以上例子的分析可知，大家使用计算机来解决实际问题时，除了需要计算机硬件系统外，计算机软件系统也是必不可少的。而在计算机软件系统中，除了如操作系统、数据库管理系统等支撑环境外，完成工作的核心是程序。那么程序是如何设计的？程序是由什么组成的？程序又是如何被计算机硬件识别的？

图灵奖获得者、被誉为 Pascal 之父的著名计算机科学家沃思（Niklaus Wirth）提出了一个经典公式：

程序=数据结构+算法

实际上，一个程序除了以上两个要素外，还应当采用某种程序设计方法进行设计，并且使用一种程序设计语言来表示。因此，算法、数据结构、程序设计方法、语言工具和环境是一名程序设计人员所应具备的知识。因此，也有人将 Niklaus Wirth 的公式扩展为

程序=数据结构+算法+程序设计方法+语言工具和环境

依据以上公式，本章主要介绍算法、程序设计语言、程序设计方法、可视化程序设计等。

9.2　算法

9.2.1　算法的概念

算法是计算机科学的最基本的概念，是计算机科学研究的核心之一。因此，了解算法及其表示和设计方法是程序设计的基础和精髓，也是读者学习程序设计过程中最重要的一环。

1．什么是算法

算法（Algorithm）就是一组有穷的规则，它规定了解决某一特定问题的一系列运算。通俗地说，为解决问题而采用的方法和步骤就是算法。本书中讨论的算法主要是指计算机算法。

2．算法的特性

（1）确定性（Definiteness）

算法的每个步骤必须要有确切的含义，每个操作都应当是清晰的、无二义性的。例如，算法中不允许出现诸如“将 3 或 5 与 y 相加”等含混不清、具有歧义的描述。

（2）有穷性（Finiteness）

一个算法应包含有限的操作步骤且在有限的时间内能够执行完毕。例如，在计算下列近似圆周率的公式时：

$$\frac{\pi}{4} \approx 1-\frac{1}{3}+\frac{1}{5}-\frac{1}{7}+\frac{1}{9}-\frac{1}{11}+\cdots \tag{9.2.1}$$

当某项的绝对值小于 10^{-6} 时算法执行完毕。

☞注意：如何正确理解算法的有穷性？

一个实用的算法，不仅要求步骤有限，同时要求运行这些步骤所花费的时间是人们可以接受的。例如，使用暴力破解密码的算法可能要耗费成百上千年。显而易见，这个算法是可以在有限的时间内完成，但是对于人类来说是无法接受的。

（3）有效性（Effectiveness）

算法中的每个步骤都应当能有效地执行，并得到确定的结果。例如，算法中包含一个 *m* 除以 *n* 的操作，若除数 *n* 为 0，则操作无法有效地执行。因此，算法中应该增加判断 *n* 是否为 0 的步骤。

（4）有零个或多个输入（Input）

在算法执行的过程中需要从外界取得必要的信息，并以此为基础解决某个特定问题。例如，在求两个整数 *m* 和 *n* 的最大公约数的算法中，需要输入 *m* 和 *n* 的值。另外，一个算法也可以没有输入，例如，在计算式（9.2.1）时，不需要输入任何信息，就能够计算出近似的 π 值。

（5）有一个或多个输出（Output）

设计算法的目的就是要解决问题，算法的计算结果就是输出。没有输出的算法是没有意义的。输出与输入有着特定的关系，通常，输入不同，会产生不同的输出结果。

☞注意：如何正确理解算法的输出形式？

算法的输出就是算法的计算结果，其输出形式多种多样：打印数值、字符、字符串，显示一幅图片，播放一首歌曲或音乐，播放一部电影……

3．算法的基本要素

算法由操作和控制结构两个要素组成。

（1）对数据对象的运算和操作

最基本的运算和操作有以下 4 类：

① 加、减、乘、除、求余等**算术运算**。

② 大于、小于、等于、不等于、大于等于、小于等于等**关系运算**。

③ 与、或、非等**逻辑运算**。

④ 输入、输出、赋值等**数据传送操作**。

（2）控制结构

算法中各操作之间的执行顺序是算法的控制结构。一个算法通常由顺序、选择、循环 3 种基本结构组成。控制结构的具体描述方法见 9.2.2 节中的“流程图”部分。

4．算法的分类

根据待解决问题的形式模型和求解要求，算法分为数值和非数值两大类。

（1）数值运算算法

数值运算算法是以数学方式表示的问题求数值解的方法。例如，代数方程计算、线性方程组求解、矩阵计算、数值积分、微分方程求解等。通常，数值运算有现成的模型，这方面的现有算法比较成熟。

（2）非数值运算算法

非数值运算算法通常为求非数值解的方法。例如，排序、查找、表格处理、文字处理、人事管理、车辆调度等。非数值运算算法种类繁多，要求各自不同，难以规范化。本节主要讲述的是一些典型的非数值运算算法。

9.2.2 算法的表示方法

设计出一个算法后，为了存档，以便将来算法的维护或优化，或者为了与他人交流，让他人能够看懂、理解算法，需要使用一定的方法来描述、表示算法。算法的表示方法很多，常用的有：自然语言、流程图、伪代码和程序设计语言等。

1．自然语言（Natural Language）

用人们日常生活中使用的语言，如中文、英文、法文等来描述算法。

【例 9-1】 使用中文来描述计算 5!的算法，其中假设 t 为被乘数，i 为乘数。

Step1 使 t=1。

Step2 使 i=2。

Step3 使 t×i，乘积仍放在 t 中。

Step4 使 i 的值加 1 再放回到 i 中。

Step5 如果 i 不大于 5，则返回 Step3 执行；否则，进入 Step6。

Step6 输出 t 中存放的 5!值。

使用自然语言描述算法的优点是通俗易懂，没有学过算法相关知识的人也能够看懂算法的执行过程。但是，自然语言本身所固有的不严密性使得这种描述方法存在以下缺陷：

① 文字冗长，容易产生歧义性，往往需要根据上下文才能判别其含义；

② 难以描述算法中的分支和循环等结构，不够方便直观。

2．流程图（Flow Chart）

流程图是最常见的算法图形化表达，它使用美国国家标准化学会（American National Standards Institute，ANSI）规定的一些图框、线条来形象、直观地描述算法处理过程。常见的流程图符号见表 9.2.1。

表 9.2.1 常见流程图符号

符号名称	图形	功能
起止框	（圆角矩形）	表示算法的开始或结束
处理框	（矩形）	表示一般的处理操作，如计算、赋值等
判断框	（菱形）	表示对一个给定的条件进行判断
流程线	→	用流程线连接各种符号，表示算法的执行顺序
输入/输出框	（平行四边形）	表示算法的输入/输出操作
连接点	○	成对出现，同一对连接点内标注相同的数字或文字，用于将不同位置的流程线连接起来，避免流程线的交叉或过长

【例 9-2】 使用流程图来描述计算 5!的算法，其中假设 t 为被乘数，i 为乘数。流程图如图 9.2.1 所示。

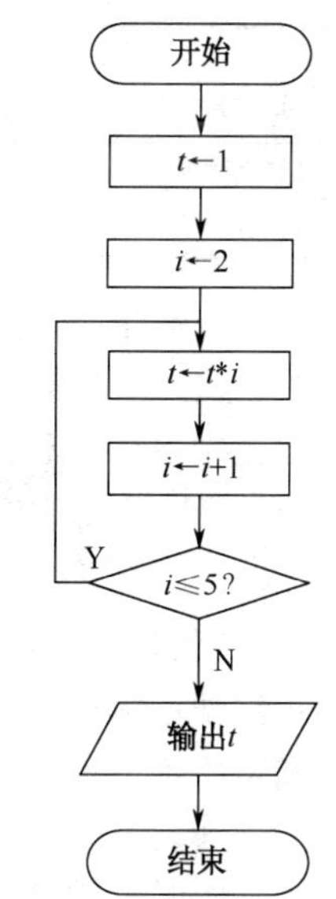

图 9.2.1 计算 5!的流程图

从本例可以看出，使用流程图描述算法简单、直观，能够比较清楚地显示出各个符号之间的逻辑关系，因此流程图是一种表示算法的好工具。流程图使用流程线指出各个符号的执行顺序，对流程线的使用没有严格限制，使用者可以毫无限制地使流程随意地转来转去。但是，当算法规模较大，操作比较复杂时，人们难以理解算法的逻辑。

为了提高算法的质量，便于阅读理解，应限制流程的随意转向。为了达到这个目的，人们规定了 3 种基本结构，由这些基本结构按一定规律组成一个算法结构。

（1）顺序结构

顺序结构是最简单、最常用的一种结构，如图 9.2.2 所示。图中操作 A 和操作 B 按照出现的先后顺序依次执行。

（2）选择结构

选择结构又称为分支结构，如图 9.2.3 所示。这种结构在处理问题时根据条件进行判断和选择。图（a）是一个“双分支”选择结构，如果条件 p 成立则执行处理框 A，否则执行处理框 B。图（b）是一个“单分支”选择结构，如果条件 p 成立则执行处理框 A。

（3）循环结构

循环结构又称为重复结构，在处理问题时根据给定条件重复执行某一部分的操作。循环结构有当型和直到型两种类型。

当型循环结构如图 9.2.4 所示。功能是：当条件 p 成立时，执行处理框 A，执行完处理框 A 后，再判断条件 p 是否成立，若条件 p 仍然成立，则再次执行处理框 A，如此反复，直至条件 p 不成立才结束循环。

直到型循环结构如图 9.2.5 所示。功能是：先执行处理框 A，再判断条件 p 是否成立，如果条件不成立，则再次执行处理框 A，如此反复，直至条件 p 成立才结束循环。

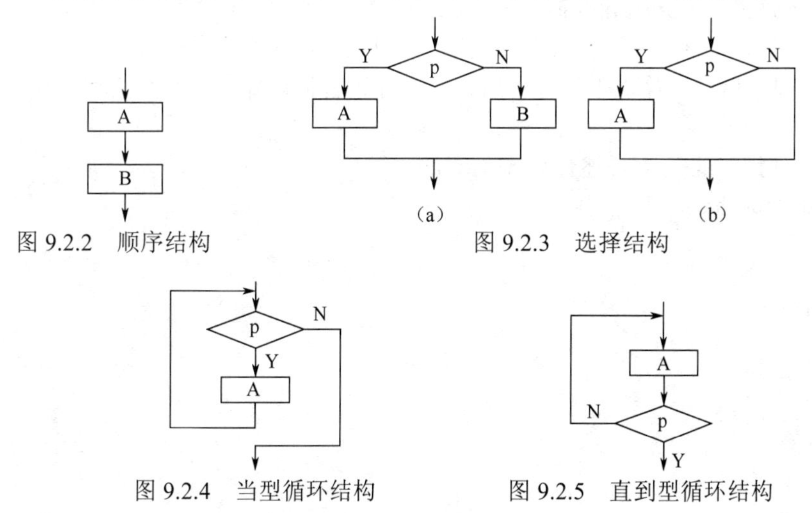

图 9.2.2 顺序结构

图 9.2.3 选择结构

图 9.2.4 当型循环结构

图 9.2.5 直到型循环结构

当型循环结构与直到型循环结构的区别如表 9.2.2 所示。

表 9.2.2　当型循环结构与直到型循环结构的比较

比较项目	当型循环结构	直到型循环结构
何时判断条件是否成立	先判断，后执行	先执行，后判断
何时执行循环	条件成立	条件不成立
循环至少执行次数	0 次	1 次

计算机科学家已经证明，使用以上 3 种基本结构顺序组合而成的算法结构，可以解决任意复杂的问题。由基本结构所构成的算法就是所谓的“结构化”的算法。

自主学习：N-S 流程图

N-S 流程图是由美国学者 I. Nassi 和 B. Shneiderman 在 1973 年提出的一种新的流程图形式。读者可以上网查阅相关资料深入学习这种算法表示方法。

3．伪代码（Pseudocode）

虽然使用流程图来描述算法简单、直观，易于理解，但是画起来费事，修改起来麻烦。因此流程图比较适合于算法最终定稿后存档时使用，而在设计算法的过程中常用一种称为“伪代码”的工具。

伪代码是一种介于自然语言和程序设计语言之间描述算法的工具。程序设计语言中与算法关联度小的部分往往被伪代码省略，如变量的定义等。

【例 9-3】　使用伪代码来描述计算 5!的算法，其中假设 t 为被乘数，i 为乘数。

```
begin
    t←1
    i←2
    while(i≤5)
    {
        t←t*i
        i←i+1
    }
    print t
end
```

4．程序设计语言（Programming Language）

计算机无法识别自然语言、流程图、伪代码，因此，算法最终要用程序设计语言实现，再被翻译成可执行程序后在计算机中执行。用程序设计语言描述算法必须严格遵守所选择语言的语法规则。

【例 9-4】　使用 C 语言来描述计算 5!的算法。

```
#include<stdio.h>
int main()
{
    int i,t;
    t=1;
    i=2;
    while(i<=5)
    {
        t=t*i;
        i=i+1;
    }
    printf("5!=%d\n",t);
```

```
        return 0;
    }
```

本节介绍了 4 种算法描述方法，读者可根据自己的喜好和习惯，选择其中一种。建议在设计算法过程中使用伪代码，交流算法思想或存档算法时使用流程图。

9.3 算法设计的基本方法

针对一个给定的实际问题，要找出确实行之有效的算法，就需要掌握算法设计的策略和基本方法。算法设计是一个难度较大的工作，初学者在短时间内很难掌握。但所幸的是，前人通过长期的实践和研究，已经总结出了一些算法设计基本策略和方法，例如，穷举法、递推法、递归法、分治法、回溯法、贪心法和动态规划法等。本节介绍穷举法、迭代法、排序、查找和一些典型的基本算法。

9.3.1 基本算法

在算法设计中，有一些算法比较经典，经常被使用到，如求和、累乘、求最大或最小值等。

1. 求和

在解决实际问题时经常遇到求和问题，如：

- 计算 1+2+3+…+98+99+100 的值；
- 计算 $\frac{\pi}{4}\approx 1-\frac{1}{3}+\frac{1}{5}-\frac{1}{7}+\frac{1}{9}-\frac{1}{11}+\cdots$ 的值；
- 统计一段文本中“的”字出现的次数；

……

求和算法就是求一组数据的和，其算法思想描述如下：

① 设置一个放置和的变量；

② 设置该变量的初值为 0；

③ 设置或输入初始加数；

④ 利用循环操作，将每个加数依次加入放置和的变量中；

⑤ 在每次循环后设置或输入新的加数；

⑥ 循环结束后，最终放置和的变量的值即为最终的结果。

【例 9-5】 使用流程图来描述计算 1+2+3+…+100 的值，结果如图 9.3.1 所示。

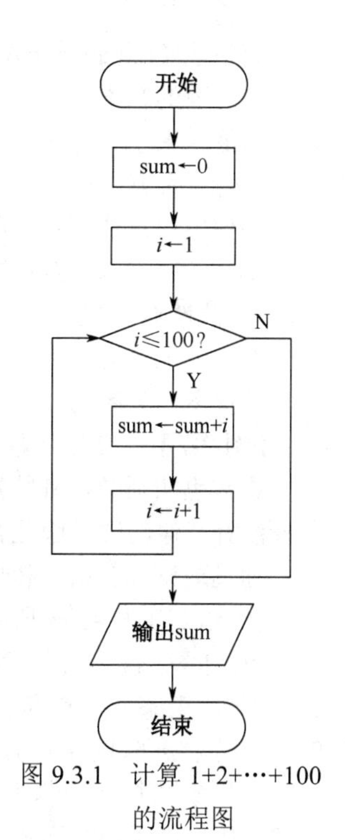

图 9.3.1 计算 1+2+…+100 的流程图

求和算法的关键，也是读者最容易忘记的——将用于存放和的变量值初始化为 0。

求和算法常用于以下几种情况：

- 计算一组数据之和；
- 公式求值，其中每两项之间由“+”连接，且每项具有一定规律，适合使用循环结构来实现；
- 统计具有某种特征或满足某个条件的数据的个数，即计数；
- 计算一组数据的平均值时，应先求该组数据的和。

2. 累积

在程序设计中，另一个经常使用的基本算法是求一组数据连续相乘的积，即累积算法。其算法思想描述如下：

① 设置一个放置乘积的变量；

② 设置该变量的初值为 1；

③ 设置或输入初始乘数；

④ 利用循环操作，将每个乘数依次与放置乘积的变量相乘；

⑤ 在每次循环后设置或输入新的乘数；

⑥ 循环结束后，最终放置乘积的变量的值即为最终的结果。

累积的例子见例 9-2，在此不再赘述。

累积算法的关键，也是读者最容易忘记的——将放置乘积的变量的值初始化为 1。

累积算法常用于求阶乘或乘方，如 $n!$，x^y。

3．求最大值或最小值

在日常工作和学习中，经常会遇到求一组数据中的最大值或最小值的问题，这时就用到了所谓的“打擂台算法”。其基本思想是，先从所有参加“打擂”的人中任选一人站在台上，第 2 个人上去与之比武，胜者留在台上。再上去第 3 个人，与台上的现任擂主（即上一轮的获胜者）比武，胜者留在台上，败者下台。循环往复，以后每个人都与当时留在台上的人比武，直到所有人都上台比过武为止，最后留在台上的就是冠军。

【例 9-6】 使用流程图描述从 10 个整数中找出最大值的算法，如图 9.3.2 所示。

☞思考：

如何将图 9.3.2 改为从 10 个整数中找出最小值的算法流程图？

9.3.2 穷举法

穷举法（Exhaustive Algorithm）也称为蛮力法，是一种简单、直接解决问题的方法。用穷举法解决问题的基本思路是，依次穷举问题所有可能的解，按照问题给定的约束条件进行筛选，如果满足约束条件，则得到一组解，否则不是问题的解。将这个过程不断地进行下去，最终得到问题的所有解。

要使用穷举法解决实际问题，应当满足以下两个条件：

① 能够预先确定解的范围并能以合适的方法列举；

② 能够对问题的约束条件进行精确描述。

穷举法的优点是：比较直观，易于理解，算法的正确性比较容易证明；缺点是：需要列举许多种状态，效率比较低。

【例 9-7】 使用流程图描述判断一个正整数 $m(m\geqslant 2)$是否为素数的算法。

素数也叫质数，其特点是，除了 1 和它自身之外没有其他的约数。例如，13 除了 1 和 13 之外没有其他约数，因此它就是一个素数。

通过观察和分析，该问题的求解符合穷举法解决问题的条件。

① 给定正整数 m 所有可能的约数（除了 1 和它自身）在$[2,m-1]$区间内，而且每两个可能的约数之间差 1，很容易列举。

② 约束条件非常容易描述：$m \bmod n = 0$，其中 n 表示正整数 m 的所有可能的约数，mod 的含义是求 m 除以 n 的余数，即求余运算，高级程序设计语言中基本都有该运算符。

判别素数算法的基本思路是，从区间$[2,m-1]$中取出一个数，看它是否满足约束条件 $m \bmod n=0$，如果满足，那么依素数的定义可知，m 不是素数，算法结束；否则继续判别下一个可能的约数 $n+1$。重复上述过程，直到区间$[2,m-1]$中每个数都被判断过，并且都不是 m 的约数为止，这说明 m 是素数。流程图如图 9.3.3 所示。

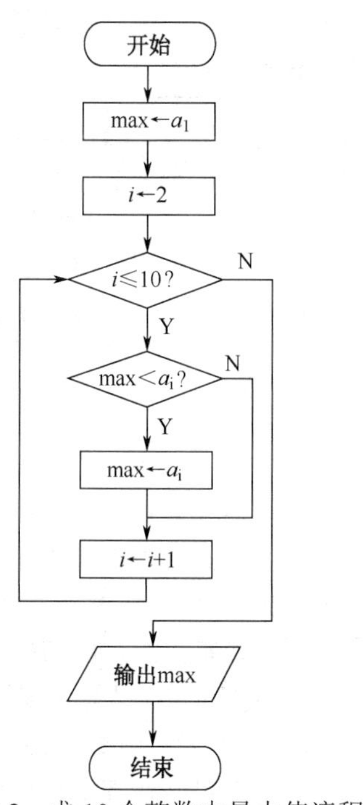

图 9.3.2　求 10 个整数中最大值流程图

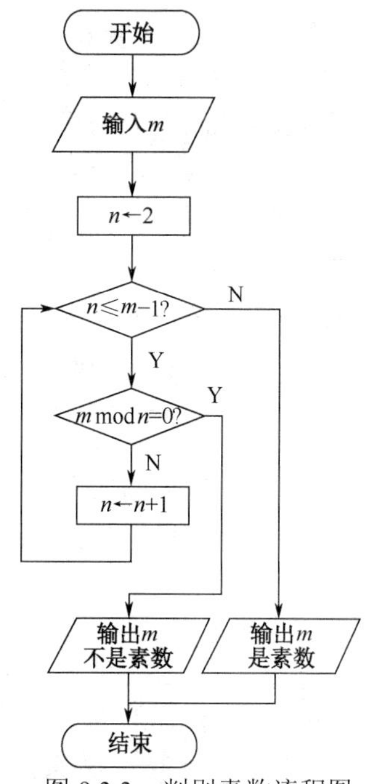

图 9.3.3　判别素数流程图

☞思考：

如何优化判素数算法，使其比较次数大幅减少？

9.3.3　迭代法

迭代法（Iterative Algorithm）是用计算机解决问题的一种基本方法。它利用计算机运算速度快、适合做重复性操作的特点，让计算机对一组指令（或步骤）进行重复执行，在每次执行这组指令（或步骤）时，都从变量的原值推出它的一个新值。

利用迭代算法解决问题，需要做好以下三个方面的工作。

（1）确定迭代变量

在使用迭代算法解决的问题中，至少存在一个直接或间接地不断由旧值推出新值的变量，这个变量就是迭代变量。

（2）建立迭代关系式

所谓迭代关系式，是指如何从变量的旧值推出新值的公式。迭代关系式的建立是解决迭代问题的关键。

（3）迭代过程控制

在什么时候结束迭代过程是设计迭代算法必须考虑的问题。不能让迭代过程无休止地重复执行下去。迭代过程的控制通常可分为两种情况。

① 迭代次数是可以计算出来的确定值，可以通过构建一个固定次数的循环来实现对迭代过程的控制。

② 迭代次数无法确定，需要进一步分析，从而得到结束迭代过程的条件。

【例 9-8】　使用流程图描述使用迭代法计算 5!的算法。

求解过程见表 9.3.1。具体的流程图如图 9.2.1 所示。

表 9.3.1　计算 5!的迭代过程分析

手工求解过程	迭代过程分析
1!=1	① 确定迭代关系式：
2!=1!×2	$n!=(n-1)!\times n$，式中 $2\leqslant n\leqslant 5$
3!=2!×3	② 确定迭代变量，使用 t 来表示阶乘，关系式可表示为：
4!=3!×4	$t=t\times i$，式中 $2\leqslant i\leqslant 5$
5!=4!×5	③ 迭代过程控制，使用固定次数的循环结构来控制计算的过程，共迭代 4 次，即 i 的值由 2 变到 5

9.3.4　排序

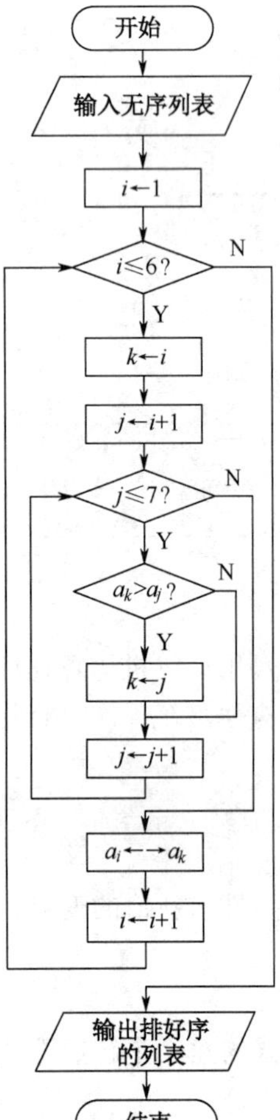

在人们的日常生活和工作中，许多问题都离不开排序，如按照成绩的高低录取学生、某个会议主席团名单按照姓氏笔画顺序排列、足球世界杯赛按照英文字典序安排各个国家入场的顺序等。

人们对数据进行排序，一般目的如下。

① 为比较或选拔而进行排序。例如，购物网站根据好评度对商家进行排序，便于客户选择自己满意的商家；某公司按照应聘者综合测评的成绩由高到低进行排序，录用成绩较高的应聘者。

② 为提高查找效率进行排序。例如，各种字词典籍中的条目排序；网站对提供的资源按照某种规则提取特征，并对这些特征进行排序形成索引，供站内搜索引擎检索之用。

在计算机科学中，排序是经常使用的一种经典的非数值运算算法。所谓排序（Sort）就是把一组无序的数据按照特定的顺序（如升序或降序）重新排列为有序序列的过程。常用的排序算法有插入排序（如直接插入排序、折半插入排序、希尔排序等）、交换排序（如冒泡排序、快速排序等）、选择排序（如简单选择排序、堆排序等）、归并排序、分配排序（如基数排序、桶排序等）。下面介绍简单选择排序和冒泡排序两种算法。

1．简单选择排序（Simple Selection Sort）

顾名思义，选择排序的关键就在“选择”两个字上。简单选择排序（也称为直接选择排序）就是每次在无序区间中找到最小数（假定最终排成升序），然后将其与无序表中的第一个数交换，即排好一个数。简单选择排序算法基本思想如下：

图 9.3.4　简单选择排序流程图

（1）通过 $n-1$ 次比较，从给定的 n 个数中找出最小的，将它与第一个数交换，最小的数被安置在第 1 个位置上。在排序算法中，将排好 1 个数的过程称为一**趟**。

（2）在剩余的 $n-1$ 个数中再按照（1）的方法，通过 $n-2$ 次比较，找出 $n-1$ 个数中最小的数，将它与第 2 个数（当前没排好序列中的第 1 个）交换。

（3）重复上述过程，最多经过 $\boldsymbol{n-1}$ **趟**排序后，n 个数被排成升序序列。

【例 9-9】　用流程图描述对 7 个给定数值进行简单选择排序的算法。分析过程见表 9.3.2。

表 9.3.2　简单选择排序过程分析

趟	49	38	65	97	76	13	27	比较次数	交换次数	说明
1	49	38	65	97	76	13	27	6	1	49←→13
	13	38	65	97	76	49	27			排好 13
2	13	38	65	97	76	49	27	5	1	38←→27
	13	27	65	97	76	49	38			排好 27
3	13	27	65	97	76	49	38	4	1	65←→38
	13	27	38	97	76	49	65			排好 38
4	13	27	38	97	76	49	65	3	1	97←→49
	13	27	38	49	76	97	65			排好 49
5	13	27	38	49	76	97	65	2	1	76←→65
	13	27	38	49	65	97	76			排好 65
6	13	27	38	49	65	97	76	1	1	97←→76
	13	27	38	49	65	76	97			排好 76

假设 7 个数存放在 a_i 中，其中 $1 \leqslant i \leqslant 7$，$a_k$ 为当前最小的元素，即 k 是当前最小元素的下标，流程图如图 9.3.4 所示。

2. 冒泡排序（Bubble Sort）

冒泡排序与简单选择排序一样，是一个简单、易于理解的排序算法。冒泡排序属于交换排序，排序过程中的主要操作是交换操作。冒泡排序在每趟排序时将每两个相邻元素进行比较，如果为逆序（如果要排为升序，则前面的一个元素大于后面紧邻的元素，称为逆序），则交换相邻的这两个元素。一趟排序下来，小数像气泡一样上浮，大数像水中的石头一样下沉，故该排序方法命名为冒泡排序。冒泡排序的基本思想如下：

假定要将 n 个数排成升序，n 个数存放在 a_i 中，其中 $1 \leqslant i \leqslant n$。

（1）比较第 1 个数与第 2 个数，若为逆序（$a_1>a_2$），则交换；然后比较第 2 个数与第 3 个数，依次类推，直至第 $n-1$ 个数和第 n 个数完成比较、交换为止。经过这一趟排序，最大的数被安置在最后一个位置上。

（2）对前 $n-1$ 个数进行与（1）相同的操作，结果使次大的数被安置在第 $n-1$ 个元素位置上。

（3）重复上述过程，共经过最多 **$n-1$ 趟**排序后，n 个数被排成升序序列。

【例 9-10】　使用流程图描述对 6 个给定数值构成的无序序列进行冒泡排序。分析过程见表 9.3.3。

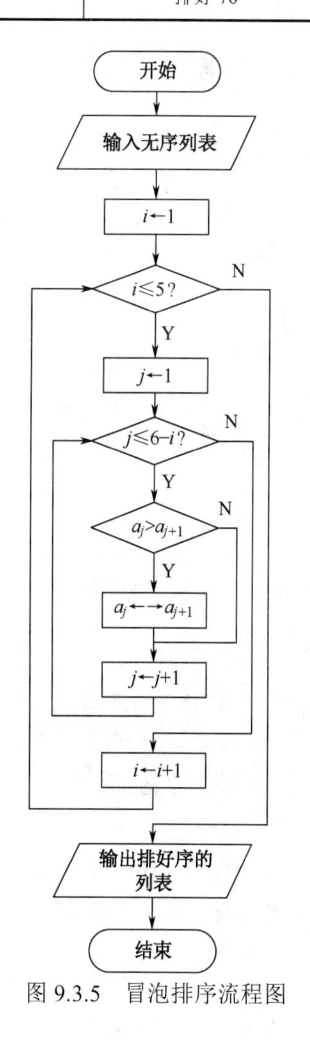

图 9.3.5　冒泡排序流程图

表 9.3.3　冒泡排序过程分析

趟	9	8	5	4	2	0	比较次数	交换次数	说　明
1	8	5	4	2	0	⑨	5	5	待排序列变为[a_1,a_5]
2	5	4	2	0	⑧	⑨	4	4	待排序列变为[a_1,a_4]
3	4	2	0	⑤	⑧	⑨	3	3	待排序列变为[a_1,a_3]
4	2	0	④	⑤	⑧	⑨	2	2	待排序列变为[a_1,a_2]
5	0	②	④	⑤	⑧	⑨	1	1	待排序列变为[a_1]，排序完毕

假设 6 个数存放在 a_i 中，其中 $1 \leqslant i \leqslant 6$，流程图如图 9.3.5 所示。

9.3.5　查找

和排序一样，查找在日常生活和工作中的应用同样非常广泛，如学生在考试成绩单中查找自己的成绩，在通讯录中查找某人的电话等。

在计算机科学中，查找（Search）是经常使用的一种经典的非数值运算算法。查找的操作多种多样，例如：找最值，即在一组数据中查找最大值或最小值；找特定值，即在一组数据中确定与给定值相等的数据元素，若找到这样的元素，则查找成功；否则，查找失败。常用的查找算法有顺序查找、二分查找、分块查找、哈希查找等。下面介绍顺序查找和二分查找。

1．顺序查找

顺序查找（Sequential Search）也称为线性查找，就是从给定列表的第一个元素开始（也可从最后一个元素开始），逐一扫描每个元素，将要查找的数据与表中的元素值进行比较，若当前扫描到的元素值与要查找的数据相等，则查找成功；若扫描到列表的另一端，仍未找到，则查找失败。

顺序查找的优点是简单，比较容易理解；缺点是比较次数较多，效率较低。顺序查找算法适合于待查找列表无序且其元素数量较少的情况。

【例 9-11】　使用流程图描述从 10 个整数中顺序查找给定值的算法。

分析：假设给定的 10 个整数已存储在 a_i 中，其中 $1 \leqslant i \leqslant 10$，要查找的数据存储在 key 中。从 a_1 开始依次将 a_i 与 key 进行比较，若相等则查找成功；否则，继续比较下一个元素 a_{i+1}。重复上述过程，若比较到 a_{10} 仍未找到，则查找失败。流程图如图 9.3.6 所示。

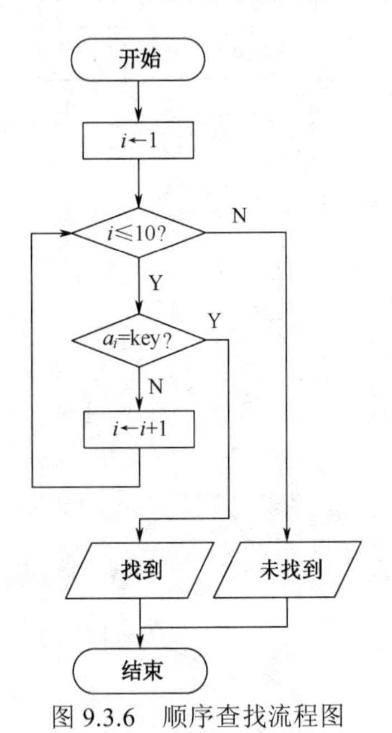

图 9.3.6　顺序查找流程图

> 📖 **自主学习：如何提高顺序查找的效率？**
> 在上述顺序查找算法中，每次循环做两次比较（$i \leqslant 10$ 和 a_i=key），请读者思考如何将之改为只做一次比较，从而提高顺序查找的效率。

2．二分查找

二分查找（Binary Search）也称为折半查找，是在待查找序列数据量很大时经常采用的一种高效的查找算法。要采用二分查找算法，待查找序列必须是有序的，下面的讨论假设数据是升序排列的情况。

【例 9-12】　使用二分查找在有序表（5,13,19,21,37,56,64,75,80,88,92）中查找 21，查找过程见表 9.3.4。其中，low 和 high 分别是待查区间的下界和上界，key 是要查找的数据值。

表 9.3.4　二分查找成功分析过程

次	待查序列											说　　明
1	5	13	19	21	37	56	64	75	80	88	92	查找前：low=1，high=11
	↑low					↑mid					↑high	查找时：mid=(low+high)/2=6 key$<a_{mid}$(21<56) 结论：　到[low，mid−1]继续查找
2	5	13	19	21	37	56	64	75	80	88	92	查找前：low=1，high=5
	↑low		↑mid		↑high							查找时：mid=(low+high)/2=3 key$>a_{mid}$(21>19) 结论：　到[mid+1，high]继续查找
3	5	13	19	21	37	56	64	75	80	88	92	查找前：low=4，high=5
				↑low mid	↑ high							查找时：mid=(low+high)/2=4 key$=a_{mid}$(21=21) 结论：找到，停止查找

【例 9-13】　使用二分查找在有序表（5,13,19,21,37,56,64,75,80,88,92）中查找 85，查找过程见表 9.3.5。其中，low、high 和 key 的约定同例 9-12。

表 9.3.5　二分查找失败分析过程

次	待查序列											说　　明
1	5	13	19	21	37	56	64	75	80	88	92	查找前：low=1，high=11
	↑low					↑mid					↑high	查找时：mid=(low+high)/2=6 key$>a_{mid}$(85>56) 结论：　到[mid+1，high]继续查找
2	5	13	19	21	37	56	64	75	80	88	92	查找前：low=7，high=11
							↑low		↑mid		↑high	查找时：mid=(low+high)/2=9 key$>a_{mid}$(85>80) 结论：　到[mid+1，high]继续查找
3	5	13	19	21	37	56	64	75	80	88	92	查找前：low=10，high=11
										↑low mid	↑high	查找时：mid=(low+high)/2=10 key$<a_{mid}$(85<88) 结论：　到[low，mid−1]继续查找
4	5	13	19	21	37	56	64	75	80	88	92	查找前：low=10，high=9
									↑high	↑low		结论：　low>high(10>9) 无查找区间 查找失败，停止查找

【例 9-14】　使用流程图描述二分查找算法。

分析：假定待查找序列中元素个数为 n，并已经存放在 a_i 中，其中 $1\leqslant i\leqslant n$，要查找的数据存储在 key 中。

从上面两个例子可知：

（1）待查找区间由 low（下界）、high（上界）界定，即[low, high]。

（2）当 low≤high 且还没有找到 key 时，一直按照下面步骤循环查找。

① mid=(low+high)/2，表示位于区间中间的那个元素所处的位置。

② 将 key 与 a_{mid} 进行比较，共有 3 种情况：

$$\begin{cases} key > a_{mid}，在区间[mid+1, high]中继续查找，即low = mid+1； \\ key < a_{mid}，在区间[low, mid-1]中继续查找，即high = mid-1； \\ key = a_{mid}，查找成功，查找结束。 \end{cases}$$

注意：每次查找，区间大约缩小一半。

（3）当 low>high 时，查找失败，循环结束。

流程图如图 9.3.7 所示。

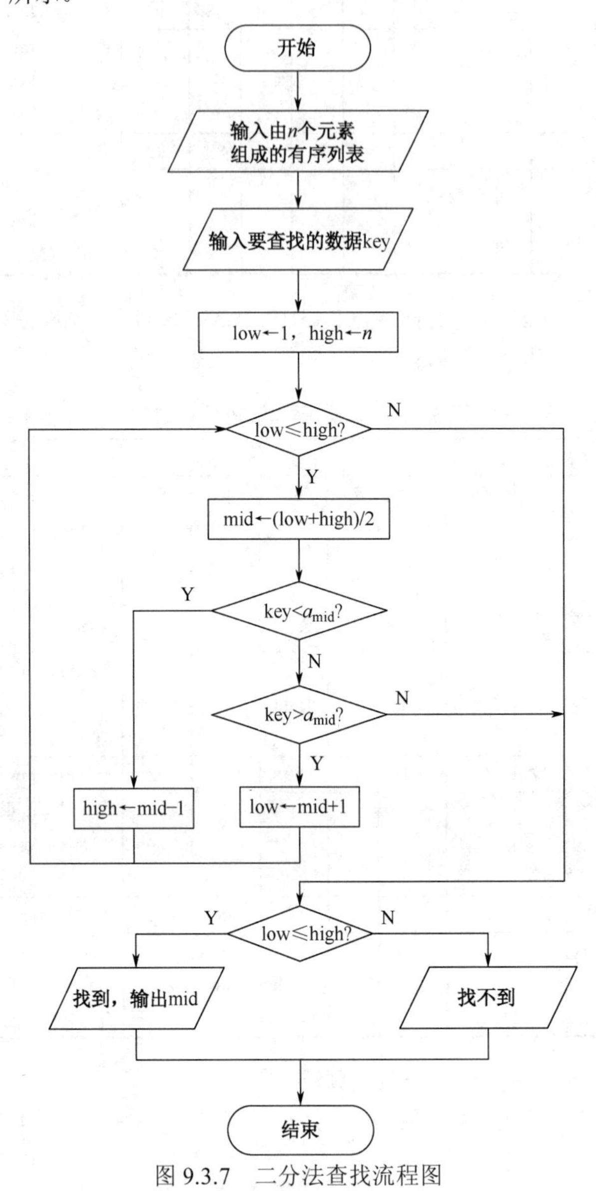

图 9.3.7　二分法查找流程图

9.4　程序设计与程序设计语言概述

9.4.1　程序设计语言概述

解决实际问题的算法设计完成后，接下来就该使用某种高级程序设计语言来实现这一算法。算法的实现就是编写解决问题的程序，并运行程序得到结果。

人与人之间互相交流，应能够听懂彼此的语言；人与计算机交流，计算机应能够“听懂”人的语言。非常不幸的是，计算机“听不懂”人类的自然语言，因此，人类发明了各种称为“程序设计语言”的工具，以便与计算机交流。按照程序设计语言发展的过程，程序设计语言大致分为机器语言、汇编语言和高级语言。

1．机器语言（Machine Language）

每种计算机被设计、制造出来后，都能够执行一定数量的基本操作，如加、减、移位等，即机器指令（Instruction）。一种计算机所有指令的集合称为该计算机的“机器语言”。为了解决某一实际问题，从指令集合中选择适当的指令组成的指令序列，称为“机器语言程序”。

由于机器语言是由“与生俱来”的机器指令组成的，因此它是唯一能够被计算机直接识别和执行的程序设计语言。

【例 9-15】 用 Intel 8086/8088 CPU 的指令系统编写 3+8 的机器语言程序段如下：

```
10110000  00000011        →表示将数 3 送到累加器 AL 中
00000100  00001000        →表示把 AL 中的数 3 同 8 相加结果保留在 AL 中
```

由上例可以看出，机器语言编写的程序晦涩难懂，就像“天书”一样，可阅读性、可维护性差，编写起来效率低下；由于不同种类的计算机指令系统不同，因此其机器语言也各自不同，移植性差，是一种面向机器的语言。虽然机器语言缺点明显，但是其优点也十分明显：机器语言编写的程序不需要翻译，计算机就能够直接识别、执行，所占内存少，执行效率高。

2．汇编语言（Assembly Language）

鉴于机器语言的种种缺点，计算机科学家用人们容易记忆的符号（例如英文单词或其缩写），即所谓的“助记符”来表示机器语言中的指令，例如用 ADD 表示加，SUB 表示减，MOV 表示数据传递等。这种用助记符表示指令的程序设计语言就是汇编语言，用汇编语言编写的程序称为汇编语言源程序。

【例 9-16】 用 Intel 8086/8088 的汇编语言编写 3+8 的汇编语言源程序段如下：

```
MOV   AL，3             →表示将数 3 送到累加器 AL 中
ADD   AL，8             →表示把 AL 中的数 3 同 8 相加结果保留在 AL 中
```

由上例可以看出，与机器语言相比，汇编语言在可阅读性、可维护性方面有一定的改善，同时保持了占用内存少，执行效率高的特点，比较适合实时性要求较高的场合，如系统软件的编写。但是汇编语言依然是一种面向机器的语言，其移植性、可维护性还是很差，而且汇编语言源程序必须翻译成机器语言后才能够被计算机执行。

3．高级语言（High-level Language）

为了进一步提高程序设计生产率和程序的可阅读性，使程序设计语言更接近于自然语言或数学公式，并力图使其脱离具体机器的指令系统，提高可移植性，在 20 世纪 50 年代出现了高级语言。高级语言是一类语言的统称，而不是特指某种具体的语言。C、C++、Java、Visual Basic 是目前比较流行的高级语言。

【例 9-17】 用 C 语言编写 3+8 的 C 语言源程序段如下：

```
int  a ;                /*定义整型变量 a*/
a = 3 + 8 ;             /*将 3+8 的和赋值给变量 a*/
```

使用高级语言进行程序设计，程序员不用直接与计算机的硬件打交道，不必掌握机器的指令系统，学习门槛较低，可使程序员将主要精力集中在算法的设计和程序设计上，可大大提高编写程序的效率。由于高级语言更接近于自然语言或数学公式，不依赖于具体的计算机硬件，因此与机器语言和汇编语言相比，在可阅读性、可维护性、可移植性方面均有了极大的提高。用高级语言编写的程序必须翻译成机器语言后才能够被计算机执行。为了保持程序的通用性，

在翻译过程中可能会衍生出一些完成常规性功能的代码，如引用数组元素时要判别下标是否越界，因此，用高级语言编写的程序其执行效率比用机器语言或汇编语言编写的、用于完成相同功能的程序要低。大部分高级语言用于编写对实时性要求不高的场合，如应用软件的编写。

9.4.2 语言处理程序

计算机只能直接识别和执行用机器语言编制的程序，为使计算机能识别用汇编语言和高级语言编制的程序，要有一套预先编制好的起翻译作用的翻译程序，把它们翻译成机器语言程序，这个翻译程序被称为语言处理程序。被翻译的原始程序（用汇编语言或高级语言编制而成）称为源程序，翻译后生成的程序称为目标程序。

1. 汇编程序

语言处理程序翻译汇编语言源程序及可执行程序执行的过程如图 9.4.1 所示。

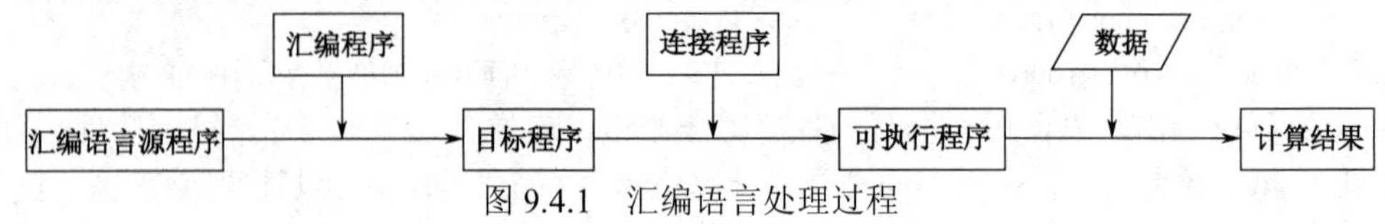

图 9.4.1 汇编语言处理过程

在图 9.4.1 中，汇编语言处理过程包括汇编、连接和执行 3 个阶段。

（1）汇编（Assembly）

将汇编语言源程序翻译成目标程序的过程称为汇编，而完成汇编任务的语言处理程序称为汇编程序或汇编器（Assembler）。

（2）连接（Link）

虽然图中的目标程序已经是机器语言程序了，但是它还不能被直接执行，还需要把目标程序与库文件（提供一些基本功能，如基本输入/输出、字符串处理等）或其他目标程序（由自己或他人编写，完成实际问题的部分功能）组装在一起，才能形成计算机可以执行的程序，即可执行程序，这一过程称为连接，完成连接任务的工具称为连接程序或连接器（Linker）。

（3）执行（Execute，Run）

操作系统将连接后生成的可执行程序装入内存后开始执行，在这期间一般需要输入其要处理的数据，执行完成后得到计算的结果。

可执行程序可以脱离汇编程序、连接程序和源程序独立存在并反复执行，只有源程序修改后，才需要重新汇编和连接。

2. 高级语言翻译程序

将高级语言源程序翻译成目标程序的工具称为高级语言翻译程序，其翻译的方式有两种，即编译（Compilation）和解释（Interpretation）。完成编译功能的程序称为编译程序或编译器（Compiler），完成解释任务的程序称为解释程序或解释器（Interpreter）。

（1）编译程序

编译方式的高级语言处理过程与汇编语言处理过程基本相同，如图 9.4.2 所示，其具体过程不再赘述。

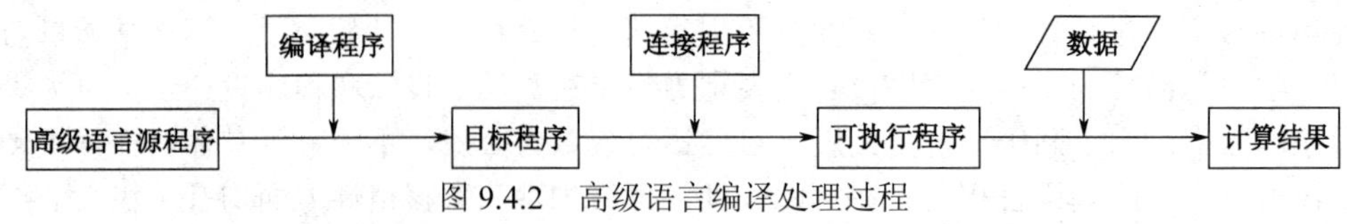

图 9.4.2 高级语言编译处理过程

高级语言的编译过程类似于“笔译”，翻译过程会产生目标程序，连接后会生成可执行程序，可执行程序可以脱离编译程序、连接程序和源程序独立存在并反复执行，只有源程序修改后，才需要重新编译和连接。

（2）解释程序

如图 9.4.3 所示，使用解释方式翻译高级语言源程序时，解释程序对源程序进行逐句解释、分析，计算机逐句执行，并不产生目标程序和可执行程序，整个过程类似于“同声传译”。

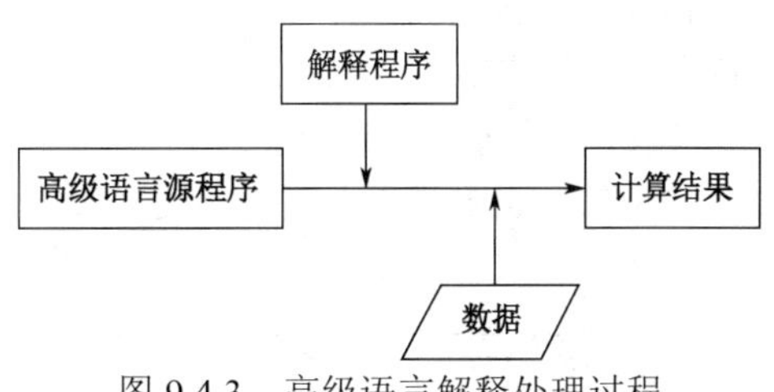

图 9.4.3　高级语言解释处理过程

解释方式处理高级语言源程序时，不生成目标程序和可执行程序，程序的执行不能脱离解释程序和源程序。

（3）解释方式与编译方式的区别

在处理高级语言时，有些高级语言使用解释方式，如 Basic、Python 语言等；而另外一些语言使用编译方式，如 C、C++、Pascal、FORTRAN 语言等。不同的语言，其编译或解释程序不同，彼此不能替代。两种翻译方式的比较见表 9.4.1。

表 9.4.1　解释方式与编译方式的比较

比较项目	解释方式	编译方式
类比	同声传译	笔译
是否生成目标程序	否	是
是否生成可执行程序	否	是
执行过程是否可脱离翻译程序	否	是
执行过程是否可脱离源程序	否	是
执行效率	较低	较高
其他	适合于初学者	—

9.4.3　程序设计概述

1. 什么是程序（Program）

在计算机领域中，程序是为解决特定问题而使用计算机语言编写的命令序列。通过前面章节的介绍可知，应该在不同的语言层面理解程序这一概念。源程序、目标程序和可执行程序的比较见表 9.4.2。

表 9.4.2　源程序、目标程序和可执行程序的比较

名称	编写语言	说明
源程序	汇编语言或高级语言	计算机不能直接识别或执行
目标程序	机器语言	源程序翻译的结果，不能执行
可执行程序	机器语言	可直接执行

2. 高级语言程序的组成

（1）概述

高级语言程序一般由对数据的描述和对操作的描述两部分组成。

① 对数据的描述。在程序中要指定数据的类型和数据的组织形式，即数据结构。

② 对操作的描述。即操作步骤，也就是对算法的实现。

以 C 语言为例，C 程序是由若干函数组成的，函数是 C 程序的基本单位。这些函数中有且只能有一个命名为 main 的函数。函数由对数据的描述（声明部分）和对操作的描述（执行部分）组成，其中执行部分由若干条语句组成。

（2）高级语言相关概念

① 字符集（Character Set）

跟自然语言类似，每种高级语言都有各自的字符集。字符集一般由字母、数字、空白符、标点符号和特殊字符组成。

② 标识符（Identifier）

常见的标识符有关键字、预定义标识符、用户定义标识符等，见表 9.4.3。

表 9.4.3　标识符的种类

类　别	说　明	C 语言示例
关键字	系统设置的具有特定含义、专门用途的字符序列，不能用于其他用途	if、int、while
预定义标识符	由系统预先定义，具有特殊含义的标识符	printf、define
用户定义标识符	由用户自己定义的、用来给常量、变量、函数、数组等命名的标识符，不同的高级语言标识符的命名规则不同	sum、name、student

③ 常量（Constant）

在程序运行过程中，其值不能被改变的量称为常量。常量有文字常量和符号常量两种，见表 9.4.4。

表 9.4.4　文字常量和符号常量

类　别	说　明	C 语言示例
文字常量	也称为直接常量，直接写出不同类型数据的值	123、14.5、'A'
符号常量	用一个标识符来表示数据具体的值，符号常量名必须符合标识符命名规则	#define PRICE 100 /*PRICE 是一个符号常量，其值为 100*/

④ 变量（Variable）

在程序运行过程中，其值可以改变的量称为变量。变量的名字由用户定义，变量的命名必须符合标识符命名规则。

变量用于存储程序执行过程的中间结果，它要占据一定数量的内存空间，相当于一个容器。

变量是通过其名字来访问的，变量名是一个标识符。变量的访问主要有“读”和“写”两种操作。

- 读：将变量中的数据取出来，存储在变量中的值不会改变。
- 写：将某数据存储到变量中，变量中存储的原值将被新值所覆盖。

⑤ 数据类型（Data Type）

不同类型的数据具有不同的性质和表示形式、范围。通常，不同类型的数据能够参加的运算也不相同。在高级语言中，使用数据类型这一概念来描述数据间这种差别，也就是说，数据类型决定了数据的存储形式、表示范围或精度、所占内存空间大小、能够参与哪些运算或操作等。

高级语言的数据类型一般包括基本数据类型和构造数据类型。常见的数据类型见表 9.4.5。

表 9.4.5　高级语言中常见的数据类型

数据类型		说　明	C 语言示例
基本	整型	对应数学上只有整数部分而没有小数部分的实数；可细分为多种子类型，分别占用 1B、2B、4B 等；包括有符号整型和无符号整型	int a;　　　/*整型*/ unsigned int b; /*无符号整型*/ long int c;　　/*长整型*/ short int d;　　/*短整型*/

续表

<table>
<tr><th colspan="2">数据类型</th><th>说明</th><th>C 语言示例</th></tr>
<tr><td rowspan="2">基本</td><td>浮点型</td><td>对应数学上既有整数部分又有小数部分的实数；可细分为单精度和双精度等，双精度数据的有效数字位数要比单精度数据的多</td><td>float f; /*单精度浮点型*/
/*6～7 位有效数字*/
double g; /*双精度浮点型*/
/*15～16 位有效数字*/</td></tr>
<tr><td>字符型</td><td>使用 1B 或 2B 来存储字符的 ASCII 码或 Unicode 码</td><td>char c; /*字符型*/</td></tr>
<tr><td rowspan="2">构造</td><td>数组</td><td>使用一个名称代表一组相同类型的数据，以下标的形式区分数组中的各个数据元素</td><td>int a[10]; /*具有 10 整型元素的数组*/</td></tr>
<tr><td>结构体</td><td>用于构造出复杂的数据结构，通过一个名称定义不同类型数据的组合</td><td>struct student /*学生结构体*/
{
char num[12]; /*学号*/
char name[20]; /*姓名*/
int age; /*年龄*/
char address[100]; /*地址*/
};</td></tr>
</table>

除了上述类型外，有一些语言还定义了其他数据类型，如 Java 语言中定义了逻辑型。

⑥ 运算符（Operator）与表达式（Expression）

运算符用于告知计算机对数据进行操作的类型、方式和功能，它一般作用于一个或一个以上的操作数（Operand）。操作数可以是常量、变量或函数的返回值。运算符主要包括算术、关系、逻辑、赋值等类别的运算符，见表 9.4.6。

表 9.4.6 高级语言常用运算符

<table>
<tr><th>类别</th><th>说明</th><th>C 语言示例</th></tr>
<tr><td>算术运算符</td><td>完成加、减、乘、除等算术运算</td><td>+、−、*、/、%等</td></tr>
<tr><td>关系运算符</td><td>完成数据间的比较运算，运算结果为逻辑值，即“真”或“假”</td><td>>、>=、<、<=、==、!=</td></tr>
<tr><td>逻辑运算符</td><td>完成与、或、非等逻辑运算，操作数应为逻辑值，运算结果为逻辑值</td><td>&&、||、!</td></tr>
<tr><td>赋值运算符</td><td>给一个变量赋以一个常量、变量或表达式的值</td><td>=、+=、*=、/=、%=等</td></tr>
</table>

用运算符将运算对象（操作数或另外一个表达式）连接起来的、符合语法规则的式子称为表达式。常见表达式类别见表 9.4.7。

表 9.4.7 高级语言常见表达式类别

类别	说明	C 语言示例
算术表达式	使用算术运算符将运算对象连接起来构成的表达式	a+b−c*d
关系表达式	使用关系运算符将运算对象连接起来构成的表达式	a>b!=c
逻辑表达式	使用逻辑运算符将运算对象连接起来构成的表达式	c>='A'&&c<='Z'
赋值表达式	使用赋值运算符将运算对象连接起来构成的表达式	a = 10

当一个表达式中出现多个运算符时，先计算谁后计算谁，由运算符的优先级别决定；若两个运算符的优先级别相同，则由结合性决定运算的先后次序，结合性有左结合性和右结合性。左结合性的含义是：当两个运算符的优先级别相同时，先计算左边的再计算右边的。而右结合性是先计算右边的再计算左边的。例如，C 语言的赋值表达式 a=b=10，其中两个赋值运算符优先级别相同，由于赋值运算符“=”是右结合性的，因此先将 10 赋给 b，然后将 b=10 的结果（10）

赋给 a。

⑦ 语句（Statement）

语句用来向计算机系统发出操作指令。通常，一条语句由语言处理程序翻译成若干条机器指令。一个程序中对操作的描述部分应包含若干条语句。

一种高级程序设计语言的语句种类并不多，例如，C 语言中的语句只有控制语句、函数调用语句、表达式语句、空语句、复合语句五大类。

⑧ 函数（Function）

一个较大的程序一般应分为若干个程序模块，每个模块用来实现一个特定的功能。高级语言中都有子程序这个概念，用子程序实现模块的功能。不同的语言使用不同的名称来描述子程序，如 C 语言中使用函数，Java 语言中使用方法等。

函数是一组执行特殊操作并返回值的语句集合。在 C 语言中，函数定义格式见表 9.4.8。

表 9.4.8　C 语言函数举例

示　例		说　明
1	int main()	i）函数由函数首部和函数体两部分组成；
2	{	ii）第 1 行是函数首部，包括函数类型（int）、函数名（main）、参数表（由 main 后的一对圆括号括起来，在此为空，表示没有参数）；
3	int a,b,c;	iii）第 2～9 行之间的内容为函数体，函数体由声明部分和执行部分组成，声明部分为对数据的描述，执行部分为对操作的描述；
4	a=123;	iv）第 3 行为声明部分，声明了 a、b、c 三个整型变量；
5	b=456;	v）第 4～8 行为执行部分，计算并输出 123+456 的值
6	c=a+b;	
7	printf(“%d+%d=%d\n”,a,b,c);	
8	return 0;	
9	}	

注：示例中每行前的编号是为了叙述方便加上去的，不是程序内容。

函数分为系统预定义的函数和用户自定义函数。本书只讨论预定义的函数。下面以 C 语言为例介绍使用预定义函数的方法。

i）标准函数

在 C 语言中，系统预先定义的函数，称为标准函数，或称为库函数。库函数是由系统提供的，用户不必定义就可以直接使用它们。

ii）函数原型

若想使用库函数，必须要知道库函数的函数名、函数参数、函数返回值类型。函数原型提供了该函数的这些信息。函数原型的格式如下：

函数类型　函数名(参数类型 1 参数名 1，参数类型 2 参数名 2，…，参数类型 *n* 参数名 *n*);

其中，函数名用来标识具有不同功能的函数；函数类型表示函数计算结果的类型，函数计算结果称为函数返回值；函数参数一般表示要使用该函数完成既定功能所需的已知条件，它由参数类型和参数名组成。例如，C 语言中计算 x^y 的库函数原型如下：

double pow(double x，double y);

从该函数的原型可知：函数类型为 double（表示浮点数据类型，对应数学上的实数，下同）；函数名为 pow，一来标识乘方函数，以示与其他函数的区别，二来可将 pow 视为英文单词 power 的缩写，表示该函数的功能是乘方的计算；参数 x 的类型为 double，表示乘方中的底数；参数 y 的类型为 double，表示乘方中的指数。

iii）函数调用

用户使用函数完成相应的功能，最后得到一个函数值的过程称为函数调用。在调用函数之前，用户应该知道被调用函数的原型，用户根据函数原型提供的信息调用函数。函数调用的一般形式如下：

函数名(参数 1，参数 2，…，参数 *n*)

例如，调用 C 语言库函数 pow 计算 10^3 的形式如下：

pow(10.0, 3.0)

3．程序设计的一般过程

编写程序解决问题的过程一般包括：确定问题→分析问题→设计算法→程序实现→测试→维护。

（1）确定问题

在拿到一个具体问题后，首先要充分理解用户的需求，确定解决目标和问题的可行性。在此阶段要去除不重要的方面，找到最根本的问题所在。

（2）分析问题

在确定问题后，先要仔细地分析问题的细节，从而清晰地获得问题的概念；其次，要确定输入和输出。在这一阶段中，应该列出问题的变量及其相互关系，这些关系可以用公式的形式来表达。另外，还应该确定计算结果显示的格式。

（3）设计算法

① 自顶向下，逐步细化

设计算法是问题解决过程中最难的部分。在一开始的时候，不要试图解决问题的每个细节，而应该使用“自顶向下、逐步细化”的设计方法。在这种设计中，首先要将一个复杂的问题分解为若干规模较小的子问题，然后通过“逐步细化”的方法逐一解决每个子问题，最终解决整个复杂的问题。

对于比较复杂的问题，以上过程的结果使用所谓的“功能模块图”和算法表示方法中的一种来描述。对于较简单的问题，以上过程的结果只使用算法表示方法中的一种来描述。如图 9.4.4 所示是一个功能模块图的例子。

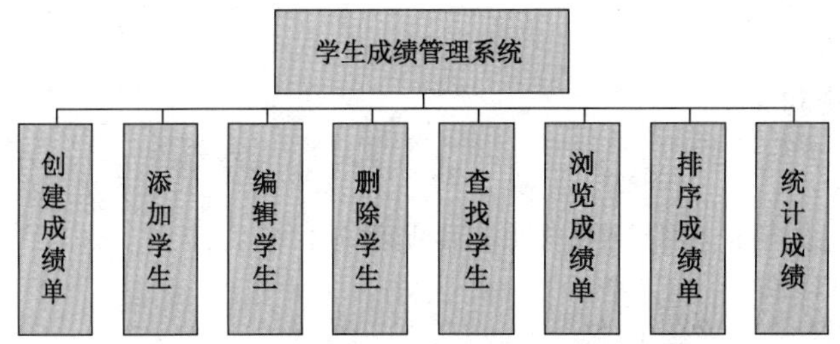

图 9.4.4　学生成绩管理系统功能模块图

② 算法的表示

在算法设计完成后，要使用某种算法的表示方法来描述算法，以便存档、交流和维护之用。

（4）程序实现

算法设计完成后，需要采取一种程序设计语言编写程序实现所设计算法的功能，从而达到使用计算机解决实际问题的目的。

（5）测试

程序测试是程序开发的一个重要阶段。程序的测试与检查就是测试所完成的程序是否按照预期方式工作。在实践中，人们已经总结出一些测试方法，归纳起来主要是结构测试和功能测试。

（6）维护

程序的维护与更新就是通过修改程序来移除以前未发现的错误，使程序与用户需求的变更保持一致。

【例 9-18】 用 C 语言编写一个程序，计算圆面积。

（1）确定问题

编写程序计算圆的面积，具体要求：

① 使用符号常量来表示圆周率；

② 用 scanf 输入数据；

③ 输出圆面积时要有文字说明，取小数点后两位数字。

（2）分析问题

① 问题输入：radius——圆的半径；

② 问题输出：area——圆的面积；

③ 相关公式：

圆面积= πr^2

圆周率=3.1415926

（3）设计算法

一级算法：

S1 读取圆的半径。

S2 计算圆的面积。

S3 显示圆的面积。

S2 的细化：

S2.1 圆面积= πr^2 。

（4）程序实现

① 写出程序的框架：

```
#include<stdio.h>
int main()
{
    声明部分;
    执行部分;
    return 0;
}
```

② 数据描述：包括常量和变量的声明。声明部分代码为：

```
#define PI 3.1415926
double radius;          /*圆半径*/
double area;            /*圆面积*/
```

③ 实现算法的各个步骤，见表 9.4.9。

表 9.4.9 计算圆面积算法步骤的实现过程

算 法	程 序
S1 读取圆的半径	printf("请输入圆的半径:"); scanf("%lf",&radius);
S2 计算圆的面积 S2.1 圆面积= πr^2	area = PI*radius*radius;
S3 显示圆的面积	printf("半径为%.2lf 的圆的面积为%.2lf\n",radius,area);

④ 最后的程序如下：

```
#include<stdio.h>
int main()
```

```
{
    #define    PI    3.1415926
    double    radius;                              //圆半径
    double    area;                                //圆面积
    printf("请输入圆的半径:");
    scanf("%lf",&radius);
    area = PI*radius*radius;
    printf("半径为%.2lf 的圆的面积为%.2lf\n",radius,area);
    return    0;
}
```

（5）测试

在编译、连接没有错误的基础上运行程序，输入测试数据，看是否得到预期的结果。当输入 radius 为 10 时，程序运行结果如图 9.4.5 所示。

图 9.4.5　计算圆面积程序运行结果

9.4.4　程序设计方法

正如在 9.1 节中提出的公式“程序=数据结构+算法+程序设计方法+语言工具和环境”描述的那样，要编写出能够有效解决实际问题的程序，除了要仔细分析数据并精心设计算法外，采用何种程序设计方法进行程序设计也相当重要。结构化程序设计方法和面向对象的程序设计方法是目前最常用的两种程序设计方法。

1．结构化程序设计（Structured Programming，SP）

结构化程序设计的概念最早由荷兰科学家 E. W. Dijkstra 提出。其根本思想是“分而治之”，即以模块化设计为中心，将待开发的软件系统划分为若干个独立的模块，这样使完成每个模块的工作变得单纯而明确，为设计较大的软件打下了良好的基础。

结构化程序设计方法的主要原则如下。

（1）自顶向下

程序设计时，应先考虑总体，后考虑细节；先考虑全局目标，后考虑局部目标。不要一开始就追求过多的细节，先从最上层总目标开始设计，逐步使问题具体化。

（2）逐步求精

所谓“逐步求精”的方法，就是在编写一个程序时，首先考虑程序的整体结构而忽视一些细节问题，然后逐步地、一层一层地细化程序，直至用所选的语言完全描述每个细节，即得到所期望的程序。在编写过程中，一些算法可以采用编程者所能共同接受的语言来描述，甚至是自然语言来描述。

（3）模块化设计

通常，一个复杂问题是由若干个较简单的问题构成的。要解决该复杂问题，可以把整个程序按照功能分解为不同的功能模块，也就是把程序要解决的总体目标分解为多个子目标，子目标再进一步分解为具体的小目标，把每个小目标称为一个模块。通过模块化设计，降低了程序设计的复杂度，使程序设计、调试和维护等操作简单化。如图 9.4.6 所示的树状结构就是一个模块化设计的例子。

（4）结构化编码

任何程序都可由顺序结构、选择结构和循环结构 3 种基本结构组成。3 种基本结构流程图见 9.2.2 节中的“流程图”部分内容。

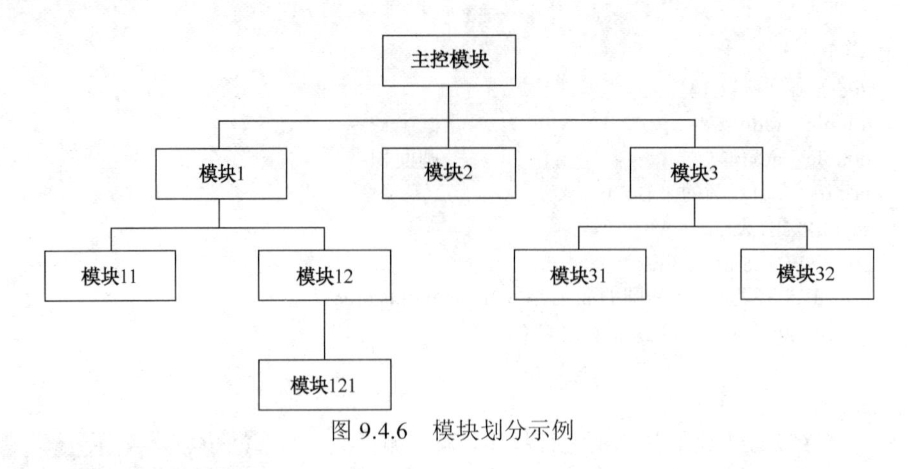

图 9.4.6　模块划分示例

（5）限制使用 GOTO 语句

由于 GOTO 语句容易破坏程序的结构，使程序难于理解和维护，因此在结构化程序设计中要尽量避免使用 GOTO 语句。

2．面向对象程序设计（Object Oriented Programming，OOP）

虽然结构化程序设计方法具有很多的优点，但还是存在程序可重用性差、不适合开发大型软件的不足。为了克服以上的缺点，一种全新的软件开发技术应运而生，这就是面向对象的程序设计方法。

面向对象程序设计方法将数据及对数据的操作方法放在一起，作为一个相互依存、不可分离的整体——对象。对同类型对象抽象出其共性，形成“类”。类通过一个简单的外部接口与外界发生关系，对象与对象之间通过发送消息进行通信。这样，程序模块间的关系更为简单，程序模块的独立性、数据的安全性有了良好的保障。另外，通过类的继承与多态可以很方便地实现代码的重用，大大缩短了软件开发的周期，使得软件的维护更加方便。

面向对象的程序设计并不是要摒弃掉结构化程序设计，这两种方法各有用途、互为补充。在面向对象程序设计中仍然要用到结构化程序设计的知识。例如，在类中定义一个函数就需要用结构化程序设计方法来实现。

面向对象程序设计的基本概念有对象、类、封装、继承、多态性等。

（1）对象（Object）

对象是系统中用来描述客观事物的一个实体，是构成系统的一个基本单位。对象由一组属性和一组行为或操作构成。

（2）类（Class）

类是具有相同属性和操作方法，并遵守相同规则的对象的集合。它为属于该类的全部对象提供了抽象的描述。一个对象是类的一个实例。

（3）封装（Encapsulation）

封装就是把对象的属性和操作方法结合成一个独立的系统单位，并尽可能隐藏对象的内部细节。

例如，在图 9.4.7 中，有一个名为 Person 的类，它是将某个教学管理系统中所有人都具有的相同属性（name、age，人的姓名、年龄）和操作方法（display，输出人的 name 和 age）封装在一起，在类外不能直接访问 name 和 age 属性（隐藏了内部的细节），只能通过公共操作方法 display 访问这两个属性。

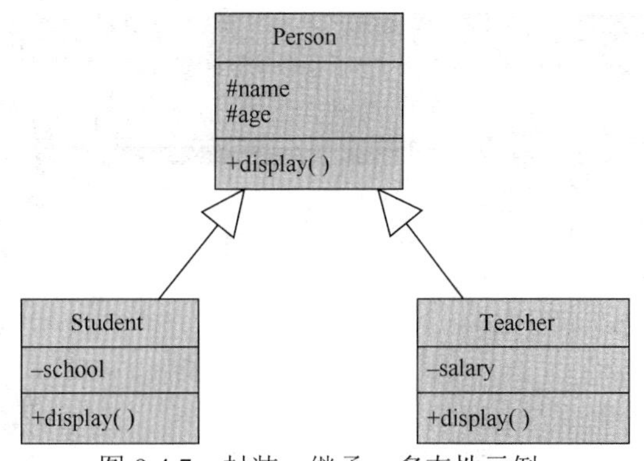

图 9.4.7　封装、继承、多态性示例

（4）继承（Inheritance）

继承是面向对象程序设计能够提高软件开发效率的重要原因之一。在面向对象程序设计中，允许从一个类（父类）生成另一个类（子类或派生类）。派生类不仅继承了其父类的属性和操作方法，而且增加了新的属性和新的操作，是对父类的一种改良。

通过引入继承机制，避免了代码的重复开发，减少了数据冗余度，增强了数据的一致性。

例如，在图 9.4.7 中，Student 类和 Teacher 类继承自 Person 类，这两个类被称为子类或派生类，它们都继承了父类 Person 的属性 name 和 age，并分别增加了 school 和 salary 属性。

（5）多态性（Polymorphism）

多态性是指在父类中定义的行为，被子类继承后，可以表现出不同的行为。例如，在图 9.4.7 中，子类 Student 和 Teacher 都重写了父类 Person 中的 display 方法（如果使用 C++语言，则将 display 方法实现为“虚函数”），现有一个 Person 类型的指针 p，当 p 指向一个由 Student 类实例化的对象时，通过指针 p 调用 display 方法将输出学生的信息（姓名、年龄和所在学院）；当 p 指向一个由 Teacher 类实例化的对象时，通过指针 p 调用 display 方法将输出教师的信息（姓名、年龄和工资）。可见，同为 display 方法，被不同的子类继承后，可以表现出不同的行为。

9.5　可视化程序设计

可视化（Visual）程序设计是一种全新的程序设计方法。通常，程序设计人员利用一种称为“集成开发环境”（Integrated Development Environment，IDE）的软件本身所提供的表单、组件等控件及其事件、方法、属性，像搭积木式地构造应用程序的各种界面。

可视化程序设计以“所见即所得”的编程思想为原则，力图实现编程工作的可视化，即程序员可在开发环境中通过点击或拖动鼠标来添加或删除控件，通过键盘或鼠标来编辑控件的事件、方法中的代码或属性值，来设计界面的表现形式和交互动作。程序员通过以上方式设计的界面与程序实际运行时的界面基本上相同。

可视化程序设计最大的优点是，程序设计人员可以不用编写或只需编写很少的程序代码，就能完成应用程序的设计，极大地提高了工作效率。

目前，比较流行的可视化程序设计环境很多，例如，微软公司的 Visual Studio 系列产品和开放源代码的 Eclipse 系列产品等。微软公司 Visual Studio 2010 工作界面如图 9.5.1 所示。

尽管常规的可视化程序设计环境优点很多，但是其主要用于专业开发，不适合入门级的程序设计教学。

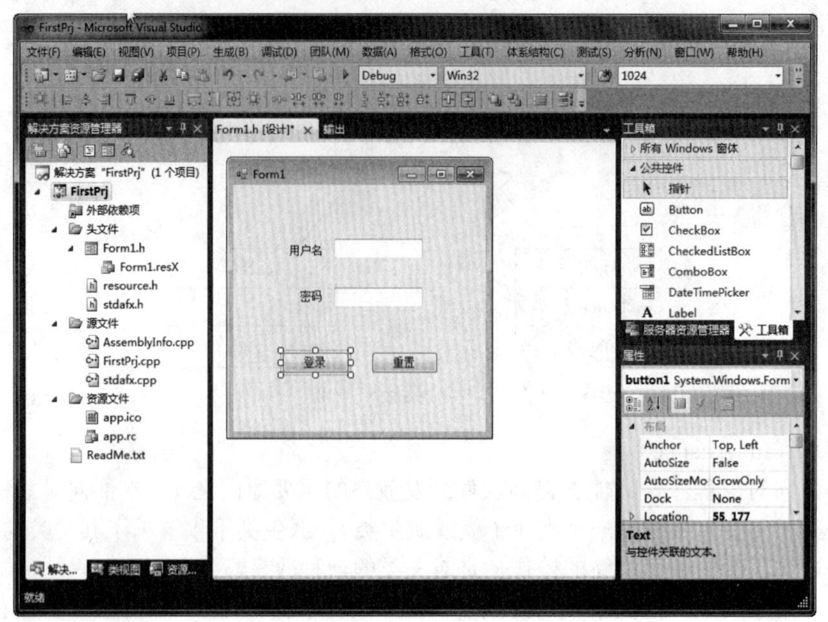

图 9.5.1　Visual Studio 2010 工作界面

9.5.1　RAPTOR 概述

RAPTOR（The Rapid Algorithmic Prototyping Tool for Ordered Reasoning，用于有序推理的快速算法原型工具），是一种基于流程图的可视化编程环境，为程序和算法设计基础课程教学提供实验环境。

通常，程序员在使用 Basic 或 C 等具体的程序设计语言编写代码之前，首先要设计解决特定问题的算法，并使用流程图来表示算法。RAPTOR 让流程图这一步工作更加深化，方便算法的设计和运行验证。

1．RAPTOR 的下载和安装

（1）RAPTOR 的下载

RAPTOR 有多个版本可用，这里介绍 2012 版，读者可到网站 http://raptor.martincarlisle.com 下载 RAPTOR 的最新版本。

（2）RAPTOR 的安装

双击 RAPTOR 的安装包启动安装过程，按照安装向导的要求依次安装即可。该过程非常简单，这里不再赘述。

2．RAPTOR 的启动与退出

可以使用以下两种常用方法启动 RAPTOR：

- 依次单击“开始｜所有程序｜RAPTOR”；
- 双击用户已经编制好的 RAPTOR 程序文件的图标。

可以使用以下两种常用方法退出 RAPTOR：

- 依次单击“File｜Exit”；
- 单击主窗口中的关闭按钮。

3．RAPTOR 界面简介

RAPTOR 界面由 RAPTOR 主窗口和主控制台窗口组成。

（1）RAPTOR 主窗口（见图 9.5.2）

RAPTOR 主窗口由符号区、监视窗口、工作空间和菜单与工具栏区 4 部分组成。

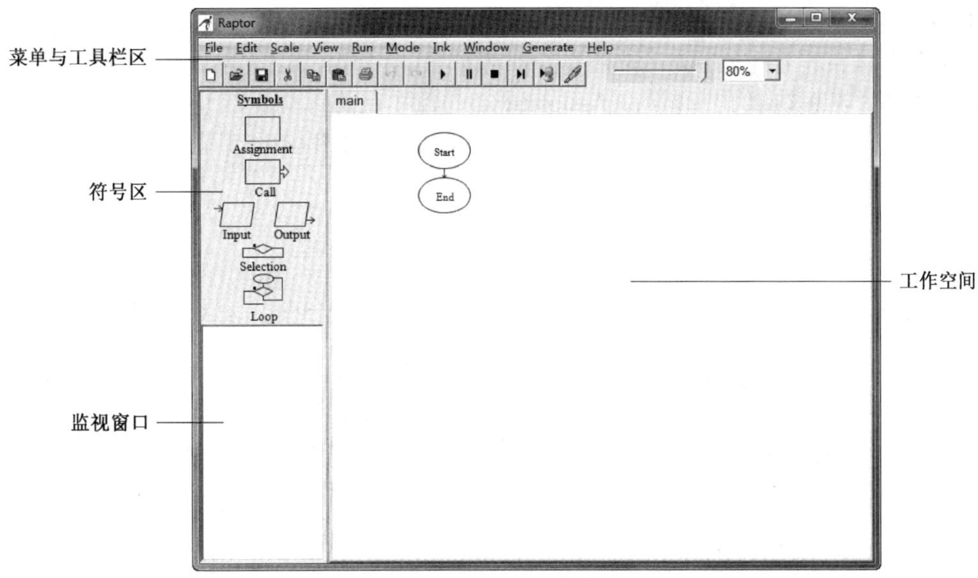

图 9.5.2　RAPTOR 主窗口

① 符号区（Symbols area）

符号区包括 RAPTOR 中常用的 6 种基本符号。每种符号表示一种特定类型的指令。这 6 种符号分别是：赋值符号、调用符号、输入符号、输出符号、选择符号和循环符号。

② 监视窗口（Watch window）

该窗口显示程序运行期间任意变量或数组元素的当前值，方便用户调试程序。

③ 工作空间（Workspace）

该区域用于用户编辑流程图。在该区域除默认的名为 main 的流程图外，还可以创建并编辑新的子流程图。

④ 菜单与工具栏区（Menu and toolbar area）

该区域由若干菜单项和命令按钮组成，用于控制 RAPTOR 的参数设置、视图外观和表现、程序运行的状态等。

（2）主控制台窗口（见图 9.5.3）

主控制台窗口用于显示程序的输出结果。

位于主控制台窗口下方的文本框允许用户直接输入命令。单击 Clear 按钮，将清除主控制台中输出的内容。

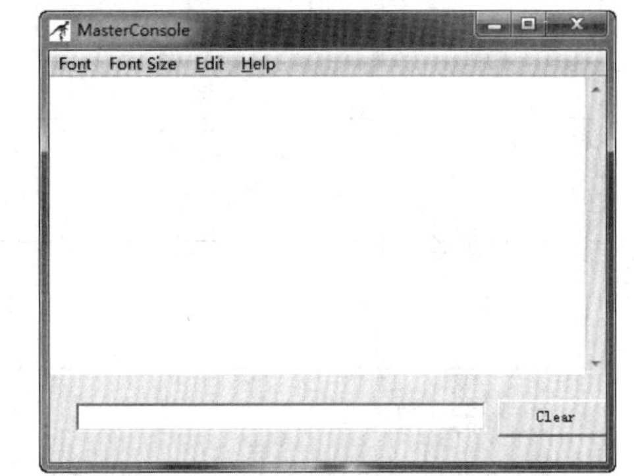

图 9.5.3　RAPTOR 主控制台窗口

9.5.2　RAPTOR 程序基本构成要素

RAPTOR 是一种基于流程图的语言，其设计的初衷是使用流程图来描述程序，而不是像一些常用的通用程序设计语言那样，用以文本表示的语句来书写程序。RAPTOR 程序是用一连串的符号连接而成的，这一连串的符号对应解决某一问题的算法中的一系列操作。符号间的连接箭头确定所有操作的执行顺序。RAPTOR 程序执行时，从开始（Start）符号起步，并按照箭头所指方向执行程序，直到执行到结束（End）符号为止。开始和结束符号如图 9.5.4 所示。

使用 RAPTOR 进行程序设计时，除了各种符号之外，用户还要搞清楚一些与程序设计相关的基本概念和术语，如标识符、变量、常量、运算符、函数等。

1．符号

除开始和结束符号外，RAPTOR 还有 6 种基本符号，如图 9.5.5 所示，每种符号代表一种独特的指令类型。表 9.5.1 给出了赋值（Assignment）、调用（Call）、输入（Input）和输出（Output）4 种基本符号和说明。选择（Selection）和循环（Loop）符号将在 9.5.3 节中介绍。

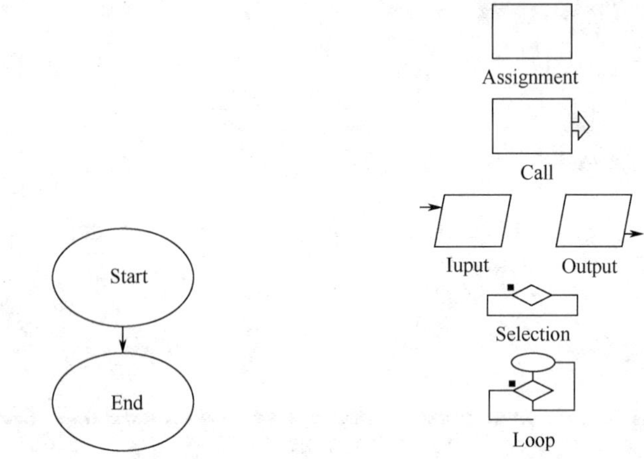

图 9.5.4　开始和结束符号　　　图 9.5.5　RAPTOR 的 6 种基本符号

表 9.5.1　4 种 RAPTOR 基本符号说明

名　称	符　号	说　明
赋值	Assignment	计算一个表达式的值，并将它赋给一个变量
调用	Call	调用一个函数或过程
输入	Input	从键盘或文件输入数据，并将其值赋给一个变量
输出	Output	将变量的值输出到屏幕上或文件中

2．标识符

RAPTOR 中的标识符是用来对变量、子流程图、过程或函数命名的有效字符序列。RAPTOR 标识符的命名规则如下：

① 必须以字母开头。

② 从第 2 个字符开始可以是字母、数字或下画线的序列。

③ 不允许出现空格。

④ 不区分大小写，如 sum 和 Sum 是同一个标识符。

⑤ 用户定义的标识符不能与 RAPTOR 中预定义的标识符重名，例如：

- 不能使用 e 作为变量名，因为 RAPTOR 中已将它作为预定义的常量，即自然对数的底数；
- 不能创建一个名为 Get_Key 的子流程图，因为 Get_Key 已经被 RAPTOR 定义使用。

定义标识符时，要尽量做到“见名知意”，即给标识符取一个有意义、具有描述性的名字，便于用户阅读程序，提高程序的可阅读性。例如，定义一个表示“圆的面积”的变量应取名为

circle_area。

3. 变量

变量名是一个用户定义的标识符，命名时应符合 RAPTOR 标识符的命名规则。

在 RAPTOR 中，变量的设置（或改变）通过以下 3 种方式之一来完成：

① 使用输入符号赋值，如图 9.5.6 所示。

② 使用赋值符号赋值，如图 9.5.7 所示。

③ 使用调用函数或过程赋值，本书不讨论。

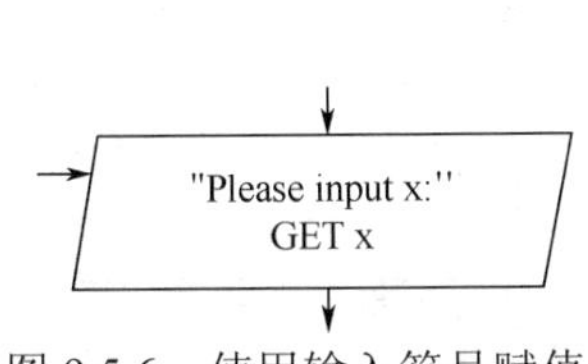

图 9.5.6　使用输入符号赋值

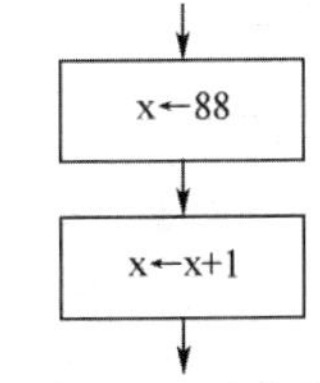

图 9.5.7　使用赋值符号赋值

RAPTOR 程序开始执行时内存中没有变量存在。当首次遇到一个新的变量名时，RAPTOR 会自动在内存中找到一块空闲存储空间，并将该变量名与该存储空间相关联。变量从诞生开始，在整个程序运行期间一直存在，直到程序终止。

RAPTOR 中的变量不用事先声明，需要时直接使用就可以了，但是必须对其进行初始化。当创建一个新的变量时，其初值将决定其数据类型。RAPTOR 中变量的数据类型见表 9.5.2。

表 9.5.2　RAPTOR 中变量的数据类型

类　　型	说　　明	类型值例子
数值	对应数学上的实数。整数部分有效数字为 15 位十进制数，小数部分有效数字默认为 4 位，可使用函数 set_precision()自定义设置	16，−7，3.1415，0.037
字符串	字符串必须用双引号括起来	"Hello,World" "The area of circle is:"
字符	有 3 种创建方法： i) 将函数 to_character(ascii)的函数值赋给变量，参数 ascii 表示函数返回字符的 ASCII 码，范围[0,127] ii) 使用字符串处理函数将字符串中的字符取出赋值给变量 iii) 将字符值直接赋给变量	'A'，'a'，'!'

RAPTOR 变量在程序运行过程中，可能会因为被赋予不同类型的值而改变其类型。

4. 常量

常量是指在程序运行期间其值不能改变的量。RAPTOR 中的常量是指“符号常量”，即用一个标识符来表示一个常数。在 RAPTOR 中，不允许用户定义自己的符号常量，只是系统内部预定义了若干个符号常量用于表示常用的数值型常数，见表 9.5.3。

表 9.5.3　RAPTOR 中的常用符号常量

常　　量	含　　义	值 与 说 明
pi	圆周率	值为 3.1416，默认有效数字 4 位，用户可定义扩展精度表达的范围
e	自然对数的底数	值为 2.7183，默认有效数字 4 位，用户可定义扩展精度表达的范围
true	逻辑值“真”	1
yes		
false	逻辑值“假”	0
no		

注：表中定义的 6 个常量已被 RAPTOR 系统预先使用，不能作为用户定义的标识符使用。

5. 内置运算符与函数

RAPTOR 中常用的运算符与函数见表 9.5.4。

表 9.5.4 RAPTOR 中常用运算符与函数

运算符或函数	含 义	表 达 式	表达式的值
+	加	3+5	8
−	减或负号	−5、3−5	−5、−2
*	乘	3*5	15
/	除	3/5	0.6
^或**	幂运算	3^5	243
rem 或 mod	求余数	5 rem 3	2
sqrt	求平方根	sqrt(4)	2
log	自然对数（以 e 为底）	log(e)	1
abs	绝对值	abs(−5)	5
ceiling	向上取整	ceiling(3.02)	4
floor	向下取整	floor(8.99)	8
sin	求正弦值，参数以弧度表示	sin(pi/6)	0.5
cos	求余弦值，参数以弧度表示	cos(pi/3)	0.5
tan	求正切值，参数以弧度表示	tan(pi/4)	1
cot	求余切值，参数以弧度表示	cot(pi/4)	1
random	生成一个[0,1)之间的随机数	random*100	[0,100)之间的随机数
length_of	用于数组变量时，返回数组元素个数；用于字符串变量时，返回其中字符个数	score[50]←100 length_of(score)	50

9.5.3 RAPTOR 的控制结构

RAPTOR 的控制结构主要包括顺序结构、选择结构和循环结构 3 种。与这 3 种结构相关的知识请参考本章前面的内容，在此不再赘述。本节主要通过若干实例，讨论在 RAPTOR 中如何实现 3 种基本结构。

1. 顺序结构

【例 9-19】 编写一个 RAPTOR 程序，实现计算圆面积的功能。

确定问题、分析问题、设计算法的步骤见例 9-18，这里根据最终算法给出 RAPTOR 程序编写的过程，主要包括输入符号、赋值符号、输出符号具体的创建方法。

算法如下：

S1 读取圆的半径。

S2 计算圆的面积。

S2.1 圆面积= πr^2 。

S3 显示圆的面积。

（1）S1 的细化：使用 RAPTOR 提供的输入符号实现。

① 创建一个 RAPTOR 程序：依次单击“File | New”。

② 添加一个输入符号。

Step1 单击主窗口符号区中的 Input 图标。

Step2 单击主窗口工作空间中 Start 与 End 之间的流程线，添加一个输入符号。

③ 完成输入符号。

Step1 双击刚添加的输入符号，打开如图 9.5.8 所示的 Enter Input 对话框。

Step2 在 Enter Prompt Here 文本框中输入字符串“Please input the radius of circle:”作为输

入提示信息，该信息在程序执行时将显示在屏幕上，提示用户输入圆半径。

Step3　在 Enter Variable Here 文本框中输入用于存放圆半径的变量名称“radius”。

Step4　最后，单击 Done 按钮。

添加输入符号后的程序如图 9.5.9 所示。

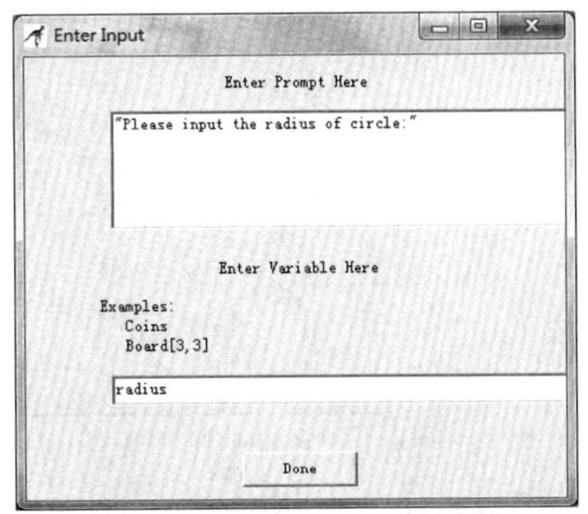

图 9.5.8　Enter Input 对话框

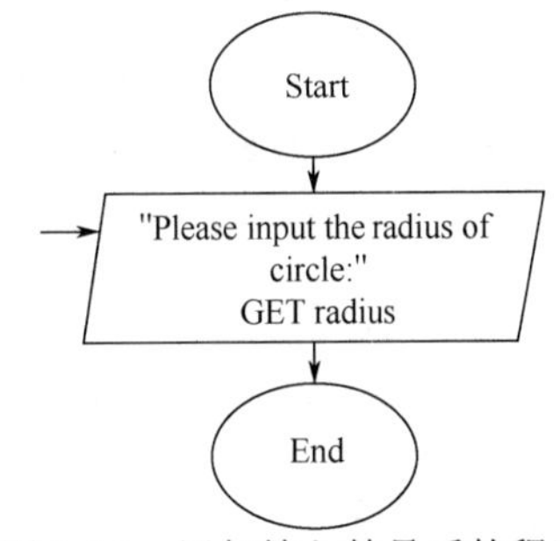

图 9.5.9　添加输入符号后的程序

（2）S2 的细化：使用 RAPTOR 提供的赋值符号实现。

① 添加一个赋值符号。

Step1　单击主窗口符号区中的 Assignment 图标。

Step2　单击主窗口工作空间中输入符号与 End 之间的流程线，添加一个赋值符号。

② 完成赋值符号。

Step1　双击刚添加的赋值符号，打开如图 9.5.10 所示的 Enter Statement 对话框。

Step2　在 Set 文本框中输入圆面积变量的名称“area”。

Step3　在 to 文本框中输入表达式“pi*radius*radius”。

Step4　单击 Done 按钮。

添加赋值符号后的程序如图 9.5.11 所示。

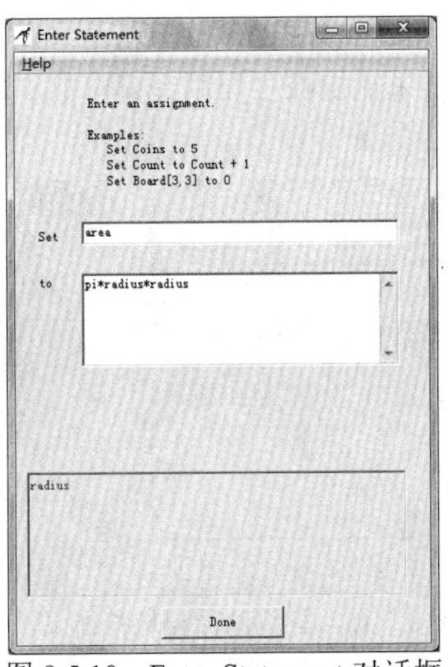

图 9.5.10　Enter Statement 对话框

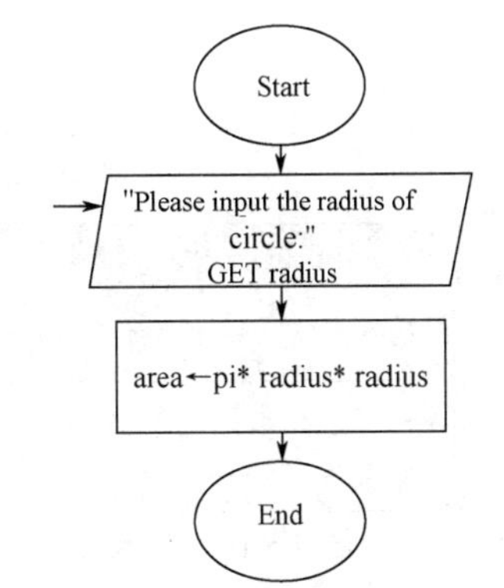

图 9.5.11　添加赋值符号后的程序

（3）S3 的细化：使用 RAPTOR 提供的输出符号实现。

① 添加一个输出符号。

Step1　单击主窗口符号区中的 Output 图标。

Step2　单击主窗口工作空间中赋值符号与 End 之间的流程线，添加一个输出符号。

② 完成输出符号。

Step1　双击刚添加的输出符号，打开如图 9.5.12 所示的 Enter Output 对话框。

Step2　在 Enter Output Here 文本框中输入“"The area of circle is"+area”。注意，字符串与变量 area 之间使用“+”连接。

Step3　单击 Done 按钮。

最终得到的计算圆面积程序如图 9.5.13 所示。

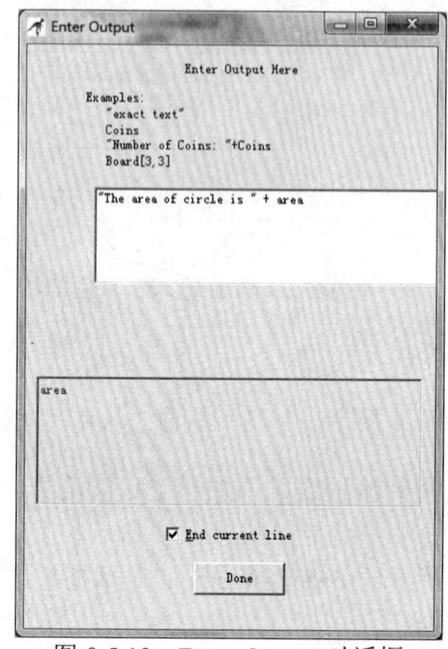

图 9.5.12　Enter Output 对话框

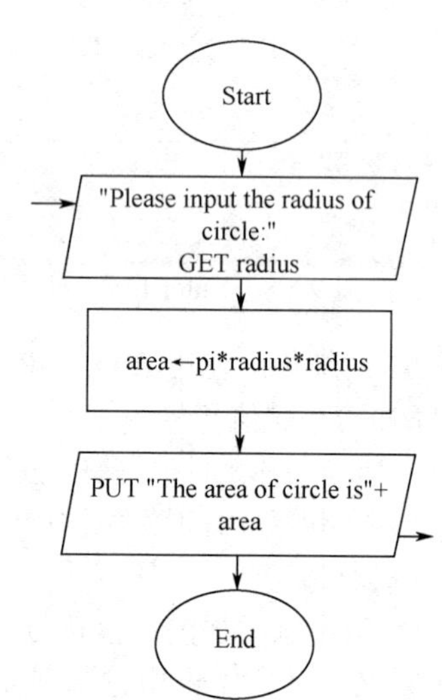

图 9.5.13　计算圆面积程序

（4）测试程序。

Step1　单击主窗口工具栏中的按钮，开始执行程序。

Step2　在弹出的 Input 对话框中输入 10，单击 OK 按钮，如图 9.5.14 所示。

程序接收到圆的半径后，开始计算圆的面积，最终结果输出在主控制台窗口中，如图 9.5.15 所示。

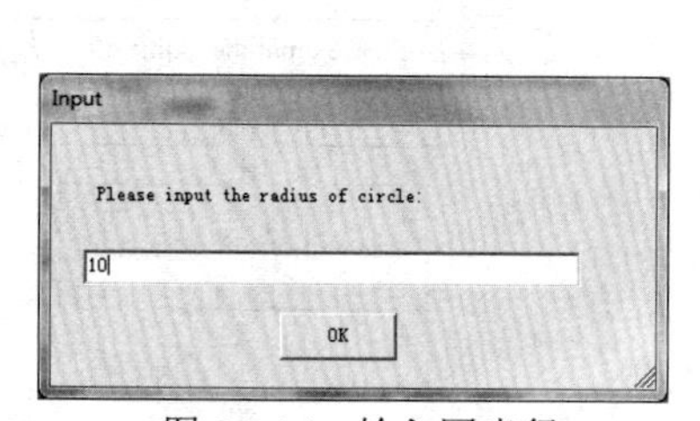

图 9.5.14　输入圆半径

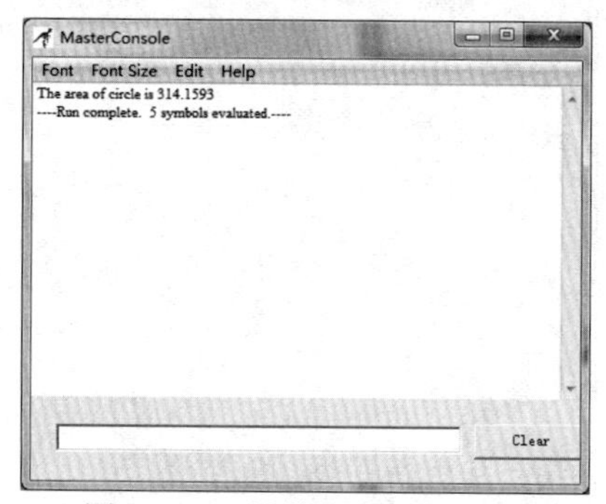

图 9.5.15　计算圆面积最终结果

2. 选择结构

RAPTOR 中的选择符号对应于其他高级程序设计语言中的 if 和 if-else 语句，用来实现结构化算法中的选择结构。选择结构的执行流程在 9.2.2 节中已经介绍过了，下面仅以两个实例介绍如何使用 RAPTOR 中的选择符号进行选择结构程序设计。

（1）单分支选择结构程序设计

【例 9-20】　编写一个 RAPTOR 程序，使用单分支选择结构实现求两数中大者。

由于该题比较简单因此直接给出算法：

S1　从键盘输入两个整数分别给 a 和 b。

S2　将 a 赋给 maximum（即认为 a 是大数）。

S3　若 b> maximum，则将 b 赋给 maximum。

S4　输出 maximum 的值。

编写 RAPTOR 程序，实现上面的算法，具体步骤如下。

① 创建一个 RAPTOR 程序。

② 添加一个输入符号，用来输入变量 a，其方法参见例 9-19。

③ 添加一个输入符号，用来输入变量 b。

④ 添加一个赋值符号，将变量 a 的值赋给变量 maximum，其方法参见例 9-19。

⑤ 添加一个选择符号。

Step1　单击主窗口符号区中的 Selection 图标。

Step2　单击主窗口工作空间中赋值符号与 End 之前的流程线，添加一个选择符号。

⑥ 完成选择符号。

Step1　双击刚添加的选择符号，打开如图 9.5.16 所示的 Enter Selection Condition 对话框。

Step2　在 Enter selection condition 文本框中输入条件“b > maximum”，单击 Done 按钮。

输入的条件也称为“决策表达式”（Decision Expression）。决策表达式是由关系运算符或逻辑运算符将运算对象连接起来的式子，其结果值为逻辑值。关系运算符对相同数据类型的值进行比较，其结果为逻辑值。逻辑运算符对两个逻辑值进行运算，其结果为逻辑值。关系运算符和逻辑运算符见表 9.5.5。

表 9.5.5　RAPTOR 关系运算符与逻辑运算符

类　型	运 算 符	说　明	示　例	
关系运算符	==	等于	5==8	结果为 no（false）
	!=或/=	不等于	5!=8	结果为 yes（true）
	<	小于	5<8	结果为 yes（true）
	<=	小于或等于	5<=8	结果为 yes（true）
	>	大于	5>8	结果为 no（false）
	>=	大于或等于	5>=8	结果为 no（false）
逻辑运算符	and	与	(5<8) and (50<80)	结果为 yes（true）
	or	或	(5<8) or (50>80)	结果为 yes（true）
	xor	异或	true xor false true xor true	结果为 yes（true） 结果为 no（false）
	not	非	not (5>8)	结果 yes（true）

RAPTOR 中运算符的优先级别如下：

- 首先计算所有函数；
- 计算括号中的所有表达式；
- 计算乘幂（^或**）；
- 从左至右，计算乘法和除法；
- 从左至右，计算加法和减法；
- 从左至右，进行关系运算；

- 从左至右，进行 not 逻辑运算；
- 从左至右，进行 and 逻辑运算；
- 从左至右，进行 xor 逻辑运算；
- 从左至右，进行 or 逻辑运算。

⑦ 在选择符号的 Yes（真）分支中添加赋值符号，将 b 赋给 maximum。

⑧ 在 End 符号之前的流程线上添加一个输出符号，用来输出 maximum 的值。

最终的 RAPTOR 程序如图 9.5.17 所示。

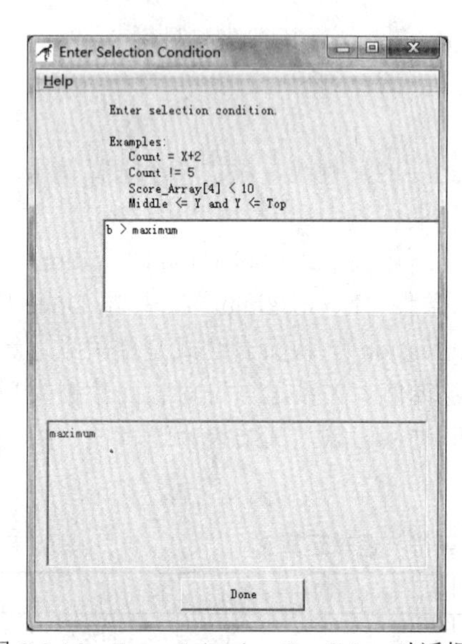

图 9.5.16　Enter Selection Condition 对话框

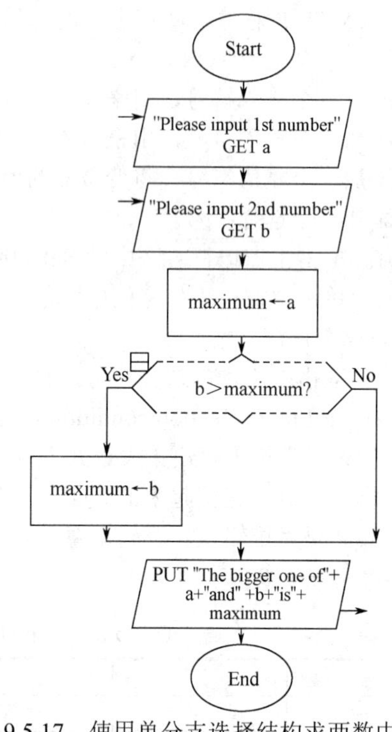

图 9.5.17　使用单分支选择结构求两数中大者

（2）双分支选择结构程序设计

【例 9-21】　编写一个 RAPTOR 程序，使用双分支选择结构实现求两数中大者。

由于该题比较简单，因此直接给出最终算法：

S1　从键盘输入两个整数分别给 a 和 b。

S2　若 a>b，则将 a 赋值给 maximum；否则将 b 赋值给 maximum。

S3　输出 maximum 的值。

编写 RAPTOR 程序，实现上面的算法，具体步骤略。最终的 RAPTOR 程序如图 9.5.18 所示。

📖 自主学习：如何编写一个 RAPTOR 程序，实现如下分段函数的求值？

$$y=\begin{cases} x & (x<1) \\ 2x-1 & (1\leqslant x<10) \\ 3x-11 & (x\geqslant 10) \end{cases}$$

该分段函数有 3 种情况，对应 3 个分支，不适合直接使用双分支选择结构实现。在进行判断时，如果要判断的情况超过两种，一般应使用多分支选择结构来实现。但是，RAPTOR 中没有符号能够直接实现这一功能，怎么办呢？答案是，使用选择符号的嵌套来实现。请自行编写解决该问题的程序。

3．循环结构

RAPTOR 中的循环符号对应其他高级程序设计语言中的 while、do-while 和 for 语句，用来实现结构化算法中的循环结构。循环结构的执行流程在 9.2.2 节中已经介绍过了，下面仅以两个实例介绍如何使用 RAPTOR 中的循环符号进行循环结构程序设计。

（1）循环符号

在 RAPTOR 程序中添加循环符号的操作步骤如下。

Step1　单击主窗口符号区中的 Loop 图标。

Step2　单击主窗口工作空间中要添加 Loop 符号的流程线，添加一个循环符号。

Step3　双击刚添加的循环符号，打开如图 9.5.19 所示的 Enter Loop Condition 对话框。

Step4　在 Enter loop exit condition 文本框中输入退出循环的条件，如“x>y”，单击 Done 按钮。

Step5　循环体的实现。将循环体添加在循环符号的不同位置，可以分别实现结构化程序设计方法中的当型循环结构和直到型循环结构。

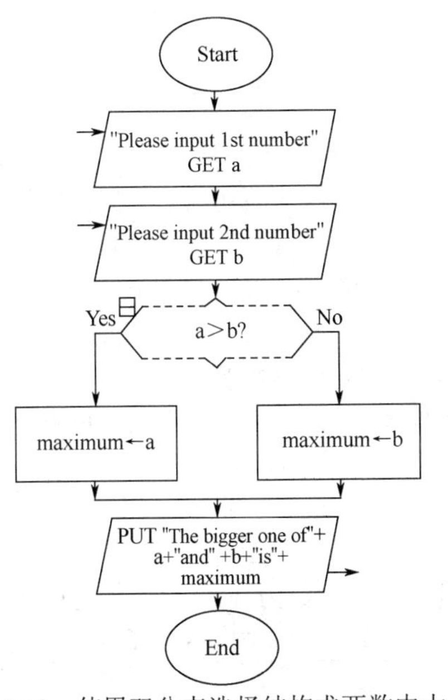

图 9.5.18　使用双分支选择结构求两数中大者

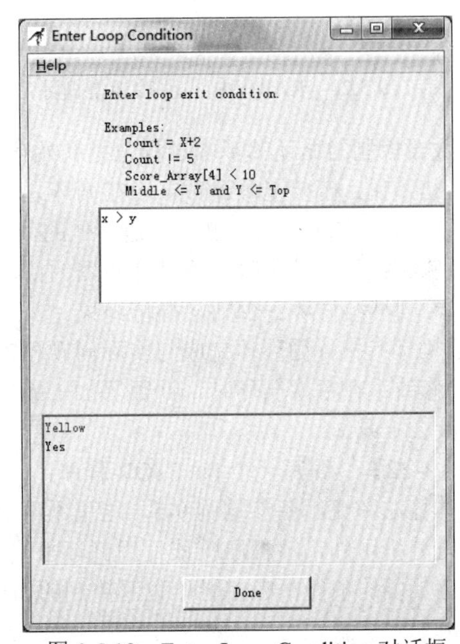

图 9.5.19　Enter Loop Condition 对话框

- 当型循环：若将循环体添加在如图 9.5.20 所示的部分，则实现当型循环。注意，与结构化程序设计中的当型循环不同的是，RAPTOR 在循环符号判断框中的条件为 No（假）时循环，为 Yes（真）时退出。
- 直到型循环：若将循环体添加在如图 9.5.21 所示的部分，则实现直到型循环。用这种方法实现的循环结构的流程与结构化程序设计中的直到型循环完全相同。

实际问题不同，循环的实现千差万别。通过分析和研究，有两种典型的循环控制方式：计数器控制的循环和哨兵控制的循环。

（2）计数器控制的循环

该类循环适用于循环运行固定的次数，次数在第一次循环前就知道了。既然是循环固定、已知的次数，就需要一个变量来记录循环次数，称为计数器。

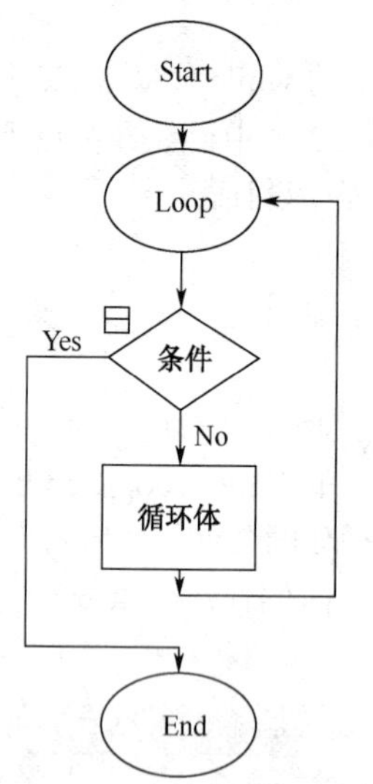

图 9.5.20　RAPTOR 实现的当型循环

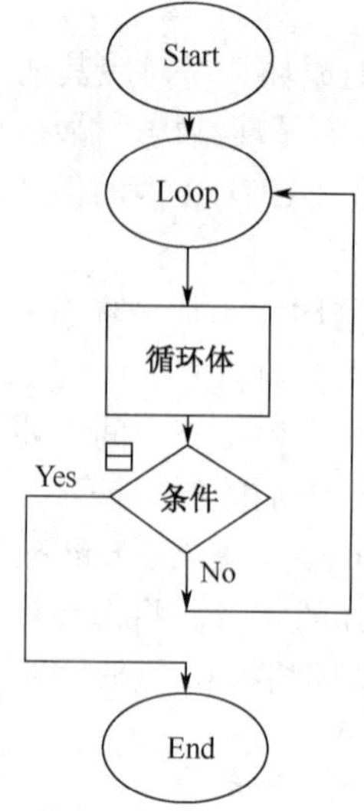

图 9.5.21　RAPTOR 实现的直到型循环

计数器控制的循环的基本过程包括初始化、测试、执行和修改 4 个部分。

① 初始化：若要正确计数，应在循环之前给计数器赋一个适当的初始值（计数器的初值），通常是 1。根据实际情况，也可以是其他的值。

② 测试：每次循环时先测试计数器的值，若未达到既定的循环次数或一个特定值（计数器的终值），则继续循环；否则，循环结束。

③ 执行：执行循环体完成与实际问题相关的任务，如求和或累乘等。

④ 修改：在每次循环时，计数器加 1 或 x（1 或 x 称为步长）。注意，步长也可以是负值，即每次减去 1 或 x。

【例 9-22】　编写一个 RAPTOR 程序，求 1+2+…+100 的和。

具体算法和流程图参见例 9-5，这里不再赘述。

通过分析可知，该程序应该使用循环来编写，而且循环的次数为 100 次，满足计数器控制的循环应具备的条件，应使用计数器控制的循环来实现，具体程序如图 9.5.22 所示。

> ☞思考：
>
> 编写一个 RAPTOR 程序求 1+3+5+...+97+99 的值

（3）哨兵控制的循环

【例 9-23】　编写一个 RAPTOR 程序，从键盘输入若干名学生的成绩（成绩值在[0,100]之间），计算所有学生成绩之和。

分析：事先不知道从键盘输入学生成绩的个数，因此该问题不满足计数器控制的循环应具备的条件，那怎么办呢？可以从学生成绩的特点出发，设置一个特定的成绩值作为数据输入结束的信号，例如-1。这个特定的值称为“哨兵”。在循环过程中，程序不断地测试输入的学生成绩是否为哨兵，如果不是，则继续循环；否则循环结束。

最后的程序如图 9.5.23 所示。

> 📖 **自主学习：如何编写一个 RAPTOR 程序打印如图 9.5.24 所示的图形？**
>
> 用前面介绍的循环结构很难直接打印出如图 9.5.24 所示的图形，一般使用所谓的“循环嵌套”结构来实现，请参考书籍或上网查阅相关资料，自行编写程序。

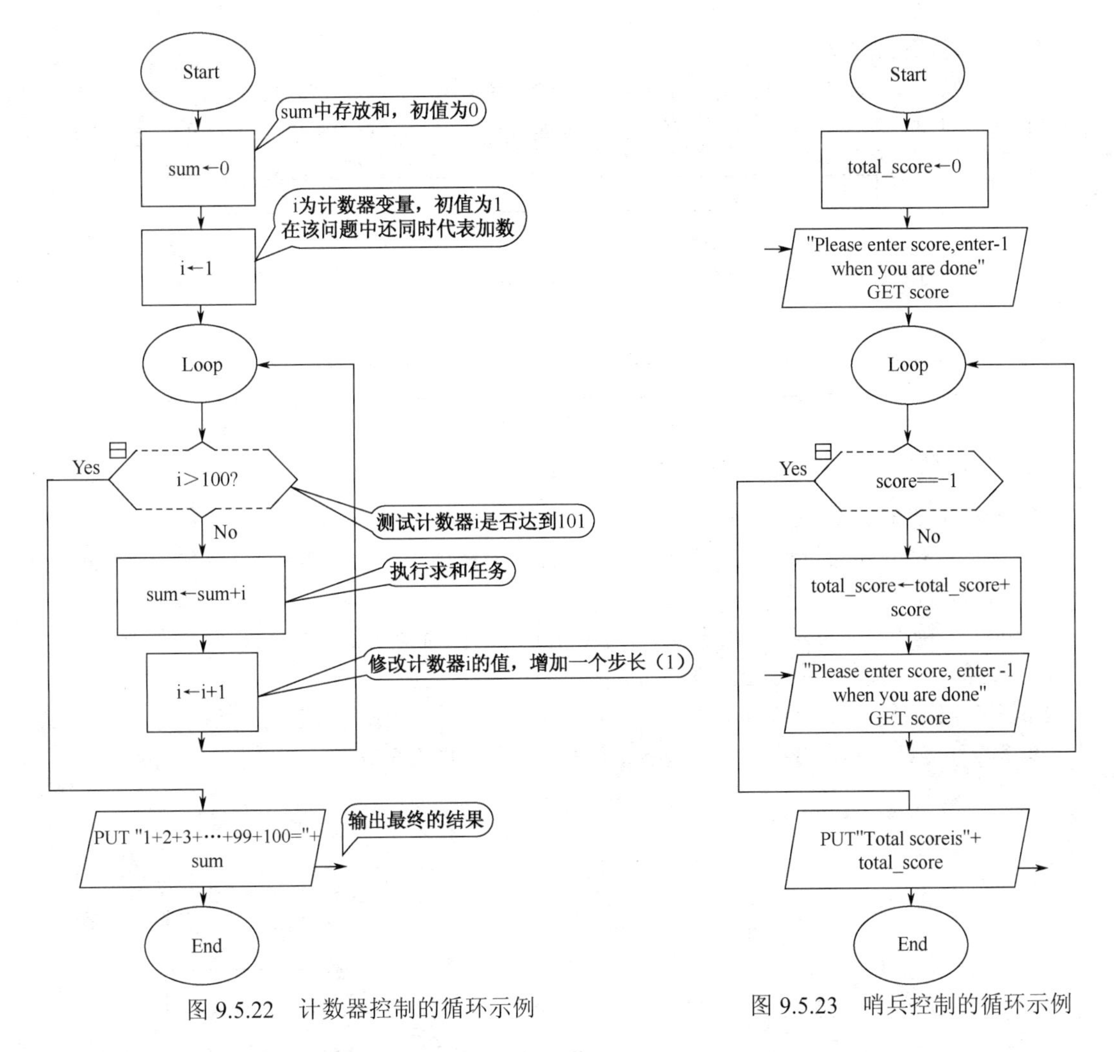

图 9.5.22　计数器控制的循环示例　　　图 9.5.23　哨兵控制的循环示例

9.5.4　RAPTOR 中的数组

在实际问题中，经常会遇到对批量数据进行处理的情况，如对一个班的学生成绩进行排序、统计、查找等操作。如果该班有学生 30 人，定义 30 个数值型变量来存储学生成绩，无法使用循环结构对成绩进行排序、统计、查找等操作，只能使用顺序和选择结构来完成相应的功能，语句书写会很复杂，且重复语句多。因此，一般的高级程序设计语言都引入了数组这一数据类型。

引进数组最大的好处是，可以用一个统一的数组名和下标来唯一确定一个数组的元素，并且可以使用循环结构来处理批量的数组元素。

```
        1
       121
      12321
     1234321
    123454321
   12345654321
  1234567654321
 123456787654321
12345678987654321
```

图 9.5.24　数字塔

RAPTOR 中的数组有如下特性：

- 数组每维的下标都从 1 开始。
- 数组是在输入和赋值中通过给一个数组元素赋值而产生的，不需要专门定义。
- 数组可以在程序运行过程中动态增加数组元素。
- 不可以将一个一维数组在程序运行过程中扩展为二维数组。
- 同一个数组中的各个元素的类型可以不同。

1. 一维数组的定义

数组是在输入和赋值中通过给一个数组元素赋值而产生的，不需要专门定义。例如：赋值语句 x[5]←8，创建了一个具有 5 个元素的数组，如图 9.5.25 所示。注意，没有赋值的元素其值为 0。

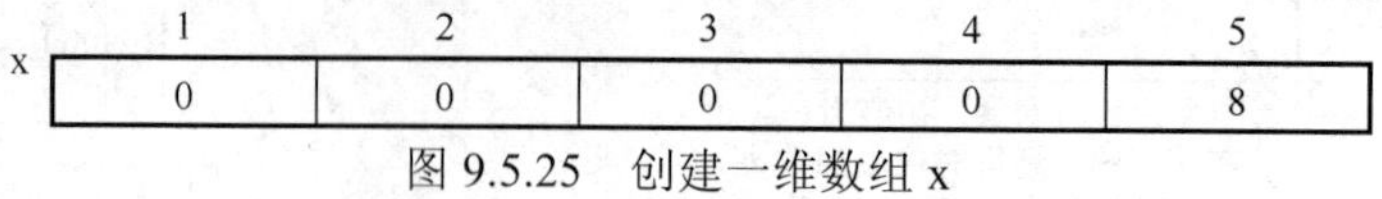

x	1	2	3	4	5
	0	0	0	0	8

图 9.5.25　创建一维数组 x

如果在上面的赋值语句后，又有另一条赋值语句：x[8]←10，则数组将扩展为 8 个元素，如图 9.5.26 所示。

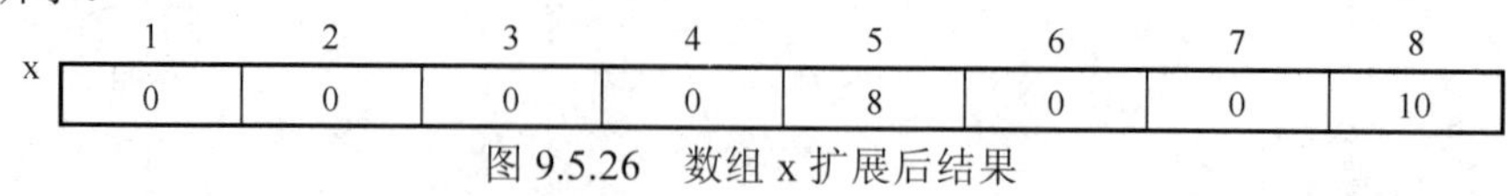

x	1	2	3	4	5	6	7	8
	0	0	0	0	8	0	0	10

图 9.5.26　数组 x 扩展后结果

可以使用循环结构来为数组中的每个元素赋一个非 0 的值。

2. 一维数组的引用

当数组创建好后，可以通过指定数组名和下标的方法引用一个数组元素，例如：a[3]、a[2+6]、a[i]、a[2*i−1]等。

在引用数组时，特别要注意通过表达式计算出的下标值，例如，2*i−1，必须介于 1 和数组元素个数之间，否则将产生数组越界错误。

【例 9-24】　编写一个 RAPTOR 程序，从 10 个整数中找出最大值。

该题的具体算法和流程图参考例 9-6，最后的程序如图 9.5.27 所示。

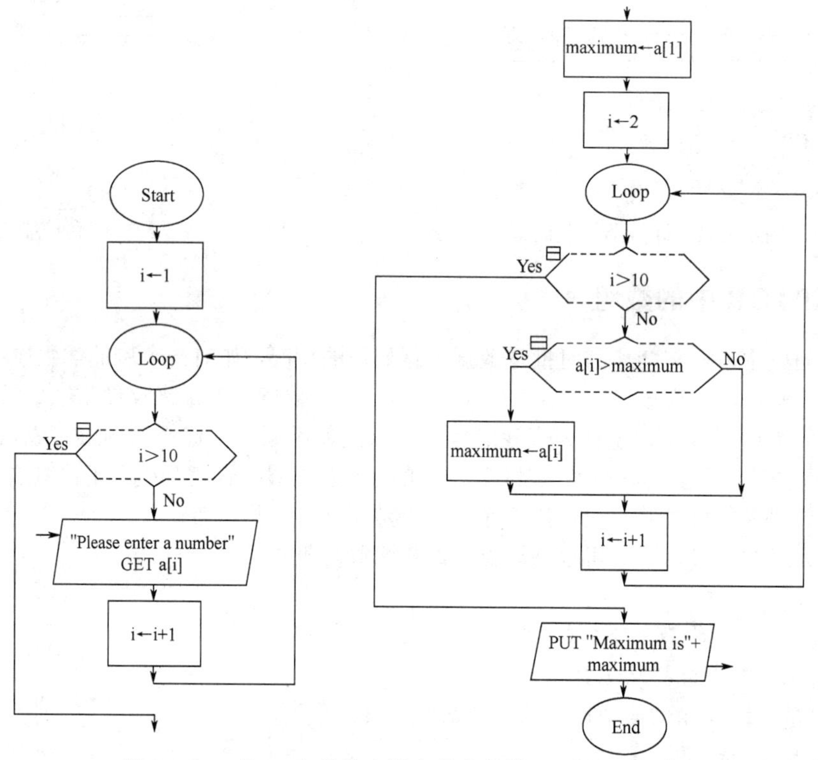

图 9.5.27　从 10 个整数中找出最大值的 RAPTOR 程序

📖 **自主学习：如何编写一个 RAPTOR 程序实现矩阵的转置运算？**

矩阵可以使用 RAPTOR 中的二维数组来实现。请参考其他书籍或上网查阅相关资料，自行编写程序。

9.5.5 使用 RAPTOR 实现算法举例

在前面的章节中介绍了一些算法设计的基本方法，本节列举两个使用递推法和穷举法解决实际问题的例子。

【例 9-25】 编写一个 RAPTOR 程序，解决猴子吃桃问题。

猴子吃桃问题：猴子第一天摘下若干个桃子，当即吃了一半，还不过瘾，又多吃了一个。第二天早上又将剩下的桃子吃掉一半，又多吃了一个。以后每天早上都吃了前一天剩下的一半多一个。到第 10 天早上想再吃时，只剩一个桃子了。问第一天共摘了多少桃子？

分析：这是一个递推问题。假设第 i 天的桃子数为 p_i（$1 \leqslant i \leqslant 9$），由题意可知：

$$p_{i+1} = (p_i / 2 - 1)$$

从而推导出以下公式：

$$p_i = \begin{cases} 1 & (i = 10) \\ 2(p_{i+1} + 1) & (1 \leqslant i \leqslant 9) \end{cases}$$

在此基础上，以第 10 天的桃子数 1 为基数，用上面的递推公式，可以推出第 1 天的桃子数。具体程序如图 9.5.28 所示。

【例 9-26】 编写一个 RAPTOR 程序，判断一个正整数（该数大于或等于 2）是否为素数。

分析：该题的具体算法和流程图参考例 9-7，这里不再赘述。

最终的程序如图 9.5.29 所示。

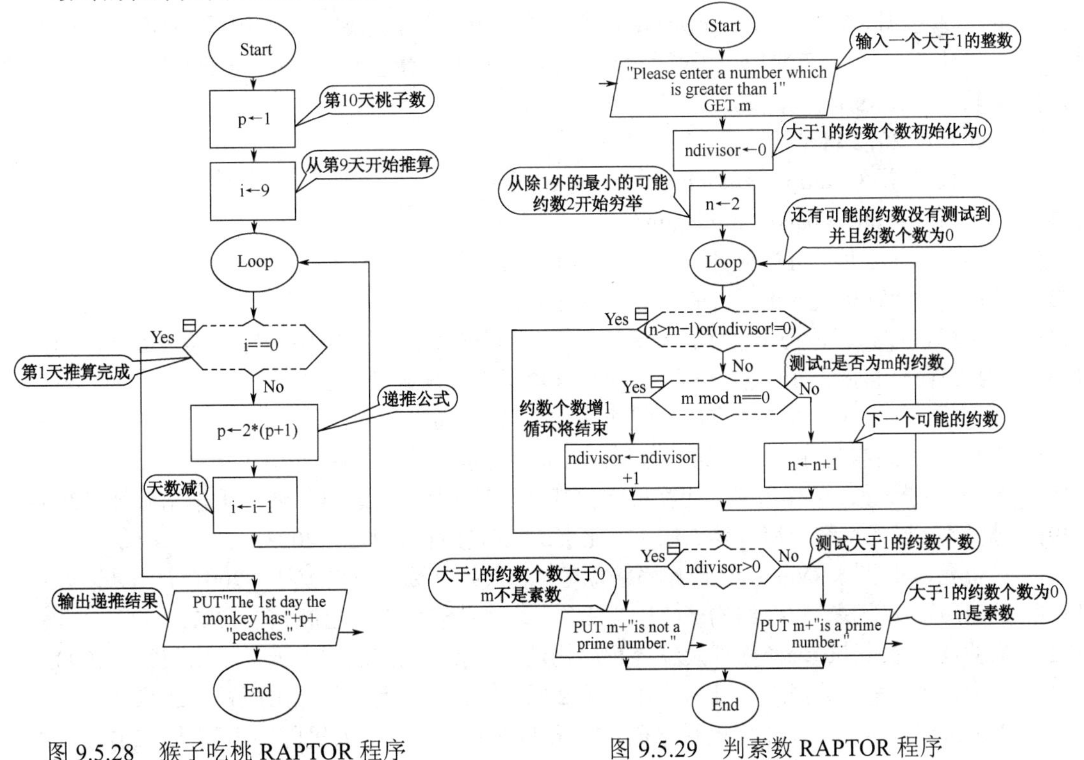

图 9.5.28 猴子吃桃 RAPTOR 程序

图 9.5.29 判素数 RAPTOR 程序

本章小结

通过本章的学习，读者将对算法及其相关概念、算法设计的基本方法、程序设计与程序设计语言有一个比较全面的认知，并通过 RAPTOR 可视化编程实践结构化程序设计的一些基本方法、技巧，掌握一些经典的算法，帮助读者进一步理解语言处理程序的工作原理。

参考文献

[1] 谢希仁. 计算机网络（第 6 版）. 北京：电子工业出版社，2013.
[2] 陆汉权. 计算机科学基础. 北京：电子工业出版社，2011.
[3] Douglas E Comer. 计算机网络与因特网（原书第 5 版）. 北京：机械工业出版社，2009.
[4] June Jamrich Parsons, Dan Oja. 计算机文化（原书第 13 版）. 北京：机械工业出版社，2011.
[5] J Glenn Brookshear. 计算机科学概论（第 11 版）. 北京：人民邮电出版社，2011.
[6] 王移芝，许宏丽，魏慧琴等. 大学计算机. 北京：高等教育出版社，2013.
[7] 谭浩强，吴功宜，吴英. 计算机网络教程（第 5 版）. 北京：电子工业出版社，2011.
[8] 吴辰文，王铁君，李晓军等. 现代计算机网络. 北京：清华大学出版社，2011.
[9] 兰顺碧，李战春，胡兵等. 大学计算机基础（第 3 版）. 北京：人民邮电出版社，2012.
[10] 龚沛曾，杨志强等. 大学计算机（第 6 版）. 北京：高等教育出版社，2013.
[11] 朱小明，孙波，王兵等. 计算机网络技术与应用. 北京：中国铁道出版社，2011.
[12] 战德臣，孙大烈等. 大学计算机. 北京：高等教育出版社，2009.
[13] 刘永华. 计算机网络原理及应用. 北京：中国铁道出版社，2011.
[14] 胡道元，闵京华. 网络安全（第 2 版）. 北京：清华大学出版社，2008.
[15] 杨晓晖，蔡红云，张明. 计算机网络. 北京：中国铁道出版社，2011.
[16] 胡崧，吴晓炜，李胜林. Dreamweaver CS6 中文版从入门到精通. 北京：中国青年出版社，2012.
[17] 王海波，张伟娜，王兆华. 网页设计与制作——基于计算思维. 北京：电子工业出版社，2013.
[18] 微软 Windows 7 联机帮助.
[19] RAPTOR 2012 自带帮助.
[20] RAPTOR 官网：http://raptor.martincarlisle.com.
[21] 百度百科：http://baike.baidu.com.
[22] 程向前，陈建明. 可视化计算. 北京：清华大学出版社，2013.
[23] 陈国良. 计算思维导论. 北京：高等教育出版社，2012.
[24] 姜可扉，谭志芳，杨俊生等. 大学计算机应用基础. 北京：中国传媒大学出版社，2012.
[25] 宋翔. Word 排版之道（第 2 版）. 北京：电子工业出版社，2012.
[26] 林果园，陆亚萍，朱长征等. 计算机操作系统. 北京：清华大学出版社，2011.
[27] 谭浩强. C 语言程序设计（第四版）. 北京：清华大学出版社，2010.
[28] 李秀，安颖莲，姚瑞霞等. 计算机文化基础（第 5 版）. 北京：清华大学出版社，2005.
[29] 孙钟秀. 操作系统教程（第 3 版）. 北京：高等教育出版社，2003.
[30] 尤晋元，史美林. Windows 操作系统原理. 北京：机械工业出版社，2001.
[31] 严蔚敏，吴为民. 数据结构（C 语言版）. 北京：清华大学出版社，1997.
[32] 高仲仪，金茂忠. 编译原理及编译程序构造. 北京：北京航空航天大学出版社，1990.
[33] 王珊，李盛恩. 数据库基础与应用（第 2 版）. 北京：人民邮电出版社，2012.
[33] J Glenn Brookshear. 计算机科学概论（第 11 版）. 北京：人民邮电出版社，2012.
[34] 王志强，李延红. 多媒体技术及应用. 北京：清华大学出版社，2004.
[35] 朱从旭，田琪. 多媒体技术及应用. 北京：清华大学出版社，2011.